Ebert

Homöosiniatrie

Homöosiniatrie

Die Komplementarität von Homöopathie und Akupunktur in neuer und erweiterter Form

Von Dr. med. Hermann Ebert

Mit 37 Abbildungen

HAUG

Karl F. Haug Verlag · Heidelberg

Die Deutsche Bibliothek – CIP-Einheitsaufnahme

Ebert, Hermann:
Homöosiniatrie : die Komplementarität von Homöopathie und Akupunktur in neuer und erweiterter Form / von Hermann Ebert. – Heidelberg : Haug, 1992
ISBN 3-7760-1282-X

Verlag und Autor danken Herrn Dr. med. Freiherr Manfred von Ungern-Sternberg für die zur Verfügung gestellten Abbildungen.

Titel-Nr. 2282 · ISBN 3-7760-1282-X

Gesamtherstellung: Progressdruck GmbH, 6720 Speyer/Rhein

Inhalt

Vorwort

> Mehr als 90 Prozent dessen, was ich lehre, ist informativer Natur. Weniger als 10 Prozent unmittelbare Erfahrung.
> (Zitat nach *W. Brugh* in JOY „Weg der Erfüllung")

Die Entstehung dieser Arbeit ergab sich aus der jahrelangen praktischen Erfahrung, daß sich Homöopathie und Akupunktur aufs glücklichste ergänzen. Aber mir fehlte das geistige Band, das es erlaubte, Regeln für eine gezielte Anwendung dieser Erfahrungstatsache aufzufinden. Es mußte also der Nachweis erbracht werden, daß eine gewisse Übereinstimmung zwischen Homöopathie und Akupunktur besteht. Aber wo? Bekannt war, daß dieser Versuch bereits einmal gemacht wurde und zwar von dem französischen Arzt *de La Fuye,* der, angeregt von dem deutschen Arzt *August Weihe*, eine Übereinstimmung von Akupunkturpunkten und homöopathischen Arzneimittelbildern behauptete und darstellte. Dieser Weg konnte aus Gründen, auf die ich später eingehen werde, nicht wieder beschritten werden. Dann stieß ich auf das Buch von *Kaptchuk* „The Web That Has No Weaver", außerdem und vor allem auf das Werk von *Nigel Wisemann, Andrew Ellis, Paul Zmiewski* und das recht übersichtlich und in deutscher Sprache geschriebene Buch von *J. J. Kleber* „Traditionelle Chinesische Medizin". Ich erkannte, daß die in diesen Büchern beschriebenen sogenannten „Pattern" oder „Syndrome", die dann in der deutschen Übersetzung des Buches von *Kaptchuk* „Disharmoniemuster" genannt wurden, ein Schlüssel zu meinem Problem waren, daß nämlich die Disharmoniemuster ein Pendant zu den Arzneimittelbildern der homöopathischen Mittel sein könnten.

So versuche ich nun in dieser Arbeit, diese Übereinstimmung bzw. Ähnlichkeit nachzuweisen. Darin sehe ich mein Problem, meine Aufgabe, aber auch das Novum für eine zukünftige Therapie.

Ich mußte also in erster Linie versuchen, für die einzelnen Arzneimittelbilder die sie bestimmenden Wesenszüge zu ergründen und mußte dafür die einschlägige Literatur benutzen. Da ich die für mich wichtigsten im Buchtext nicht immer angeführt habe, will ich sie hier unabhängig vom Literaturverzeichnis gesondert aufzählen.

So waren es für die Darstellung der Arzneimittelbilder von *J. Mezger*, „Gesichtete Homöopathische Arzneimittellehre“, „Die Arzneimittelbilder“ von *J. T. Kent*, die „Essenzen Homöopathischer Arzneimittel“ von *G. Vithoulkas* und die „Leitsymptome“ von *H. C. Allen* in der vorzüglich übersichtlichen Übersetzung von Dr. *Manfred Freiherr von Ungern-Sternberg*. Die Literatur, die sonst noch benutzt wurde, wird entweder im Text erwähnt oder erscheint im ausführlichen Literaturverzeichnis.

Ich fühle mich ebenso verpflichtet, auch für den Akupunkturteil ein „Acknowledgement“ zu geben:

Völlig unentbehrlich und eine ganz große Hilfe war mir „The Foundations of Chinese Medicine“ von *G. Maciocia*, das „alte“ Kenntnisse in „neuem“ und vor allem klaren Licht erscheinen läßt. Eine weitere Hilfe erfuhr ich durch das übersichtliche und praktikable Buch von *J. J. Kleber* „Traditionelle Chinesische Medizin – Syndromdiagnose für Akupunktur und Moxibustionstherapie“. Auch verdanke ich dem Kollegen *Kleber* einige weiterführende Gespräche über mein Vorhaben. Gewisse systematische Gesichtspunkte, wie z. B. Lokalisationsfragen und Punktbezeichnungen, ihre Übersetzung und Charakterisierung entnahm ich z. T. dem grundlegenden Buch von *Porkert-Hempen* „Systematische Akupunktur“.

Mein ganz besonderer Dank gebührt meinem Kollegen Dr. *Manfred Freiherr von Ungern-Sternberg*, mit dem ich in vielen Gesprächen das Thema erörtern konnte und mit dem zusammen ich am „August-Weihe-Institut“ bereits ein Wochenendseminar zum gleichen Thema abhielt.

Leider verhinderten zeitliche und räumliche Schwierigkeiten, dieses Buch, wie ursprünglich geplant, gemeinsam abzufassen. Für das gemeinsam abgehaltene Seminar gestaltete Herr *von Ungern* auch die sehr anschaulichen und einprägsamen Kopfskizzen, für deren Überlassung ich ihm großen Dank schulde.

Mein ganz besonderer Dank gilt *Henrike Pfromm*, ohne deren tätiges Mitwirken bei der Planung, später beim Abfassen der Beiträge und letztendlich dem Herstellen eines druckfähigen Manuskriptes das Buch wohl nicht in dieser Zeit und in dieser Form hätte entstehen können.

Das wesentlich Neue dieses Buchs besteht in bezug auf die Arzneimittelbilder in dem Versuch, das Wesen der jeweiligen Arznei herauszuarbeiten und darin die Übereinstimmung von Arzneimittelbild und Disharmoniemuster soweit wie möglich aufzuweisen und so das geistige Band für ihre Komplementarität herzustellen.

„Wo aber Gefahr ist
wächst das Rettende auch."
(Hölderlin)

Einleitung

Bei meinen Versuchen, die Homöopathie der Migräne und des Kopfschmerzes mit einer entsprechenden Akupunktur für die Darstellung in einem Seminar sinnvoll zu rechtfertigen, und zwar nicht nur in bezug auf das Meridiansystem und seine Energetik, sondern auch in bezug zu den Funktionskreisen der ZANG- und FU-Organe, stieß ich, wie schon im Vorwort angemerkt, auf das diagnostische und therapeutische Prinzip der Disharmoniemuster (Pattern). Diese nun in Beziehung zu setzen mit den uns bekannten homöopathischen Arzneimittelbildern erschien mir als die Lösung des Problems.

Wenn ich auch von der Annahme ausgehen kann, daß die meisten meiner Leser wissen, was unter einem Arzneimittelbild (AMB) zu verstehen ist, will ich doch für die wenigen, die davon keine Ahnung bzw. Kenntnisse haben, in gebotener Kürze das Wesen des AMB, das ich ja dann in Beziehung setze zu einem sogenannten Disharmoniemuster, definieren:

Das Arzneimittelbild (AMB) ist die Summe aller bei einer Arzneimittelprüfung mit irgendeinem Stoff oder Medikament – pflanzlicher, mineralischer oder tierischer Art – am Gesunden gefundenen Phänomene und registrierten Symptome in geistiger, seelischer und körperlicher und konstitutioneller Hinsicht. Die Verordnung dieses Mittels erfolgt dann nach dem Ähnlichkeitsgesetz „Similia similibus curentur", d. h. aufgrund einer genauen (Simillimum) oder annähernden (Simile) Übereinstimmung der vorgefundenen Krankheitsphänomene und Symptome mit dem Arzneimittelbild und seinem Reaktionsmuster.

Was aber bedeutet in Parenthese dazu das Disharmoniemuster der Traditionellen Chinesischen Medizin (TCM)?

Es ist die Identifikation der Disharmonie, die allen klinischen Erscheinungen zugrunde liegt, sowohl in bezug auf das Krankheitsbild als auch auf die Diagnose und einer bestimmten energetischen Situation im Funktionskreis. Anders als in der westlichen Medizin, wo der Arzt über das Symptom hinaus nach der Ursache der Krankheit forscht, ist dieser Gesichtspunkt für den Arzt der Traditionellen Chinesischen Medizin sekundär, ja irrelevant. Relevant allein sind die Informationen, die einzelnen Symptome, die Beziehung der pathogenen Faktoren zueinander und die speziellen Charakteristika des Patienten. Alle diese Gesichtspunkte zusammen ergeben ein „Muster der Disharmonie" als Ausdruck des gestörten Gleichgewichts im Körper.

Dabei steht die Frage nach Ursache und Wirkung im westlichen Sinn zweitrangig neben der Wahrnehmung des Gesamtmusters. Wir dürfen nicht vergessen, daß ein anderes Weltbild und Lebensgefühl dahinter stand und steht, und daß deshalb der Vergleich mit einer Wissenschaftlichkeit gemäß des kausalanalytischen Nexus immer hinken wird.

Kein Geringerer als *C. F. von Weizsäcker* schreibt dazu in einem Aufsatz „Die Rolle der Wissenschaft" in dem Buch „Die Einheit der Natur" folgendes: „In der Medizin wird der Mensch Gegenstand einer vorwiegend naturwissenschaftlichen Disziplin. Die Fortschritte der technisierten Medizin sind vor aller Augen. Man darf aber nicht vergessen, daß der Mensch, rein naturwissenschaftlich betrachtet, ein so kompliziertes System ist, daß eine strenge Erkenntnis des Wirkungszusammenhangs in diesem Körper nach dem Muster der Atomphysik oder der Molekulargenetik für alle uns heute vorstellbare Naturwissenschaft ausgeschlossen ist... Die Ambivalenz der Wissenschaft zeigt in der Medizin noch ein neues Gesicht. Neben die ambivalenten Wirkungen fragloser Erkenntnis treten, wenn wir den Mensch zum Gegenstand der Wissenschaft machen, immer mehr die problematischen Wirkungen der irrigen Vereinfachungen, der Überschätzung wissenschaftlicher Teilerfolge. Es gibt in der Medizin neben der naturwissenschaftlichen Kausalanalyse stets die Forderung, den Patienten als Mitmenschen zu verstehen. Das Verstehen gibt reale Aufschlüsse, die der Kausalanalyse nicht prinzipiell, aber wegen der Kompliziertheit der Vorgänge, versagt bleiben, denn das Verstehen bezieht sich direkt auf den großen biographischen Zusammenhang, den ‚Sinn' der zahllosen Regelkreise des Organismus... Die berechtigte Faszination der Kausalanalyse wird wohl noch eine Weile in unberechtigter Weise andere Erkenntniswege blockieren." (S. 12)

Wie bin ich zur Homöosiniatrie gekommen?

Das erste Lehrbuch in deutscher Sprache, das wir bei unseren Kursen bei *Bachmann* 1953 und 1954 benutzten, war das von *Roger de La Fuye* und *Heribert Schmidt*: „Die moderne Akupunktur", dem das umfangreiche Werk von *de La Fuye* „Traitée d'Acupuncture" zugrunde lag, in dem *de La Fuye* gleichzeitig, basierend auf den von Dr. *Weihe* gefundenen Druckpunkten, durch eine Erweiterung um eine große Anzahl von chinesischen Akupunktur-Punkten die sogenannte „Homöosiniatrie" entwickelte. Diese kommt auch in knapper Form in diesem Lehrbuch zur Darstellung.

Die *Weihe*sche Vorstellung dabei war: Alle Krankheiten von Organen und Organsystemen projizieren schon im Latenzstadium auf die Körperoberfläche hyperalgetische Punkte, die man durch Druck mit der Fingerkuppe ermitteln kann. Dr. *August Weihe*, ein Arzt aus Westfalen, berichtet darüber 1886. Er fand 195 Punkte, die den *Head*schen Zonen etwa entsprachen. Außerdem deckten sich 105 Punkte nach Lokalisation und Krankheitsbild mit Akupunkturpunkten, erstaunlich insofern, als Dr. *Weihe* über keine Kenntnisse der Akupunktur verfügte.

Der französische Arzt Dr. *de La Fuye* erweiterte dieses System in den 30er Jahren um 129 Punkte unter dem Sammelbegriff der „Homöosiniatrie".

Das Problem ist eben, und das gilt für die gesamte Homöosiniatrie, daß mit dieser Methode bei der Hypostasierung eines Punktes in bezug auf einen Polychrest nicht, wie in der Homöopathie, unter Berücksichtigung der Gesamtheit der Symptome vorgegangen wird. Jedoch darf man die Anregung und diesen ersten Versuch, eine Beziehung zwischen Homöopathie und Akupunktur herzustellen, nicht unterbewerten. Auf die Gemeinsamkeit beider Methoden weist schon *Zulla* in seiner Monographie „Akupunktur und Homöopathie" (Bd. 19 der Schriftenreihe Erfahrungsheilkunde, Karl F. Haug Verlag) hin, wenn er auch im ganzen kritisch bleibt, weil, wie er schreibt, die Darstellung *Weihes* „zumindest eine unstatthafte Verwässerung der Ähnlichkeitsregel, der Arzneifindungsregel sowie ihres Prinzips, die Gesamtheit der Symptome zu erfassen und zu hierarchisieren" ist.

„Denn", so ergänzt *Zulla*, „es hat sich *nie* ein Zusammenhang zwischen den Schmerzpunkten und bestimmten, ihnen zugeordneten homöopathischen Arzneimitteln erweisen lassen".

Zu einer ähnlichen, wenn auch nicht ganz so scharfsinnigen Kritik gelangt auch *Schoeler* in der empfehlenswerten Monographie „Die *Weihe*schen Druckpunkte" (Karl F. Haug Verlag).

In bezug auf die Akupunktur sollte man sich immer vergegenwärtigen, daß sie über das Meridiansystem arbeitet und nicht über einen isolierten Punkt. So muß jeder Punkt nicht nur im Hinblick auf seine individuelle Wirkung in Betracht gezogen werden, sondern in bezug auf das gesamte Meridiansystem. „Selbst wenn wir die Aktion jedes einzelnen Punktes beherrschen, ist das immer noch nicht genug, um eine wirksame Akupunktur-Behandlung durchzuführen" (*Maciocia*, S. 329).

Immerhin, und das sollte man nicht unterschätzen, verstärkt die homöosiniatrische Beurteilung der Punkte das Schwergewicht und die Bedeutung jedes einzelnen Punktes und bereichert die uns bekannte Symptomatik. Da nun die Punktdarstellungen *de La Fuyes* nicht mehr zugänglich sind (das Buch ist vergriffen), werde ich das Akupunkturwirkbild der *Weihe*schen und homöosiniatrischen Punkte, die in diesem Buch dargestellt werden, ausführlich beschreiben, um das Wissen über die einzelnen Punkte zu erweitern und eventuell auch zu bereichern.

Dabei übernehme ich die Texte von *de La Fuye* mit wenigen Ausnahmen, fast ohne Einschränkungen, wenn auch in etwas gestraffter Form. Denn es erschien mir unzulänglich, nach subjektivem Gutdünken eine Auswahl innerhalb der von *de La Fuye* dargestellten Symptomatik zu treffen, wenn mir auch manches davon unzulässig und heute nicht mehr vertretbar erschien.

So erscheint mir der nun eingeschlagene Weg einer *Synopsis* von Disharmoniemustern der Akupunktur und homöopathischen Arzneimittelbildern im weitesten Sinn komplexer als die vorläufigen Ergebnisse der bisherigen Homöosiniatrie. An der Übereinstimmung mancher Disharmoniemuster (Pattern) der TCM mit Arzneimittelbildern (AMB) in der Homöopathie kann man nicht vorbeigehen. Gleichzeitig sehe ich darin eine Bereicherung beider Disziplinen. Sicher wird es gelegentlich auch homöopathische Arzneimittel geben, für die sich auch einmal keine Entsprechung auffinden läßt.

Das AMB ist meist nicht krankheitsspezifisch und organbezogen, sondern ein Funktions- und Reaktionsmuster, das sich mit dem Symptombild des Kranken in seiner Gesamtheit deckt – das *Simile als Simillimum.* Was berechtigt uns aber, diese AMB mit den verschiedenen Disharmoniemustern der TCM in Beziehung zu setzen, ja, den Versuch zu machen, sie zur Deckung zu bringen?

Es ist grundsätzlich die Tatsache, daß bei der Therapie nicht von einer oder mehreren Ursachen ausgegangen wird, sondern daß der Patient phänomenologisch in seiner Einheit von Leib – Seele – Geist beurteilt und erfaßt wird. Dabei ordnet man das Symptombild, das der Patient als Ganzes bietet, *einem* Disharmoniemuster unter, das man dann in Beziehung zu einem AMB setzen und zur Deckung bringen kann, was erstrebenswert wäre. Da es aber bei den homöopathischen Mittelbildern stufenweise verschiedene Entwicklungen und stufenweise Organbezüge gibt, vor allem bei den Polychresten, können die meisten AMB's in der Gesamtheit ihrer Symptomatik selten nur mit einem Muster zur Deckung gebracht werden.

Zugegeben: Es ist für unser kausalanalytisches, westliches Denken schwierig, die große Anzahl der verschiedenen Disharmoniemuster zu beherrschen. Aber es gibt noch eine andere Schwierigkeit, nämlich die, daß ein Arzneimittelbild durch eine ganze Anzahl von Mustern repräsentiert werden kann.

Andererseits kann ein Disharmoniebild für mehrere Krankheitsbilder in Frage kommen wie z. B. das Disharmoniemuster „mangelndes Milz-QI“: „Die Zeichen hierfür sind: chronische Müdigkeit, Appetitlosigkeit, Verdauungsprobleme, wäßriger Stuhl, Blähung des Bauches, blasser Zungenkörper mit dünnem, weißem Belag, leerer Puls. ... aus der Sicht der westlichen Medizin würde wahrscheinlich die Hälfte eine chronische Störung des Magen-Darm-Traktes aufweisen, z. B. Gastroenteritis, Magengeschwüre oder Gastritis; ein weiterer Prozentsatz würde chronische Hepatitis, Hämorrhoiden, Amenorrhöe, Anämie und hämorrhagische Diathese aufweisen; ein wesentlich geringerer Prozentsatz der Beschwerden würde als depressive Neurose und degenerative neuromotorische Erkrankung diagnostiziert werden“ (*Kaptchuk* S. 7).

Dasselbe gilt ja für das homöopathische Mittel, das eben nicht nur auf bestimmte Kopfschmerzformen paßt, sondern ebenso wie etwa bei Nux vomica für Mißstimmung, neuralgische Kopfschmerzen, Schnupfen, Gastritis, Verstopfung, Blasenkatarrh und Muskelrheumatismus, um nur einige Krankheiten herauszugreifen.

Wenn auch gegenüber dem differenzierten und differenzierenden AMB durch die Festlegung auf ein bestimmtes Disharmoniemuster gewisse Feinheiten verloren gehen können, so werden doch, durch die integrale Erfassung des Patienten in der Akupunktur, weit umfassendere und differenziertere Regulationen in Gang gesetzt, als dem gröberen Disharmoniemuster zugetraut wird.

Der Gewinn aus der Gegenüberstellung von AMB und Disharmoniemuster beruht darauf, daß für den Homöopathen die anfangs verwirrende Symptomvielfalt der Disharmoniemuster anschaulich wird, während der Akupunkturarzt auf diese Weise eine Beziehung zur homöopathischen Denkweise und den Arzneimittelbildern erfährt und sich darauf einarbeiten kann. So gesehen kann die genaue Erfassung des Disharmoniemusters, zusammen mit der Diagnose nach den Prinzipien der westlichen Medizin, die Auffindung des passenden homöopathischen Mittels erleichtern, ja in manchen Fällen sogar ermöglichen, kann andererseits die Kenntnis des passenden homöopathischen Mittels hinweisend sein auf das entsprechende Disharmoniemuster. So erhält, durch die Bezugnahme auf die Disharmoniemuster, das AMB eine auf sein inneres Wesen gegründete Profilierung. Die Kombination beider therapeutischer Prinzipien, die sich m. E. harmonisch ergänzen, für die also kein alternatives Entweder-Oder, sondern ein komplementäres Sowohl-Als-Auch besteht, bewährt sich auf glückliche Weise.

Es ist ja bekannt, daß die Akupunktur in der Chinesischen Medizin häufig mit einer Medikation chinesischer Drogen in Form von Tee oder Pillen komplettiert oder vertieft wird. Man muß auch bedenken, daß man als Akupunkturarzt auf Krankheitszustände stößt, die, weil QI- oder YIN-Mangel eine Nadel-Moxa-Behandlung erfolglos erscheinen läßt, eine das QI stimulierende und substituierende Zufuhr bestimmter Drogenmischungen erfordert. In der Hand des Kundigen kann die Behandlung mit chinesischen Drogen sehr wirksam sein und ggf. auch die Verordnung eines homöopathischen Mittels erübrigen. Aber der Verordnung dieser Drogen ganz im Sinn der Chinesischen Medizin stehen zwei schwerwiegende Hindernisse entgegen: Der Umgang damit erfordert ein langes und schwieriges Studium der Drogen und Methoden, und andererseits ist die Beschaffung umständlich und relativ kostspielig. Allerdings setzt ja auch die Homöopathie ein mindestens ebenso intensives und langes Studium voraus.

Man darf aber davon ausgehen, daß die Kenntnis der Homöopathie in Europa weiter verbreitet ist als die der chinesischen Pharmakotherapie und oft von Ärzten betrieben wird, die auch gleichzeitig Akupunktur betreiben.

Natürlich stellt sich die Frage, ob durch Akupunktur sich das Symptomenbild so verändert, daß es die Auffindung des passenden homöopathischen Mittels beeinträchtigt oder sogar stört. Aber es gibt bei der regelrecht durchgeführten homöopathischen Behandlung (nach *Vithoulkas* „Die wissenschaftliche Homöopathie") genügend Situationen, wo der Arzt gezwungen ist, abzuwarten, nichts zu unternehmen und den Patienten, der naturgemäß unter seinen Beschwerden leidet und ungeduldig wird, zu vertrösten, wie etwa beim Auftreten von Hautausschlägen oder Absonderungen (*Vithoulkas*, S. 247) und bei akuten Krankheiten (S. 250), um übereilte Verordnungen zu vermeiden. Auch bei Vorbehandlung mit allopathischen Mitteln, insbesondere mit Cortison, oder bei homöopathisch verdorbenen Fällen, was eine Mittel- und Potenzwahl erheblich erschwert (S. 270), muß abgewartet werden. *Vithoulkas* bringt in seinem Buch eine große Tabelle (S. 266–267), in der es für die Behandlungsweise (Strategie) sehr oft heißt: „Abwarten".

Andererseits bewertet *Vithoulkas* die Akupunktur so, daß sie nicht als Störfaktor für eine lege artis nach den Prinzipien der TCM durchgeführten Akupunktur, was unter Voraussetzung der Behandlung nach Disharmoniemustern gar nicht anders möglich ist, gewertet werden kann.

Man kann meines Erachtens *Vithoulkas* zustimmen, wenn er schreibt: „Unter den allgemein bekannten Behandlungsmethoden gibt es heutzutage nur 3, die fähig sind, das dynamische Feld unmittelbar zu beeinflussen. Eine davon ist die Akupunktur, die auch auf einem tieferen Verständnis der Prinzipien und Gesetze des Heilens beruht" (S. 97).

Es können also meines Erachtens keine Bedenken dagegen bestehen, die Akupunktur in all den Situationen anzuwenden, wo es heißt „abzuwarten". Für die Weiterbehandlung nach Einsatz eines chronischen Mittels stellt sich allerdings die Frage, ob man die Akupunktur nicht stornieren sollte, um die Wirkung des Homöopathikums zur Geltung kommen zu lassen und Akupunktur nur anzuwenden, wenn das Mittel nachweislich wirkungslos ist, akute Zwischenerkrankungen auftreten oder namhafte Erstverschlimmerungen sich bemerkbar machen.

Ziel einer Behandlung muß die Reharmonisierung sein. Sie beschränkt sich nie auf eine einzelne Beschwerde, sondern betrifft immer den ganzen Menschen. Dabei ist es nicht gleichgültig, wie man vorgeht: Ob nach energetischen Gesichtspunkten im Bereich des Meridiansystems, ob aufgrund des Entsprechungssystems der 5 Wandlungsphasen mit ihren Modellen oder aufgrund der pathogenen Faktoren. Am wirksamsten und von primärer Bedeutung ist das Vorgehen nach den Disharmoniemustern des Inneren, der ZANG-Organe, des LI (der Intima). Das schließt selbstverständlich ggf. eine Therapie des Äußeren, des PIAO (der Species), als alleinige Methode nicht aus. Ich bin jedoch der Meinung, daß es in den meisten, mehr oder weniger chronischen Fällen wie sie uns begegnen, das Ziel der TCM und insbesondere der Akupunktur sein muß, nicht nur die äußere Manifestation (PIAO) zu behandeln, sondern vor allem die innere Störung im Bereich der Funktionskreise (LI). Damit wir aber von den „Disharmoniemustern" nicht wie der Blinde von der Farbe sprechen, definiere ich das

Wesen des Disharmoniemusters

folgendermaßen:

Alle Testverfahren zielen unter Zuhilfenahme von Geräten auf die Feststellung energetischer Dysbalancen und vermitteln bioelektrisch gefundene Störfelder und Befunde. Diese werden aufgrund der modernen Medizin kausal vernetzt und kommen einer Vielzahl von Informationen gleich, denen häufig auch eine Vielzahl mehr oder weniger homöopathischer Mittel entsprechen.

Aus der Sicht der Homöopathie und der TCM gehen wir sowohl von subjektiven wie von objektiven, *nicht* apparativ gewonnenen Befunden und Zeichen aus und streben, sowohl in der Homöopathie wie in der TCM, die Auffindung eines entsprechenden homöopathischen Mittels wie eines Disharmoniemusters an. Genauso wie in der Homöopathie geht es weniger darum, eine Ursache der Störung, die wir oft nicht kennen, zu ermitteln, als um ein Gesamtbild der Disharmonie der Lebenskraft. Relevant allein sind die Informationen, die einzelnen Symptome, die Beziehung der pathogenen Faktoren zueinander und die speziellen Charakteristika des Patienten. Alle diese Gesichtspunkte zusammen ergeben ein *„Muster der Disharmonie"* als Ausdruck des gestörten Gleichgewichts im Körper.

Genau wie in der Homöopathie gewinnt so das Symptom wahlanzeigende *Bedeutung*, andererseits aber seine Deutung aus dem Ensemble der Befunde, die ganz unterschiedlich sein können. So kann eine *trockene Zunge*, begleitet von Kältegefühl, wenig oder keinem Durst, kalten Händen und Urina spastica einen YANG-Mangel anzeigen, während eine trockene Zunge, die begleitet wird von Hitzegefühl, Durst, Nachtschweiß und schnellem Puls, eine YIN-Schwäche bedeutet. In diesem Zusammenhang sei noch einmal darauf hingewiesen, daß die Disharmoniemuster die Bewegung, die Fluktuation von YIN und YANG im Körper genauso wie die Entfaltung von YIN und YANG im Makrokosmos beschreiben und daß diese Beschreibung des ewigen Prozesses der polaren Struktur von YIN und YANG der entscheidende begriffliche Rahmen für die Erklärung der Funktion des Universums wie auch des menschlichen Körpers ist.

Zudem erfaßt man über die Disharmoniemuster mehr als im Rahmen der sogenannten „energetischen Akupunktur" alle Parameter der 8 diagnostischen Leitkriterien sowie die Ergebnisse der Zungen- und Pulsdiagnostik.

Aus dem so ermittelten Disharmoniemuster ergibt sich dann zugleich die Diagnose, die Pathologie und die Therapie. Lediglich in bezug auf die von außen induzierten Erkrankungsbilder des SHANG-HAN-LUN wird man versuchen, die Ursache zu klären. So gibt es verschiedene Wege und Modell-Vorstellungen, die Disharmoniemuster zu identifizieren, und daraus ergibt sich auch ein unterschiedliches Vorgehen in der Therapie.

Vom praktischen Standpunkt aus gesehen wird man sich vor allem bei Schmerzzuständen zuerst vom Meridianbezug leiten lassen und dann im Laufe der Behandlung tiefer schürfen, um die innere Störung zu identifizieren.

Denn die ganzheitliche Therapie ist abhängig von der Erkenntnis der inneren Zusammenhänge, ebenso wie von dem Wesen des dem AMB entsprechenden Geistes.

Einfacher zusammengesetzte Disharmoniemuster kann man, wie auch ein AMB, aus dem Vorliegen weniger Einzelsymptome, Leitsymptome, bestimmen, so wie man aus einem einzelnen Blatt einen ganzen Baum erkennen kann. So wird man zuerst versuchen, die akute und subakute Störung bzw. den Schmerz anzugehen, denn es ist besser, den gestörten Funktionskreis oder die gestörte Konstitution erst am Ende zu behandeln, um das Therapieergebnis zu konsolidieren.

Wir identifizieren die Disharmoniemuster nach:

1. Den 8 diagnostischen Leitkriterien, d. h. nach YANG und YIN,
2. entsprechend ihrer Beziehung zu QI, Blut und Flüssigkeit,
3. entsprechend zu den Funktionskreisen,
4. ensprechend zu den pathogenen Faktoren und
5. den 5 Wandlungsphasen,
6. den Meridianen,
7. entsprechend den 6 Stadien des SHANG-HAN-LUN,
8. entsprechend den 4 Ebenen und
9. den 3 Erwärmern.

Von diesen 9 Gesichtspunkten haben vor allem die ersten vier Bedeutung für die Auffindung des passenden Disharmoniemusters.

Um die Übereinstimmung des homöopathischen Denkens mit der Medizin und Therapie der TCM zu verdeutlichen, zitiere ich die §§ 8–12 aus dem Organon *Hahnemanns*. Wenn man dann noch anstelle von „Lebenskraft“ den chinesischen Begriff „QI“ setzt, wird diese noch evidenter. In etwas verkürzter Form heißt es im Organon §§ 8–11:

„Im gesunden Zustande des Menschen waltet die geistartige, als Dynamis den materiellen Körper belebende Lebenskraft. Nur dieses immaterielle Lebensprinzip verleiht ihm alle Empfindungen und bewirkt seine Lebensverrichtungen.

Wenn der Mensch erkrankt, so ist ursprünglich nur diese geistartige Lebenskraft verstimmt. Das verstimmte Lebensprinzip verleiht dem Organismus widrige Empfindungen und regelwidrige Tätigkeiten, die wir Krankheit nennen. Die krankhafte Verstimmung der Lebenskraft gibt sich nur durch Krankheitssymptome zu erkennen und kann sich nicht anders zu erkennen geben."

Im § 12 heißt es im vollen Wortlaut des Organon: „Einzig die krankhaft gestimmte Lebenskraft bringt die Krankheit hervor, so daß die, unseren Sinnen wahrnehmbare Krankheits-Äußerung zugleich alle inneren Veränderungen, das ist die ganze krankhafte Verstimmung der inneren Dynamik ausdrückt, und die ganze Krankheit zu Tage legt. Hinwiederum bedingt aber auch das Verschwinden aller Krankheitsäußerungen, das ist aller vom gesunden Lebensvorgange abweichenden, merkbaren Veränderungen mittels Heilung, ebenso gewiß die Wiederherstellung der Integrität des Lebens-Prinzips und setzt folglich die Wiederkehr der Gesundheit des ganzen Organismus notwendig voraus." Das gilt auch für die TCM.

Daran hat der Begriff „Krankheitsursachen" einen großen Anteil. Es sind dies die *vorgeburtliche Essenz (JING), die Umgebung, atmosphärische Einwirkungen, emotionale Faktoren und Lebensweise.* Es fällt uns nicht schwer, den beiden letztgenannten Faktoren eine Bedeutung für die Entstehung eines Disharmoniemusters zuzugestehen, haben sie doch auch in der Schulmedizin gerade in den letzten Jahrzehnten in steigendem Maße an Bedeutung gewonnen (Psychosomatische Medizin, selbstverständlich mit der Einschränkung, daß sie sich nur auf das ZNS bezieht). Auch daß äußere atmosphärische Einflüsse im Körper Krankheiten verursachen können und daß sie so zum Teil eines Disharmoniemusters werden, ist uns selbstverständlich. Aber es macht uns Schwierigkeiten, z. B. von einem „inneren Wind", der meistens im Funktionskreis der Leber durch Emotionen wie Zorn und Erregung entsteht, zu sprechen. *So wird das, was wir als äußere Ursache ansehen, in der Chinesischen Medizin zu einem Synonym für Wirkung bzw. für die typische Symptomatologie, selbst wenn die Krankheit nicht durch ein äußeres Pathogen verursacht wurde.*

Man spricht also von „innerem Wind", von „aufsteigendem Leberfeuer", von „Feuchtigkeit und Hitze sammeln sich im Milz-Pankreas und Magen", von „aufsteigendem Herzfeuer" und so weiter. *Dieses Den-*

ken in Krankheitsmodellen faßt die Ursache unter dem Effekt zusammen und macht sie zu einem entscheidenden Anteil des ganzen Modells. So kann, um das noch einmal zu sagen, „innerer Wind" oder „eine Windkrankheit", wie z. B. bestimmte Neuralgieformen, zu einem neuen Synonym für ein inneres Geschehen werden.

Es ist interessant, daß ähnliche Gedanken, unabhängig von der Chinesischen Medizin, schon 1912 durch *Max Verworn* in seiner Monographie „Kausale und konditionale Weltanschauung" geäußert wurden. Da heißt es: „Die wissenschaftliche Erforschung alles Seins und Geschehens kann lediglich bestehen in der Ermittlung seiner Bedeutung" (S. 17). „Jeder Vorgang oder Zustand ist vielmals identisch auf die Summe seiner Forschungen. Seine Bedingungen sind sein Wesen" (S. 19).

Für *Verworn* wird „der Kausalismus zu einem primitiveren Stadium der Weltanschauung, der Konditionismus ein weiter fortgeschrittenes. Der Kausalismus ist naiv, der Konditionismus kritisch" (S. 34).

Dies, und nur dies, sind die Voraussetzungen eines ganzheitlichen Denkens und Handelns. Multifaktorielles kausales Denken allein geht leider am Wesen vorbei und führt zu polypragmatischem Vorgehen. Monokausales Denken hingegen führt zum Kurieren am Symptom. Die Chinesische Medizin ist ein Weg zur Besinnung und zur praktischen Bewältigung dieses therapeutischen Dilemmas.

Daher wird bei jedem Patienten das Ermitteln von Symptomen und Merkmalen zur vordringlichen Aufgabe für jeden, der Chinesische Medizin betreibt: Art und Weise der Bewegung, Wärme- und Kältegefühle, Schmerzen, Gesichtsfarbe, Stimmung, Emotionen, Zungenbelag, Pulsqualität, Verschlimmerungsmodalitäten, Lebensbedingungen und das alles bezogen im Hinblick auf die YANG- und YIN-Theorie und den Zustand des QI. Dabei kann das Grundkonzept von YIN und YANG verfeinert, aber niemals aufgegeben werden. Jeder Faktor wird zu einem Teil des Ganzen und der Patient wird aufgrund seiner ganzen individuellen Kombination von Faktoren, Symptomen und Zeichen behandelt, aber niemals aufgrund einer einzelnen Ursache. So wird die Ursache beinahe zu einem Synonym für Wirkung. Genau dasselbe geschieht bei der homöopathischen Arzneimitteldiagnose.

Das Ziel ist die Reharmonisierung, die sich nie auf eine einzelne Beschwerde beschränkt, sondern immer den ganzen Menschen betrifft.

Dies ist Ausdruck einer Ganzheitsauffassung, in der alle Teile miteinander und mit dem Ganzen verbunden, ja verwoben sind, was *Needham* „das Gewebe ohne Weber" genannt hat. „Die Vorstellung ... ist die von einem riesigen, übergreifenden Muster.

Das Universum besteht aus einem Gewebe (Netzwerk) von Beziehungen, dessen Knoten die Dinge und Ereignisse sind. Niemand hat es gewebt, aber wenn man seine Struktur stört, tut man das auf eigene Gefahr ... dieses Gewebe ohne Weber ... kommt einer entwickelten Philosophie des Organismus nahe" (*Needham*, Science and Civilisation, 2. Band, S. 556).

Die Feststellung einer Disharmonie setzt selbstverständlich die Kenntnis der harmonischen Funktion eines Funktionskreises voraus. Dann allerdings gewinnen die Disharmoniemuster eine erstaunlich integrierende Bedeutung.

Anmerkung zur Migräne und zum Kopfschmerz

Im Verlauf der Arbeit am Problem der Migräne und des Kopfschmerzes ergab sich eine Erweiterung der Thematik. Ich war unter diesem Gesichtspunkt bemüht, eine die Grundstruktur des AMB unter Berücksichtigung konstitutioneller, körperlicher und psychischer Symptome ermittelnde Darstellung zu geben. Diesem Zweck dient auch die Wiedergabe der jeweiligen Toxikologie, die das Wesen der Arznei oft schon *in nuce* erkennen läßt.

Die gesonderte und ausführliche Darstellung der Kopfschmerzsymptomatik ist auf die ursprünglich geplante Anlage dieser Arbeit zurückzuführen und erscheint mir nach wie vor besonders wichtig. Sie basiert auf einem eigenen Aufsatz über „Die Homöopathie der Migräne und des Kopfschmerzes", der 1980 in der „Klassischen Homöopathie" in Fortsetzungen erschienen ist. Der Zusammenhang mit den wesentlichen Merkmalen des gesamten AMB ist außerordentlich wichtig für eine wirksame Migräne- und Kopfschmerztherapie.

Welche Beziehungen bestehen nun zwischen der Kopfschmerzsymptomatik allgemein und den verschiedenen Disharmoniemustern, deren es etwa 91 gibt, worunter ca. 75 sind, die sich häufig wiederholen? Die Kopfschmerzsymptomatik ist sowohl vergesellschaftet mit dem äußeren Verlauf von Meridianen als auch in unterschiedlicher Häufigkeit und Intensität mit der Störung verschiedener Funktionskreise. Von den Meridianen sind es die *YANG-Meridiane* und der *YIN-Lebermeridian*, die am Kopf enden.

Daraus ergibt sich aufgrund der Meridian-Theorie eine gezielte Therapie, auf die ich nicht gesondert eingehen werde. Ich verweise dabei auf die große Anzahl von Arbeiten und Behandlungsschemata, die bereits vorliegen, besonders die vorzügliche Arbeit von *Perschke* mit dem Titel „Akupunktur bei Kopfschmerzen in der Praxis“ (Akupunktur, Theorie und Praxis, 4/89 und 1/90) und das luzide Kapitel über „Kopfschmerz und Migräne“ von *Kluger* (s. Bibliographie).

Der Kopfschmerz ist aber außerdem, und darauf kommt es an, nicht nur ein führendes Meridiangeschehen, sondern ebenfalls ein Symptom für: *Aufflammendes Herzfeuer, Leberwind, Nieren-YIN-Leere,* für *aufflammendes Leberfeuer* und *aufsteigendes Leber-YANG* und für *Leber-Nieren-YIN-Leere*, wie überhaupt der Funktionskreis der Leber eine maßgebliche Bedeutung für die Entstehung eines Kopfschmerzes hat. Auch *QI-Leere* allgemein und *Stagnation von Feuchtigkeit im Milz-Pankreas* kann zu einem dumpfen Kopfschmerz führen. Dasselbe geschieht, wenn sich *Feuchtigkeit und Hitze im Milz-Pankreas und Magen sammeln.*

Kopfschmerz kann außerdem eine *Windkrankheit* sein, sowohl exogenen wie inneren Ursprungs.

Dabei müssen bei den 31 dargestellten AMB's ca. 40 Disharmoniemuster berücksichtigt werden, von denen 9 x das *aufsteigende Leber-YANG*, 5 x *aufsteigendes Leber-Feuer*, 2 x *Milz-Pankreas-QI-Mangel* und 3 x *aufsteigendes Herz-Feuer* in Frage kommen. Die übrigen 20 Disharmoniemuster erscheinen jeweils 1x. So werden etwa 91 Disharmoniemuster beschrieben, worunter es etwa 75 wichtige gibt.

Damit allerdings sind die Disharmoniemuster in der Behandlung des Kopfschmerzes und der Migräne nicht erschöpft.

In Anbetracht der Vielfalt der meisten Arzneimittelbilder kann man die Behandlung durch Akupunktur nicht allein auf die bereits erwähnten Funktionskreise, Meridiane und Disharmoniemuster beschränken, wenn man erfolgreich und im Einklang mit dem Arzneimittelbild behandeln will. Es kommt den oben erwähnten Disharmoniemustern allerdings eine gewisse Prävalenz zu.

Die Erfassung und therapeutische Berücksichtigung auch anderer, sich mit dem AMB deckenden Disharmoniemuster erhöht auf jeden Fall die Therapiechancen.

So setzt die Behandlung der Migräne für die Akupunktur mehr voraus als nur ein routinemäßiges Nadeln der Couplagen. Zwar läßt sich auch damit oft Erstaunliches erreichen, vor allem wenn es sich um bereits nach Meridianen und Funktionskreisen differenzierte Nadelkombinationen handelt, wie sie in Kursen und Lehrbüchern angeboten werden. Aber man wird immer wieder auf Behandlungsverläufe stoßen, wo man damit nicht weiter kommt und folglich aufgrund einer genauen Diagnostik nach Grundsätzen der Chinesischen Medizin das Disharmoniemuster auffinden muß, um es der Behandlung zugrunde zu legen. Zum anderen kann man durch die Kombination mit homöopathischen Mitteln die Zahl und die Dauer der Behandlung verringern. Das sind ganz wichtige Gesichtspunkte. Auch hat es sich in der Erfahrung erwiesen, daß man nahezu völlig auf eine Berücksichtigung der Kopfpunkte verzichten kann, wenn man die passenden Disharmoniemuster der Therapie zugrunde legt. Der Behandlungseffekt tritt dann schneller ein.

Medizin ist letztlich mehr als eine Naturwissenschaft und basiert, wenn auch uneingestanden, in der Praxis auf anderen Denkvoraussetzungen als rein naturwissenschaftlichen. Sie ist eine Heilkunst und sollte es auch angesichts des inhomogenen, offenen Systems, das der Mensch darstellt, bleiben. Aber um dieses *Mehr* geht es. Mein Freund *Deichmann* schrieb dazu einmal: „Auch das Ganzheitsdenken der modernen Medizin bleibt immer nur ein Brückenschlag zwischen den Ufern und wird, wie jede Brücke, den Fluß an einzelnen Stellen überspannen, dazwischen aber viel offen lassen." Niemals wird Medizin ein Totalwissen über den Menschen, über den einzelnen Menschen, vermitteln können. Genausowenig wie die Wissenschaft und Philosophie über das Weltganze, dessen sind sich die Großen der Naturwissenschaft längst bewußt. Immer bleibt ein ungelöster Rest. Die Traditionelle Chinesische Medizin trägt dem mit ihrer anderen Denkweise Rechnung.

Kritische Bemerkungen

Ich darf nicht verhehlen, daß auch diese Methode gewisse Schwachpunkte hat:

1. Es gibt nicht so viele Syndrome wie homöopathische Arzneimittelbilder. Es kann also geschehen, daß für mehrere Mittel jeweils dasselbe Disharmoniemuster in Frage kommt. Hier entscheidet sich der Erfolg der Therapie an der Differenzierung in der Punktwahl, deren ja immer mehrere zur Verfügung stehen und durch die Reizstärken, die unterschiedlich angewandt werden können.

2. Nicht in jedem Fall dürfte die Behandlung nach Disharmoniemustern bei Kopfschmerzen als alleinige oder entscheidende Methode angebracht sein. Es gibt zervikal oder neuralgisch bedingte Krankheitsbilder, bei denen sich in erster Linie die Behandlung nach rein energetischen Gesichtspunkten über das Meridiansystem unter Zuhilfenahme redressierender Maßnahmen *(Perschke)* empfiehlt.

3. Wiederholungen in der Einstufung und in den therapeutischen Vorschlägen sind unvermeidlich. Die therapeutischen Vorschläge selbst sind natürlich nicht bindend und müssen individuell und nach eigener Erfahrung modifiziert werden unter Berücksichtigung noch anderer Punktkombinationen, die hier nicht erwähnt wurden und der eigenen Erfahrung Rechnung tragen.

4. Es dürfte jedem homöopathischen Arzt klar und geläufig sein, daß es nicht immer leicht ist oder daß es überhaupt nicht gelingt, das passende Simillimum zu finden. Dann kann die Akupunktur in geeigneter Weise als Lückenbüßer und vorerst echte Alternative gelten. Umgekehrt gilt das auch für die Einstufung des jeweiligen Disharmoniemusters. Sei es, daß die Pulsdiagnose schwierig und nicht eindeutig ist, sei es, daß die Zungendiagnose nicht mit dem vermuteten Muster übereinstimmt oder falsch gedeutet wird. Entscheidend für die Akupunktur ist immer die zutreffende Einordnung unter die 8 diagnostischen Regeln.

5. Bei der Darstellung der homöosiniatrischen Punkte verfuhr ich recht ausführlich, vor allem was die Angaben *de La Fuyes* betraf. Es sollte auf diese Weise die Kenntnis der Foraminologie repetiert werden. Jeder kann so das ihm wichtig erscheinende entnehmen, wenn auch manches von dem, was *de La Fuye* behauptet, unter kritischen Gesichtspunkten gesehen, gestrichen werden muß. Aus diesem Grunde wurden auch die zahlreichen Indikationen der homöosiniatrischen Punkte im Sachverzeichnis nicht aufgeführt.

6. Dieses Buch erspart keinem der Leser das Studium der Disharmoniemuster in einem dafür geeigneten Werk (Maciocia, Kleber).

Argentum nitricum

Toxikologie

Ätzende Wirkung durch Eiweißfällung auf Haut und Schleimhäuten (Schwarzfärbung) –
es folgen Erbrechen und die Entleerung schwärzlicher Stühle.
Bei chronischer Intoxikation Magenschmerzen, Übelkeit, Bauchschmerzen, Durchfälle.
Wirkung im Arzneimittelversuch am Gesunden: Schwächung des Nervensystems mit Neigung zu Spannungen und Lähmungen,
Veränderung an Gelenken (Knochen, Ligamente, Knorpel).
Chronische Entzündung der Respirationsschleimhäute, der Hoden und Ovarien mit Induration.

Hauptrichtung

Zentrales Nervensystem, vegetatives Nervensystem, peripheres Nervensystem, Magen-Darm-Kanal, Schleimhäute.

1. Typus nach dem AMB

Ruhelose, blasse, leistungsunfähige Neurotiker mit oft erheblicher Migränebelastung und erdfahlem Aussehen. *Meist akute oder chronische Erkrankungen durch langandauernde geistige Erregung bzw. Belastung.*
Immer an Argentum nitricum denken bei bleichen, vertrockneten, alt aussehenden Patienten.
Von Jahr zu Jahr zunehmende Abmagerung, besonders in den unteren Extremitäten, bis hin zum Marasmus.

2. Körperliche Symptome

Außer dem typischen Kopfschmerz (s. d.):
eitrige Konjunktivitis,
chronische Lidrandentzündung purulenter Ophthalmie, Augenbelastung von Feinarbeit und Akkomodationsstörung.

Pharyngolaryngitis mit Schleim,
Wundheitsgefühle und dem *Gefühl eines Splitters oder eines Haares in der Kehle.*
Raucherkatarrh. *Häufiges explosives Aufstoßen begleitet die meisten Magenerkrankungen.* Schleimerbrechen, nagender Ulzerationsschmerz,
großes Verlangen nach Zucker, aber auch Verlangen nach Käse und Salz.
Süß wird nicht vertragen, macht bei Kindern Durchfall. Die Diarrhö ist wie *zerhackter Spinat in Flocken.*
Mit Zurückhaltung sollte man das Symptom *Verlangen nach Zucker* bewerten *(Voisin),* wichtiger ist die Modalität, daß jedes Essen verschlimmert, ob gezuckert oder nicht. Das Mittel paßt bei jeder Gastralgie oder Aerophagie, auch wenn die immer wieder behauptete „Zuckersymptomatik" fehlt.
Magen- und Zwölffingerdarmgeschwüre.
Auftreibung und Blähsucht bis zum Platzen.
Das Gefühl der Ausdehnung ist überhaupt ein häufiges Allgemeinsymptom an den verschiedensten Organen.
Herzklopfen schlimmer bei Anstrengung und seelischer Erregung.
Viele Schleimhautsymptome.
Frostgefühl, wenn unbedeckt, Erstickungsgefühl, wenn bedeckt.
Nervöse Reizbarkeit im Klimakterium.

ZUNGE: Zungenspitze rot und schmerzhaft,
Papillen herausragend, roter Streifen in der Mitte der Zunge *(v. Ungern).*
Zunge trocken mit Durst *(Clark),* nach *v. Ungern* nicht durstig.

PULS: unregelmäßig, Palpitatio.

3. Psychische Symptome

Die psychischen Symptome haben führenden Charakter bei der meist neurotischen Persönlichkeitsstruktur. Sie ist gekennzeichnet von einer Schwäche auf der geistigen Ebene, bei einer überstarken Gefühlsebene, die bis zu wahnartigen Wahrnehmungsvorgängen und Vorstellungen führt, sogenannten irrationalen Gedanken, die den Patienten quälen und sicher Ursache für viele psychosomatische Reaktionen sind, auf die ich im einzelnen nicht eingehen will.

Charakteristisch ist die Aufgeregtheit, *die Erwartungs- und Examensangst, die von Durchfall begleitet ist.* Jede Lebensänderung wird begleitet von nervösem Erethrismus.

Auffallend ist auch das hastige Wesen und das *Gefühl, daß die Zeit zu langsam vergeht.* In ausgeprägten Fällen wirkt sich die Schwäche auf der geistigen Ebene aus. Der Patient ist nicht wie ein Normaler in der Lage, die Gefühle und Eindrücke zu steuern und zu relativieren. Argentum nitricum gehört im beruflichen und privaten, vor allem aber im erotischen Bereich zu den impulsivsten Menschen, die die Materia medica kennt *(Gawlik).* Das führt zu einer Schwäche des Gedächtnisses und der *Unfähigkeit, zusammenhängend zu denken.* Daher auch die Verschlimmerung durch geistige Arbeit.

Ein eigentümliches Symptom sind auch die verschiedenen auslösenden Momente für *Schwindel*:

Der Anblick hoher Häuser,
Furcht, gegen eine vorspringende Häuserecke zu rennen.
Klaustrophobie,
Schwindel bei Augenschluß,
Platzangst und ständige Furchtsamkeit. Darum geht er nicht gern über hohe Brücken oder an steilen Abhängen. Es ist ein psychogener Schwindel, oft verbunden mit allgemeiner Schwäche und Zittern, aber auch bedingt durch unvollkommene Koordination der Muskeln.

4. Auslösende Schädigung

Lange geistige Anstrengung und
langdauernde Krankheiten,
Schreck,
Schlafmangel,
Erwartungen.
Süßes, kalte Speisen während der Regel.
Neurotischer Nikotinabusus (Beschäftigungsneurose), erbliche Komponente.

5. Art der Kopfschmerzen

Schmerzen in allen Teilen des Kopfes mit dem Gefühl der Völle und Schwere, vor allem mit dem *Gefühl der Ausdehnung.*

Die Migräne setzt sich meist bohrend und klopfend auf dem linken Stirnhöcker fest.
Aber auch rasende Schmerzen in der rechten Stirnseite und rechten Gesichtshälfte.
Der Kopfschmerz kann mit Zittern und Kältegefühl verbunden sein.
Schwindel und Dröhnen in den Ohren kann den Kopfschmerz begleiten, wie überhaupt Schwindel mit Benommenheit des Kopfes und Schwinden der Gedanken ein wichtiges Symptom des AMB ist.
Auslösend auf den migräneartigen Kopfschmerz wirken vor allem *emotionale Belastungen.* So ist er vor allem schlechter nach *erschöpfender, geistiger Arbeit,*
Anstrengung, Schreck,
vor und nach der Regel,
nachts,
durch Wärme.
Besser wird er durch
festes Umbinden eines Tuches (Apis, Pulsatilla),
kühle Luft,
kalte Waschungen,
Erbrechen,
Aufstoßen
und am Meer.

KONGESTIVER KOPFSCHMERZ mit **Vergrößerungsgefühl,** > kalte Luft, Kältegefühl und Zittern, > strammes Einbinden des Kopfes als würden die Schädelknochen auseinandergetrieben < lange geistige Anstrengung

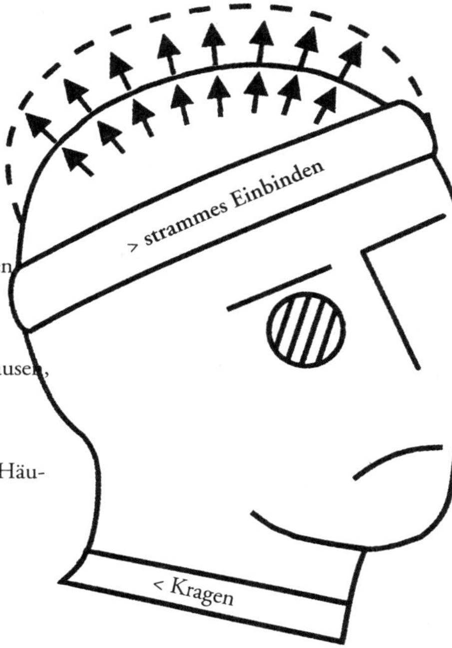

Migräne
Schneidende Schmerzen
im Stirnhöcker
< *im Freien!*

Schwindel mit Ohrensausen,
Zittern und Schwäche
< geschlossene Augen

< beim Anblick hoher Häuser

Augen
überanstrengt
bei Näharbeiten

kann das Licht
nicht ertragen

Galleerbrechen

Unwiderstehliches VERLANGEN NACH ZUCKER, aber es folgt Durchfall. Aufstoßen nach jeder Mahlzeit. Verlangen nach Salz und kräftigem Käse.
Durchfall: < Aufregungen, Erwartungsangst
wie gehackter Spinat, sofort nach dem Trinken.
Leicht in Wut, immer in Eile. Angst vor den Menschen, wenn er durch die Stadt geht. Die Häuserzeilen nähern sich einander.
Beim Überschreiten einer Brücke Verlangen, ins Wasser zu springen. Todesahnung, sagt die Zeit voraus. Abergläubisch.

6. Homöosiniatrische Punkte

LG 5
XUAN SHU = Schwebender Angelpunkt *(Weihe)*

Lage:
Unterhalb des Dornfortsatzes des 1. Lendenwirbels. Der Punkt hat eine Übergangsstellung zwischen UDE und MDE. Er reguliert und tonisiert das MP und den Magen, Leibschmerzen und Ausdehnungsgefühl, Lumbalbeschwerden.

Nach *de La Fuye:*
Dyspepsie, Gefühl, daß etwas im Bauch auf- und absteigt.
Lumbago, Unmöglichkeit, sich zu krümmen.

DI 2
ERJAN = 2. Intervall Wasser JONG-PU SED. PU

Lage:
Bei schwach gebeugtem Finger an der Radialseite des 2. Fingers distal vom Metacarpophalangeal-Gelenk am Übergang vom roten zum weißen Fleisch.

Nach *de La Fuye*:
Vertreibt Wind und beseitigt Hitze.
Hemiplegie,
Fazialislähmung,
Trigeminus-Neuralgie,
Fieber, Somnulenz,
Zahnschmerz, Kopfschmerz,
Gesichtstrübung,
Nasenbluten,
Schulter- und Rückenschmerz.
Feuchtet die Kehle an.
Tonsillitis, Pharyngitis,
Mundtrockenheit,
Schwellung der Submandibulardrüsen,
Ösophagusspasmus.

DI 3
SHAN JIAN = 3. Intervall Holz

Lage:
Bei leicht geballter Faust an der Radialseite des 2. Fingers in einer Vertiefung proximal vom Kopf des 2. Metacarpal-Knochens.
Schräge Nadelung.

Reguliert den Dickdarm, beseitigt Hitze und transformiert feuchte Hitze.

Die Indikationen sind ähnlich wie
DI 2, plus Bauchauftreibung,
Dyspnoe,
Darmgeräusche,
Diarrhö,
Verstopfung durch Hitze im Dickdarm.
Feuchtet die Kehle an.
Fließschnupfen, Nasenbluten.

Anmerkung: Nicht in allen einschlägigen Werken werden die angegebenen Indikationen in dieser Ausführlichkeit beschrieben. In dieser Indikationsliste decken sie sich im wesentlichen mit denen von *de La Fuye.*

Nach *de La Fuye*:
Beide Punkte werden zusammengefaßt unter folgender Symptomatik:

Heftige Durchfälle, Enteritis,
Tympanie, Darmgeräusche, Gefühl
einer Nadel im Pharynx, Stomatitis,
Mandelentzündung, Zahnneuralgie.

Erregbarkeit,
Gelenkschmerzen, kongestiver
Kopfschmerz.
Augenschmerzen (Conjunktivitis,
Ohrensausen).
Atemnot mit Konstriktionsgefühl.

BL 22
SAN JIAO SHU = Zustimmungspunkt des 3 Erwärmers

Lage:
1,5 cm lateral vom Unterrand des Processus spinalis des 1. Lumbalwirbels.

Durch diesen Punkt zirkuliert das Organ-QI. Es reflektiert die Organ-Disharmonie und kann über ihn behandelt werden. In diesem Fall reguliert er den 3Erwärmer und die Wasserwege, tonisiert Niere (YANG) und beseitigt Feuchtigkeit.

Nach *de La Fuye:*
handelt es sich um einen Kranken, der Störungen hinsichtlich der Funktion der Atemwege, des Verdauungsapparates, des Urogenitalsystems und der Blasensymptomatik hat.

Dyspnoe mit Angst,
Gefühl, in einen Schraubstock eingespannt zu sein,
Laryngitis mit Aphonie,
heftiger Husten.
Flatulenz, Magenschmerzen, Speiseerbrechen,
Pharyngitis, Stomatitis.
Grüner Durchfall,
Impotenz trotz sexueller Erregung.
Schmerzhafter Koitus,
Blasentenesmen, Inkontinenz,
Oligurie, eitrige Nephritis, Hämaturie, Ovariitis, Orchitis.

7. Vom homöopathischen Symptombild zum Disharmoniemuster

Das für das *Argentum-Bild* typische Ausdehnungsgefühl und Pulsieren bei Kopfschmerz weist auf ein *aufsteigendes Leber-YANG* hin, das wir bei vielen Kopfschmerzformen antreffen. Charakteristisch dafür ist die häufige Einseitigkeit der Schmerzen, die sich an den Schläfen, den Augen oder lateral an den Seiten des Kopfes lokalisieren und verbunden sind mit Schwindel, Ohrensausen, Taubheit, Mundtrockenheit und Trockenheit der Kehle, Schlaflosigkeit, Reizbarkeit, dem Gefühl, überfordert zu sein und der Neigung zu aufschießendem Ärger. Die *Zunge* ist rot, besonders an den Rändern, der *Puls* drahtförmig (chordalis). Zugrunde liegt immer ein *Leber-YIN-Mangel,* der gewöhnlich das Ergebnis einer *Nieren-Leber-Schwäche* ist, auf die wir noch eingehen werden. Nach den 8 diagnostischen Leitkriterien handelt es sich dabei um eine Mischung von Mangel und Fülle im Inneren.

Doch wird man mit diesem Disharmoniemuster dem Vollbild des AMB Argentum nitricum nicht immer gerecht werden, zumal verschiedene Grade einer Krankheitsentwicklung vorliegen können. Denn „ausschlaggebend ist die neurotische Komponente, die gekennzeichnet ist von einer Schwäche auf der geistigen Ebene, die durch Belastung deutlich wird." (*Vithoulkas*, Essenzen, S. 19).

Die Folge davon sind Erregbarkeit, Nervosität und Impulsivität im emotionalen Bereich. Hier ist das SHEN, das im Funktionskreis des Herzens bewahrt wird, durch *Blut*-Mangel deutlich gestört.

Der Begriff SHEN unterliegt im westlichen Verständnis leicht einer Simplifikation, die seiner Vieldeutigkeit nicht gerecht wird. Dem leistet schon die Übersetzung z. B. ins Englische mit „mind" und ins Deutsche mit „Geist" Vorschub. Vergegenwärtigen wir uns einmal die vielen Bedeutungen, die das Wort „mind" im Englischen hat: Geist, Verstand, Gedanken, Gedächtnis, Sinn, Meinung, Person. Welche Deutung trifft nun auf SHEN zu?

Aber auch die Übersetzung mit „Spirit", die in etwa dem deutschen „Geist" entspricht, assoziiert den Gegensatz zum Körper, während die Verwandtschaft zwischen Essenz-QI und SHEN die chinesische Ansicht von Körper und Geist als einem einheitlichen Ganzen erhellt. *Körper, Seele und Geist sind in der Chinesischen Medizin nicht getrennt und auch nicht getrennt voneinander zu behandeln, sondern im Gegensatz zur westlichen Medizin innig miteinander verbunden.* Das kann damit zusammenhängen, daß in der Chinesischen Medizin die Bedeutung des Gehirns für Bewußtsein, Denken und Erinnerung erst sehr spät, in der Ming-Dynastie (1368–1644), erkannt und dem Gehirn zugesprochen wurden.

Li Shizen (1518–1593) sagte: „Das Gehirn ist die Residenz des Original-SHEN" und *Wang Ging Ren* (Qing-Dynastie) sprach dem Gehirn seine Bedeutung für Intelligenz und Erinnerung zu. Auf das Gesamtkonzept von SHEN in der Chinesischen Medizin scheinen diese Erkenntnisse keinen entscheidenden Einfluß gehabt zu haben, da vom Gesamtkonzept deswegen keine wesentlichen Abstriche gemacht werden mußten und müssen. Die relativ primitive Trennung von Körper, Seele und Geist in der europäischen Tradition entspricht der metaphysischen Grundanschauung einer Trennung von Gott (Schöpfergott), Seele und Welt. Im Lauf der Jahrhunderte abendländischer Geschichte sind die einzelnen Existenzbereiche auseinandergetriftet, ein Zustand, wie er in dieser Radikalität in der gesamten Weltgeschichte noch nicht dagewesen ist. So fällt es westlichen Medizinern schwer, die hochgradig differenzierenden Bedeutungen von SHEN zu begreifen und in ihr therapeutisches Konzept aufzunehmen (siehe „Philosophischer Epilog").

Die Interpretation dessen, was unter SHEN zu verstehen ist, findet in den verschiedensten Darstellungen der Chinesischen Medizin mit relativer Übereinstimmung statt. So definiert *Porkert* (Theoretische Grundlagen der Chinesischen Medizin) sehr präzise: „SHEN bezeichnet den *aktiv* organisierenden, verwandelnden, eine Individualitätsprägung verleihenden und erhaltenden Einfluß, mit anderen Worten die (nach chinesischer Auffassung) rational letzte Ursache für das, was man Leben und lebendige Organisation (SHEN) nennt. Wir hatten darum für SHEN die Standarddefinition *konstellierende Kraft* vorgeschlagen" (S. 144).

Diese konstellierende Kraft äußert sich nach *Porkert* (Lehrbuch der Chinesischen Diagnostik, S. 108) im Gewebsturgor, Muskeltonus, Körperhaltung, Glanz von Augen und Haut, Feuchtigkeit der Schleimhäute usw.) und wir würden noch Charisma hinzusetzen.

Eine recht gute Übersetzung des Begriffs SHEN fand ich bei *Schnorrenberger* (Lehrbuch der chinesischen Medizin für westliche Ärzte): *„Lebens-Geist"*. Er erinnerte mich an einen Vers *Goethes* im Westöstlichen Diwan, der die innige Verschmelzung von Leben und Geist zum Ausdruck bringt:

„Denn das Leben ist die Liebe
und des Lebens Leben Geist".

In sehr klarer Form und durchaus übereinstimmend mit anderen Autoren, wie z. B. *Schnorrenberger* (s. o., S. 89–92), wird SHEN nach *Maciocia* (The Foundation of Chinese Medicine, S. 72–74) in seiner doppelten Bedeutung definiert und dargestellt:

Erstens umschließt SHEN den Komplex aller geistigen Fähigkeiten, welche im Herzen wohnen.

Zweitens wird SHEN benutzt, um die ganze Sphäre emotionaler, geistiger und seelischer Aspekte des Menschen zu kennzeichnen. Von diesem Gesichtspunkt aus gesehen umfaßt es nicht nur das Herz, sondern die emotionalen, geistigen und seelischen Phänomene aller anderen Organe.

So gesehen wohnen geistige Aktivität und Bewußtsein im Sinne der ersten Bedeutung im Funktionskreis des Herzens, und folgende Funktionen sind abhängig vom Zustand des Funktionskreises des Herzens (und des Blutes):
Geistige Aktivität (einschließlich Gefühle),
Bewußtsein,
Erinnerungsvermögen,
Schlaf.

Die Chinesische Medizin sieht den Geist ausschließlich in bezug auf den Körper. Essenz und QI sind körperliche Voraussetzungen für den Geist. Essenz, QI und Geist werden die *Drei Kostbarkeiten* genannt.

Im Sinn der zweiten Bedeutung werden die fünf YIN-Funktionskreise in folgendem Sinn zum Geist bzw. SHEN in Beziehung gesetzt:

1. Der Funktionskreis des *Herzens* speichert das SHEN.

2. Die ätherische (ewige) Seele (HUN) gehört zur Leber und überlebt nach dem Tode. Sie entspricht der westlichen Vorstellung von „Seele".

3. Die Körperseele (P'O) ist unweigerlich nur mit dem Körper verbunden. Sie gibt uns die Fähigkeit zum Fühlen, Hören und Sehen und steht in Beziehung zum Funktionskreis der Lunge.

4. Die Willenskraft (ZHI) wohnt im Funktionskreis der Niere, die uns befähigt, unsere Ziele zu verfolgen.

5. Das Denken (YI) gehört zum Funktionskreis der Milz und steht in Verbindung mit unserer Fähigkeit zum angewandten Denken, Studieren, zur Konzentration und zum Erinnern. Andererseits bestimmt auch das Herz unser Denken und unser Erinnern.

Bei einer Erkrankung des SHEN kommt es zu psychischen Störungen mit neurotischen bis psychotischen Symptomen, wie wir sie auch im AMB von Argentum nitricum antreffen. Diese Störung kann primär zurückzuführen sein auf den ererbten Teil von SHEN, der von JING und QI gebildet und ernährt wird, oder auf den erworbenen Anteil von SHEN, für den BLUT, YIN oder QI des Herzens verantwortlich sind.

Das bestimmt auch die Basistherapie bei den Erkrankungen, die im AMB vorkommen und zu denen mit an erster Stelle die Migräne gehört. Da es sich bei dem Gesamtbild um einen Zustand von *YIN-Mangel* handelt, dürfte ein *Nieren-YIN-Mangel* als Folge der erschöpfenden Krankheiten und der emotionalen, neurotischen Unausgeglichenheit die Ursache für *YIN-Mangel des Herzens* sein, der niemals ohne gleichzeitigen *Herz-Blut-Mangel* auftritt, wenn auch mit unterschiedlicher Gewichtung.

Hier liegt nach den 8 diagnostischen Leitkriterien neben dem *YIN-Mangel* meist noch ein *Herz-Blut-Mangel*, also eine innere *„Leere“* mit einem Überwiegen des vom YIN nicht mehr ausgeglichenen YANG, verbunden mit Hitze, vor. Daher ist beiden Disharmoniemustern das schlechte Gedächtnis, das Herzklopfen, die Schlaflosigkeit, traumgestörter Schlaf, Ängstlichkeit und feiner Puls gemeinsam.

Bei der Schlafstörung gibt es einen feinen Unterschied: Bei *Herz-Blut-Mangel* kann der Patient schlecht einschlafen, schläft er aber, so schläft er gut. Bei *YIN-Mangel* des Herzens besteht ebenfalls eine Einschlafstörung, aber der Patient wacht außerdem mehrmals in der Nacht auf. Der *Herz-Blut-Mangel*-Patient hat ein glanzlos bleiches Gesicht, einen rauhen Puls und eine bleiche Zunge. Bei YIN-Mangel des Herzens kommt es zu fliegender Hitze, Hitzegefühl, oberflächlichem Puls und roter Landkartenzunge.

Die typische „geistige Ruhelosigkeit“ besagt: nervöse Reizbarkeit und Unruhe. Der Patient fühlt sich unbehaglich, ist zappelig oder besorgt ohne triftigen Grund. Das Hitzegefühl, der trockene Mund und die nächtlichen Schweiße beruhen auf einer Hitze-Leere, verursacht durch *YIN-Mangel der Niere.* Denn das Nieren-YIN kann nicht hochsteigen, um das Herz zu ernähren und zu kühlen.

Die ZUNGE ist rot und landkartenähnlich, rot von der aufsteigenden leeren Hitze und vom YIN-Mangel. Wenn dann noch ein tiefer Riß in der Mitte der Zunge besteht, so zeigt es den *YIN-Mangel des Herzens* an.

Ebenso ist der oberflächliche Puls ein Hinweis auf den YIN-Mangel.

Die Hauptursache dafür sind eine lang anhaltende Verängstigung, Sorgen und hektischer Lebensstil als tiefgreifende emotionale Probleme, wobei die Funktionsbeeinträchtigung der Milz durch diese Belastungen rückwirkend eine Rolle für die Disharmonie im Funktionskreis des Herzens spielt. Denn es besteht eine enge Verbindung zwischen Herz und Milz durch das Blut. Der Funktionskreis Milz-Pankreas ist verantwortlich für die Bereitstellung des Blutes durch die Herstellung der Nahrungsessenz.

Ist das *Milz-Pankreas-QI insuffizient,* kommt es zu einer Blutmangelerscheinung im Herzen mit ihren Folgen wie Schwindel, Gedächtnisschwäche, Schlaflosigkeit und Herzklopfen. Dies muß je nach differential-diagnostischen Erwägungen in die Therapie mit einbezogen werden.

8. Therapie

a) *YIN-Mangel des Herzens*

HE 7	stärkt das HE-Blut und HE-YIN und beruhigt das Gemüt.
KS 6	beruhigt allgemein das Gemüt.
KG 14 und **KG 15**	wirken ebenfalls beruhigend, besonders KG 15 ist ein sehr wirksamer Punkt, um den Geist zur Ruhe zu bringen, wenn Ängstlichkeit und geistige Unruhe bestehen.
KG 4	stärkt das YIN und ist ein Gegengewicht gegen die Hitze durch YIN-Mangel.
HE 6	stärkt das HE-YIN und wirkt gegen nächtliche Schweißausbrüche.
MP 6	stärkt das YIN und beruhigt.
NI 7	stärkt die NI und wirkt gegen die nächtlichen Schweiße.
BL 62	sedierend genadelt, bremst das aufsteigende YANG und wirkt auf die Schlaflosigkeit.

b) Blut-Mangel des Herzens

HE 7	stärkt das HE-Blut und beruhigt das Gemüt.

KS 6	tonisiert das HE-QI und beruhigt das Gemüt.
KG 14 und **KG 15**	stärken das Herzblut und beruhigen das Gemüt besonders bei vorherrschender Ängstlichkeit.
KG 4, BL 17 und **BL 20**	stärken das Blut
BL 17	ist der MP-SHU-PU, der das Milz-QI beeinflußt und dadurch mehr Blut produziert.

c) Milz-Pankreas-QI-Defizienz

KG 12	reguliert, stärkt und tonisiert das MP, insbesondere QI und YANG.
MA 36	intensiv tonisierender Punkt sowohl mit Nadeln als mit Moxen, in diesem Fall besonders auf das MP. Außerdem reguliert er den Magen.
MP 3	tonisiert als Quellpunkt das MP.
MP 6	Treffpunkt der drei YIN-Meridiane. Wirkt tonisierend auf das MP-QI.
BL 20	Zustimmungspunkt des Funktionskreises des MP. Wirkt tonisierend.
BL 21	Zustimmungspunkt des Funktionskreises MA. Die Kombination dieser beiden tonisierenden Punkte ist besonders wichtig bei chronischen Schwächezuständen beider Organe.

d) Aufsteigendes Leber-YANG

LE 8	stärkt das LE-YIN.
LE 3	unterdrückt das LE-YANG und den LE-*Wind.*
GB 43	unterdrückt das LE-YANG, Gegenpunkt des GB-Meridians.
3E5	unterdrückt das LE-YANG und ist besonders angezeigt bei Kopfschmerz entlang des GB-Meridians.

MP 6 und **NI 3**	stärken das YIN ganz allgemein.
GB 20	bändigt den Wind und unterdrückt das LE-YANG.
LE 8, TM 16 und **NI 3**	müssen tonisiert werden.
LE 3, GB 20	müssen sediert werden.

BEI AUGENSYMPTOMEN:

GB 38	bändigt das LE-YANG und wirkt besonders bei chronischer und hartnäckiger Migräne.
GB 37	klärt die Sicht, evtl. mit
BL 2, GB 1, TAI YANG	

Außerdem müssen natürlich die entsprechenden Meridianpunkte und Loci dolenti aufgesucht werden. Sedierend auf der kranken Seite, bei ganz akuten Zuständen auch nach der *Even*-Methode auf der Gegenseite.

9. Epikrise

Argentum nitricum ist ein Hauptmittel für die Behandlung der Migräne, wenn es sich um *gespaltene, neurotische Persönlichkeiten* handelt, die mit sich selbst nicht einig sind und aus dieser Spannung *zwischen Geist und Gefühl* keinen Ausweg finden, dadurch werden psychosomatische Reaktionen hervorgerufen.

Wichtig ist natürlich auch der *Kopfschmerzcharakter*, wichtig sind gewisse Symptome wie *Durchfall* bei Lampenfieber, das Verlangen nach *Zucker* und Süßem, das dann nicht bekommt, und die Gedächtnisschwäche. Am wichtigsten ist und bleibt für die Akupunktur die konsequente Behandlung des SHEN. Der Gesamteindruck des Mittels wird beherrscht durch eine Schwäche infolge langer Krankheiten, die das Nieren-YIN beschädigt und beeinflußt haben, und durch abnormen Streß und Ausschweifungen, die die YANG-Niere geschwächt haben.

Daher auch die oft beobachtete erdfahle Gesichtsfarbe, zuweilen mit einem bläulich-zyanotischen Farbton und Blutstau. Damit verbunden sind die *neurologischen Symptome,* die dem Funktionskreis des Herzens, des Milz-Pankreas und der Niere zugeordnet sind, bis hin zur Paralyse und Epilepsie. Unter diesen Gesichtspunkten kann man auch andere Krankheiten des Argentum-Bildes, bei Berücksichtigung der noch in Frage kommenden Disharmonie-Muster wie *Nieren-YIN* und *Nieren-YANG,* behandeln.

Um das Thema nicht zu sehr auszuweiten und dadurch unübersichtlich zu machen, habe ich bewußt auf die so wichtige und in dem Argentum-Bild breiten Raum einnehmende *Magen-Symptomatik* verzichtet. Sie wird m. E. am besten erfaßt durch das Disharmoniemuster des *Magen-Feuers* bzw. *Hitze* (und evtl. *Schleim*) des *Magens.*

Die wichtigsten Disharmoniemuster sind das *aufsteigende Leber-YANG* und der *YIN-Mangel des Herzens.*

Arsenicum album

Toxikologie

Man muß zwischen der akuten und der langsam verlaufenden Arsen-Vergiftung (die Geschichte des Giftmordes liefert genügend Beispiele) unterscheiden. Das stimmt auch mit den 3 verschiedenen Stadien des Arsenbildes überein. Das Bild der akuten Intoxikation äußert sich in choleraähnlichen gastrointestinalen Störungen mit Kräfteverfall oder cerebrospinalen Komplikationen und
heftiger Präkardialangst mit brennenden, vernichtenden Schmerzen im Herzbereich.
Die chronische Vergiftung spiegelt, wie nicht anders zu erwarten, mit zahlreichen Symptomen das Arsen-Bild überhaupt:
Störungen in den Verdauungsorganen,
Schädigung der Nebennieren,
Störungen der Sensibilität und
neuralgische Schmerzen,
fortschreitende Lähmungen,
Nephritis,
fettige Degeneration der Leber,
Hauttrockenheit,
Hyperkeratosen.

Interessant ist die Wirkung von Arsen in allopathischen therapeutischen Dosen zur Anregung der Zellaktivität und zum Hämoglobinanstieg. Diese Verstärkung der Assimiliation bis zur toxischen Steigerung des Eiweißstoffwechsels erklärt die Wirkung als Homöopathikum bei Hyperthyreoidismus und Basedow in Form von Chinin-Arsenicosum oder Arsen-Jodatum, um die Steigerung der Oxydation zu dämpfen.

1. Typus nach dem AMB

Kent schreibt: „Arsenik wirkt auf den ganzen Menschen. Es scheint alle seine Fähigkeiten zu fördern oder zu unterdrücken, alle seine Funktionen anzuregen oder zu stören.“ Das ergibt eine große Zahl von Symptomen, sowohl hinsichtlich des Stoffwechsels mit Verstärkung der Assimilation, als auch mit gesteigertem Eiweißstoffwechsel und der Oxydation.

2. Körperliche Symptome

Lebhaft,
beweglich und
unruhig
und von Angst umhergetrieben.
Die wichtigsten *Leitsymptome* sind:
Große Prostration, mit rapidem Abfall der Vitalkräfte,
geistige und körperliche Unruhe,
Todesangst,
Periodizität,
brennender Schmerzcharakter,
Verlangen nach Wärme.

Die wichtigsten wahlanzeigenden Symptome, die unabhängig von Kopfsymptomen und in den verschiedenen Krankheitsstadien bestehen, müssen hier in Stichworten aufgeführt werden: *„Kein Mittel hat mehr Unruhe als dieses"* schreibt *Nash* und *„Arsenicum steht an der Spitze aller Mittel, welche die Empfindung Brennen haben"*. Die betroffenen Körperteile brennen wie Feuer, aber besser durch Hitze.
Es wirkt auf den gesamten Verdauungskanal mit viel Durst, *trinkt aber in kleinen Schlucken,* und fürchterlichen Magenschmerzen nach Essen und Trinken, ebenso die Leibschmerzen, vor allem bei Diarrhö. Der *Arsen-Durst* besteht allerdings nur in den akuten, fieberhaften Zuständen mit Unverträglichkeit von kalten Getränken. In chronischen Fällen hat die Durstmodalität für die Wahl des Mittels keine wesentliche Bedeutung. Auch die *Unruhe* äußert sich mehr bei akuten Arsen-Bildern, weniger beim chronisch Kranken.
Kann den Anblick und Geruch von Speisen nicht ertragen.
Es ist unser bestes Mittel bei
Gastroenteritis *mit starkem Kräfteverfall* (evtl. mit Nux vomica). Es kommt in Frage für
Bronchitis und
Bronchialasthma in allen Stadien,
oft mit trockenem oder schaumigem Auswurf, *unfähig sich hinzulegen aus Furcht vor Ersticken.*
Auch die Herzsymptomatik mit Angina pectoris und Myodegeneratio kann eine wesentliche Komponente dieses riesigen Mittels sein. *Hämorrhoiden brennend, schlechter durch Hitze.*

Ganz wichtig ist die Hautbeziehung: „pergament"artige Trockenheit oder trockene, schuppige Haut.
Ekzem vorwiegend trocken, aber auch wässernd, heftig juckend und brennend, das sich durch Wärme bessert.
Widerspruchsvolle Wärmeregulation:
Kältegefühl über den ganzen Körper,
Frösteln,
innerliches Frieren,
dann wieder brennende Hitze,
Hitzegefühl mit Angst, am schlimmsten nachts,
periodisch auftretende Fieberanfälle.

Ebenso variierend ist die

ZUNGE: trocken und rot mit erhabenen Papillen,
oder rot mit Zahneindrücken
oder bläulich. Weiß belegt, weiß wie Kreide oder trocken, braun, etvl. schwarz, rissig und zitternd.
Es dürften sich hierin verschiedenste Krankheitsstadien spiegeln.

Der PULS ist beschleunigt, schwach und unregelmäßig.

Herzklopfen, besonders nachts.
Vikariation zwischen Haut und anderen Alterrationen.

Zusammenfassend und vereinfachend kann man sagen:

1. Hyperthyreote Züge, oxygenoide Konstitution.
2. Dyspeptischer Typ.
3. Kachektischer Zustand mit bleicher, wächserner Haut und Ödembildung.

Diese Einteilung entspricht auch einer gewissen Eskalation des Krankheitsbildes, das natürlich im akuten und subakuten Fall in voller Stärke auftreten kann. Hauptindikationen nach *v. Ungern:* krebsartige Leiden, Epitheliom, Hirntumor, Lupus, Hämangiom, Scirrhus, Noma, Lähmung (links nach Diphtherie).

3. Psychische Symptome

Große Angst,
Rastlosigkeit,
Todesangst.
Läßt sich durch jede Sorge übermäßig beeindrucken,
ist dann niedergeschlagen,
traurig, weinerlich, denkt unheilbar zu sein.
Sehr ärgerlich und empfindlich.
Pedantische Pünktlichkeit,
Gedächtnisschwäche,
Teilnahmslosigkeit.
Ein wesentlicher Zug nach *v. Ungern* ist das Symptom: Fühlt sich beobachtet.

4. Auslösende Schädigung

Folge von destruktiven Erkrankungen,
Marasmus,
Kachexie,
fortschreitender Entkräftung,
von Angst,
Enttäuschung,
Verlassenheit und religiösen Zwangsvorstellungen.
Schlimmer nach Mitternacht *durch Kälte, kalte Getränke oder Nahrungsmittel,*
besser *durch Wärme allgemein.*

5. Art des Kopfschmerzes

Es ist sehr die Frage, ob man Arsenicum album unter die sogenannten Migränemittel rechnen darf. Es findet als solches jedenfalls nicht überall Erwähnung *(Voisin, Quilisch, Farrington).*

Auf jeden Fall muß man 2 Kopfschmerzformen unterscheiden, wie es bei *Kent* geschieht: eine mehr vasomotorisch-kongestive und eine neuralgische Form. Damit sind auch verschiedene Modalitäten gegeben. Davon ist natürlich auch die Akupunkturbehandlung abhängig.

Die periodischen Kopfschmerzen sitzen in allen Teilen des Kopfes. Sie sind
kongestiv verbunden mit Klopfen und Brennen,
mit Angst und Ruhelosigkeit,
mit heißem Kopf und Besserung durch Kälte.
Es gibt klopfende Stirnkopfschmerzen einseitig und vor allem über einem Auge an der Nasenwurzel, begleitet von Übelkeit mit Erbrechen.
Dann treten Kopfschmerzen im Hinterkopf auf, die so furchtbar sind, daß der Patient wie betäubt und geblendet ist, meist als Folge von Aufregung und Anstrengung. Kongestiver Kopfschmerz, als wolle der Schädel zerspringen.
Die neuralgischen Schmerzen am Kopf werden dagegen durch Wärme gebessert.
Wichtig ist die Periodizität und zu wissen, daß die Kopfschmerzen mit psychischen Symptomen abwechseln und zu den Allgemeinsymptomen, die sich auf den Kopf beziehen, passen.
Kent sagt: „Wenn wir alles zusammenfassen mit der Erschöpfung, die gemeinsam mit der großen Angst auftritt, dann haben wir fast immer einen Arsenikfall vor uns" (S. 166), d. h., daß immer das Vollbild Arsenicum album in seinen verschiedenen Stadien vorliegen muß, wenn das Mittel bei Kopfschmerzen angezeigt sein soll.

KONGESTIVER KOPFSCHMERZ, Klopfen, Brenngefühl. **Unruhe,** ANGST. Schwere im Kopf, Betäubungsgefühl. Mitunter Schlafsucht. Schießen.

Hemikranie mit Eiseskälte der Kopfhaut

< nach Mitternacht,
< nach jeder Mahlzeit.
< morgens.

PERIODISCH.
Unerträglich. STÖHNEN.

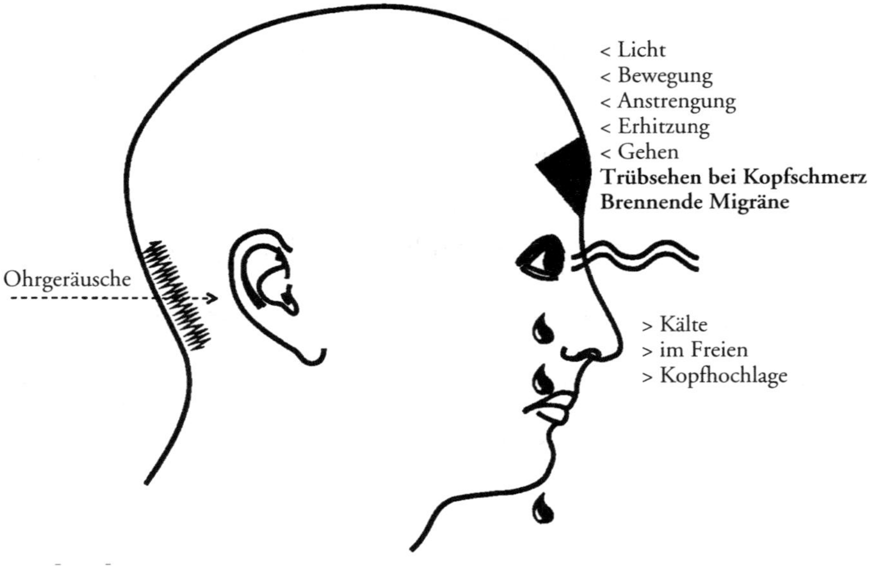

Frostiger Patient. Liebt offenes Kaminfeuer, Einhüllen in Decken, warme Zimmer – aber offenes Fenster bei Kopfschmerzen.
Heftiger Durst, kleine Mengen Wasser, erbricht es gleich wieder. Oder es liegt wie ein Stein im Magen.
Verlangen nach Saurem, Schnaps, Kaffee, Milch, Fett.
Aversion gegen Fleisch, Butter. < Geruch von Speisen.

6. Homöosiniatrische Punkte

NI 20
TONG U = Das verbindende Tal
(*Weihe* rechts)

Lage:
5 CUN oberhalb des Nabels, 0,5 CUN lateral der Leibesmitte.

Ein sehr unbedeutender Punkt, der nicht in allen einschlägigen Büchern Erwähnung findet. Nach *Porkert/Hempen* setzt er das QI im Funktionskreis Leber, Milz-Pankreas und Magen in Umlauf.

Nach *de La Fuye:*
Nephritis mit wenig Urin, Blasenlähmung mit Inkontinenz, Albuminurie, brennendes Urinieren. (Diese Symptomatik wird in anderen Lehrbüchern nicht bestätigt und ist recht zweifelhaft.)

MA 42
CHONGYANG = Eilendes YANG
Quellpunkt

Lage:
1.3 CUN distal von MA 41 auf dem höchsten Punkt des Fußrückens in einer Vertiefung zwischen 2. und 3. Metatarsalknochen.

Der Name deutet die aktive, intensive und vitale Natur des Meridian-QI-Flusses zu diesem Punkt. CHONG spielt auf den CHONG-MO an, der diesen Punkt kreuzt. Er reguliert den Magen bei Appetitlosigkeit, bei epigastrischen Schmerzen, Auftreibung des Leibes und Verstopfung. Er beruhigt das Gemüt bei Hysterie, Ängstlichkeit und chronischer Ruhelosigkeit. Er klärt Magen-Feuer und Hitze und vertreibt den Wind, z. B. bei Fazialislähmung, Gesichtsödem, Gingivitis, Zahnschmerz.

Nach *de La Fuye:*
bei Magenatonie, Appetitlosigkeit, Fazialisparese, Lähmung der Beine mit Atrophie, Aufgedunsenheit des Gesichts.

DI 10
SHOU SANLI = Drei Meilen am Arm

Lage:
2 CUN distal vom DI 11 auf dem Meridian am Rand des Radius.

Reguliert Magen und Eingeweide und beseitigt stagnierende Verdauung.
Indikationen sind: Fazialisparese, Gesichtsfurunkel, Schulterschmerz und Hemiplegie, Bauchauftreibung, Magenschmerz, Incontinentia alvi, Diarrhö mit und ohne Erbrechen, Zahnschmerz und Stimmverlust. Lokale Wirkung.

Nach *de La Fuye:*
Choleriforme Diarrhö, Zahnfleischbluten. Parese des Arms und der Hand. Fazialisparese. Gesichtsfurunkel.

NI 3
TAIXI = Großer Strom
YU-YUNN-PU (Fluß-PU)
Erde
Quell-PU

Lage:
Zwischen Maelleolus und Kalkaneussehne in einer Vertiefung, wo der Puls tastbar ist.

Ihr Name bezieht sich auf das QI, das hier wie ein majestätischer Fluß fließt.

Tonisiert die Nieren (speziell QI, YANG und YIN). Ursprung von QI, Blut und Essenz. Besondere Indikationen: Hochdruck bedingt durch YIN-Schwäche, chronisch konsumierende Störungen, schmerzhafte Funktionsstörung im Urogenital-System, Menopausen-Syndrom, Nephritis, Nierenkolik, Neurasthenie, Kopfschmerz, Gedächtnisschwäche, Tinitus, Somnolenz oder Schlaflosigkeit, Lumbalschmerz, unregelmäßige Menstruation, Impotenz, Urininkontinenz oder Verhaltung.

Verstärkt das YIN und klärt dadurch *Mangel-Hitze und Feuer*, befeuchtet Trockenheit und regt Schweißbildung an. So wirkt er auf Tonsillitis, Pharyngitis, Trigeminus-Neuralgie, Fieber ohne Schweiß, Schwindel, Zahnschmerz, asthmatisches Pfeifen, Schleim auf der Brust, Brustschmerz, Verstopfung, Parese der unteren Extremität.

Nach *de La Fuye:*
In erster Linie Wirkung auf die Niere bei schwerer atrophischer Nephritis. Glykosurie, allgemein bei progressiver Abmagerung und psychisch bei körperlicher und geistiger Ermüdung, Schlafbedürfnis.

In zweiter Linie bei Schwäche und Kälte der unteren Extremität, Fieber und Schweiß, Bluterbrechen, Ödeme, Erbrechen, Diarrhö, Dysenterie.

MP 2
DADU = Große Stadt
Feuer
YONG PU (Bach-PU)
Tonisierungs-Punkt

Lage:
Am medialen Rand der 1. Metatarsale der Großzehe, distal vom Metatarso-Metakorpalgelenk.

Der Punkt reguliert das MP (speziell QI und YANG) und Magen (QI) und reduziert digestive Stagnation. Indikationen sind: Ruhelosigkeit und Schlaflosigkeit, Schweregefühl im Körper mit Schwellung an den Extremitäten, Völlegefühl in der Brust, Erbrechen, epigastrische Schmerzen, Bauchauftreibung, schlechte Verdauung, Aufstoßen, Darmgeräusche, Durchfall, Verstopfung.

Nach *de La Fuye*
werden ähnliche oder die gleichen Indikationen angegeben, außerdem aber Anämie, zerebrale Ermüdung, große Schwäche mit Schwindel, Melancholie, brennende Schmerzen, Herzschmerzen mit Herzklopfen, rheumatische Gelenkschmerzen.

(*Anm.:* Die Punktur des Punktes ist schmerzhaft. Um das zu vermeiden, kann man Fadenmoxen anwenden. Im übrigen leistet MP 3 dasselbe.)

3E 16
TIANYOU = Öffnung des Himmels
Himmelsfenster-PU

Lage:
Hinter und unterhalb des Processus mastoideus am hinteren Rand des M. sternocleidomastoideus, auf der Höhe des Kieferwinkels.

Indikation:
Bei plötzlichen, massiven, schockartigen Einwirkungen, Ohrensausen, Taubheit, Tubenkatarrh, Sehstörungen, Zervikalarthrose.

Nach *de La Fuye*
zeigen sich Astheniesymptome der drei Meridiane Dünndarm, Gallenblase und 3 Erwärmer, die sich dort überschneiden.

(*Anm.:* Der Punkt findet nicht in allen wichtigen Akupunkturdarstellungen Erwähnung.)

Von diesen Punkten sind für die Behandlung des Arsen-AMB sinnvoll: MA 42, DI 10 und vor allem NI 3, der ja bei der Darstellung des Disharmoniemusters eine führende Rolle für die Stärkung des QI spielt.

7. Vom homöopathischen Symptombild zum Disharmoniemuster

Prostration,
physische und psychische Unruhe als Folge der Schwäche,
brennender Schmerzcharakter,
verzweifelte Angst,
Kälte des Körpers mit Verlangen nach Wärme, Verschlechterung nach Mitternacht (max. Zeit des Leberfunktionskreises),
Verstärkung der Assimilation (oxygenoide Konstitution),
aber auch Hitzegefühl mit Angst, bei Nacht mit großem Durst,
trockene, rote Zunge,
beschleunigter Puls,
trockene, schuppige Haut –
alle diese widersprüchlichen Symptome gehören zum vollständigen Arsenbild.

Wie kann man sie in der Gegensätzlichkeit von Schwäche und Hitze-Symptomatik unter einen Hut bringen? Fast bis aufs Wort deckt sich das Bild mit einem langen Zitat, das *Porkert* im Lehrbuch der Chinesischen Diagnose von CHANG-CHIEH-PIN zitiert (S. 45), und das ich in seiner unübertrefflichen Prägnanz hier im vollen Wortlaut zitiere:

„Bei Symptomen unechter Hitze (calor falsus) ist die Wirkung des Wassers (gemeint ist die Wandlungsphase Wasser, im Funktionskonzept vertreten durch den o. renalis) auf ihren Höhepunkt gelangt und hat dabei die äußeren Merkmale der Wandlungsphase Feuer angenommen.

Dies kann bei schädigender Kälte (Krankheiten SHANG-HAN) oder überhaupt bei verschiedenen Krankheitszuständen eintreten, wenn ein Patient konstitutionell zu inanitas (Defizienz) oder algor (Kälte) tendiert und auf die (konstitutionelle Prädisposition) nun eine Heteropathie (exogene schädliche Einflüsse) stößt; (die unechten Symptome) können aber auch (durch jedes der übrigen pathogenen Faktoren wie) Überanstrengung, Exzesse in vini et venere, durch extreme Entfaltung der sieben Emotionen, ja sogar bei jemandem, der ursprünglich gar keine Hitze-Symptome zeigte, durch falsche Verabreichung kalter oder kühlender Arznei herbeigeführt werden. Was nun verwirrt, ist, daß bei calor merus (echter Hitze) Fieber auftritt, bei calor falsus (unechter Hitze) aber auch, ja, daß in beiden Fällen auch die übrigen Symptome wie rotes Gesicht, Unruhe, Stuhlverstopfung, rötlicher, spärlicher Urin, Keuchen, schmerzhafter oder geschwollener Hals, pulsus celeri auf intenti gleichermaßen zu beobachten sind. Wenn der Unerfahrene hier nur calor diagnostiziert und innerlich eine kalte oder kühlende Rezeptur verordnet, so kommt der Patient, kaum daß er sie geschluckt hat, zu Tode. Was er nämlich übersieht, ist, daß zwar der Körper Fieber zeigt, daß aber immer Kälte (algor intimae) die Aktivität steuert (d. h. nach außen drängt) oder daß ein erschöpftes YANG nicht mehr zusammengehalten werden kann. Was entscheidend ist, daß trotz (calor)-Symptomen wie trockenem Mund und Durst der Patient absolut keine kalte (Flüssigkeit) genießen möchte und falls doch, dann nur in kleinster Menge; auch, daß die Stuhlverstopfung fehlt, ja, daß sogar Urinverhaltung mit Durchfall (= algor-Symptomatik) zu beobachten ist; oder, daß häufige Miktionen klaren Urins vorkommen, wechselnd mit spärlichem, gelbem oder rötlichem; daß der Patient kurzatmig ist und wortkarg, mit schwärzlichem Teint und großer Müdigkeit; oder, daß er sich zwar wie irrsinnig umherwirft, jedoch, sobald man ihn einmal daran hindert, ruhig bleibt: Sein Fall ist also mit dem Drang zu mächtiger Bewegung, zu Schimpfen und zu Fluchen (der echten Hitze) nicht vergleichbar; hier liegt eine Erschöpfungstobsucht vor ... Und nun die Pulse unechter Hitze: sie sind auf jeden Fall mersi, minuti, tardi, invalidi; und wenn tatsächlich p. p. superficiales, exundantes, intenti, celeri beobachtet werden, dann sind sie kraftlos ohne konstellierende Kraft (SHEN): Denn die Hitze ist eben nur in der Haut, die Kälte innen in den Orbes."

Ich habe bewußt diesen Abschnitt aus der „Diagnostik“ von *Porkert* wegen seiner Anschaulichkeit zitiert, um die Problematik einer chinesischen Diagnose in einem solchen, zweifellos immer sehr schweren, klinischen Fall zu demonstrieren. Mir ist einmal ein solches Krankheitsbild in Gestalt einer Zeckenenzephalitis begegnet.

Es handelt sich also nach den 8 diagnostischen Leitkriterien hierbei um *Hitze* außen und *Kälte* innen, um eine YANG-Defizienz insbesondere der *YANG-Niere* mit *YIN-Mangel*-Symptomatik der Niere. Dementsprechend muß dann auch die Therapie dem „Mangel“-Zustand entsprechen.

Es sei nebenbei angemerkt, daß es auch den umgekehrten Zustand gibt, nämlich unechte Kälte mit innerer Hitze, worauf ich aber nicht näher eingehen möchte (s. *Porkert* „Diagnostik“, S. 46).

„Um (aber) festzustellen, ob man bei algor falsus (unechter Kälte) durch Verabreichung heißer Arznei oder bei calor falsus (unechter Hitze) durch Verabreichung kalter Arznei Schaden anrichten würde, lasse man den Patienten eine kleine Menge kalten Wassers probieren. Bei calor falsus wird er es überhaupt nicht genießen oder nach Genuß erbrechen – folglich muß man ihn mit warmen und heißen Arzneien bessern. Bei algor falsus hingegen wird er das Wasser entweder begierig verlangen oder sich nach dessen Genuß gebessert fühlen und nicht erbrechen. In einem solchen Fall muß man ihn mit kalten und kühlen Arzneien behandeln.“ (*Porkert,* „Diagnostik“, S. 47)

Bei den Innen-Erkrankungen im Arznei-Bild von Arsen ist eine Kälte-Symptomatik vorherrschend, deren Beurteilung allerdings erschwert ist durch paradoxe Hitze-Symptome, wofür u. a. die Ablehnung kalter Getränke und das Bedürfnis nach Wärme wegweisend ist. Bei dem Arsenicum-Bild „weist jedes Stadium der Erkrankung eigene Symptome auf“ (*Kent,* S. 152), was die Zuordnung zu einem jeweiligen Disharmoniemuster sehr schwierig macht.

Insofern ist es opportun, sich die verschiedenen Stadien zu vergegenwärtigen, wie es *Vithoulkas* (Essenzen homöopathischer Arzneimittel, S. 23) sehr anschaulich macht.

„In den frühen Stadien von Arsenicum herrschen körperliche Symptome vor, während die geistige Ebene weniger betroffen ist. Wir können uns nur an bestimmte körperliche Beschwerden halten, wie z. B.: brennende Schmerzen, Frostigkeit und Verschlimmerung durch Kälte, häufige Erkältungen, Periodizität, Durst auf kleine Schlucke, Verschlimmerungszeiten zwischen 13.00 und 14.00 und 1.00 und 2.00 Uhr. Bei eingehendem Nachfragen kommt sicher auch schon die Übergenauigkeit, die Knickerigkeit und bis zu einem gewissen Grad die Unsicherheit zum Vorschein."

„Sodann, wenn die Krankheit in tiefere Ebenen vordringt (also in einem 2. Stadium), tritt bei dem Arsenicum-Patienten die Angst mehr in den Vordergrund." Hinzu kommt dann noch die Furcht vor dem Alleinsein, die Ruhelosigkeit. „Es ist", wie *Vithoulkas* schreibt „keine im Körperlichen wurzelnde Ruhelosigkeit; es ist eine geistige Ruhelosigkeit, der Versuch eines gequälten Menschen, seine tiefsitzende Angst zu beschwichtigen." Und zwar ist es die Angst um die Gesundheit, die Furcht, allein zu sein und die Furcht vor dem Tode.

Im 3. Stadium, beim Fortschreiten der Krankheit, verschlimmern sich vor allem die psychischen Symptome im Sinn eines paranoiden Mißtrauens und einer schweren Depression. Hinzu kommt dann die zunehmende Prostration im Zusammenhang mit den Auswirkungen der schweren, oft nur klinisch behandelbaren Krankheitsbilder.

Der *Kopfschmerz*, um den es uns hier in erster Linie ja geht, wird im wesentlichen im 1. und 2. Stadium anzutreffen sein. Im Zusammenhang mit einer Nieren-YIN-Defizienz kann es außer zu Schwindelanfällen und Tinnitus auch zu Kopfschmerzen, besonders an den Schläfen oder dem Scheitel, und Sehstörungen kommen. Der kongestive Charakter der typischen Kopfschmerzen entspricht aber einem *aufsteigenden Leber-YANG*, zu dem es neben der *Nieren-YIN-Defizienz* vor allem auch durch eine *Defizienz des Leber-YIN* kommen kann. Wir haben es dann mit der Symptomatik *Hitze* oben und *Kälte* unten, also einer Dissoziation im QI-Fluß, zu tun, wobei man aber der YIN-Defizienz Rechnung tragen muß. Das erklärt auch den Umschlageffekt bei der Applikation von kalten Umschlägen bei dem Arsen-Kopfschmerz. Vom Standpunkt der 8 diagnostischen Leitkriterien liegt ein „Fülle/Mangel"-Zustand vor.

Die anderen Krankheiten, die mit dem Arsenicum-Bild übereinstimmen, kann ich in diesem Rahmen nur streifen:

Der Hyperthyreose entspricht als Disharmoniemuster das *auflammende Herz-Feuer* mit seinem Herzklopfen, seinem Durst, einem Hitze-Symptom, ebenso wie die Mund- und Schleimhautgeschwüre, die seelische Ruhelosigkeit, dem Gefühl, gehetzt zu sein, der Schlaflosigkeit, dem roten Gesicht und dem Hitzegefühl überhaupt. Dementsprechend ist die *ZUNGE* rot mit einem Belag, der die Hitzefülle spiegelt und einem schnellen *PULS* mit überströmender Qualität. Nach den 8 diagnostischen Leitkriterien ist es ein Füllezustand, und zwar Hitze-Fülle im Herzen.

Das Zusammentreffen von drückender Hitze im Sommer und Feuchtigkeit wirkt sich vor allem auf die Funktionskreise der Eingeweide aus und führt zur Dysenterie, wie wir sie von der Gastroenteritis und der Cholera kennen: Erbrechen, Durchfall, Bauchschmerzen, Krämpfe (durch Flüssigkeitsverlust), rasche Erschöpfbarkeit. Im wesentlichen handelt es sich um eine Störung im Funktionskreis des MP und des MA. Dies wird im allgemeinen für Choleras nostras, akute Gastroenteritis (im Sommer) und echte Cholera gelten mit QI und evtl. YANG-Defizienz des MP und vor allem mit *Feuchtigkeit und Hitze, die sich im Milz-Pankreas und Magen sammeln.* Selbstverständlich gibt es auch eine durch *feuchte Kälte* hervorgerufene Diarrhö, und es ist die Aufgabe des Arztes, im Interesse einer wirksamen Therapie (moxen!) die Entscheidung aufgrund der Anamnese und des Befundes zu treffen.

Zum Arsenicum-AMB gehört das Asthma. Es gibt zwei Disharmoniemuster, an die man dabei in erster Linie denken muß. *Schleim-Hitze verlegt die Lunge und die Unfähigkeit der Nieren, das QI festzuhalten.* Dieses letztere Disharmoniemuster dürfte am ehesten im Zusammenhang mit den Störungen im Arsen-AMB zutreffen. Bei dieser Dysfunktion der Niere ist in erster Linie eine *Nieren-YANG-Defizienz* in Ewägung zu ziehen, wie sie im 2. Stadium des AMB, in Anbetracht der vorherrschenden Angstsymptomatik, zu erwarten ist. Das QI staut sich „oben“ in der Brust, bei QI-Mangel „unten“ im Abdomen, und so kommt es zu Kurzatmigkeit und *inspiratorischem Asthma.* Voraussetzung ist allerdings ein länger bestehender, chronischer Verlauf mit allgemeiner Schwäche, körperlich wie seelisch.

Dieses Disharmoniemuster ist also charakterisiert durch einen Kommunikationsmangel zwischen Lunge und Niere, wobei *die Lunge die Exspiration, die Niere die Inspiration kontrolliert.*

Die meist sehr bedrohlichen Herzstörungen des Arsen-AMB mit Dyspnoe nach Mitternacht, heftigen zusammenschnürenden, auch brennenden Herzschmerzen, erdfahler Blässe, Angst und Todesfurcht, Verlangen nach frischer Luft und schnellem, schwachem und unregelmäßigem *PULS*, wird am ehesten erfaßt durch das Disharmoniemuster *stagierendes Herz-Blut,* das sich in den meisten Fällen von einer *Herz-YANG-Defizienz* herleitet. Beide Disharmoniemuster müssen also bei der Therapie in Erwägung gezogen werden. Beim Verdacht oder einem erwiesenen Herzinfarkt handelt es sich um *stagnierendes Herz-Blut*, während der Präkordialschmerz und die Koronarinsuffizienz mehr dem Disharmoniemuster *Herz-YANG-Defizienz* entsprechen. Zwar besteht bei beiden Fällen Herzklopfen, Brustbeklemmung und Kälte, speziell der Hände, aber der Schmerz bei *stagnierendem Herz-Blut* geht einher mit zusammenschnürender Enge der Brust, ausstrahlendem Schmerz in den linken Arm oder die Schulter und Zyanose der Lippen und Nägel. Entscheidend ist, daß bei defizientem *Herz-YANG* das Gesicht leuchtend weiß ist (im Gegensatz zur Zyanose) und daß die *ZUNGE* beim *Herz-YANG-Mangel* bleich, feucht und geschwollen, beim *stagnierenden Herz-Blut* purpurfarben ist.

Eine wichtige Indikation für die Anwendung von Arsen sind die Hauterscheinungen:

Trockene oder nässende Ekzeme (Neurodermitis),
Herpes Zoster,
Urtikaria,
Erysipel.

Die typische Hauttrockenheit ist meist zurückzuführen auf einen endogenen Verlust von Säften, evtl. auch von Blut, durch eine Schädigung des YIN oder einen *Leber-Blut-Mangel.*

Nicht alle Hauterkrankungen können auf die *Lunge* bezogen werden, sondern auf den Zustand der Leber. Gerade trockene Haut hängt mit dem *Mangel* von *Leber-Blut* zusammen, während das Jucken auf *Wind* zurückzuführen ist, der ja auch dem Funktionskreis der Leber entspricht. Wenn auch die Lunge die Haut kontrolliert – dadurch, daß sie die Flüssigkeit vom Milz-Pankreas erhält –, so bezieht sich das m. E. auf die normale Beschaffenheit und ihre Störung.

Bei einer Lungenfunktionsschwäche wird die Haut rauh und trocken und verliert ihre Abwehrfunktion. Damit schafft sie eine Disposition für die Entstehung von Ekzemen, vor allem, wenn Hitze hinzukommt oder äußerer Wind, der – in der Leber gespeichert – Blut aufwühlt (Urtikaria).

So ist die häufigste Ursache von Hauterkrankungen eine *Leber-Blut-Hitze*, die Brennen und Jucken erzeugt. Die Therapie läßt sich nicht auf ein Disharmoniemuster festlegen.

Angst gehört für das Arsenicum-AMB zu den Leitsymptomen. Es ist sicher von entscheidender Bedeutung für die Kopfschmerzbehandlung, ihre Behandlung ggf. mit in das Therapiekonzept einzubeziehen.

Wir unterscheiden Furcht und Angst. Andauernde begründete Furcht gegenüber einer konkreten Bedrohung schädigt den Funktionskreis der Nieren. („Es geht mir an die Nieren.") Angst hingegen ist eine meist unbestimmte und unbestimmbare Gestimmtheit, für die es konkret keinen Grund gibt. Sie begegnet uns bei Depressionen und Angstneurosen. Diese Angst ist primär auf eine Defizienz des Funktionskreises der Nieren zurückzuführen, und da insbesondere der YANG-*Niere*. Diese Schwäche ist der Hintergrund der im Arsen-AMB anzutreffenden quälenden Angst. Beide, sowohl Furcht als auch Angst, führen zu einer Schwächung der Essenz, weil das Nieren-QI erschöpft ist. Durch die Verlangsamung des QI-Flusses, hervorgerufen durch gegenläufige Emotionen, bildet sich „zäher Schleim". Er steigt empor und trübt das Bewußtsein. Dadurch kommt es zu einer Beunruhigung des Herzens mit Reizbarkeit, Ruhelosigkeit, Schlaflosigkeit durch Träume, gelb-belegter *ZUNGE*, Schleimpuls und schnellem *PULS*, Herzklopfen und exzessiver Angst. Es spielt auch eine Rolle, daß es durch die *Defizienz des Nieren-YIN* zu einer aufsteigenden „Mangel"-Hitze kommen kann, die sich auf den Funktionskreis des Herzens auswirkt: Hitzegefühl mit Angst, nächtlichen Schweißausbrüchen, Herzklopfen, trockenem Mund und Hals.

8. Therapie

a) Aufsteigendes Leber-YANG

LE 3 sediert das LE-YANG.
Dies ist der wichtigste Punkt distal.

3E5	sediert ebenfalls das LE-YANG und kommt vor allem in Frage bei Kopfschmerz im Bereich des GB-*Meridians.*
MP 6 und **NI 3**	tonisieren das NI-YIN.
LE 8	tonisiert das LE-YIN.
GB 43	sediert das LE-YANG. Es ist ein wichtiger YONG-Punkt, der die Energie im GB-Meridian zum Fließen bringt und auf der Gegenseite angewandt werden kann.
GB 38	KING-Punkt und sedierender Punkt für GB und *LE-YANG* und *LE-Feuer.* Ein ganz wichtiger Punkt zur Behandlung der Migräne.
BL 2 **TAIYANG** **GB 20**	alle sedieren das *LE-YANG* und wirken als lokale Punkte im Bereich der Augen, Schläfen und des Hinterkopfes.
GB 9, 8, 6	Lokal wirksame Punkte.

b) Aufflammendes Herz-Feuer

HE 9 und **HE 8**	klären das Herz-Feuer.
HE 7	beruhigt das Gemüt.
KG 17	beruhigt das Gemüt und klärt die Hitze.

Alle Punkte werden sedierend behandelt.

MP 6 und **NI 6**	werden tonisiert, um das YIN zu fördern und das Feuer zu kühlen, sogar wenn keine YIN-Defizienz besteht.

c) YANG-Mangel des Milz-Pankreas

KG 12 und **MA 36**	um das MP-QI zu stärken.

MP 3 und **MP 6**	stärken als Quellpunkt ebenfalls das QI des MP.
BL 20 und **21**	tonisieren das MP-QI vor allem bei chronischen Zuständen von MP und MA.

d) Feuchte Hitze sammeln sich in MP und MA

MP 6 und **MP 9**	lösen Feuchtigkeit und feuchte Hitze im UDE.
MA 21 und **KG 12**	regulieren das QI des MA.
DI 4 und **DI 11**	klären die Hitze und lösen Feuchtigkeit auf, ebenso
MA 4 und **MA 43**	
GB 20	gegen die Feuchtigkeit und
GB 34	gegen feuchte Hitze.
KG 12 und **KS 6**	bei Erbrechen.
MA 34	bei akuten, schweren Bauchschmerzen.
MA 25	klärt die Hitze im MA und den Eingeweiden und stoppt den Durchfall, evtl. moxen.
KS 3	klärt die Hitze in den Eingeweiden.
MA 18	reguliert das MA-QI.

(Eine ausgezeichnete und sehr ausführliche Darstellung zur Behandlung des Brechdurchfalls und der chronischen Diarrhö bietet *Heribert Schmidt* in seinem Buch „Konstitutionelle Akupunktur", S. 163/164.)

e) Die Niere unfähig, das QI zu halten

NI 3	stimuliert die Nierenfunktion, das QI aufzunehmen und die Lungenfunktion in ihrer abwärts sendenden Funktion.

LU 7 und **NI 6**	öffnen kombiniert angewandt das Konzeptionsgefäß, stimulieren die abwärts leitenden Funktionen der Lunge und stärken die Niere in der Aufnahme des QI und kommen der Kehle zugute.
MA 36	stärkt das QI überhaupt und ist wichtig bei chronischen Zuständen.
BL 23 und **LG 4**	tonisieren das NI-YANG.
KG 6	tonisiert ebenfalls das NI-YANG (Moxa) und zieht das QI herunter in das Abdomen.
KG 17	stärkt das QI und stimuliert die Lunge.
NI 25	ist ein wichtiger lokaler Punkt, der die Rezeption des QI durch die Nieren anregt und die Atmung verbessert.
LG 12	tonisiert das LU-QI, besonders bei chronischen Fällen.
NI 7	kräftigt das NI-YANG und ist wichtig bei Atmungsproblemen.

f) Nieren-YANG-Mangel

BL 23	tonisiert das NI-YANG.
LG 4	verstärkt das Feuer des „Lebenstors" (MING-MEN) am besten mit Moxa.
KG 4	tonisiert das NI-YANG und das Original-QI.
KG 6	tonisiert das NI-YANG (Moxa).
NI 3	stärkt die Nieren.
NI 7	ist spezifisch für die Stärkung des NI-YANG.
BL 52	tonisiert die Nieren und die Willensstärke.
JINGGONG	(extra, auf dem Rücken 0,5 cm lateral von BL 52) stärkt die Nieren-Essenz und das NI-YANG.

g) Stagnierendes Herz-Blut

KS 6 regulierte das HE-Blut und befreit die Brust. Dies ist der Hauptpunkt.

KS 4 ist als Sammelpunkt des QI geeignet, den akuten Schmerz zu beeinflussen.

HE 7 beruhigt das Gemüt.

KG 17 reguliert QI und Blut in der Brust und stimuliert die Zirkulation des sich sammelnden QI. Bei HE-YANG-Mangel kann man den Punkt moxen.

BL 14 reguliert das HE-Blut.

BL 17 reguliert das Blut ebenfalls, wenn der Punkt genadelt wird.

MP 10 reguliert das Blut.

NI 25 bewegt QI und Blut in der Brust. Besonders anzuwenden bei HE-YANG-Mangel und NI-YANG-Mangel.

(Die Akupunktur verbietet sich beim akuten Infarkt oder Infarktverdacht, da durch die Beseitigung der Schmerzen das Bild verschleiert wird. Nach gesicherter klinischer Diagnose und entsprechender Therapie kann man Akupunktur mit gutem Erfolg anwenden.)

Für die laufende Behandlung der Angina pectoris haben sich zusätzlich bewährt: BL 15, MP 8, NI 6 und routinemäßig MA 36, MP 6.

h) Herz-YANG-Mangel

HE 5 und **KS 6** stärken das HE-QI.

BL 15 stärkt das HE-YANG, wenn Moxa benutzt werden.

KG 17 ebenfalls (siehe bei Punkt g).

KG 6 tonisiert mit Moxa die ganzen YANG-Energien im Körper und besonders bei HE-YANG-Mangel.

LG 14 tonisiert mit Moxa das HE-YANG.

i) Angst

MA 40 **GB 34** **MP 9**	entfernt den Schleim.
KS 9	TING-Punkt, klärt die Hitze bei psychischen Symptomen. In Verbindung mit KS 3, 4, 5, 6 und 7 beruhigen sich das Gemüt und der Geist. In Frage kommen besonders:
KS 5	löst den Schleim im Herzen.
KS 6	besonders bei Oppression in der Brust zusammen mit einem Herz-Disharmoniemuster, wirkt beruhigend bei Ängstlichkeit, besonders bei Frauen.
KS 7	beruhigt die Psyche, besonders bei Frauen.
HE 9	seelische Störungen, Angst und manische Depression, ebenso
NI 1 und **LG 15**	hellen das Gemüt auf und ernähren das Gehirn.
MA 36 und **MP 6**	stärken den MDE und tonisieren QI und Blut.
DI 4 **LE 3, LG 24** und **GB 13.**	hat einen starken Einfluß auf den Geist, vor allem bei Angst zusammen mit

k) Leber-Blut-Hitze (juckendes Ekzem)

LE 2	sediert das LE-Feuer.
LE 3	tonisiert die Ernährung des LE-YIN.
DI 11 **DÜ 10** **3E10**	HO-Punkte für die Hautbehandlung, befreit das Äußere bei Invasion eines pathogenen Faktors.
MA 36 **DI 11** und **3E 10**	vertreiben besonders den Wind.

MP 10 kühlt das Blut und beseitigt Blut-Stauung. Besonders wirksam bei Ekzem, Urtikaria, Ausschlag. Zusammen mit DI 11 besonders wirksam bei Juckreiz (elektrische Stimulation).

3E6 bewegt die Stagnation des LE-QI, besonders angezeigt bei Hauterkrankungen von Wind.

9. Epikrise

Die wichtigen Krankheitsbilder des Arsen-AMB und die entsprechenden Disharmoniemuster kamen im vorliegenden Text deutlich zur Darstellung. Trotzdem oder gerade deshalb gehört Arsen nicht zu den gebräuchlichen und häufig indizierten Migräne- und Kopfschmerzmitteln, weil eben diese komplexen Voraussetzungen des AMB nicht gegeben sind. Am ehesten indiziert ist es in den beiden ersten Entwicklungsstadien eines Arsen-Bildes und bei den typischen Neuralgien, für die aber meist eine Behandlung über das Meridiansystem in Frage kommt. Selbst bei der für dieses Mittel typischen Migränesymptomatik sollte man noch nach anderen typischen Störungen fahnden und sie als Basis-Therapie mit einbeziehen.

Belladonna

Toxikologie

Die Droge hat eine zentralerregende Wirkung, peripher lähmende Wirkung auf vagale oder parasympathische Nervenendungen, extreme Unruhe und Halluzinationen, Mydriasis, Erhöhung des intraokularen Druckes, Veränderung der Sekretionsvorgänge, Spasmolyse an den Organen mit glatter Muskulatur, Tachykardie, Zwei- und Mehrphasigkeit der Wirkung (wesentlich gekürzt). Auf jeden Fall spiegelt das Vergiftungsbild der Droge die Symptomatik des AMB: Heftige, aktive Kongestionen der nervösen Zentren mit Neigung zu Spasmen und Angst, Sekretionshemmung an Drüsen und Schleimhäuten.

1. Typus nach dem AMB

Kräftige, vollblütige Menschen, beim Vollbild *plethorisch mit gerötetem Gesicht,* weiten Pupillen, glänzenden Augen. Aber auch bei Ausnahmen von diesem sthenischen Belladonna-Typ kommt das Mittel in Frage, wenn nur die Leitsymptome übereinstimmen, vor allem im ersten kongestiven oder aktiven Entzündungsstadium. Auffallend ist bei diesem Typ, daß die Schmerzen plötzlich und *heftig kommen und ebenso plötzlich wieder verschwinden.* Das gilt vor allem für die kolikartigen Schmerzen.

2. Körperliche Symptome

Der Charakter der Krankheit, in der Belladonna indiziert ist, ist akut, plötzlich, heftig. Bekannt ist die außerordentlich prompte Wirkung bei akuten, fieberhaften Infekten grippeähnlichen Charakters:
Plötzlicher Beginn und große Heftigkeit der Beschwerden,
Blutdrang zum Kopf, gerötete Konjunktiven, heißer Schweiß, Rachen hochrot, trockener Hals,
Patient ist hochempfindlich gegen Berührung, Erschütterung, Licht, Geräusch, kalte Luft und Zugluft. Bei den meisten Beschwerden, bei denen dieses Mittel indiziert ist, überwiegen die Kopfsymptome (die

noch genau dargestellt werden). Wenn es bei Kindern passen soll, so müssen immer etliche Hirnsymptome gegeben sein.

Im Abdomen die typischen, krampfartigen Schmerzen bei akutem Magen-Darm-Katarrh, Gastralgie, Ulcus ventriculi et duodeni mit aufgetriebener Magengegend und Darm, ebenfalls sehr schmerzhaft bei *Berührung* und *Erschütterung*. Auffallend ist der heiße Schweiß, ohne daß er Erleichterung bringt, der Patient dampft vor Schweiß. Trotzdem kann Frostigkeit herrschen. Außerdem gibt es Neuralgien, die blitzartig und periodisch auftreten und die Stelle wechseln, Torticollis nach Kälte, Luftzug, Haareschneiden und Lumbago, die Haut ist heiß, hellrot oder rot gefleckt (scharlachartig), zeigt aber auch dunkelrote Flecken, Papeln, Pusteln, Herpes.

ZUNGE: trocken, rot, geschwollen mit hervortretenden Papillen, Erdbeerzunge mit Trockenheit im Mund; oder belegt mit weißem Schleim oder gelblich oder braun. Rötung der Zungenecken.

PULS: schnell, kräftig, aber auch schwacher Puls bei schnellem Herzklopfen.

3. Psychische Symptome

„Kein Mittel hat so ausgesprochen heftiges Delirium wie Belladonna" schreibt *Nash*. Die rühren, ob bei Fieber oder auch sonst, von der Blutüberfüllung des Gehirns her. Es entstehen Sinnestäuschungen und Wahnideen. Das kann bis zur Tobsucht und Halluzination mit ihren Folgen gehen. *Sicher werden wir das kaum bei Kopfschmerzen antreffen,* aber die Überempfindlichkeit aller Sinne kann dabei vorkommen. Der Patient kann nervös, gereizt, zornwütig und wütend sein.

4. Auslösende Schädigung

Die akuten Krankheitsbilder werden vorwiegend durch von außen induzierten *pathogenen Energien* (Heteropathien) bzw. klimatische Exzessen ausgelöst, von denen *Abkühlung, Kälte und Zugluft* eine beherrschende Rolle spielen. Aber auch exzessive Sonneneinstrahlung und Hitze mit Schwitzen (wahrscheinlich durch nachfolgende Abkühlung) können eine auslösende Schädigung sein. Doch können auch *Aufregung* und *Ärger* zu einer Erregung des Blutgefäßsystems führen. Kopfschmerz entsteht von unterdrückten katarrhalischen Ausscheidungen.

5. Art der Kopfschmerzen

Die Symptomatik der Kopfschmerzen und der Migräne ist vielseitig, wird aber beherrscht von einer Kongestion des Blutes mit innerer und äußerer Hitze, erweiterten und *pulsierenden Karotiden,* zuweilen *roten und blutunterlaufenen Augen.*
Der Schmerz ist klopfend, auch schießend und geht einher mit heftigem Druck, besonders in der Stirn und im Vorderkopf, über den Augen, der Nase oder einer Seite des Kopfes, verbunden zuweilen mit Schwindel, Benommenheit und dem Gefühl, daß der *Schädel bersten könnte.*
Alles wird schlimmer durch *Bewegung* und die *leiseste Erschütterung.*
Es kann auch die Empfindung bestehen, als wäre Wasser im Gehirn.
Aber es besteht keine Besserung durch Abkühlung und frische Luft.
Er ist zuweilen schwer zu unterscheiden von dem *neuralgischen Schmerz,* der besser wird durch Wärme und ausgelöst werden kann von Kälteexposition und nach Haareschneiden.
Licht, Bücken, Geräusch und Besonnung verschlimmern den Zustand, ebenso das Aufstehen und Niederlegen. Am wohlsten fühlt man sich in halbsitzender Stellung.
Auffallend ist die Prädilektionszeit des Beginns der Kopfschmerzen: 15.00–16.00 Uhr nachmittags, wichtig ist der plötzliche Beginn.

Anm.: Bei aller Ähnlichkeit mit dem AMB von Sanguinaria ist Belladonna bei Kopfschmerz häufiger angezeigt.

KONGESTION: Klopfen, Pulsieren, Schießen, Stechen, Hämmern.
ALS OB DER KOPF PLATZEN WILL.
SCHMERZEN KOMMEN UND VERSCHWINDEN PLÖTZLICH.
Kopfschmerzen periodisch, **jeden Tag.**

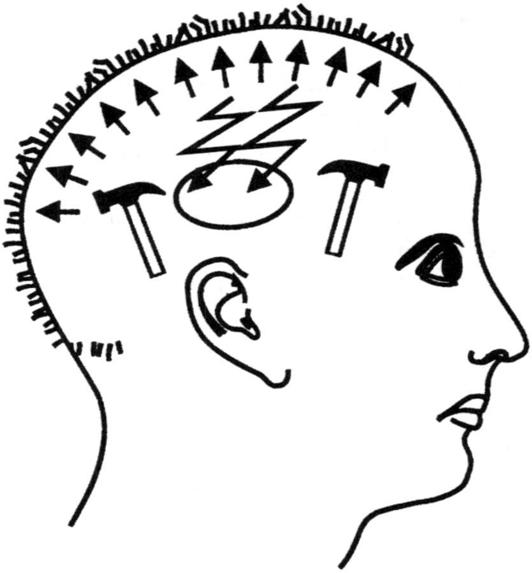

Haare unordentlich < Kämmen
< Haareschneiden
< Waschen
< Entblößen
< Zugluft
< Berührung
< Erschütterung
> Ruhe
> Fester Druck
> Abkühlung
> Sitzen
> Zurückbeugen
> Hart liegen

Unruhige Füße.
HKKF: Heißer Kopf – kalte Füße!

6. Homöosiniatrische Punkte

Isolierter *Weihepunkt* links

Lage:
Hinter der Mitte des Musculus sternocleidomastoideus li.

Trockenheit im Pharynx mit heftigem Durst. Spastische Konstriktion des Kehlkopfes. Starke und lebhafte Ohrenschmerzen. Aufgetriebener Leib, heiß und empfindlich.
Verfrühte Regel, sehr reichlich mit heißem, übelriechendem Blut. Intermittierende Anschwellung des rechten Ovars.
Hohe Kälteempfindlichkeit, trockener Hals mit schmerzhafter Rötung. Spasmodischer Husten, schlimmer abends und vor Mitternacht.
Weite Pupillen. Lichtempfindlichkeit der Sinne, kann nicht die geringste Erschütterung ertragen.
Die Schmerzen kommen und verschwinden plötzlich. *Kongestiver, klopfender Kopfschmerz.*

Nach *de La Fuye:*
Halluzinationen. Angst vor eingebildeten Dingen. Ängstlichkeit mit dem Wunsch zu fliehen. Extreme Redseligkeit. Legt sich schlafen, kann aber nicht einschlafen. Konvulsionen. Rotes Gesicht. Schwerer und heißer Kopf. Der Kranke preßt ihn zurück ins Kissen. Überempfindlichkeit gegen Gerüche. Schwere, harte, rote und heiße Brüste.
Lokale Entzündung, plötzliche Anschwellung mit Rötung, glänzend wie lackiert mit heftigen Schmerzen.

PULS: voll, schnell, hüpfend, hart.

ZUNGE: trocken, angeschwollen.

LU 11
SHAOSHANG = Ursprung
Junges SHANG
TING-PU
Holz

Lage:
0,1 CUN von der radialen Ecke des Daumennagels.

Der TING-Punkt regelt das QI in folgenden Fällen (und das gilt auch

für LU 11): Bei Zeichen der Fülle unterhalb des Herzens und bei Nervenkrankheiten. So gehört LU 11 nach *Schmidt* zu den 13 „Teufelspunkten" und kommt in Frage bei psychotischen und psychoneurotischen Störungen. (Er empfiehlt, im akuten Erregungszustand die Daumen zusammenzubinden und auf beiden LU 11 eine gemeinsame große Moxe abzubrennen.) Außerdem wirkt er bei Überfließen des QI aus den Meridianen und Schmerzen im Arm/Schulterbereich.
Er feuchtet die Kehle an bei verschiedenen Erkrankungen (Tonsillitis, Mumps).

Nach *de La Fuye:*
Hustenanfälle und Keuchhusten. Akute Entzündung des Rachens. Heftige Mandelentzündung. Akute Pharyngitis und Laryngitis.

Kongestives Fieber mit Mattigkeit. Zerebrale Kongestion.

Verengungsgefühl im Hals und Ösophagus. Akute, spastische Enteritis (besonders bei Kindern), Zahnfleischentzündung.

Gelenkrheuma (Hände und Finger). Klonische und tonische Krämpfe.

Ohrenschmerzen.

(*Anm.:* Es ist erstaunlich, aber irgendwie auch sehr fragwürdig, wie *de La Fuye* fast die gesamte Symptomatik des Belladonna-Bildes auf zwei Punkte projiziert und die Symptomatik einzelner Punkte erweitert. Damit eweist sich gleichzeitig die Unhaltbarkeit dieses Versuches.)

Der Punkt LU 11 hat sicher eine Beziehung zum Belladonna-Bild und sollte bei der Therapie berücksichtigt werden. Die Wertigkeit des isolierten *Weihe*-Punktes kann nicht beurteilt werden.

7. Vom homöopathischen Symptombild zum Disharmoniemuster

Bei der Suche nach einer Übereinstimmung des Belladonna-Bildes mit einem Disharmoniemuster kommt es natürlich darauf an, *welches Krankheitsstadium* man ins Auge faßt. Die akute, meist hochfieberhafte Phase des AMB läßt sich einwandfrei mit einem der sechs Krankheitsstadien zur Deckung bringen, die nach *Porkert* zur „Pathologie der Leitbahnen" gehören und als „algor laedens" (Kälteschaden)-Erkrankungen bezeichnet werden, auf das SHANG-HAN-LUN zurückgehen und in die 6-*Schichten-Theorie* oder, wie *Schmidt* schreibt, zu den *Drei YANG- und Drei YIN-Krankheiten* gehören. Es handelt sich in diesem Fall um das

a) *YANG MING-Disharmoniemuster*, das bei Befall der Meridiane durch *Wind-Kälte* einhergeht mit großer Hitze, profusem Schweiß, großer Unruhe und breitem, überflutendem (exundans) Puls, Durst und Kopfhyperämie. Es handelt sich nach den 8 diagnostischen Leitkriterien um ein Fülle-Hitze-Syndrom des Inneren. Falls *die Eingeweide* mit betroffen sind, kommt es zu intermittierendem Fieber, deliranter Sprache, hartem, aufgetriebenem Bauch mit Schmerzen, die durch Druck verschlimmert werden, Obstipation.

ZUNGE: verbrannter, gelber Zungenbelag

PULS: kräftig, tief, voll (mersus, repletus)

In der Praxis wird man selten Gelegenheit verspüren, Akupunktur zu machen. Gibt man in einem solchen Fall Belladonna, wird es meist zu einer schnellen Wendung kommen, obwohl die Wirkung einer Akupunktur-Nachbehandlung schnell, wirksam und erstaunlich erleichternd sein kann.
Nach der *4-Energie-Ebenen-Theorie* besteht beim Belladonna-AMB auch die Möglichkeit, daß es sich um das Muster *innere Hitze attackiert das QI* handelt, das mit der YANG-MING-Meridianerkrankung der *6-Schichten-Theorie* übereinstimmt. Der Unterschied besteht in diesem Fall darin, daß nicht die *Kälte,* sondern die *Hitze* das Pathogen ist, was natürlich die Therapie etwas beeinflußt. Auch in diesem Fall besteht hohes Fieber, Abneigung *gegen* Hitze, profuse, heiße Schweiße, Husten mit Expektoration eines dünnen, gelben Schleims, Asthma, Durst.

ZUNGE: rot, dick-gelb belegt

PULS: schnell, schlüpfrig oder kräftig

Aber auch in die *Ebene des Blut-Erscheinungsbildes* kann mit Verstärkung der Symptome das Pathogen eindringen. Aufgrund der Diagnose nach den 8 Leitkriterien liegt im *akuten* Stadium ebenso wie beim YANG-MING eine Fülle-Hitze im Inneren und im *chronischen* Stadium ein Hitze-Mangel-(Hitze-Leere)-Syndrom vor. (Außer hohem Fieber treten dann die bei uns unter *Scharlach oder Masern bekannten Hauterschei-*

nungen, evtl. mit Nasenbluten, Blut im Stuhl, manischen Erregungszuständen bis zu Konvulsionen auf.

ZUNGE: rot ohne Belag

PULS: drahtförmig und schnell

Dieses Disharmoniemuster ist nicht ganz unähnlich dem Muster *„Extreme Hitze erzeugt Wind"*, (auch Leber-Wind-Hitze) wie wir es bei Masern, Enzephalitis und Meningitis antreffen können. Es kommt lediglich bei akuten Erkrankungen in Frage und ist charakterisiert durch hohe Temperatur, Nackensteifigkeit, Tremor der Glieder, Opisthotonus und in schweren Fällen durch Koma. Das Erscheinen von makulo-papulösen Eruptionen läßt erkennen, daß „Eindringende Hitze" im Blut ist, und zwar im YING-QI, dem Nahrungs-QI. Je nachdem, ob die Farbe der Flecken hell oder dunkel bis tiefdunkel ist, spiegelt sich die Intensität der Hitze-Einwirkung. Sie sind auf jeden Fall ein Hinweis auf den Abwehrvorgang des YING-QI.

ZUNGE: tiefrot, steif, mit dickem, gelbem Belag

PULS: drahtförmig, schnell und voll

Dieses Disharmoniemuster beruht auf dem Eindringen von äußerer Hitze oder Wind-Hitze in die Blut-Ebene und erzeugt immer Wind. Die Rolle der Krankheitserreger war den Chinesen nicht bekannt, aber es stellt sich die Frage, ob sie nicht synonym mit dem Hitzepathogen aufgefaßt werden sollen.

Uns geht es ja um die Therapie der Migräne und um die Erfassung des Disharmoniemusters, welches mit den so schweren Kopfschmerzsymptomen übereinstimmt. Es ist, je nach Schweregrad:

b) *Aufsteigendes Leber-Feuer* mit seiner unverwechselbaren Symptomatik, nach den 8 diagnostischen Leitkriterien ein Hitze-Fülle-Bild der Leber bei stagnierendem QI und YANG-Überwiegen, bei *Leber-YIN-Mangel:* Hitzefülle in der Leber. Das Leber-Feuer steigt zum Kopf mit rotem Gesicht und roten Augen, temporalem Kopfschmerz, Schwindel, Durst, Bittergeschmack (wenn es den ganzen Tag anhält), gestörtem Schlaf durch Träume, Verstopfung mit trockenem Stuhl, dunkel-gelbem Urin, Nasenbluten, Bluterbrechen, Bluthusten, psychische Reizbarkeit bis zu Wutausbrüchen. Der Kopfschmerz ist bedingt durch ein Aufsteigen des Leber-QI und Leber-Feuer.

(*Anm.:* Auch aufsteigendes Herz-Feuer macht Bittergeschmack, aber nur am Morgen.)

ZUNGE: roter Körper besonders an den Rändern, gelber Belag, trocken

PULS: gespannt und schnell

Dieses Disharmoniemuster ist charakterisiert durch *Hitze-Fülle in der Leber,* so daß man zusammenfassend sagen kann: Reizbarkeit, rotes Gesicht, rote Augen. Es kommen verschiedene Ursachen in Betracht, wie lang anhaltender Groll oder Frustration, aber auch Infektionen wie bei dem 4-Ebenen-Befall. Dadurch kommt es zur Stagnation des QI, wodurch das Feuer entfesselt wird. Aber auch diätetische Fehler spielen eine Rolle, wie exzessiver Alkoholgenuß, gebratene Nahrung und, nach meiner Ansicht, die langjährige Einnahme von Ovulationshemmern.

Natürlich wird man bei dieser Migräne nicht immer alle diese Symptome vorfinden, vor allem genügt nicht die Tatsache, daß ein Hitzegefühl im Kopf besteht, auch wenn keine ausgeprägte Rötung festzustellen ist.

Dann nämlich muß man auch an die Möglichkeit denken, daß es sich bei weniger schweren Kopfschmerzen um ein:

c) *Aufsteigendes Leber-YANG* handelt, zumal sich die Symptomatik teilweise gleicht, denn die Krankheitsbilder von *Leber-YIN-Schwäche, aufsteigendem Leber-Feuer* und *Leber-YANG* sind verwandt und kommen meist kombiniert vor, wobei, wie *Kleber* schreibt: „bei demselben Patienten mal das eine Bild mehr im Vordergrund steht, mal das andere." Auch hierbei stehen Kopfschmerzen (Schläfe, Augen, laterale Seite des Kopfes), Reizbarkeit, gespannte Pulse im Vordergrund. Wichtig ist zu berücksichtigen, daß die Symptome bei aufsteigendem Leber-YANG *nicht so heftig* sind wie bei aufsteigendem *Leber-Feuer* und daß ausgeprägte *Mangelzeichen* vorliegen, die in der Therapie berücksichtigt werden müssen. Man wird also den *Leber-YIN-Mangel* beseitigen müssen.

In Anbetracht der therapeutischen Bedeutung des *aufsteigenden Leber-YANG gehe ich etwas genauer auf* die Kopfschmerz-Symptome dieses Musters ein. Sie sind sehr oft verbunden mit Ohrensausen und Taubheit, die beide plötzlich auftreten, und Neigung zu Zornausbrüchen. Aber *der Kopfschmerz ist das häufigste und genaueste Zeichen für aufstei-*

gendes Leber-YANG. Er tritt entweder an den Schläfen oder an der Seite des Kopfes im Verlauf des GB-Meridians auf oder auch direkt über den Augen. Er ist meistens einseitig. Aus chinesischer Sicht lokalisiert man den Füllle-Zustand auf die rechte, den Mangel-Zustand auf die linke Seite. Insofern kann man davon ausgehen, daß der Kopfschmerz bei *aufsteigendem Leber-YANG* häufiger auf der rechten Seite auftritt und Fülle-Symptome im oberen Bereich des Körpers bei zusätzlichen „Leere"- bzw. Mangel-Symptomen des Inneren, als YIN-Schwäche, Hitze durch YIN-Mangel, sogenannte „Hitze-Leere" und Blut-Mangel auftreten.

Auch die *Pulsbefunde* können differieren, wenn sie den zugrunde liegenden *Mangel von Leber-Blut* oder *Leber-YIN-Mangel* spiegeln. Im ersteren Fall ist der Zungenkörper öfter bleich und der Puls rauh und fein, im zweiten Fall, bei *Leber-YIN-Mangel* und *Nieren-YIN-Mangel* kann die Zunge rot und landkartenartig, der Puls oberflächlich und leer sein. Die Hauptursache dieses Musters sind immer verschiedene *emotionale Probleme* über eine längere Zeit.

Wir müssen uns stets vor Augen halten, daß durch unser Denken hier ein kausaler Zusammenhang zwischen den Disharmoniemustern unterstellt wird, der dem chinesischen Denken fremd ist. Denn diese Muster können ohne „Verursachung" aufeinander folgen, sich überschneiden oder sogar gleichzeitig auftreten.

Gemeinsame Symptome von:

Aufsteigendem Leber-YANG – aufsteigendem Leber-Feuer
Reizbarkeit,
Hang zum Ärger,
Ohrensausen,
Taubheit,
Kopfschmerz,
Schwindel,
Schlaflosigkeit,
roter Zungenkörper mit noch roteren Seiten,
gespannter Puls.

Symptome nur bei aufsteigendem Leber-Feuer:
rotes Gesicht und Augen,
Durst,

Bittergeschmack,
Verstopfung,
dunkler Urin,
schneller Puls.

8. Therapie

a) YANG-MING (sowohl das *Kälte-* wie das *Hitze-Muster*)
Eliminieren des pathogenen Faktors.

DI 11	evtl. bluten lassen.
3E5	klären die Hitze zusammen mit:
MA 44	evtl. bluten lassen.
DI 4	vertreibt den Wind.
KS 5 **BL 11** **MA 40** und **36** **KG 12**	harmonisieren die Mitte, klären die gastrointestinale Hitze und stärken das mittlere QI.
3E2, BL 57, **3E6** und **MA 25**	bei Beteiligung des Abdomens, um die Eingeweide zu harmonisieren, evtl. zusätzlich mit

DI 11 und **MA 44.**

Es kommen noch eine ganze Anzahl anderer Punkte, je nach vorherrschender Störung, in Frage, wie z. B. bei Rhinitis BL 2, DI 20 und DI 4, aber da es nicht unser Problem ist, beschränke ich mich auf diese Angaben.

b) Aufsteigendes Leber-Feuer (rein sedierende Behandlung)

LE 2	der Hauptpunkt, um das LE-Feuer zu klären.
LE 3	beruhigt die LE.
GB 20	klärt ebenfalls die Hitze im Kopf und überwältigt das aufsteigende LE-QI.

TAI YANG (extra Punkt)	beseitigt das Feuer bei aufsteigendem LE-Feuer und LE-YANG und besonders bei temporalem Kopfschmerz.
GB 13	unterdrückt aufsteigendes LE-YANG und beruhigt das Gemüt.
GB 41	zerstreut Fülle-Zustände im Funktionskreis LE und GB. Wirkt auf die Augen zusammen mit
GB 20 und **MA 40**	auf Kopfschmerzen und Schwindel.

c) Aufsteigendes Leber-YANG

Die Therapie unterscheidet sich in der Punktwahl nicht wesentlich von der des aufsteigenden LE-Feuers, wirkt aber stärkend auf das LE-YIN, unterdrückt das LE-YANG und den Wind.

LE 8	stärkt das LE-YIN, muß tonisiert werden.
LE 3	unterdrückt das LE-YANG und den LE-Wind, muß sediert werden.
GB 43	unterdrückt das LE-YANG Gegenpunkt des GB-Meridians.
3E5	unterdrückt das LE-YANG und ist besonders angezeigt bei Kopfschmerz entlang des GB-Meridians.
MP 6 und **NI 3**	stärken das YIN ganz allgemein.
GB 20	bändigt den Wind und unterdrückt das LE-YANG.
TM 16 und **NI 3**	müssen tonisiert werden.
LE 3, **GB 20**	müssen sediert werden.

Bei Augensymptomen:

GB 38	bändigt das LE-YANG und wirkt besonders bei chronischer und hartnäckiger Migräne.

GB 37	klärt die Sicht, evtl. mit
BL 2, GB 1, TAIYANG	

d) Extreme Hitze erzeugt Wind

LE 3 und **LE 2**	sedieren die LE und unterdrücken den Wind. LE 2 speziell klärt Hitze.
SHIXUAN-Punkte (10 Punkte an jeder Fingerspitze)	klären die Hitze, unterdrücken Wind und verbessern das Bewußtsein.
DÜ 3	vertreibt den inneren Wind aus dem Lenker-Gefäß.
LG 20, 16 und **GB 20**	unterdrücken den inneren Wind.

e) Ebene des Bluterscheinungsbildes

BL 40	Blutlassen entfernt Hitze-Toxine aus dem Blut.
LU 5	(evtl.) ebenfalls.
LG 14 u. evtl. **DI 11**	Blutlassen entfernt Hitze.
HE 9 und **KS 9**	Blutlassen entfernt Hitze aus dem KS und dem HE bei Bewußtseinsstörungen.
LU 11	(evtl.) entfernt Hitze aus der LU.
MP 6 oder **MP 10** und **BL 17**	bewegt und kühlt das Blut.

Außerdem müssen natürlich die entsprechenden Meridianpunkte (s. u.) und Loci dolenti aufgesucht werden. Sedierend auf der kranken Seite, bei ganz akuten Zuständen auch nach der *Even*-Methode auf der Gegenseite.

9. Epikrise

Ein wichtiges Merkmal für den Belladonna-Kopfschmerz ist u. a. das plötzliche Kommen und Gehen und der überaus heftige, meist halbseitige Schmerz, von dem die Patienten behaupten, daß er sie zum Wahnsinn treibe. Auch die Tatsache, daß er nach Haareschneiden, Nässe und Waschen der Haare aufgetreten ist, kann als maßgeblicher Hinweis gewertet werden, auch wenn keine Kongestion besteht. Wahrscheinlich sind das dann vorwiegend neuralgische Symptome. Die Kongestion hat das Mittel mit Sanguinaria, das dem Belladonna-Bild auch sonst in manchem gleicht, gemeinsam. Und doch kommt Belladonna differential-therapeutisch öfter in Frage. Man sollte in der Langzeittherapie nicht unter die D 12 gehen, kann aber für den akuten Anfall mit häufigen Gaben D 6 verordnen.

Cactus grandifloris

Toxikologie

Es liegen keine wesentlichen toxikologischen Prüfungen vor. Im Arzneiversuch: Kontraktionen und Spasmen der Ringmuskelfasern, vor allem der Koronarien des Herzens und der Aorta. Kongestive Wallungen mit Hämorrhagien *(Voisin)*.

1. Typus nach dem AMB

Das Mittel ist an keinen Körperbautyp gebunden, wirkt auf die autonome Muskulatur, vor allem ihre Konstriktion. Es ist also das Herz und speziell seine Arterien, die auf den Einfluß von Cactus antworten und das Führungssymptom *der Konstriktion wie von einem eisernen Band*, das jede normale Bewegung verhindert, erzeugen.
Diese Sensation findet sich an verschiedenen Orten:
Ösophagus,
Blase,
Koronarien,
Kopf usw.
Die geistig/seelischen Symptome korrespondieren mit den Herzstörungen im Sinn von Traurigkeit und Depression.

2. Körperliche Symptome

Reifengefühl, (Gefühl, als wenn etwas von der Brust zum Gehirn aufsteigt),
Gefühl, als sei der ganze Körper in einen Käfig eingesperrt, als würde ein Draht immer dichter und dichter gewickelt.
Präkordialschmerz (evtl. mit Atemnot) und ausstrahlenden oder schießenden Schmerzen in den linken Arm, bis in die Fingerspitzen.
Zungenbrennen,
Konstriktion des Ösophagus mit Trockenheit.
Schmerzhafte Miktion.

Endokarditis mit Mitralinsuffizienz, zusammen mit heftiger und schneller Aktion.
Herzklopfen mit kleinen, unregelmäßigen Schlägen von der leichtesten Aufregung oder tief empfundenden Gedanken, verbunden mit dem Zwang, tief zu atmen.
Herzschwäche durch Arteriosklerose.
Schlimmer durch Liegen auf der rechten Seite, beim Herannahen der Menses.

ZUNGE: purpurn, dicker, brauner Schmutz auf den Zähnen.
Trockenheit der Zunge wie verbrannt.

PULS: schwach, schnell (auch langsam), unregelmäßig, ohne Kraft.

3. Psychische Symptome

Melancholie,
Schweigsamkeit,
Humorlosigkeit,
Todesfurcht,
Schreien vor Schmerz,
Angst, glaubt, die Krankheit sei unheilbar.

4. Auslösende Schädigung

Toxische Schädigung des Herzmuskels,
unterdrückte Emotionen,
Streß,
Menopause,
Arteriosklerose,
Rheumatismus.

5. Art des Kopfschmerzes

Kongestiver, vasomotorischer Kopfschmerz,
Gefühl eines Gewichts auf dem Scheitel, als ob der Kopf in einem Schraubstock wäre.

Blutgefäße am Kopf erweitert.
Rechtsseitiger Augenschmerz,
Blutandrang zum Kopf, aber auch
Blässe des Gesichts.
Gefühl, als wenn etwas von der Brust zum Gehirn aufsteigt.

Kopfschmerz, wenn er die Essenszeit versäumt.
Konstriktion in Hals, Herz, Abdomen.
Zusammenschnürender Kopfschmerz zur gleichen Stunde. < 11.00 Uhr, < 23.00 Uhr.

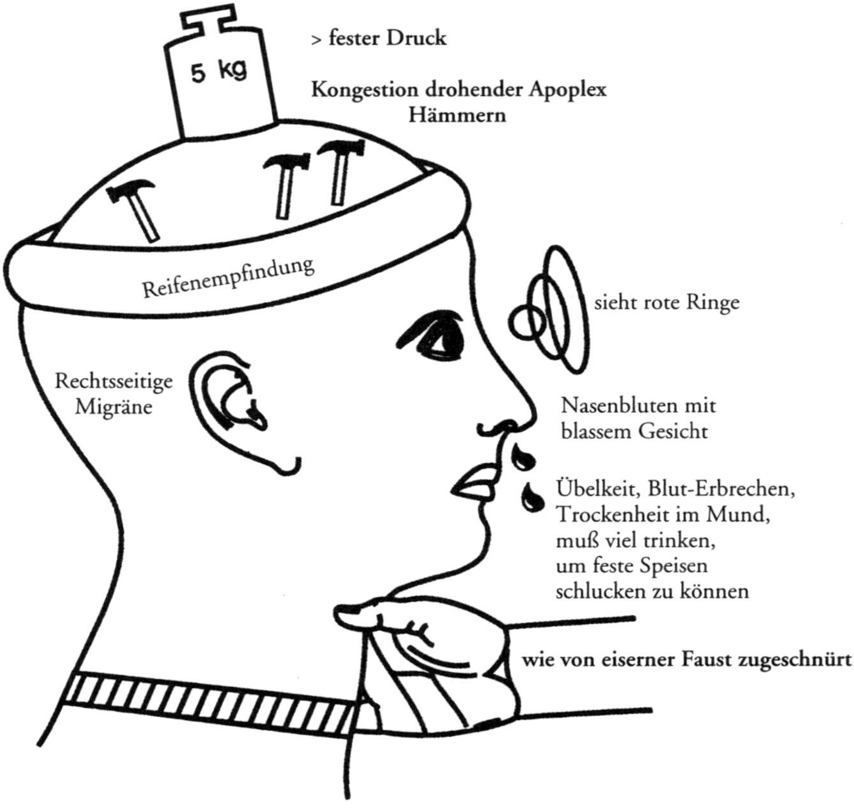

Herzkranke: Eiserner Reifen.
Melancholie, Trauer, Verschlossenheit.
Übellaunig. Haßt es, reden zu müssen. Liebt die Einsamkeit.
Ängstigt sich – < abends. Hält sich für unheilbar. Todesfurcht.
Konstriktion in Bauch und Rektum.
Menopause: Uterus und Ovarien wie von eiserner Hand gequetscht. Pulsierende Schmerzen strahlen in den Oberschenkel.
Vorzeitige Regel: teerartiges, schwarzes Blut, mit Herzklopfen. Schmerzhafte geschwollene Hämorrhoiden.

6. Homöosiniatrische Punkte

KS 1
TIANCHI = Teich des Himmels

Lage:
1 CUN lateral der Brustwarze, 3 CUN senkrecht unterhalb der Achselfalte.

Verbindungspunkt von KS-GB-NI-Meridian.
Himmelsfensterpunkt.
Lokalpunkt für Ausdehnungsgefühl und Brustschmerzen durch Stagnation des Leber-QI. Indiziert bei Angina pectoris (ähnlich dem Alarmpunkt des Herzens)

Nach *de La Fuye:*
1. heftige Angina pectoris-Schmerzen, Hochdruck. Konstriktionsgefühl am Herzen.
2. Hämaturie. Akute Nephritis
3. Dysmenorrhö

KS 7
DALING = Großer Grabhügel
YU-YUNN-PU (Fluß)

Lage:
In der Mitte der Handgelenksfalte.

Er kühlt als Sedierungs-Punkt den Funktionskreis und beruhigt das Gemüt, leitet Hitze ab, nimmt den Druck von der Brust.
Kranker mit Hypertonie, Erregung mit Angst, erregte Herztätigkeit mit Herzschmerzen, stürmisches Herzklopfen, Zusammenschnüren des Herzens mit Angst vor Herzenge, Hypertension, senkt vor allem den systolischen Blutdruck. Am wirksamsten bei Frauen.

Nach *de La Fuye:*
1. Konstriktion am Herzen mit Arrhythmie
2. Schmerzhafte Regel
3. Hypertonie, der Punkt senkt vor allem den systolischen Druck. Angina pectoris. Perikarditis, Endokarditis.

7. Vom homöopathischen Symptombild zum Disharmoniemuster

Das *aufsteigende Leber-YANG* dürfte im wesentlichen verantwortlich sein für die typischen Cactus-Kopfschmerzen. Es kann sich an den Schläfen, den Augen und besonders auf der rechten Kopfseite, aufsteigend zum Scheitel, lokalisieren, mit Schwindel und Blutandrang zum Kopf.

Der Kopfschmerz ist eines der allgemeinsten und deutlichsten Zeichen für *aufsteigendes Leber-YANG.* Ursache des Disharmoniemusters ist ein Ungleichgewicht zwischen *defizientem Leber-YIN* und *Leber-YANG,* das im Exzeß ist. Die *Leber-YIN-Leere* ist grundsätzlich dasselbe wie Blutleere der Leber und häufig kombiniert mit einem *YIN-Mangel der Niere,* aber in der Praxis kann es emporsteigen von einem *YANG-Mangel der Niere.* So haben wir oben Hitze- und unten Kältesymptome.

Das Vollbild von Cactus grandifloris, das nicht unbedingt etwas mit dem Kopfschmerz zu tun hat, entspricht im leichteren, mehr funktionellen Fall dem Disharmoniemuster *Herz-YANG-Mangel,* im ernsteren Erkrankungsbild dem *stagnierenden Blut im Herz,* das sich im Fall des Cactus-AMB aus einem *Herz-YANG-Mangel* oder einem *Herz-Blut-Mangel* entwickeln kann.

Es handelt sich dann um ein Fülle/„Leere"-Muster. Das *stagnierende Herz-Blut* ist dadurch charakterisiert, daß das Blut infolge des mangelnden YANG-QI nicht transportiert wird, es zur Stagnation im Herzmuskel kommt, mit der Folge von Schmerzen und dem Gefühl der Enge.

Der Herzschmerz ist das Schlüsselsymptom, entsprechend dem Angina pectoris-Anfall oder dem Infarkt. Wir beobachten dann Zyanose der Lippen und Nägel, rote Hände.

ZUNGE: rot an den Rändern

PULS: drahtförmig

8. Therapie

a) Aufsteigendes Leber-YANG

Man sediert das Leber-YANG und tonisiert das YIN.

LE 3	sediert das Leber-YANG.
3E5	hat dieselbe Wirkung, ist aber zugleich angezeigt für Schmerzen im Bereich des Gallenblasenmeridians.
MP 6 und **NI 3**	zur Tonisierung des Nieren-YIN.
LE 8	tonisiert das Leber-YIN.
GB 43	sediert ebenfalls das Leber-YANG auf der Gegenseite gestochen; wirksam bei Kopfschmerz im Bereich des Gallenblase-Meridians (Sondermeridianpaar Leber-Gallenblase).
GB 38	sediert das Leber-YANG und das Leber-Feuer. Besonders wirksam bei hartnäckiger chronischer Migräne. Ein sehr wirksamer Punkt.
GB 20	unterdrückt ebenfalls das LE-YANG.
LG 20	Treffpunkt aller YANG-Meridiane. Ankunftspunkt für den tiefen Ast des LE-Meridians. Sedieren!
GB 9, 8, 6 und **BL 2**	sind mehr oder weniger Loci dolenti und sedieren das LE-YANG (siehe meridianbezogene Therapie).

b) Stagnierendes Blut im Herz

Man wird selten vor die Situation gestellt, einen akuten Angina pectoris-Anfall oder einen Infarkt mit Akupunktur zu behandeln, und es ist sehr die Frage, ob es überhaupt ratsam ist, denn man wird schon aus forensischen Gründen in unserer Gesellschaft um eine Klinikeinweisung nicht herumkommen. Wenn doch, sollte man versuchen, die stagnierende Zirkulation wieder in Gang zu bringen, indem man **KS 4** und **KS 6** nadelt und am **KS 9** und **HE 9** und evtl. **LU 5** einen Mikroaderlaß macht. **BL 17** und **KG 17** stärken dann die Zirkulation des QI.

Wichtiger, und durchaus erfolgversprechend, ist die Intervallbehandlung über längere Zeit. Der wichtigste Punkt, der das Herzblut reguliert und die Brust befreit, ist:

KS 6 und **KS 4** — stoppen vor allem den Schmerz während eines Anfalls.

HE 7 — beruhigt das HE.

MP 4 — Der Schlüsselpunkt des THONG-MO wird benutzt, um die Stauung zu beseitigen *(Roemheld).*

KG 17 — reguliert die Herztätigkeit, Alarmpunkt des KS.

BL 17, **MP 10** und **MA 40** — entlasten den Wasserhaushalt und damit die Blutstauung.

NI 25 — mehr lokale Wirkung.

KS 1 — Locus dolenti bei Angina pectoris.

Natürlich gibt es noch eine ganze Menge anderer Punkte, die in Erwägung gezogen werden müssen:

HE 8, 1, MA 36, MP 6, BL 20, 23, NI 3.

Mir hat sich im Intervall und zur Beseitigung von rezidivierenden Stenokardien die tägliche bis 2tägige *Even*-Nachbehandlung von:

BL 15, KS 6, BL 14, HE 7, MP 8, NI 6 und **MA 36** bewährt.

c) Herz-YANG-Mangel

HE 5 und **KS 6** — tonisieren das HE-QI.

BL 15 — tonisiert das HE-YANG, wenn Moxa benutzt werden.

KG 17 — tonisiert das HE-YANG bei Mox., besonders bei Brustbeklemmung.

KG 6 — mit Moxa tonisiert die gesamte YANG-Energie im Körper, besonders, wenn die HE-YANG-Insuffizienz von NI-YANG-Schwäche herrührt.

HBL 14 — tonisiert direkt gemoxt das HE-YANG.

9. Epikrise

Außer den akuten Herzstörungen und der mehr chronischen koronaren Durchblutungsstörung, die mit Cactus recht wirkungsvoll beeinflußt werden können, und dem kongestiven Kopfschmerz, gibt es noch eine geringe Anzahl von Krankheitsbildern, für die ein Einsatz von Cactus in Frage kommt, wie Hämorrhagien und chronische Zirkulationsstörungen. Da diese aber nicht ins Gewicht fallen, bin ich nicht näher darauf eingegangen.

Das schließt natürlich nicht aus, daß auch einmal Cactus grandifloris bei einer Repertorisation als Simillimum herausfallen kann, wie z. B. bei Epistaxis, Hitzewallungen, toxischem Struma, Ösophaguskonstriktion (Achalasie), spastischen Zuständen im Urogenitalapparat, Dysmenorrhö, Atemnot. Ich glaube auch nicht, daß Cactus unabhängig von den beschriebenen Begleitumständen in Frage kommt. Aber grundsätzlich ist die Verordnung eines homöopathischen Mittels nicht abhängig von irgendwelchen klinischen Indikationen.

Wie auch in anderen Fällen von Kopfschmerz und Migräne ist zur Therapie in erster Linie das *aufsteigende Leber-YANG* in Erwägung zu ziehen. Die Stenokardie und Koronarinsuffizienz wird man ggf. mit dem Disharmoniemuster *stagnierendes Blut im Herzen* zu behandeln versuchen.

Calcium carbonicum Hahnemann I.

Toxikologie

Es gibt keine Toxikologie des Mittels, die Bedeutung des Kalziums im Körper kann ich als bekannt voraussetzen. Man hat aber die Wirkung des Arzneiversuchs am Gesunden geprüft und ist zu folgendem Ergebnis gekommen: Verlangsamung des Stoffwechsels, Verlangsamung der Lymphzirkulation (Leukozytose), Störung des Kalkstoffwechsels mit dem Unvermögen, Kalzium im Organismus zu fixieren, Störungen im Wasserhaushalt, Hydrogenoidismus, Unterfunktion der Hypophyse, Schilddrüse und Keimdrüse, Epithelkörperschwäche (nach *Voisin*).

Hauptrichtung

Zentrales Nervensystem, Lymphdrüsen, Epithelkörperchen, Schilddrüse, Gonaden, Knochen, Magendarmkanal, Haut, Schleimhäute, Muskeln.

1. Typus nach dem AMB

Es würde die selbstgesetzten Grenzen dieser Arbeit sprengen, wenn ich mich bemühen würde, eine vollständige Darstellung dieses großen Mittels zu geben. Die Mitteldiagnostik stützt sich weniger auf einzelne, zuweilen banale Symptome, als vielmehr auf deren konstitutionelle Bedingtheit.
Ich will versuchen, die seinem Wesen inhärente Hauptsymptomatik herauszuarbeiten:
Es ist eine *Verlangsamung der Stoffwechselvorgänge* und eine mehr oder weniger ausgeprägte *Entwicklungshemmung,* die sich in *einer Störung des Kalzium-Haushaltes* auswirkt und damit zu einer *Steigerung des Zell- und Gewebewiderstandes* führt. Daraus ergeben sich dann die den Typus bestimmenden, so charakteristischen Symptome wie *Neigung zur Fettsucht,*
torpides und schlaffes Verhalten des Gewebes,
das ausgeprägte Kältegefühl

und die Störungen im Gewebeaufbau wie *Rachitis, der Lymphatismus* und die *exudative Diathese und Skrophulose.*
Whitmund schreibt dazu sehr anschaulich: „So wirkt Kalk in biologischer Hinsicht fördernd und erhaltend auf die Differenzierung von Form und Struktur aus dem undifferenzierten, halbflüssigen Medium; und in psychischer Hinsicht ist er unentbehrlich für die Entwicklung des Bewußtseins und der Geistestätigkeit.
Man kommt nicht umhin zu vermuten, daß ein grundlegender Archetypus des Formausdrucks oder der Erscheinung durch das Muster der von der Schale umgebenen undifferenzierten Materie dargestellt wird. Wo immer dieses Muster in der Natur erscheint, ist es nicht nur „symbolisch", sondern *objektiver Ausdruck* einer bestimmten Entität oder eines funktionellen Kraftprinzips." (S. 44/45)
Man sollte sich im Hinblick auf das Calcium carbonicum-Bild immer vergegenwärtigen, daß „das amöbisch ausgestaltete Leben in den Ur-Ozeanen einen gestaltenden, Gestalt erhaltenden Stoff benötigte, um sich gegen die gewaltige Macht des Wasserdrucks und der Wellenbewegung zu halten" (*Gutmann* S. 83). Das gilt auch für den Calcium carbonicum-Menschen, der wie eine Auster ohne Schale ist. „Unbeschützt gegen die physische und allgemeine Umwelt, braucht diese Persönlichkeit eine Schale. Sie braucht die Kräfte, die in der Formation des Skeletts oder einer Austernschale wirken – sie braucht Calcaria Carbonica" (*Gutmann* S. 86).
Diese Calcium carbonicum-Reaktionstypen zeigen altersbedingt Unterschiede.

Im *ersten Kindesalter* begegnen uns:

1. der häufigere *„exudative"* Typ (fett und gedrungen), infolge Wasserretention und
2. der seltenere *„pädatrophische"* Typ (mager, trocken, faltig), infolge von Wasserverlusten.

Zugrunde liegt in allen Entwicklungsphasen eine *innersekretorische Unterfunktion,* wahrscheinlich der Epithelkörperchen, der Schilddrüse und ganz sicher später der Keimdrüsen im unangemessenen Verhältnis zu einer Überfunktion des lymphatischen Apparates. So ist die *erste Lebenszeit* durch Auswirkungen des gestörten Kalkstoffwechsels in Form von Rachitis und mangelhafter Knorpelverkalkung gekennzeichnet. Das Kind meist hellhaarig, blauäugig,

mit Neigung zu *partiellen Schweißen,* besonders am Kopf, Milchschorf, Spasmophilie.
Im zunehmenden Kindesalter dann der pastöse Habitus mit blassem, gedunsenem Gesicht,
chronisch nässenden, schorfartigen Exzemen und zahlreichen anderen Symptomen: Der Typ des Lymphatikers.
In der *Pubertät* kommt es zu typischen Auswirkungen der *Unterfunktion der Keimdrüsen.* Der Erwachsenentyp ist gekennzeichnet durch Adipositas mit Schwitzen und Erkältlichkeit und *Mattherzigkeit,* dem auch das psychische Verhalten entspricht.

2. Körperliche Symptome

(Ich beschränke mich vor allem auf die Leitsymptome.)
Partielles Schwitzen,
partielles Frieren,
Kälte am Kopf, kalte Hände und Füße, wie ständig in nassen Strümpfen,
Kopfschweiße während des Schlafes, so daß das Kissen naß wird (vor allem bei Kleinkindern),
Abneigung gegen Milch *(Verlangen nach Eiern und Süßem).*
Verlangen nach Unverdaulichem, Kreide, Ton, Bleistiften, rohen Kartoffeln.
Trotz *Neigung zur Fettsucht* kann es bei Mädchen zu *schnellem Wachstum kommen.*
Rasende Kopschmerzen (s. u.),
Schwindelerscheinungen.
Kälte wird schlecht vertragen und führt häufig zu Erkältungen (Skrophulose, Kehlkopf- und Bronchialkatarrhe).
Starkes Herzklopfen mit Angst und großer Unruhe. Tonsillitis chronica, adenoide Vegetationen.
Leib stark aufgetrieben und gespannt (wie eine umgestülpte Untertasse).
Regel zu früh, zu lang, zu stark.
Rasche Ermüdbarkeit der Muskulatur.
Allergische Erkrankungen, Urtikaria, Milchschorf, Ekzeme (Neurodermitis),
innerliches Frieren, verträgt keine Kälte.
Einzelheiten des AMB gehen auch aus der Darstellung *de La Fuyes* in bezug auf den *Weihe*-Punkt hervor (s. dort).

3. Psychische Symptome

Traurig, verstimmt und ärgerlich,
reizbar mit Furcht vor Schicksalsschlägen (Krankheit, Unglück, Verstandesverlust).
Dickköpfige Kinder.
Konzentrationsmangel, Gedächtnisschwäche.
Mattherzigkeit.
Müde.
Die Kinder: faul und interesselos, Indolenz und Trägheit, phlegmatisch.
Angst vorm Zubettgehen, im Dunkeln. Zuweilen auch Arbeitswut.
Fragt nach übersinnlichen Dingen.
Unfähigkeit, geistige Anstrengung über längere Zeit zu ertragen.

4. Auslösende Schädigung

Kälte in jeder Form, Nässe und feuchtkalte Witterung.
Körperliche und geistige Anstrengung. Streß.
Chronische Diätfehler,
übersensibel,
schreck,
sexuelle Exzesse,
Vollmond.

5. Art der Kopfschmerzen

Rasende Kopfschmerzen, oft mit *eiskaltem Kopf,* dabei Blutandrang mit Vollheitsgefühl, die mit pulsierendem Schmerz tief im Gehirn einhergehen. Schmerz, als ob der Kopf platze und der Patient rasend werden müßte. *Vasokontraktion außen und Vasodilatation innen* und zuweilen halbseitiger Schmerz mit plötzlichem Erblinden (Angiospasmus). Leeres Aufstoßen, Erbrechen, Schwindel.
Auslösendes Moment: Kälte in jeder Form,
Überheben,
Belastung des Rückens,
intellektuelle Arbeit.
Jeden Morgen beim Erwachen.

Schlechter:
Gemütserregung, Aufenthalt oder Gehen in offener Luft, Kälte, Überarbeitung.

Besser:
Augenschluß, Liegen.

ZUNGE: trocken, geschwollen, auch weißer Belag. Brennen und Schmerz wie Wind an der Zungen-Spitze.

PULS: keine Angaben.

Migräne betäubend, kongestiv, klopfend. Geistig abgestumpft, verwirrt.
Reichlicher Kopfschweiß < nachts im Schlaf.
Froschhände, kaltschweißig, Nackenschweiß. Schwitzt beim Essen.

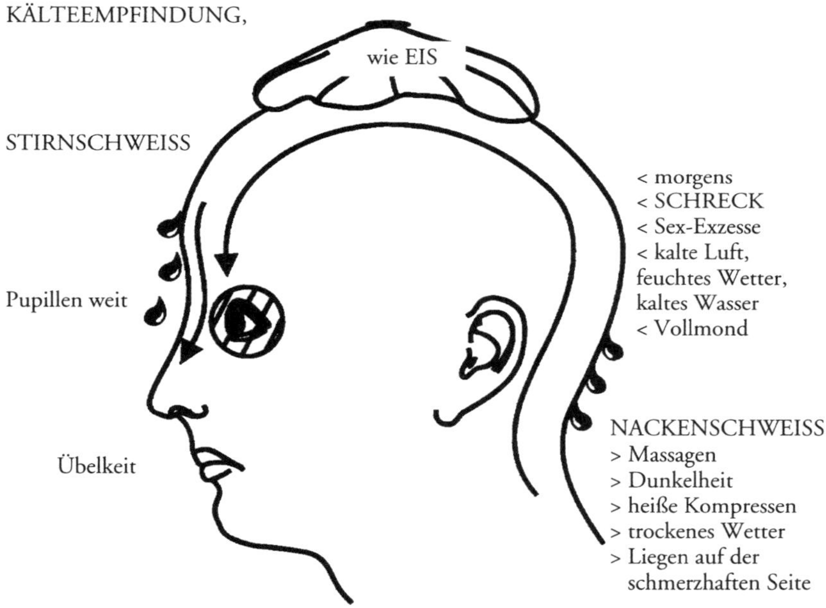

Migräne als Äquivalent für Epilepsie: Aura im Solarplexus, steigt nach oben (und abwärts zum Uterus und zu den Beinen)
Drehschwindel: fällt nach hinten, < morgens, < Bücken, < Kopfbewegung, < hochgelegene Orte
Appetit: Verlangen EIER, Brot, UNVERDAULICHES, Kreide < und Aversion: MILCH, Fleisch, Salz.
Durchfall nach geringster Abkühlung, z. B. feuchte Abendluft.

6. Homöosiniatrische Punkte

Weihe-Punkt: Isoliert rechts in Schlüsselbeinmitte

In etwas verkürzter Form gebe ich auch die Symptomatik des isolierten *Weihe*-Punktes von Calcium carbonicum wieder, wie ihn *de La Fuye* übernommen und charakterisiert hat:

Schwäche, Apathie, alle geistige Arbeit ermüdet.
Kinder mit großem Kopf und großem Bauch, die spät laufen lernen.
Die Fontanellen schließen sich nicht.
Sauerer Geruch des ganzen Kindes.
Bleiche Haut, kreidig.
Säuerlichkeit des Verdauungskanals, saures Aufstoßen und Erbrechen.
Saure Durchfälle.
Heißhunger. Verlangen nach Eiern und Unverdaulichem. Bauchauftreibung. Mandelhypertrophie.
Verfrühte Regel, zu stark, zu lang, mit Schwäche.
Andauernde Kälte im Bett. Milchiger Ausfluß. Die kleinste Aufregung läßt die Regel wiederkommen.
Amenorrhö nach einem kalten Bad.
Schmerzhafte Auftreibung des Bauches und Verhärtung.
Drüsenschwellung am Mesenterium und in der Leiste.
Fühlt sich wohler bei Obstipation.
Heiserkeit am Morgen. Trockener Husten, schlimmer nach Mitternacht. Brustschmerzen beim Atmen und bei Berührung.
Chronische Dilatation der Pupillen.
Intensives Kältegefühl an verschiedenen Stellen des Kopfes, so als wäre ein Eisstück auf der schmerzhaften Stelle am Kopf (besonders rechts).
Saure Schweiße, stark, am Kopf über die ganze Nacht, bei geringsten Anstrengungen das Kopfkissen anfeuchtend.
Ängstlichkeit mit Furcht vor der Zukunft. Furcht, den Verstand zu verlieren.

De La Fuye rekapituliert mit dieser Charakterisierung eines einzigen Punktes fast das gesamte AMB von Calcium carbonicum, und man darf sich fragen, ob es glaubhaft ist, *daß man eine so umfassende Wirkung, auch in Verbindung mit Calcium carbonicum, erzielen kann. Jedenfalls sollte man diesem Punkt eine besondere Bedeutung zubilligen.*

KS 6
NEIGUAN = Inneres Paßtor
Schlüsselpunkt
LO-PU

Lage:
2 CUN proximal der Handgelenksquerfalte Mitte.

In Anbetracht der fundamentalen Bedeutung dieses Punktes des KS 6 in der Akupunktur gebe ich die zusammenfassende Definition von *Maciocia*:

Öffnet die Brust, reguliert Herz-QI und -Blut.
Reguliert und klärt den 3 Erwärmer,
Beruhigt das Gemüt.
Reguliert das TSUE-YIN
Harmonisiert den Magen.

Nach *de La Fuye:*
Hypertonus, Konstriktionsgefühl am Herzen, kardialer Erethrismus (Endokarditis, Myokarditis)
Sexueller Erethrismus. Regel zu früh, zu lang, zu stark.
Erbrechen (sauer). Atonische Obstipation. Koliken.
Brennen in der Brust. Atemnot, Schleimauswurf, Beklemmung.
Amenorrhö anfallsweise (nach kaltem Bad).
Gelenkschmerzen. Zusammenschnürende Schmerzen.
Gelenksteifigkeit.
Kongestion im Augapfel.
Fieber mit Schauder, gefolgt von Schweiß. Nachtschweiß.

7. Vom homöopathischen Symptombild zum Disharmoniemuster

Das ganze AMB von Calcium carbonicum wird vorherrschend *bestimmt von einem erblich oder anlagemäßig bedingten Entwicklungsdefizit,* das sich gleichzeitig und im ganzen Leben auf eine Verlangsamung der Stoffwechselvorgänge auswirkt. Um die Feststellung verständlich zu machen, muß ich ein wenig ausholen:

Ganz allgemein gesehen beruht diese Tatsache auf einem *Defizit an Nieren-Essenz,* welche die Voraussetzung für alle YIN- und YANG-

Energien im Körper ist. Die Basis bzw. Voraussetzung dafür ist dann das JING, die *Nieren-Essenz,* die sowohl vorgeburtlich gegeben ist, als sie sich auch aus den nachgeburtlichen Energiequellen, der Nahrung, den Flüssigkeiten und der Luft durch die Vermittlung von Milz und Lunge speist. Das Original-QI kann definiert werden als die Essenz, verwandelt in QI. Sowohl *Nieren-YIN* wie die *Nieren-Essenz* sind notwendig, um auf dem Wege der Erwärmung durch das *Nieren-YANG* das *Nieren-QI* zu erzeugen. Daraus ergibt sich, daß die *Nieren-Essenz* (JING) *die entscheidende, weil ursprüngliche, Rolle in der menschlichen Physiologie spielt. Ist nun der ererbte Teil dieser Energie, welche die menschliche Konstitution bestimmt, von vorne herein defizient* (eine Energie, die sich im Laufe des Lebens nicht vermehren läßt, sondern sich nur verbraucht), so wirkt sich das auf das QI in seinen verschiedenen Formen und damit auf die Entwicklung des ganzen Menschen aus.

Denn das JING als Teil der *Nieren-Essenz* stellt die materielle Basis für beides, das *Nieren-YIN* und *Nieren-YANG,* dar (siehe Abb. 1).

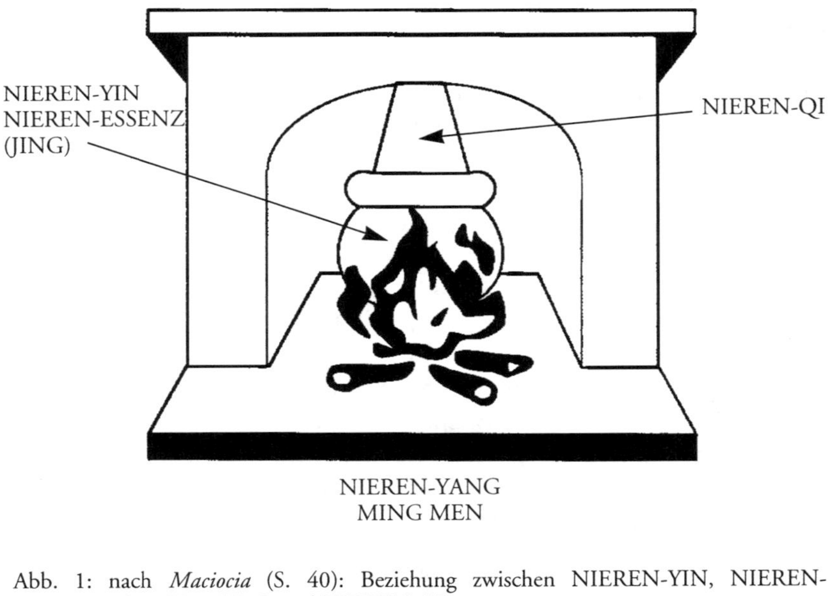

Abb. 1: nach *Maciocia* (S. 40): Beziehung zwischen NIEREN-YIN, NIEREN-ESSENZ, NIEREN-YANG und NIEREN-QI.

So bestimmt das JING, die *Essenz,* den Zustand der *Nieren.* Wenn die *Essenz* gut gehend und reichlich ist, sind die *Nieren* stark, und es besteht eine große Vitalität, sexuelle Kraft und Fruchtbarkeit. Ist die *Essenz* schwach, sind auch die *Nieren* schwach, und ein Mangel an Vitalität, Unfruchtbarkeit und sexuelle Schwäche ist die Folge.

Nach dem vorher Gesagten und in Anbetracht des AMB leuchtet es ohne weiteres ein, daß wir es beim Calcium carbonicum-Patienten mit einem *Defizit an Nieren-JING* zu tun haben und dieses Disharmoniemuster während des ganzen Lebens in allererster Linie, neben allen anderen Mustern, in Erwägung ziehen müssen, sei es nun, ob schlechte Erbanlagen, Krankheiten in der Embryonalperiode, schwere, langdauernde Erkrankungen im späteren Leben, ausschweifendes Sexualleben oder der natürliche Alterungsprozeß eine ursächliche Rolle spielen. Dieses Disharmoniemuster kann als *Nieren-Essenz-Mangel* bezeichnet werden, wobei sowohl ein *Nieren-YIN-* wie ein *Nieren-YANG-Mangel* vorliegt. Das bestimmt nach den 8 diagnostischen Regeln eine Indifferenz hinsichtlich Hitze und Kälte. Da wir von dem Phänomen eines AMB ausgehen, interessiert uns das im Grunde nicht und mag dahingestellt bleiben. Wie auch immer, fast alle Symptome des Calcium-Bildes sind je nach Altersstufe mit diesem Disharmoniemuster verbunden.

Im Kindesalter:

Verzögerte Entwicklung, wie spätes Laufenlernen und Sprechen, später Fontanellenschluß, späte Sexualreife, Rachitis, Zahnentwicklungsstörungen.

Im Erwachsenenalter:

Geistige Erschöpfung, Gedächtnisschwäche, Mattherzigkeit („kein Mumm"), schlecht heilende Knochenbrüche bis hin zur Osteoporose, tiefsitzende LWS-Schmerzen.

Wie aus dem vorher Ausgeführten hervorgeht, ist aber die Defizienz des *Nieren-JING* verbunden mit einem *Nieren-YIN-Mangel* und/oder einem *Nieren-YANG-Mangel,* bzw. manifestiert sie sich in diesen beiden Disharmoniemustern, wobei beide gleichzeitig mehr oder weniger unter der Normalmarke sein können, weil beide denselben Ursprung haben und eines nicht defizient sein kann ohne das andere, wenn auch mit geringfügigem Unterschied.

Abb. 2

Im Fall des Calcium carbonicum-Bildes dürfte die *Defizienz des Nieren-YANG* (s. Abb. 2 rechts) vorherrschen. Dies ist nach den 8 diagnostischen Leitkriterien das klassische Muster des *YANG-Mangels,* charakterisiert durch innere Kälte. Es bestehen Blässe, leichtes Frieren und kalte Extremitäten, hochgradige Kälteempfindlichkeit, Erschöpfung, leichte Ermüdbarkeit, Apathie, dumpfer LWS-Schmerz mit Kältegefühl.

Ähnlich der Nieren-YANG-Schwäche ist die Nieren-QI-Schwäche, die mit den für das AMB typischen Symptomen von Enuresis, Polyurie und Inkontinenz verbunden ist. Bei Frauen kann es zum Prolaps und chronischem Ausfluß kommen. Die Schwäche des *Nieren-YANG,* das QI zu halten, wirkt sich in Kurzatmigkeit und Husten mit viel klarem Sputum aus.

Die Leere bzw. der Nieren-YANG-Mangel kann sich auf die verschiedensten Funktionskreise auswirken, so als *Schwäche des YANG von Milz-Pankreas.* Das führt zu einer Störung des Stoffwechsels der Flüssigkeiten, Wasserretention bis hin zu Ödemen und Verdauungsstörungen, zu Prolaps und Ausfluß. Bei dem *Nieren-YIN-Mangel* (s. Abb. 2 rechts) handelt es sich um einen relativen *YANG-Exzeß,* sogenannte „Leere-Hitze" bzw. Hitze durch *YIN-Mangel.* Abgesehen von den bereits geschilderten Symptomen, manifestiert sie sich noch in geistiger Ruhelosigkeit, Zappeligkeit und unbestimmter Angst.

Nun ist sowohl der *Nieren-YIN-Mangel* als auch in der Praxis der *Nieren-YANG-Mangel* fast immer verbunden mit einem Defizit von *Leber-YIN,* das zu dem *aufsteigenden Leber-YANG* führt. Dabei ist der Kopfschmerz eines der allgemeinsten und deutlichsten Zeichen für dieses Disharmoniemuster.

Der Kopfschmerz bei aufsteigendem *Leber-YANG* ist gewöhnlich einseitig. Typisch für ihn ist, daß er entweder *an einer Schläfe oder an einer Kopfseite* im Bereich des Gallenblasen-Meridians lokalisiert ist oder auch *direkt über den Augen,* wahrscheinlich durch einen Stau von QI im GB-Meridian. Die

ZUNGE: spiegelt allerdings oft das Vorliegen der *Leber-YIN-Defizienz* und ist blaß (seltener rot), während der

PULS: rauh und fein (pulsus asper et minutus) und seltener drahtförmig (pulsus chordalis) ist, wenn ein *Leber-Blut-Defizit* vorliegt oder starke Schmerzen bestehen.

Die außerordentliche *Ähnlichkeit* mit dem Kopfschmerzsymptombild von *Belladonna* kann nicht übersehen werden, eine Ähnlichkeit, auf die auch *Künzli* in seiner Theorie der Homöopathie (S. 325) hinweist. Da Belladonna aber nicht als Konstitutionsmittel wirkt, wird in manchen Fällen, wenn die akute Phase vorüber ist, in der Belladonna nur palliative Wirkung entfaltete, auf Dauer Calcium carbonicum als Konstitutionsmittel in Frage kommen. Durch das Symptom der Unterfunktion im Bereich der Sexualität allgemein im Calcium carbonicum-Bild wird das Funktionsmodell *Tor des Lebens* (Vital gate, MING-MEN, „Porta fortuna") dem *Nieren-YIN* und *Nieren-YANG* zugewiesen. Praktisch schreibt diese Theorie den Ursprung des wärmenden Feuers dem „Tor des Lebens" bzw. der „Vitalität" zu, und d. h. vor allem dem *Nieren-YANG.* Es darf angenommen werden, daß damit eine *Modell-Vorstellung* für die sonst unerklärlichen *Funktionen der inneren Sekretion* als Quelle des Lebens gefunden bzw. geschaffen wurde, wobei auch die Lokalisation zuletzt *zwischen* den beiden Nieren gesehen wurde und zwar in der „Fettigen Membran" in der Sakral- und Lumbalregion, die außen an der Wirbelsäule aufsteigt und lokalisiert wurde, womit ja nur das *sympathische und parasympathische Nervensystem* gemeint sein kann, während meines Erachtens außerdem damit die *lebensspendende Funktion der Nebennieren umschrieben ist.*

Die *Hauptbedeutung* des sogenannten „Tor der Vitalität" (MING-MEN) beruht in seiner Wirkung auf folgenden Funktionen: Es ist die Wurzel des Original-QI, die Quelle des Feuers für alle inneren Organe, es erwärmt den UDE und die Blase, es erwärmt den Magen und die Milz und unterstützt die Verdauung, es unterstützt die Nierenfunktion in der Aufnahme des QI, es unterstützt die Herzfunktion, das SHEN zu speichern und erwärmt die Essenz (JING) und den Uterus.

Von der letztgenannten Funktion sind *die Reifung der Sexualorgane, die Fruchtbarkeit, die Pubertät und die Menstruation abhängig.* Die Folgen einer Unterfunktion, wie sie im Calcium carbonicum-Bild gegeben sind, liegen auf der Hand. Entscheidend in diesem Zusammenhang ist die Tatsache, daß man das Disharmoniemuster des MING-MEN über den Funktionskreis der Niere und ihre Defizienz behandelt (s. u.).

Auch die *inspiratorische Kurzatmigkeit* (Emphysem), Asthma, Beklemmung der Brust und die kalten Hände sind eine Folge dessen, daß das Feuer des MING-MEN durch seine Defizienz die Fähigkeit der Niere, das QI zu empfangen, behindert. (Die Lunge kontrolliert die Ausatmung.)

Die für das AMB charakteristische *Fettsucht* mit all ihren Implikationen, wie schlaffe Muskulatur, blasse, glanzlose Haut, Schwäche, Mattherzigkeit und mangelnde Vitalität, sind eine Form der *QI-Leere,* die kennzeichnend ist für einen konstitutionellen *YANG-QI-Mangel.*

Die auffallenden, partiellen *Spontanschweiße* des AMB signalisieren generell mangelndes QI und den diesem Mangel übergeordneten *YANG-Mangel,* der auf eine Reduzierung des Feuers (MING-MEN und *Nieren-YANG-Leere)* zurückgeführt werden kann. Diese innere Disharmonie kann sich auch als ein *mangelndes Lungen-QI* auswirken, was sich sowohl in geminderter Widerstandskraft mit ihren Folgen (auch die Allergie gehört dazu) und auch in spontanen Schweißen äußert.

In Anbetracht der allgemeinen *Mattigkeit,* dem *Mangel an Spannkraft* und *Initiative* und vor allem der *raschen Ermüdbarkeit* und auch der

Entwicklungshemmung des Calcium carbonicum-Menschen stellt sich natürlich auch die Frage, welche Rolle der *Funktionskreis der Milz* einnimmt. Denn für die Ernährung des Körpers, also für die Assimilation und die Förderung der Entwicklung, ist dieser Funktionskreis verantwortlich. Ebenso ist er maßgeblich an der Funktion der Muskulatur und überhaupt an der Produktion von QI und Blut beteiligt. Man muß also auch einen *QI-Mangel* oder sogar einen *YANG-Mangel des Milz-Pankreas* in Erwägung ziehen, letzteren besonders wegen der ausgeprägten Kältesymptomatik.

Der Vollständigkeit halber, und unabhängig von der Kopfschmerzsymptomatik, werde ich auch hierfür einen therapeutischen Vorschlag machen.

8. Therapie

a) Die Behandlung der Nieren-JING-Insuffizienz

ist nicht ganz so aussichtslos, wie es in Anbetracht dessen, daß es sich nicht um erworbene Formen handelt, angenommen werden könnte. Zumindest wirkt die Akupunktur unterstützend für andere, ebenfalls indizierte Behandlungs-Methoden, wie in diesem Fall die Verordnung von Calcium carbonicum.

NI 3 (mox)	tonisiert das NI-YIN und die Essenz (JING). (Dies ist ein Punkt, der in fast allen Disharmoniemustern der NI zur Anwendung kommt.)
NI 6 (mox)	tonisiert ebenfalls das NI-YIN.
KG 4 (mox)	tonisiert das JING.
BL 23 (mox)	tonisiert die NI.
LG 4 (mox)	tonisiert den YANG-Aspekt des JING der Essenz. Dieser Punkt, der den Namen MING-MEN (Tor des Lebens) hat, wird nur angewandt bei Nieren-Essenz-Defizienz auf dem Hintergrund eines YANG-Defizits.

GB 39	tonisiert das Knochenmark (Meisterpunkt).
LG 20	tonisiert das „Mark", um das Gehirn zu füllen. („Mark" korrespondiert nicht mit dem Mark in der westlichen Medizin. Es ist die allgemeine Matrix für Knochen, Knochenmark, Gehirn und Rückenmark.)
LG 14	stimuliert ebenfalls das „Mark", damit es das Gehirn erreicht.
BL 15	tonisiert das HE in seiner Fähigkeit, den Geist (SHEN) zu beherbergen.
BL 11	ernährt die Knochen (Meisterpunkt).
MA 36	Stärkt das QI und somit die erworbene Essenz.
MP 6 und **BL 20**	verbessern die Assimilationskraft des Stoffwechsels.

b) Nieren-YANG-Defizienz

Die Therapie deckt sich im wesentlichen mit der der Defizienz des Nieren-JING. Ich erspare mir deshalb auch die Erläuterungen.

BL 23, TM 4, KG 4 (mox), **KG 6, NI 3, MA 36, NI 7**	spezifisch zur Stärkung des NI-YANG.
BL 52	tonisiert die NI und speziell ihren geistigen Aspekt: die Willenskraft.
MP 9 **KG 9**	bei Wasserretention.

c) Aufsteigendes Leber-YANG

Dies ist die Therapie, die, abgesehen von der Berücksichtigung der vorher erwähnten Therapiemöglichkeiten, speziell bei der *Migräne* in Frage kommt:

LE 3	überwältigt das LE-YANG. Dies ist der Hauptpunkt, der zur Anwendung kommt.

3E5	hat dieselbe Wirkung und ist besonders angezeigt bei Kopfschmerzen im Bereich des GB-Meridians.
MP 6 **NI 3**	tonisieren das YIN allgemein.
LE 8	tonisiert das LE-YIN.
GB 43	unterdrückt das LE-YANG und wirkt besonders auf den GB-Meridian.
BL 2	wirkt ebenfalls auf das LE-YANG unterdrückend und ist ein Locus dolenti bei Kopfschmerzen an der Schläfe und um die Augen.
TAIYANG	unterdrückt das LE-YANG und dient als Lokalpunkt für Schmerzen an der Schläfe.
GB 20	wirkt ähnlich auf das LE-YANG und ist ein Lokalpunkt für Schmerzen am Hinterkopf und um die Augen und dient zur Beruhigung des LE-YANG.
GB 9, 8, 6	haben die gleiche Wirkung, besonders als Lokalpunkte auf der lateralen Seite des Kopfes bei Kopfschmerz.
GB 37	klärt die Sicht.
evtl. **BL 2,** **TAI YANG** und **GB 1**	bei Augensymptomen.
GB 38	bändigt das LE-YANG und wirkt besonders bei chronischer, hartnäckiger Migräne.

d) Zur Behandlung des „MING-MEN“

wird man in erster Linie dieselbe Therapie wie bei dem Nieren-YANG-Mangel anwenden. Die wichtigsten Punkte dabei sind sicher **BL 23, LG 4**, der schon den Namen MING-MEN hat, und **KG 4.** Zur Behandlung der QI-**Leere** überhaupt kommen außerdem in Frage: **Moxa auf KG 7, 6, 5 und 4 und LG 4. Nadelung der Quellpunkte auf den 12 Meridianen. MP 6, MA 36, DI 4, BL 20.** Das gilt auch für

e) YANG-QI-Leere

Alle Punkte sollten, je nach dem Ausmaß des YANG-Mangels, gemixt werden. Moxen auf:
BL 23, **KG 8** und **LG 4** und **20**. Außerdem evtl. **BL 43** (moxen), **GB 25**, **KG 4** (moxen), **KG 5**, **KG 6** (moxen) und **KG 17**.

f) Mangelndes Lungen-QI

Es müssen tonisiert werden:

LU 9	stärkt besonders das LU-QI und stärkt die nach unten ableitende Funktion der LU.
KG 6, 3	tonisiert ebenfalls das QI.
BL 13	stärkt das LU-QI.
LG 12	tonisiert ebenfalls das LU-QI und ist speziell anzuwenden bei chronischen Fällen.
MA 36	tonsiert MA und MP QI.

Bei der Behandlung von Symptomen des Calcium carbonicum-Bildes ist noch der YANG-Mangel zu berücksichtigen, den man über die Behandlung des MING-MEN und des NI-YANG beeinflussen kann.

BL 23 und **MP 6**	bei zusätzlichem Mangel von HE und NI-YANG.

g) YANG-Mangel des Milz-Pankreas

KG 12	stärkt das MP-QI.
MA 36	tonisiert das MP-QI.
MP 3	Quellpunkt des MP und stärker tonisierend als MP 2.
MP 6	stärkt das MP-QI.
BL 20 und **BL 21**	Beide Punkte als Zustimmungspunkte für MP und Magen, wirken tonisierend.
MP 9	löst Feuchtigkeit im UDE.

KG 9, MA 28 und **BL 22**	stimulieren die transformatorische und transportierende Kraft des MP für Flüssigkeit und Ödeme.

9. Epikrise

Die Aufschlüsselung dieses großen und bedeutsamen Mittels läßt die Unmöglichkeit erkennen, die Symptomatik unter einen Hut zu bringen. Die Schwierigkeit bei der Zuordnung der Disharmoniemuster demonstriert andererseits diese Zusammenstellung in paradigmatischer Form. Auch konnte ich mich in meiner Darstellung des AMB nur kurz fassen, so daß wesentliche Gesichtspunkte dieses ausladenden Polychrests keine Erwähnung fanden. In umfassender Form wird es u. a. in den „Essenzen" von *Vithoulkas* dargestellt, und wer sich ein wirklich ausführliches, alle Facetten anschaulich darstellendes Bild von Calcium carbonicum machen will, findet dieses in den „Portraits homöopathischer Arzneimittel" von *Catherine R. Coulter.*

Immerhin sehe ich in den erwähnten Mustern durchaus die Möglichkeit einer flankierenden Maßnahme, besonders bei Entwicklungsschwierigkeiten. Dies gelingt mit Hilfe der Disharmoniemuster zur Behandlung der *Nieren-JING-Defizienz* und der *Nieren-YANG-Insuffizienz,* wie auch bei den Kopfschmerzen durch das Disharmoniemuster aufsteigendes Leber-YANG. Ebenso findet die „Verlangsamung der Nutrition" *(Boericke),* d. h. also das gesunde Wachstum der Knochen, der Zähne und Nerven auch durch die Berücksichtigung des *YANG-Mangels des Milz-Pankreas* eine Verbesserung der Assimilation und Verwertung des Kalziums und anderer Nährstoffe. Auf jeden Fall lohnt sich eine Anwendung der Akupunktur-Muster auch allgemein bei der Symptomatik von Calcium carbonicum.

Causticum

Toxikologie

Der Ätzstoff *Hahnemanns* wird nach dessen Vorschrift aus frisch gebranntem Kalk, der aus Marmor und aus doppelsaurem schwefelsaurem Kalium gewonnen wurde, hergestellt. Nach dem bisherigen Stand der Untersuchungen enthält es im wesentlichen noch nicht bestimmbare Amonium-Komplexverbindungen und ist in der ganzen homöopathischen Pharmakopö außer Amonium carbonicum das einzige alkalische Mittel und somit die einzige Lauge im Gegensatz zu den zahlreich vertretenen Säuren in der Homöopathie. Causticum ist nicht toxisch. Im Arznei-Versuch am Gesunden beschreibt *Voisin* aber für eine erste Phase: Spastische Erregung des Nervensystems und der Muskeln, Hautreizung, katarrhalische Schleimhautreizung mit dem Gefühl von Brennen und Wundheit. In der zweiten Phase, die noch mehr auf die Mittelwirkung hinweist, Hemmung der Funktion des zerebro-spinalen Nervensystems mit paretischer Schwäche und Neigung zu Lähmungen, Abmagerung und Produktion fibröser Indurationen (Gelenkrheumatismus mit Deformationen).

1. Typus nach dem AMB

Trockene Naturen, Trockenheit, die sich besonders an den Schleimhäuten und der Haut auswirkt. Alles, was die Trockenheit verstärkt, wie trockene, kalte Luft, Hochdruckwetter, verschlimmert den Zustand des Patienten. Fortschreitend entwickeln sich paretische Schwächezustände und Lähmungen. Daher auch Schlaffheit und Müdigkeit. Zuerst wird das Nervensystem angegriffen, so daß außer den Lähmungen Krämpfe, Zuckungen und Schmerzen wie von elektrischen Schlägen bei den betroffenen Patienten auftreten. Spasmen und Parese entwickeln Dyskinesien. Man kann so weit gehen (mit *Vithoulkas*) zu sagen: „Die Hauptidee bei Causticum ist allmählich fortschreitende Paralyse, die einer Anfangsphase exzessiver Hypersensibilität und Hyperaktivität folgt … Der Hauptangriffspunkt liegt im allgemeinen im zentralen und peripheren Nervensystem“ (S. 60).

2. Körperliche Symptome

Im Vordergrund stehen die Erkrankungen der oberen Luftwege und Bronchien mit Symptomen, die im wesentlichen durch die Trockenheit der Schleimhäute bedingt sind:
Heuschnupfen mit trockener verstopfter Nase nachts,
Heiserkeit mit Räusperzwang,
Wund- und Schmerzgefühl längs der Luftröhre,
Husten mit Wundheitsgefühl auf der Brust, verbunden manchmal mit Schmerz über den Hüften, gebessert durch Schluck kalten Wassers,
Pharyngitis mit Trockenheit und dem Gefühl der Rauheit und Schwellung im Hals, dazu reichlich Durst.
Dyskinesien im Dickdarm: Verstopfung, häufiger, vergeblicher Stuhldrang,
der Stuhl geht besser im Stehen ab.
Blasenschwäche, Blasenlähmung und Blasen-Dyskinesie,
Inkontinenz beim Husten, ein sehr wichtiges, selten enttäuschendes Symptom,
Enuresis.
Fluor,
Dysmenorrhö, alles schlechter während der Regel.
Regel fließt nur am Tage.
Lähmungsartige Schwäche in allen Gliedern, Steifigkeit,
Verkürzungsgefühl,
Gliederschmerzen, schlechter in Ruhe,
Parästhesien,
Muskelrheumatismus, chronischer Gelenkrheumatismus,
Arthritis deformans,
Hüftschmerz.
Chronische Ekzeme, meist trockener Art,
Warzen,
Skrophulose,
Bläschen und trockene Pusteln. Narbe.
Kalte Hände und Füße.
Frieren und Frösteln am ganzen Körper,
Verschlimmerung durch Kälte und Zugluft. Sie frieren ständig.

ZUNGE: weiß an den Rändern, rot in der Mitte. Trockenheit der Schleimhaut.

3. Psychische Symptome

„Ausgesprochener Sinn für Gerechtigkeit und übermäßige Empfindlichkeit gegen unterdrückende Einflüsse ...“ *(Vithoulkas)*, was im Extremfall zu antiautoritärem Verhalten führen kann, seinen Ursprung aber auch in dem hoch entwickelten Mitgefühl hat. Kommt es aber zu enttäuschenden, beleidigenden Kummererlebnissen. schwächt dies die geistige und emotionale Ebene. Bedeutsam ist eine Verstimmung im Sinne von hoffnungsloser Traurigkeit durch Sorgen, Kummer und Leid, verbunden mit viel Weinen. So kann es bei diesen hochbegabten Menschen ganz allmählich zum Nachlassen der Geisteskraft kommen bis hin zur senilen Demenz.

4. Auslösende Schädigung

Langandauernder Kummer und Sorgen, Mitleid, Schlafentzug.
Plötzliche Emotionen wie Angst, Schrecken, Ärger, Zorn,
unterdrückte Ausschläge, Trockenheit und Kälte, Zugluft, trockene, kalte Luft, aber auch trockenes Sommerwetter.

5. Art des Kopfschmerzes

Gefühl eines Hohlraums hinter dem Stirnbein zwischen dem Gehirn und dem Schädelknochen. Klopfende, ziehende, brennende, vor allem reißende Kopfschmerzen.
Kopfschmerzen wie zusammengepreßt.
Nächtliche Schmerzen wie von einem Abszeß im Gehirn *(Clark)*,
Sehstörungen *(Voisin)*, *wunder Schmerz auf der Kopfhaut (Allen)*,
heftige Schmerzen bei rheumatischen und gichtigen Zuständen.

Schmerzhaftes Gefühl wie ein leerer Raum zwischen Hirn und Schädelkapsel > Wärme.
Schwere Kopfschmerzen bei rheumatisch-gichtigen Beschwerden.

Schwindel:

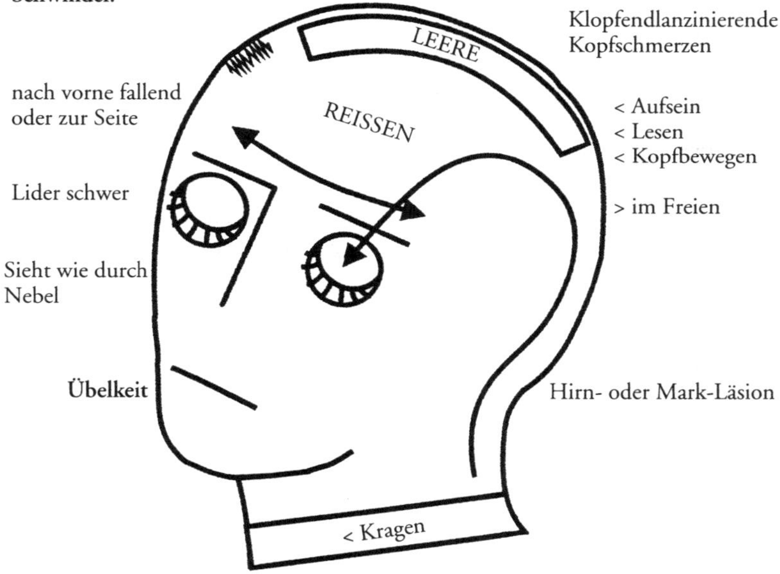

ENTTÄUSCHUNGEN, KUMMERERLEBNISSE. Demonstrativ.
Sehr für Gerechtigkeit; duldet nicht, daß jemand unterdrückt wird.
Autoritäten werden nicht anerkannt.
Tiefverletzlich, Mitgefühl.
Fortschreitende Paralyse – auch des Willens.

6. Homöosiniatrische Punkte

Weihe-Punkt

Lage:
Bilateral im 7. ICR in der vorderen Acillarlinie.

Nach *de La Fuye:*
Kranker mit großer paretischer oder paralytischer Schwäche und Abzehrung über längere Zeit. Schmerzen mit Gefühl einer frischen Wunde und mit Brennen, wie durch ungelöschten Kalk.

(*De La Fuye* stellt dann als Symptomatik dieses Punktes fast das vollständige Causticum-AMB dar, so daß ich mir Einzelheiten ersparen kann. Ich sehe darin den Beweis für das unberechtigte Vorgehen *de La Fuyes*, ein ganzes AMB unter einem Punkt zu subsummieren.)

DI 11 QU CHI = Gekrümmter Teich
Erde
Tonisierungs-Punkt
HO-Punkt (Delta-Punkt)

Lage:
bei gebeugtem Ellenbogen am Ende der Falte innen.

Dieser Punkt hat eine vielseitige Wirkung, insbesondere lindert er Störungen durch äußere Einflüsse wie Wind, Wind-Hitze und Wind-Trockenheit. Er senkt Fieber, klärt Feuer, Hitze, Sommerhitze und kühlt die Hitze im Blut. Außerdem feuchtet er bei Trockenheit an, stimuliert Schweißbildung, verwandelt feuchte Hitze, reguliert das Nahrungs-QI und Blut und verbessert Sehnen- und Gelenkfunktion. Daraus ergeben sich eine Anzahl Indikationen, von denen ich nur einige aufzähle: grippale Infekte, Entzündung der oberen Luftwege, hypertone Zustände. Alle Hautkrankheiten, besonders die mit Windsymptomen (Juckreiz), Aggregationshemmung, Immunschwäche, Toxinausscheidung. Nach *Schmidt*: „Teufels-Anhänger" mit nervöser Erregung mit Durchfall. Kopfkongestion.

Nach *de La Fuye:*
Spastische Kontraktion im Magen und Ösophagus, laryngealer Husten mit haftendem Schleim, Sehstörungen. Strabismus, Konjunktivitis, Tu-

benkatarrh (chronisch), Kopfschmerz und Schmerzen im Rücken und in den Lenden. Klauenhand.

MP 9
YINLINGQUAN = YIN-Quelle am Hügel
Wasser
HO-Punkt

Lage:
In einer Vertiefung am inneren Rand des Epicondylus der Tibia.

Reguliert und stärkt vor allem die YANG-Kraft des Milz-Pankreas, wirkt beim Magen auf dessen YIN, schwemmt Feuchtigkeit und feuchte Hitze aus und reguliert den Wasserhaushalt (zusammen mit **KG 9**).
Indikationen:
Atrophie-Syndrome durch feuchte Hitze, schmerzhafte Obstruktion durch feuchte Hitze (Knie) oder Hochdruck durch feuchte Hitze, Durchfall mit unverdauter Nahrung oder Schleim durch feuchte Hitze, schmerzhafte Harnverhaltung. Hepatitis, Ödeme, Aszites, Urtikaria, Gefühl der Kälte im Bauch und Spannung unter dem Rippenbogen. Venöse und variköse Beschwerden.

Nach *de La Fuye*:
Kaum Übereinstimmung mit den oben gekennzeichneten Charakteristika. Magen-Darm-Symptome wie schlechte Verdauung, Erbrechen, Darmspasmen, Auftreibung, epigastrisch und im Bauch.
Samenabgang, Dyspnoe, Husten, Völlegefühl in der Brust. Urin mit Inkontinenz, Urethritis.

3E5 WAIGUAN =
Äußeres Paßtor
LO-Punkt
Schlüssel-Punkt des YANG WEI MO

Lage:
2 CUN proximal von 3E4 (YANG CHI) zwischen Radius und Ulna.

Der Punktname kennzeichnet diesen Akupunkturpunkt als einen Verbindungspunkt zwischen den Kreislaufmeridianen und dem Gürtelgefäß (TAI MO), das dem allgemeinen Energieausgleich in der Körpermitte dient. Vor allem befreit der Punkt das Äußere und vertreibt den Wind bei Erkrankungen des SHANG HAN. Er reguliert das SHAO

YANG und kann alle sechs pathogenen Faktoren vertreiben: Wind, Hitze, Kälte, Feuchtigkeit, Trockenheit und Feuer. Er wirkt auf das Ohr bei Entzündung und Wind-Hitze (Infektion) und bei Ohrensausen, sowie Taubheit von *Leber-Feuer* oder *aufsteigendem Leber-YANG*. Von ihm aus kann man vor allem das *aufsteigende Leber-YANG* (durch die Beziehung von 3E mit GB im SHAO YANG) bei Migräne oder Schläfenkopfschmerz beeinflussen. Selbstverständlich hat er auch eine lokale Wirkung bei Fingertaubheit, Kontrakturen, Schmerzen und Tremor der Hand. Auch wirkt er auf Schmerzen im Interkostalbereich (über die Verbindung im SHAO YANG).

Nach *de La Fuye:*
Schwäche und Parese der Glieder. Verschlimmerung durch trockene Kälte.

BL 64
JING GU = Hauptknochen
Holz
Quell-Punkt

Lage:
Hinter und unterhalb der Tuberositas des fünften Metatarsale auf der Grenze zwischen rotem und weißem Fleisch.

Er beruhigt das Gemüt, vertreibt Wind und klärt die Hitze auf. Indikationen sind Schweregefühl im Kopf, Kältegefühl in den Gliedern, Kopfschmerz, Schwindel, Nackensteifigkeit, Herzklopfen, Rückenschmerzen mit der Unfähigkeit, auf dem Rücken zu liegen, Wechselfieber mit Krämpfen.

Nach *de La Fuye*:
Wirkung auf die Harnwege bei Blasenschwäche. Inkontinenz durch Atonie, Urethritis, Blenorrhagie. Gemütsdepression, Erregbarkeit, Unruhe, Katarakt, Verbiegung der Wirbelsäule und konsekutive Schmerzen.

(*Anm.:* Es fehlt fast jede charakteristische Beziehung zum Causticum-Bild.)

Für die Behandlung bei Erkrankungen im Causticum-AMB eignen sich vor allem **DI 11** und **3E5**. Die therapeutische Wirkung des *Weihe*punktes kann ich nicht beurteilen.

7. Vom homöopathischen Symptombild zum Disharmoniemuster

Da alles, was Trockenheit verstärkt, auslösend und verschlimmernd auf den Zustand wirkt, wie trockene, kalte Luft, Hochdruckwetter, trockene Kälte, besteht eine besondere Affinität für Erkrankungen der oberen Luftwege und der Bronchien. So werden bei entsprechender Disposition Trockenheit, aber auch kalter Wind, zu pathogenen Faktoren. Neben diesen exogenen Krankheitsursachen spielen aber auch endogene, emotionale Faktoren wie Traurigkeit, Sorge, Kummer und Störungen im Lebensrhythmus (Schlafentzug), eine schädigende Rolle, die sich am meisten auf den Funktionskreis der Lunge auswirken (siehe psychische Symptome).
In leichteren Fällen entspricht das Causticum-Bild einer von außen induzierten

a) Trockenheit der Lunge

Dies ist ein Stadium, das einen *YIN-Mangel der Lungen* voraussetzt, aber auch innerlich entstanden sein kann von einer *Magen-YIN-Insuffizienz.* Die typischen Symptome sind dann trockener Husten (evtl. mit Blasenschwäche), trockene Kehle und trockener Mund, Durst, heisere Stimme, Brennen im Rachen. Durch den *gestörten QI-Fluß der Lunge* kommt es bei *aufsteigendem Lungen-QI* zu Husten.

Daß auch kalter Wind zum Krankheitsbild von Causticum führen kann, begegnet uns im Disharmoniemuster:

b) Wind und Kälte in der Lunge

ein ähnliches, allerdings noch ausgeprägteres exogenes Krankheitsbild, das dem TAI YANG der 6-Stadien bzw. Schichten entspricht und zusammenhängt mit einer relativen Schwäche des Körper- bzw. Abwehr-QI in Relation zum pathogenen Faktor. Es wäre allerdings ein Fehler zu denken, man müßte nun das Körper-QI tonisieren. Das würde den Zustand nur noch verschlechtern.

Das subchronische bis chronische Erscheinungsbild von Rachenkatarrh mit all seinen Begleiterscheinungen, die chronische Bronchitis mit trockenem Husten mit wenig Auswurf, schwacher, heiserer Stimme, Unruhe mit Schwäche und Wärmeunverträglichkeit, der *YIN-Mangel der Lunge,* ist charakterisiert durch einen Mangel an Körperflüssigkeit und darauf folgender Trockenheit. Dieses Disharmoniemuster ist häufig vergesellschaftet mit einem *Magen- und/oder Nieren-YIN-Defizit.*

In all diesen Fällen haben wir es mit einem Mangel an Körper-QI zu tun, Folge einer gestörten QI-Abwehrfunktion, das von den Lungen zur Muskulatur und zur Körperoberfläche geschickt wird. Das wirkt sich auf die Haut aus, für die die Lunge die funktionelle Darstellung ist. Die Beeinträchtigung der Lunge in ihrer Verteilerfunktion und der nach unten leitenden Funktion führt dann zu Kopfschmerzen, Gliederschmerzen, Abneigung gegen Kälte, Niesen, verstopfter Nase und Trockenheit der Haut mit gestörter Hautfunktion.

Berücksichtigen sollte man auch, daß es bei länger andauernden endogenen Störungen des Lungen-Funktionskreises und längeren Krankheitszuständen zu einem mangelnden Nieren-YIN mit Spasmen, Krämpfen und Paresen, evtl. zusammen mit einem Leber-Wind kommen kann.

Falls Kopfschmerzen im Sinne des AMB von Causticum auftreten, so müssen auch andere typische Symptome und Modalitäten des Causticum-Bildes vorhanden sein, vor allem hinsichtlich der rheumatischen Komponente.

Denn Causticum ist kein typisches Migräne-Mittel, der Kopfschmerz hat mehr neuralgischen Charakter oder gehört in den Formenkreis der rheumatisch-gichtigen Erkrankungen. *Kent* spricht vor allem auch von heftigen Schmerzen im Gesicht, von Neuralgie, von Kälte, oft verbunden mit Lähmungserscheinungen, von reißenden, stechenden Schmerzen und *Voisin* von Sehstörungen (Nebelsehen), was ja auf eine Beteiligung des Gefäßsystems und des Leberfunktionskreises hindeutet. Ganz allgemein kann man wohl sagen, daß diese Vorgänge mit dem gestörten QI-Fluß zusammenhängen und folglich auch eine Berücksichtigung nicht nur des ZANG, sondern auch des FU-Geschehens, also der Außen-Meridiane erfordert (TAI YANG, SHAO YANG).

Die allmählich fortschreitende Paralyse *(Vithoulkas)* bei chronischen Leiden mit Abnahme der Muskelkraft aufgrund langsam fortschreitender Lähmungen, mit großer Mattigkeit, Schweregefühl im Körper, Zittern, Kopfwackeln, Tics, Zucken im Schlaf, also bei peripheren Lähmungen bis hin zu Systemkrankheiten wie Multiple Sklerose, entsprechend dem Disharmoniemuster *Leber-Blut-Mangel*, der Wind erzeugt. Dieser Zustand bedingt einen Blutmangel in den Gefäßen, die sich mit „innerem" Wind „füllen", einem Mangel(„Leere")-Zustand, der zu den bereits erwähnten Tics, zu Tremor und Kopfwackeln führt. Das Taubheitsgefühl geht auf Kosten des Blutmangels. Es gibt außerdem Erkrankungen des Nervensystems mit Neuralgien bis hin zu Paresen, die mehr akuten und subakuten Charakters sind. Sie entstehen bei geschwächter Abwehrleistung durch pathogenen Wind und durch Schleim in den Leitbahnen (Neuralgien, Paresen, Fazialisparesen, postdiphtherische Lähmungen, Blasenlähmung), bedingt durch *Schwäche der YANG-Niere* und des *Milz-Pankreas.*

Leider ist m. E. die Rolle des Gehirns und des Rückenmarks als „Außerordentliche YANG-Organe" in der chinesischen Medizintheorie nicht befriedigend geklärt. Das erschwert die Zuordnung zu einem Disharmoniemuster bei den entsprechenden Krankheiten. Man kann davon ausgehen, daß Gehirn und Rückenmark von Nieren-Essenz, also der YIN-Niere, gebildet werden, daß das Gehirn ebenso abhängig ist vom Herz-Blut und ebenso vom freien Fluß des Leber-Blutes. Außerdem spielt der TOU MO bei Benutzung seines Schlüsselpunktes und des gekoppelten Schlüsselpunktes eine wichtige Rolle für die Ernährung des Gehirns und der YIN QIAO MO (YIN KEO) bei der Beeinflussung von nervalen Ausfallserscheinungen (Atrophy-Syndrom).

Und welche Rolle spielt die YANG-Niere für die Funktion des Nervensystems? Darüber gibt es widersprüchliche Angaben. Ich meine allerdings, daß sie zumindest bei Systemerkrankungen eine eminente Bedeutung hat, und – natürlich im Einklang mit den Symptomen (Puls, Zunge) – in das therapeutische Konzept einbezogen werden muß, zumal ein *YANG-Mangel der Niere* immer eine *Defizienz der Nieren-Essenz* zur Folge haben wird. Man wird also, je nachdem, alle diese Disharmoniemuster und Leitbahnen zur Hilfe nehmen müssen, um den neurologischen Problemen gerecht zu werden.

8. Therapie

Da in Notfällen anfangs die äußerlichen Manifestationen (BIAO) behandelt werden müssen, wird man sich zuerst einmal den am Kopf sich sammelnden FU-Meridianen zuwenden. Das schließt aber eine, wenn gegeben, gleichzeitige Behandlung des ZANG-Geschehens (BEN) nicht aus.

a) Trockenheit der Lunge

LU 9	stärkt das LU-QI und befeuchtet die Lunge.
KG 4	stärkt das NI-YIN, mobilisiert die Erb-Energie und vermehrt die Feuchtigkeit.
NI 6	verstärkt den Fluß des QI der NI und vermehrt so die Flüssigkeit evtl. in Verbindung mit
LU 7	beide sind Schlüsselpunkte der *außerordentlichen Meridiane* des YIN-KEO und des JENN-MO und wirken besonders bei trockener Kehle und Husten. Diese Kombination stimuliert außerdem die nach unten führende Funktion der LU und tonisiert das NI-YIN.
MP 6	bewirkt Steigerung und Dynamisierung der Säfte im Laufe der Stärkung des MP.
KG 12	stärkt das MA-YIN und vermehrt so Flüssigkeit.

Falls außerdem, wie zu erwarten, noch ein

b) YIN-Mangel der Lunge

vorliegt, füge man noch hinzu:

BL 13 und **LG 12**	die das LU-QI und das YIN tonisieren.
LU 1	kann man nach der YU-MO-Methode hinzufügen: kombiniert mit BL 13 tonisiert er die LU und vertreibt pathogene Faktoren in akuten und chronischen Fällen.
KG 17	stärkt LU-QI und LU-YIN.
BL 43	ernährt u. a. das LU-YIN und kommt in Frage zur Verbesserung des LU-YIN und nach einer chronischen Erkrankung desselben, besonders bei trockenem Husten und Kräfteverfall. Muß gemoxt werden.

c) Bei dem TAI YANG der 6-Stadien-Theorie

handelt es sich um eine SHANG-HAN, d. h. eine „Wind-Kälte"-Erkrankung, für die auch zuweilen Causticum bzw. Amonium-Causticum als Mittel in Frage kommt. Meist liegt dann allerdings ein Fülle-Zustand vor, der natürlich zu sedieren ist. Es gibt aber auch das Muster einer TAI YANG-„Leere", die sowohl sedierend wie vor allem aber auch tonisierend angegangen werden muß. Wie unterscheiden sich die beiden Muster? Entscheidende Merkmale sind folgende:

Bei *Fülle* haben wir Fieber ohne Schweiß mit Schüttelfrost, bei *„Leere" (Mangel)* Fieber mit Schweiß und Frost. Letzteres ist die Folge einer Abwehrschwäche; die tieferen Schichten der Haut werden befallen, so daß es zu Schweißfluß kommt, weil die Abwehr zu schwach ist, das Pathogen zu vertreiben. Dies im Gegensatz zum Fülle-Zustand, wobei kein Schweißausbruch erfolgt, weil inzwischen das Nahrungs-QI, YIN-QI, durch das Pathogen behindert wird und so zu einer Blockade der Schweißbildung führt. Auch besteht bei Fülle Kälteempfindlichkeit, die bei der „Leere" fehlt. Bei Fülle ist der Puls gespannt, bei „Leere" oberflächlich und schwach oder normal. Die Neuralgie beim Füllezustand (Trigeminus-Neuralgie im akuten Schmerzzustand) wird behandelt mit **DÜ 3, BL 60** und **62** plus Loci dolenti. Die Neuralgie beim „Leere"-Syndrom erfordert:
HE 7,
NI 7,
KG 4,
BL 23,
HE 3,
DÜ 3,
BL 60 und **62.**

Therapie der TAI YANG-Fülle:

DI 4 und 3E5, NI 7	um das Äußere zu lösen, um zum Schwitzen zu stimulieren.
LG 16, GB 20 und **MA 8**	vertreiben den Wind und

BL 12 (mox) und **DÜ 3**	entfernen Kälte.
NI 63 oder **NI** 7 und **KG 23**	bei trockener Kehle.
LU 9, **KG** 12 und **KG 22**	bei Husten und Atemnot.

Bei TAI YANG-„Leere“ kann man die Punkte mild tonisieren oder evtl. moxen.

MA 35 und **MP 6**	fügt man zur Stärkung des QI hinzu.

d) Leber-Blut-Mangel, der Wind erzeugt

LE 8	tonisiert das LE-YIN.
LE 3	(sedierend) unterdrückt den LE-Wind.
MP 6 **NI 3** **BL 20** **BL 23**	tonisieren das Blut.
BL 17	(moxiert) tonisiert das Blut.
BL 18	stärkt das LE-Blut und unterdrückt den LE-Wind.

Alle folgenden Punkte müssen sedierend behandelt werden:

GB 20, **LG 16**, **LG 20**	unterdrücken den Wind.
DI 4	kombiniert mit
LE 3	eliminieren den Wind im Gesicht. So sind sie besonders angezeigt bei Tic des N. facialis.

e) YANG-Mangel der Milz

KG 12 und **MA 36**	tonisieren das MP-QI. Diese Punkte werden oft gleichzeitig eingesetzt, um das MP zu stärken.
MP 3	tonisiert als Quellpunkt das MP-QI. (MP 2, der sogenannte „Tonisierungspunkt", ist nicht so wirksam und wird mehr gebraucht, um Hitze bei Fülle-Syndrom zu klären.)
MP 6	stärkt u. a. das MP-QI.
BL 20 und **BL 21**	eine Kombination, um in chronischen Fällen beide MP und MA bei Defizienz zu tonisieren.

Diese Punktekombination kommt in Frage bei MP-QI-Mangel. Hinzu kommt bei YANG-Mangel des MP:

MP 9	beeinflußt die Feuchtigkeit im UDE.
KG 9	ein ganz wichtiger Punkt, um Transportation, Transformation und Ausscheidung von Flüssigkeit in allen Teilen des Körpers zu fördern (evtl. moxen).
MA 28	öffnet die Wasserausscheidung im UDE und stimuliert sie.
BL 22	als Zustimmungspunkt des 3E wirkt dieser Punkt auf die Transformation und den Transport von Flüssigkeit im UDE und verringert sie.

f) YANG-Nieren-Mangel

Diese Therapie muß evtl. ergänzt werden durch die Tonisierung der YANG-Niere, die ja schon öfters dargestellt wurde, so daß ich mich hier nur auf die notwendigen Punkte bei YANG-Nieren-Mangel beschränke:

BL 23, 52
LG 4,
KG 4, 6,
NI 3, 7
Extrapunkt YINGGONG evtl. moxieren.

9. Epikrise

Causticum ist kein ausgesprochenes Migränemittel, denn schwere Neuralgien täuschen häufig eine vor. Aber der Ätzstoff *Hahnemanns* bietet so hinreißend interessante und tiefgreifende Aspekte, daß ich das Mittel nun, nachdem wir es in das Programm mit aufgenommen hatten, nahezu völlig dargestellt habe, bis auf die rheumatische Komponente, die sowohl von einem *Milz-Pankreas-QI-Mangel* und einer *Defizienz der Gallenblase* (**GB 34**) und des Funktionskreises Leber abhängt.

Vor allem hinsichtlich der Kopfschmerzen und der neurologischen Komponente des Mittels gibt es genügend Überschneidungen, so daß ich die vollständige Darstellung des Causticum-Programms für notwendig und instruktiv hielt.

Chelidonium majus

Toxikologie

Ausgangsmaterial ist die frische Wurzel, sie enthält eine große Anzahl von Alkaloiden (11). Im Vergiftungsbild kann es zur choleriformen Diarrhö und zur Hämaturie kommen. Bei der Wirkung im Arzneiversuch am Gesunden *(Voisin)* stehen im Vordergrund chronische oder subakute Schwellungen der Leberzellen. Entzündung der Gallenkanälchen, Cholämie und Verdauungsstörungen, Reizung der Respirationsschleimhäute oder der Nieren. Die Droge wirkt leicht betäubend, erschlafft die glatte Muskulatur des Darms, der Bronchien, der Herzkranzgefäße und wahrscheinlich der Gallengänge.

1. Typus nach dem AMB

Einen ausgesprochenen Konstitutionstyp gibt es nicht, manche Autoren *(Vithoulkas)* behaupten, daß das konstitutionelle Bild Lycopodium sehr ähnlich ist, wenn auch psychisch deutliche Unterschiede bestehen (s. u.). Im Vordergrund steht die organtrope Beziehung zur Leber. Chelidonium ist ein wichtiges Leber- und Gallemittel. Ebenso wie Lycopodium ist das Mittel von Bedeutung bei rechtsseitigem Kopfschmerz, da es ein ausgesprochenes Rechts-Mittel ist. Es kommt noch in Frage bei bestimmten Formen von Bronchitis, Bronchopneumonie und Asthma und bei arthritischen Schmerzen.

2. Körperliche Symptome

Die Beschwerden und Schmerzen lassen an eine Beziehung zu *Magen-Darm-Katarrh* und *Leber-Galle-Krankheiten* keinen Zweifel. Aber man muß auch an das Vorliegen einer *Pneumonie* mit Pleurabeteiligung, die mit ähnlichen Symptomen einhergeht und durch Chelidonium geheilt werden kann, denken. Ausgesprochen typisch sind außer dem quetschenden Schmerz im Bereich des rechten Leberlappens die schießenden, stechenden, reißenden, auch zuweilen *blitzartigen Schmerzen,* die bis zum Rücken ausstrahlen und sich *unter dem Winkel des rechten*

Schulterblattes festsetzen und sicher mit einer Störung der Gallenwege zusammenhängen (*Head*sche Zone).

Weiterhin charakteristisch ist die *gelbliche oder gelbe Gesichtsfarbe*, das Verlangen nach heißen Getränken und die *Besserung durch warmes Essen.* Hinzu kommt *Bittergeschmack*, trockener Mund, vorwiegend *dünnbreiiger, gelblicher bis weißer (acholischer) Stuhl* als wichtiges Unterscheidungssymptom gegenüber Carduus marianus und Bryonia, bei denen der Stuhl meist kleinknollig und trocken ist. Selbstverständlich kommt es zu Appetitlosigkeit und Erbrechen.

Es gibt arthritische Schmerzen im AMB, bei denen typischerweise das rechte Schultergelenk und beide Knie betroffen sind. Sie werden durch Laufen verschlimmert. Die ebenfalls auftretenden neuralgischen Schmerzen können so heftig sein, daß die Tränen regelrecht rausschießen.

Sehr wichtig ist der Befund der

ZUNGE: vorwiegend gelb belegt, mit rotem Rand und Zahneindrücken.

PULS: keine verwendbaren Angaben.

Nach *v. Ungern* ist die

ZUNGE: schleimig weiß, grau belegt. Auch dicker gelber Belag mit rotem Rand, schlaff mit Zahneindrücken. Braun, spitz, trocken.

3. Psychische Symptome

Lebermittel haben als Leitsymptom oft „Melancholie“. So entwickeln sie *Ängste, auch um die eigene Gesundheit*, bis hin zur Hypochondrie. Darüber hinaus mißtrauen sie den ärztlichen Maßnahmen und wollen genau wissen, was vorgeht. Das, was unter dem Begriff „Depression“ läuft, ist wohl mehr eine *Niedergeschlagenheit* mit trüben Gedanken. Im Gegensatz dazu kann es zu Ärger und Gereiztheit und zu Zornausbrüchen über jede Kleinigkeit kommen *(Mezger)*.
Das ist die Kehrseite von dem, was *Vithoulkas* als charakteristisch für

den gesunden Chelidonium-Patienten beschreibt: Kraftvolle Menschen, die das Bedürfnis haben, andere zu dominieren. Sie wissen genau, was richtig und falsch ist. Auch hierin besteht Ähnlichkeit mit Lycopodium, nur daß im Gegensatz dazu Chelidonium nicht feige, jedoch halsstarrig ist. Dieser entscheidungsfreudige Mensch ist willensstark und realistisch im Handeln. Im Krankheitsfall besteht Abneigung gegen geistige Arbeit, weil das Denken erschwert ist und Vergeßlichkeit besteht, verbunden oft mit Schlafsucht am Tage.

4. Auslösende Schädigung

Hepatopathien,
Cholecystopathien,
Cholangitis und Cholelithiasis,
ausgelöst durch Gastritiden hepatogener Art.
Entscheidend für die Entstehung sind vor allem unregelmäßige, unangemessene Ernährung,
Alkohol,
feuchte Umgebung und Ärger.
Auch äußere Heteropathien wie Kälte und Feuchtigkeit spielen eine Rolle.

5. Art der Kopfschmerzen

Nach *Kent* werden die Kopfschmerzen im Gegensatz zu den Magen-Leber- und Darmsymptomen durch *Hitze, Bewegung* im warmen Zimmer und durch *Wärmeanwendung* ausgelöst. Sie sind dementsprechend kongestiv, drückend, klopfend und spannend und besser durch frische Luft. Druck im Bereich der Stirn, ziehend in die Augenhöhle mit Schmerzen bei Bewegung der Augen und rechtsseitig (supraorbital), aber auch okzipital mit Ausstrahlung zum Nacken und zu den Schultern, vor allem zur rechten Schulter. Nackensteifigkeit. (Juglans cinerea hat ebenfalls Schmerz in der Leber, der rechten Schulter und an der rechten Schulterblattspitze. Der Kopfschmerz ist aber nur okzipital, und es besteht weder Bittergeschmack, Mundgeruch noch Durchfallneigung.) Auffallend ist die Besserung nach dem Essen.

Der rheumatische Kopfschmerz bei Chelidonium ist rechtsseitig und ziehend gegen den rechten Nacken. Diese Art der Neuralgie geht vom rechten Backenknochen in die Zähne oder ins Auge oder auch in den Supraorbitalnerv. Vorbedingung für den Erfolg von Chelidonium sind aber einige Lebersymptome.

PERIODISCH. Schwindel mit Übelkeit, Gegenstände drehen sich im Kreise. Kopfschmerz < morgens beim Erwachen, dauert den ganzen Tag, vorangehendes Gähnen und Frösteln. Will still im dunklen Zimmer liegen.
Leber- und Gallenschmerzen gehen voraus. Kopfschmerz endet mit Schweiß.

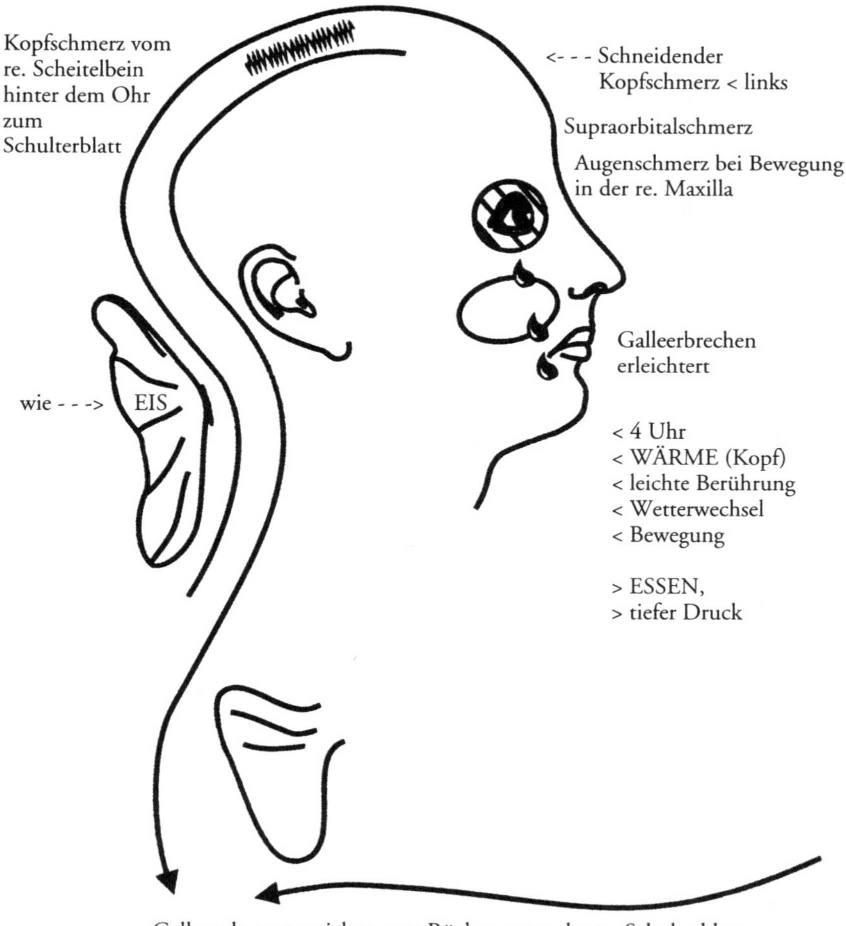

Gallenschmerzen ziehen zum Rücken unter das re. Schulterblatt.

6. Homöosiniatrische Punkte

***Weihe*-Punkt**
Isoliert rechts

Er liegt auf der Mitte einer Linie, die sich von der Xyphoidspitze zum freien Ende der 11. Rippe erstreckt.

Nach *de La Fuye* entspricht dieser Punkt allen wesentlichen Symptomen des AMB von Chelidonium, ob es sich um das Verdauungssystem des Leber-Darm-Systems, die Harnwege, die Sinnesorgane, die typischen austrahlenden Schmerzen zum Schulterblatt oder um die supraorbitale Neuralgie, den Allgemeinzustand, die Gelbfärbung der Haut handelt. Aber es lohnt sich nicht, im einzelnen darauf einzugehen, denn es würde ja bedeuten, daß man die beschriebene Störung wie die trockene, gelb belegte Zunge mit Zahneindrücken, den Magen, der nichts als ein heißes Getränk vertragen kann, den zum Schulterblatt ausstrahlenden Schmerz, die Bauchauftreibung mit Leberkolik, den typischen Stuhl, die Gelbfärbung von Urin, Haut, Augen, die Heimsuchung durch einen übelkeitserregenden Geruch und die Verlangsamung der geistigen Fähigkeiten von einem Punkt aus kurieren könnte. Eine solche integrale Wirkung käme bestenfalls dem richtig gewählten Homöopathikum zu.

LE 5 LIGOU – es gibt verschiedene Übersetzungen:
Kanal des Holzwurms *(Porkert/Hempen)*
Flaschenkürbis *(Maciocia)*

LO-Punkt

Lage:
5 CUN über der Spitze des medialen Malleolus am mittleren Rand der Tibia.

Der Punkt hat eine spezifische Wirkung auf das Genital- und Harnsystem, vor allem, wenn die Störungen auf eine Leber-QI-Stagnation zurückzuführen sind. Er beseitigt Feuchtigkeit in diesem Gebiet wie Vaginalausfluß oder trüben Urin. Er beeinflußt auch die Kehle beim Kloßgefühl (Globus hystericus). Im übrigen reguliert und tonisiert er das Leber-YIN und Leber-Blut.

Nach *de La Fuye* werden diesem Punkt wieder eine große Anzahl von Organbeziehungen und Indikationen zugeschrieben, ob es sich um die

Leber, die Galle, das Gemüt, das Verdauungssystem, die Genitalien, das Kreislaufsystem, die Sinnesorgane handelt, die sich in keiner Weise mit den oben genannten Indikationen decken.

(*Anm.:* Bei *de La Fuye* erscheint dieser Punkt fälschlich als der 6. des Lebermeridians. Im übrigen ist es interessant, den verschiedenen Übersetzungen des Punkt-Namens nachzugehen: Am wahrscheinlichsten scheint mir die Version von *Maciocia*, der die Form des Gastrognemius-Muskel mit einem Flaschenkürbis in Beziehung bringt.)

GB 23 ZHENJIN – Vorhof der Achselhöhle
MO-Punkt

Lage:
im 4. ICR, 1 CUN vor GB 22, 3 CUN unterhalb der Achselhöhle.

Der Punkt ist ggf. sehr druckempfindlich. Er regelt das QI der Mitte. Er kommt in Frage bei Asthma, Erbrechen, Sodbrennen und hat in Anbetracht seiner Lage auch eine Beziehung zur Gallenblase und zwar als Alarmpunkt (wie **GB 24**), zusammen mit **BL 19** (YU-MO-Methode).

Nach *de La Fuye*:
bei vergrößerter Leber, Uterus, Gallenblasenschmerzen, Blasentenesmen.

Der von *Weihe* angegebene Punkt hat sicher eine Wirkung auf das Gallen-Lebergeschehen und entspricht der segmentalen Beziehung. **GB 23** ist ein unbedeutender Punkt, der nicht in allen Darstellungen erwähnt wird. **LE 5** muß man nach seiner Beziehung zum Urogenitalsystem und nach energetischen Gesichtspunkten einsetzen.

7. Vom homöopathischen Symptombild zum Disharmoniemuster

Schon die psychischen Symptome lassen uns an die Funktionskreise Leber-Galle und da besonders Galle denken. Ebenso gibt uns die rechtsseitige Schmerzlokalisation bis hin zum Schulterblattwinkel manchmal bis hin zu **BL 19** einen Hinweis auch aus schulmedizinischer Sicht (*Head*sche Zone). Ganz wichtig ist die Auswertung des *Zungenbefundes*. Wenn *ohne* Zahneindrücke mit rotem Körper, röter an den Rändern, gelbem Belag und Trockenheit, wenn verbunden mit Irritabilität, Neigung zu Zornausbrüchen, temporalem Kopfschmerz, Schwindel, rotem Gesicht und Augen (Kongestion), trockenem Mund, Bittergeschmack, traumgestörtem Schlaf, trockenem Stuhl und Obstipation (nicht obligat), dann haben wir ein Krankheitsstadium mit dem Disharmoniemuster *aufsteigendes Leber-Feuer.* Es handelt sich um eine Akkumulation von Hitze in Leber und Galle.

Meist allerdings hat die Zunge Zahneindrücke, es besteht breiiger bis dünner Stuhl, was für eine Präsenz der Feuchtigkeit-Hitze in der Milz und im Magen, Umwandlung von lange angesammeltem Schleim und Feuchtigkeit und Hitze spricht. Am ehesten handelt es sich hier um eine *Obstruktion der Milz durch Feuchtigkeit mit Stagnation.* Hier liegt nach den 8 diagnostischen Leitkriterien ein innerer chronischer QI-Mangel und eine YANG-Defizienz des Milz-Pankreas oder der Niere vor. Die Feuchtigkeit *behindert den Fluß des QI* im MDE. Nach einer gewissen Zeit führt die Obstruktion durch Feuchtigkeit zu *Hitze.* Es kommt zur *Stagnation des Leber-QI.* Dieses Disharmoniemuster entspricht einem Fülle-Typ nach den 8 diagnostischen Leitkriterien. Es sollte nicht als Defizienz falsch gedeutet werden, weil der Patient depressiv, launisch und ruhig ist. Aus dieser QI-Stauung entwickelt sich eine Störung der Gallenbildung und des Gallenflusses. Dazu gehört ein fahler Anblick, Schmerzen im Hypochondrium, Gelbsucht, Bittergeschmack und der dicke gelbe Belag der geschwollenen Zunge. *Der Puls* ist schlüpfrig (lubricus) oder gespannt (chordalis). Dieses Muster ist verursacht durch Konsumierung fetter Nahrung und Vorbedingung für *feuchte Hitze in Leber und Gallenblase.* Dieses Disharmoniemuster weist ähnliche Symptome auf. Es kommt zur Obstruktion des glatten QI-Flusses und verursacht Auftreibung und Schmerzen im Hypochondrium und der Brust. Die Feuchtigkeit führt zu einer *Störung des Gallenflusses,* so daß es zur *Gelbsucht* kommt. Auch stört das Leber-QI das Magen-QI und gibt Veranlassung zu Erbrechen, Übelkeit, Appetitverlust und Bauchauftreibung. Ebenso kann Fieber auftreten. Dieses Fieber ist durch seine Kontinuität wohl zu unterscheiden von dem eines YIN-Mangels, welches sich nur am Nachmittag und Abend einstellt. Im übrigen geht diesem Disharmoniemuster eine Milz-Defizienz voraus, während das ganze Muster nach den 8 diagnostischen Leitkriterien einem Füllezustand mit Hitze im Funktionskreis der Leber entspricht.

Der Bittergeschmack ist eine Folge der Leber-Hitze. Sehr richtig schreibt *Kleber,* daß „das Überwiegen des Faktors Hitze sich in der unterschiedlichen Intensität der entsprechenden Symptome zeigt". Dann entwickeln sich Ängste und depressive Zustände, Niedergeschlagenheit, voll trüber Gedanken, Vergeßlichkeit und Schlafsucht am Tage. Die normalen Funktionen von Leber und Gallenblase auf der psychischen Ebene sind gestört, wobei der Einfluß der Leber für die Lebensplanung entscheidend ist. Der Funktionskreis der Gallenblase befähigt uns, Entscheidungen zu treffen.

8. Therapie

Die therapeutischen Grundsätze für

a) Aufsteigendes Leber-Feuer

wurden schon an anderer Stelle dargestellt und sollen hier nur kurz umrissen werden, zumal dieses Disharmoniemuster keine große Rolle im Bezug auf das AMB und Chelidonium spielt.

LE 2, LE 3, GB 20, GB 13, 41, BL 2 und TAI YANG.

Wichtiger ist die Therapie von

b) Obstruktion der Milz durch Feuchtigkeit mit Stagnation

Es geht darum, die Milz zu tonisieren, die Feuchtigkeit zu vertreiben und den glatten Fluß des LE-QI sowie die Dämpfung der Hitze zu erreichen.

KG 12	tonisiert die LE und vertreibt Feuchtigkeit.
MP 6 **MP 3**	vertreiben Feuchtigkeit.
BL 20	tonisiert die MI und löst Feuchtigkeit auf.
LE 13	fördert den freien Fluß des LE-QI und vertreibt die Feuchtigkeit aus dem MDE.
LE 14	fördert ebenfalls den freien Fluß des LE-QI.
GB 24	fördert den freien Fluß des LE-QI und die Sekretion der GB.

GB 34 fördert den glatten Fluß des LE-QI und MDE.

MP 9 transformieren die Feuchtigkeit.
und **KG 9**

c) Feuchte Hitze in Leber und Gallenblase

(*Steine* sind eine extreme Form von Humor unter der verdampfenden und kochenden Wirkung von Hitze.)

LE 14 s. o.

GB 24 s. o.

GB 34 s. o.

KG 9 zerstreut Feuchtigkeit aus dem GB-Meridian.

KG 12 s. o.

MP 9, 6 zerstreuen Feuchtigkeit. Im einzelnen zerstreuen MP 6
und 3 und 9 die Feuchtigkeit aus dem UDE.

DI 11 zerstreut Feuchtigkeit und klärt die Hitze.

LE 2 klärt die Leber-Hitze.

Bei akuten Schmerzen bewährt sich die Kombination mit:

KS 6 durch eine indirekte Wirkung auf die LE und bei Irritabilität durch Stagnation des LE-QI, besonders wenn es mit Ängstlichkeit durch ein Disharmoniemuster des HE bedingt ist. Außerdem ist das Organ, das am meisten mit dem KS in Verbindung gebracht wird, die Leber, da bei einer Leberdisharmonie das LE-QI dazu tendiert, nach oben zu steigen. Im übrigen ist es ein Hauptpunkt für den MA, speziell für den oberen und mittleren Teil des MA-QI und ist ein Punkt, um Übelkeit und Erbrechen zu bekämpfen. Man kombiniert dann mit MA 36, der den MA und die MI beeinflußt, QI und Blut tonisiert, wofür er ein Hauptpunkt ist. Hinzu gibt man GB 34, der den Fluß des LE-QI fördert, feuchte Hitze zerstreut und den Energiefluß im Meridian wieder herstellt. So erreicht man oft mit einem Schlag eine Erleichterung der Beschwerden und einen Rückgang.

9. Epikrise

Bei kaum einem Mittel ist der Zusammenhang zwischen Leber/Galle und Kopfschmerz so deutlich wie bei diesem Mittel. Wiederum ist hier ein Disharmoniemuster des Funktionskreises der Leber angebracht, aber nicht wie bisher das *aufsteigende Leber-YANG* (das auch einmal in Frage kommt), sondern das *aufsteigende Leberfeuer.* Aber für die Behandlung der Wurzel kommt die *Obstruktion der Milz durch Feuchtigkeit mit Stagnation* in Frage, ebenso, wenn Gallensteine vorliegen, *feuchte Hitze in Leber und Gallenblase.* Ich brauche nicht zu betonen, daß über diese beiden Disharmoniemuster auch akute und chronische Gastroenteritis, Ulcus ventriculi und duodeni, Gallenwegsdyskinesien, Cholezystitis, Cholangitis, Hepatitis und alkoholische Leberschäden behandelt werden können. Wie weit es damit gelingt, auch die psychische Komponente in den Griff zu bringen, muß sich im Einzelfall ergeben. Auf jeden Fall ist es in diesem Fall gut, Chelidonium als Homöopathikum zur Hand zu haben.

Cimicifuga

Toxikologie

Toxische Wirkungen sind nur in sehr hohen Dosen vorhanden:
Erregung des zerebrospinalen Nervensystems mit Ohrensausen,
Schwindel,
Erbrechen und
Sehstörungen.
Die Wirkungen im Arzneiversuch am Gesunden zeigen Erregung des motorischen Nervensystems und der Muskeln, vor allem bei der Frau,
Spasmen und Schmerzen der Muskeln, besonders des Uterus und der Sehnen,
Spasmen der paravertebralen Muskeln und Ligamente (im Zervikal- und oberen Dorsalbereich). Stimulierung des endokrinen Gewebes mit dem Hauptangriffspunkt im Hypophysenvorderlappen.

Hauptrichtung:

Zentrales Nervensystem, vegetatives Nervensystem, Hypophyse, Ovarien, Uterus, Muskelgewebe.

1. Typus nach dem AMB

Cimicifuga ist ein ausgesprochenes Frauenmittel. Das hängt mit der Abhängigkeit des weiblichen Typus von den endokrinen Voraussetzungen ab. Wir begegnen in der äußeren Erscheinung sowohl dem Typ, der durch Hypophysenerkrankung bestimmt wird und öfter Fettleibigkeit zeigt, wie auch dem Problem der Magersucht (*Simond*sche Kachexie), bei der man Cimicifuga mit Erfolg einsetzen kann. Dazwischen steht der *Intersex-Typ von Frauen*, die nicht selten zu ihrem sexuellen Leben problematisch eingestellt sind. Dabei scheint die zentrale Regulationsstörung von der Hypophyse auszugehen (hypophysäre Magersucht).
Blässe des Gesichts, livide Farbe und blasse Lippen und Bindehäute, halonierte Augen sind oft Begleiterscheinungen und erleichtern das Erfassen des Typus.
Von der hypophysären Störung sind wahrscheinlich auch ein Großteil der menstruellen Störungen bedingt, mit der mehr oder weniger alle Beschwerden zusammenhängen.

2. Körperliche Symptome

Abgesehen von den psychischen Symptomen und dem typischen Kopfschmerz (s. u.) kann es zu nervösen Herzstörungen kommen mit Herzklopfen, Schmerzen in der Herzgegend, die in den linken Arm ausstrahlen und mit Angstgefühl verbunden sind.
Es besteht eine *große Kälteempfindlichkeit*, die zu flüssigem Schnupfen und quälendem, trockenem Husten führen kann.
Es gibt dyspeptische Störungen, die auf eine Beteiligung der Galle hinweisen und, was ganz wesentlich ist, einen arthralgisch-neuralgisch-myalgischen Symptomkomplex bis hin zur Spinalirritation.
Auffallend dabei ist die Krampfneigung und der Ortswechsel der Schmerzen, besonders in den Muskelbäuchen, so daß Unruhe und Schmerz das Mittel anzeigen.
Oft stehen alle rheumatischen Beschwerden im Zusammenhang mit Menstruationsbeschwerden, sind also *abhängig von endokrinen Disharmonien.* Bemerkenswert sind noch herabdrängende Schmerzen während der Regel, wohl infolge einer Verlagerung der Gebärmutter, und Abortneigung im 3. Monat. Die Regelstörungen: zu stark, zu früh oder selten spärlich, aussetzend.

3. Psychische Symptome

Diese sind außerordentlich charakteristisch und machen das Mittel besonders geeignet für die Behandlung von Depressionen bei Frauen, wobei es sich vorwiegend um eine agitierte Form handelt.
Voll Verzweiflung und Angst, nicht mehr gesund zu werden (Mezger), dabei Furcht, geisteskrank zu werden.
Körperlich unruhig und geschwätzig. Erregungen des Nervensystems können die Depressionen bestimmen oder auch eine düstere Stimmung, als würde eine dunkle Wolke sie einhüllen.

Da ist ebenso Todesfurcht wie *Angst* und Besorgnis, Hypochondrie und Hysterie. Auch epileptiforme Bilder werden beschrieben.

ZUNGE: warm und trocken, geschwollen.

PULS: verlangsamt und schwach oder beschleunigt, auch unregelmäßig, jeden 4. oder 5. Schlag aussetzend.

4. Auslösende Schädigung

Naßkaltes Wetter und Kälte.
Ausbleiben der Menses,
Klimakterium (praecox).

Entscheidend ist wahrscheinlich die labile Ausgangslage durch die endokrine Insuffizienz, so daß schon geringfügige seelisch-emotionale Belastungen zu Störungen führen können.

5. Art der Kopfschmerzen

Man muß wahrscheinlich zwei Formen von Kopfschmerz unterscheiden, wobei es offen bleibt, ob ein Zusammenhang besteht:
Zervikal bedingte vasoforme Kopfschmerzen oder genuine Migräne.
Führend ist das Symptom heftiger, dumpfer Schmerzen im Okziput während des Nachmittags und Abends, schlimmer im Raum,
besser im Freien,
Kopfschmerz durchs ganze Gehirn,
mit bevorzugtem Gefühl von Wundsein in der Okzipitalregion.
Gefühl, als wenn ein Bolzen von der Schädelbasis zum Scheitel dringt
oder
konstanter Schmerz, ausstrahlend vom Hinterkopf zum Scheitel.
Nacken und Rücken sind wie steif und verkrampft, dabei ausstrahlende Schmerzen in die Arme rechts und links, evtl. mit Taubheitsgefühl. Alles Folgen der Spinalirritation.

Außerdem gibt es aber noch:

Heftige Schmerzen im Kopf und in den Augäpfeln, verschlimmert von der geringsten Bewegung.
Fürchterliche Schmerzen auf der rechten Kopfseite hinter der Augenhöhle. Gefühl, als ob die Schädeldecke sich öffne und schließe oder als ob der Scheitel wegfliegen wolle.
Ziliarneuralgie, schwarze Punkte vor den Augen.

Empfindung, als sei der Kopf wie vergrößert, ALS ÖFFNE UND SCHLIESSE SICH DER SCHÄDEL, als würde das Schädeldach platzen UND ES DRINGE KALTE LUFT HINEIN, Zermalmungsgefühl im ganzen Kopf.

Gefühl, als ob eine schwere SCHWARZE WOLKE sich ÜBER SIE GESENKT habe.

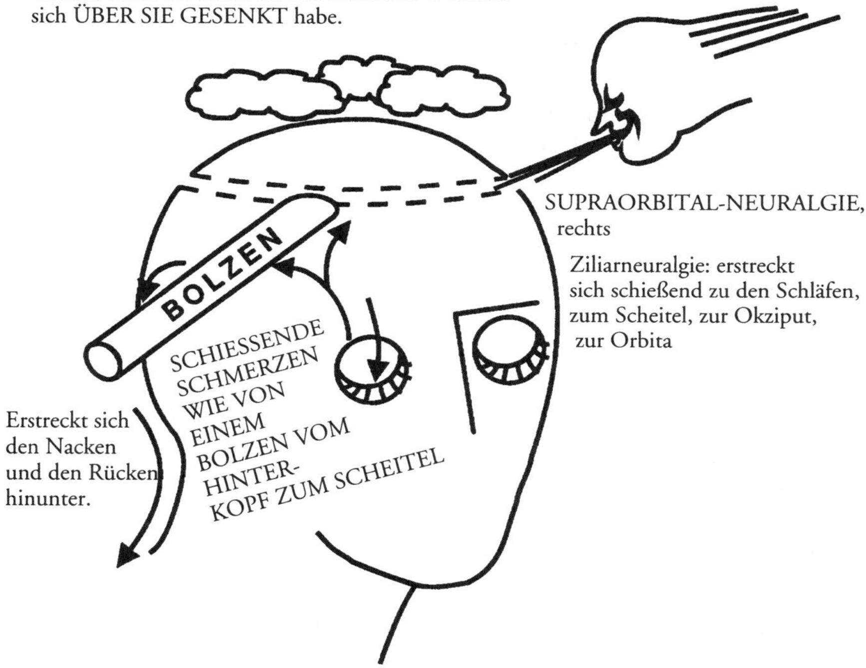

MENSESKOPFSCHMERZ vor und während der Regel, je stärker diese fließt, desto stärker ist der Kopfschmerz. Männer, durch geistige Arbeit oder Alkohol erschöpft. Schlimmer durch Kälte, kalte Zugluft, Wind, Sitzen, Pubertät, Schwangerschaft und Klimax. Besser im warmen Zimmer, warme Umschläge, frische Luft, Druck, fortgesetzte Bewegung und Essen.
GESCHWÄTZIGKEIT, springt von einem Thema zum andern. Manie folgt auf Verschwinden von Neuralgie. Puerperalmanie: denkt, sie wird verrückt; versucht, sich etwas anzutun.

6. Homöosiniatrische Punkte

Weihepunkte als Schmerzpunkt: **NI 26**

(Findet bei *de La Fuye* keine Erwähnung.)

7. Vom homöopathischen Symptombild zum Disharmoniemuster

Nur in einer Hinsicht kann man das Cimicifuga-Bild auf ein die gesamte Symptomatik subsumierendes Disharmoniemuster festlegen, auf eine

Winderkrankung

Mehr oder weniger handelt es sich dabei um *Wind-Kälte,* sowohl was das Außen in Gestalt des athralgisch-neuralgisch-myalgischen Symptomkomplexes betrifft, wie auch das Innere in Form von Kopfschmerzen, Schwindel, Ohrensausen, spastischen Zuständen und wechselnden Schmerzen in allen Muskeln, Gelenken und Nerven. In diesem Fall liegt eine Fülle im Äußeren durch pathogenen Wind in Verbindung mit Kälte oder Feuchtigkeit vor, was zu einer Unterbrechung des QI-Flusses führt.

Auch Muskelzuckungen, Tremor und Tics, wie sie im Cimicifuga-Bild beobachtet werden, sind Windsymptome. Der Wind greift meist die oberflächlichen Meridiane an, und da in erster Linie das TAI YANG (BL und DÜ), und verhindert die Zirkulation des WEI-QI mit der Folge, daß Steifheit und Schmerzen im Verlauf dieser Meridiane, und speziell im Rücken und Nacken, entstehen. Im allgemeinen greift Wind den oberen Teil des Körpers an. Dazu gehört auch die Nackensteife und der Hinterkopfschmerz. Typisch ist es, daß der Schmerz wandert und an verschiedenen Tagen sich von einem Gelenk zum anderen bewegt.

Auch der *innere Wind* mit seiner YANG-Natur entspricht dem AMB mit Zittern, Schwindel, Taubheitsgefühl. In ernsteren Fällen treten Konvulsionen, Epilepsie, Bewußtlosigkeit, Opisthotonus und Fazialisparese auf.

Es besteht eine Beziehung zum Disharmoniemuster *Leber-Wind*, allerdings nicht mit der an sich sehr ernsten und dramatischen Symptomatik dieses Musters. Es kommt dann das Disharmoniemuster *Leber-Wind bei Blutmangel* in Frage. Darüber entscheiden nicht nur die Symptome, wie Taubheitsgefühl in den Gliedern, Tics, Kopfwackeln, Tremor der Extremitäten, sondern auch der

ZUNGE: bleicher Zungenkörper, eingeschränkte Zungenbeweglichkeit.

PULS: rauh oder gespannt und dünn.

Durch die Leere in den Blutgefäßen füllen sie sich mit „innerem Wind". Damit erklärt sich auch die Symptomatik wie Tic, Zittern und Taubheit. Sie ist eine Folge des Blutmangels, demzufolge die Muskeln und Sehnen nicht richtig ernährt werden.

Damit kann man sicher einen Teil der im AMB gegebenen Symptome behandeln, wie in unserem Fall den sogenannten zervikal-bedingten Kopfschmerz und die von der HWS ausgehende Plexusneuralgie. Aber das Vollbild von Cimicifuga ist damit keineswegs erfaßt. Dabei geht es um die echte Migräne, die Angstneurose und die Depression.

Aus der Sicht der Homöopathie ergibt sich ein relativ einheitliches Wesensbild. *Mezger* schreibt: „Alle körperlichen und geistigen Störungen des Cimicifuga-Falles stehen in Abhängigkeit vom Genitale der Frau" (Bd. I., S. 465), und man nimmt an, daß eine innersekretorische Disharmonie, die sich besonders in den Wechseljahren auswirkt, die Ursache ist, und zwar aufgrund einer Dysfunktion des Hypophysenvorderlappens und der von dorther erfolgenden Steuerung der Ovarien und auch des Stoffwechsels.

Die Wirkung der Droge beruht wahrscheinlich, je nach Dosis, auf einer Stimulation oder Steuerung der Hypophysenfunktion.

Aus der Sicht der Chinesischen Medizin stellt sich die Funktion des Uterus, einem der *außerordentlichen YANG-Organe*, sehr viel komplizierter dar, da mehrere Funktionskreise daran beteiligt sind. Entscheidend ist der Funktionskreis der *Niere*, die das JING-QI bzw. die *Nieren-Essenz* bewahrt. Es ist bekannt, daß sie der Ursprung von YIN und YANG ist und somit die Wurzel des Lebens. In bezug auf die innere Sekretion sind beide, das JING-QI und YANG-QI, von Bedeutung, wobei aber dem YIN-*Aspekt* des JING, der der YIN-*Niere* entspricht, als Ausgangspunkt die größere Bedeutung zukommt.

Aber auch andere Funktionskreise sind maßgeblich an der Funktion der weiblichen Organe beteiligt:
Das Herz, das das Blut regiert, die Leber, die das Blut speichert und die Milz, die das Blut kontrolliert. Es ist hier nicht der Ort, auf diese Verflechtung ausführlich einzugehen. Doch ergibt sich daraus, in Anbetracht der Prävalenz der Nieren-Essenz, daß die im Cimicifuga-Bild vorliegende Störung besonders durch ein kombiniert auftretendes Disharmoniemuster repräsentiert wird:

Nieren und Leber-YIN-Defizienz

YIN und Blut der Leber sind abhängig von der Ernährung durch *Nieren*-YIN und *Nieren-Essenz.* Die klinischen Manifestationen sind entsprechend bedingt durch beide Defizienzzustände:

bleiches Gesicht,
heftige okzipitale oder Scheitel-Kopfschmerzen,
Schlafstörungen durch Träume,
Taubheit der Extremitäten,
Flush,
Schwindel,
trockene Augen,
Trübsehen,
Reizbarkeit bis zum Wutausbruch,
Rückenschmerzen,
Ohrensausen,
zu starke Menstruation oder Amenorrhö,
gestörter Zyklus,
Unfruchtbarkeit.

Dabei ist der Kopfschmerz dem *Leber-Blut-Mangel* zuzuschreiben und kann entweder am Hinterkopf (in Abhängigkeit von der Niere) oder auf dem Scheitel (in Abhängigkeit vom Lebermeridian) auftreten. Entscheidend dürfte aber der *Mangel des Nieren-JING* sein.

Auslösende Momente für diese Disharmonie sind dieselben wie für *Nieren-YIN-Defizienz*: Langandauernde, chronische Krankheit, Überarbeitung und Überforderung, exzessive sexuelle Aktivität, Erschöpfung der Körpersäfte durch Hitze, fieberhafte Krankheiten, Blutverluste über einen längeren Zeitraum, Nebenwirkungen durch ungeeignete Medikamente.

Das alles kann, je nachdem, bei dem Nieren-YIN-Mangel eine Rolle spielen. Die *Stasis des Leber-Blutes* ist eine Folge der Stagnation des LE-QI durch Probleme im emotionalen Leben der Frauen, als Ursache für den gestörten Fluß des Leber-QI durch Ärger, Frustration und Depression.

Die spärlichen Angaben über *Puls-* und *Zungenqualität* am AMB stimmen nicht ganz mit denen überein, die für dieses kombinierte Disharmoniemuster zutreffen:

ZUNGE: Landkartenzunge, zur Spitze röter, Riß in der Mittellinie bis zur Spitze.

PULS: überflutend (exundans) und schnell (celer).

Wichtig ist, daß fast alle Beschwerden abhängig sind von der Funktion bzw. Dysfunktion der Unterleibsorgane, was auch für die Therapie der Wind-Komponente gilt.

8. Therapie

a) Wind-Kälte

GB 20 (mox) alle diese Punkte bringen den Windeinfluß zurück.
LG 16
BL 12 (mox)
3E5

DI 4
TAI YANG
YIN-TANG kombiniert mit:
GB 20 bei Kopfschmerz durch Wind-Kälte.

BL 13 (mox) **DÜ 3** **BL 10** (mox) und **MP 6** (mox)	kommen je nach Symptomatik in Frage.

Wenn Wind in die Meridiane eingedrungen ist, wie beim Cimicifuga-Bild, kommt es u. a. zu Nacken- und Rückensteife, Trismus, konvulsiven Spasmen der Glieder oder auch zu muskulären oder artikulären Schmerzen, Taubheitsgefühl und Bewegungseinschränkung. Dementsprechend ist die Therapie.
Generalisierte, wandernde Muskelschmerzen werden über Punkte wie:

GB 20
LG 16 u. **26**
behandelt.

Für die distalen Punkte kommen in Frage:

Nacken:	**DÜ 3** oder **6,** **3E3** **GB 39** **LG 20** **BL 10, 11, 12, 13, 67, 64, 60** **NI 4**
Schulter:	**MA 38** **DI 4** und **3E4**
Knie:	**Bl 23** **BL 60** und **GB 39**

Lokale Punkte werden am besten erwärmt mit Moxa.

b) Nieren- und Leber-YIN bzw. Leber-Blut-Mangel

Das Prinzip heißt Leber und Niere ernähren:

NI 3	tonisiert die NI.
NI 6	tonisiert das NI-YIN.
KG 4	stärkt NI-YIN und NI-Essenz.

BL 23 und **BL 20**	stärken das Blut.
BL 17 (mox) und **BL 18**	stärken das Blut, insbesondere das LE-Blut.
BL 10	kommt in Frage bei Okzipital-Kopfschmerz.
LG 20	zur Behandlung des Scheitelkopfschmerzes. Moxa können eingesetzt werden, wenn der LE-Blut-Mangel gegenüber der LE-YIN-Schwäche überwiegt.

c) Leber-Wind bei Blutmangel

LE 8	stärkt das LE-Blut, ebenso
MP 6, **NI 5**, **BL 20** und **BL 23**	alle Punkte müssen tonisierend behandelt werden.
BL 17	tonisiert ebenso das Blut (Moxa-Behandlung).
BL 18	tonisiert das LE-Blut, unterdrückt aber den LE-Wind
GB 20, **LG 16** und **LG 20**	schwächen den LE-Wind.
MP 4	evtl. in Kombination mit
LE 3	vertreiben den Wind aus dem Gesicht, besonders bei Fazialis-Tic.

9. Epikrise

Aus zwei Gründen habe ich über ein anscheinend so kleines Mittel wie Cimicifuga so weitschweifende Überlegungen angestellt: Einmal die Schwierigkeit, endokrine Ausfallserscheinungen und die Funktionsstörung eines außerordentlichen Organs, *des Uterus*, mit dem geeigneten Disharmoniemuster zu erklären, und zum anderen die ebenfalls außerordentliche Bedeutung dieses Mittels für die Behandlung der Migräne, besonders der zervikalen Form, und der Depression.

Cocculus indicus

Toxikologie

Kokkelskörner sind reife, getrocknete Früchte. Der Wirkstoff ist Pikrotoxinin und Pikrotin. Es ist ein typisches Krampfgift, das erregend wirkt auf die motorischen Elemente des Zentralen Nervensystems, des verlängerten Marks und des Rückenmarks. Es bewirkt erhöhte Adrenalinausschüttung und ruft eine Erregung aller kranial- und sakralautonomen Nerven (Ocolomotorius, Chorda, Vagus, Pelvicus und der Schweißdrüsen) hervor, und zwar durch Reizung der parasympathischen Zentren (Miosis, erhöhte Schweißbildung, Chordaspeichelfluß). Durch Erregung des Vaguszentrums bewirkt es zentrales Erbrechen, Pulsverlangsamung, Blutdruckanstieg, Atembeschleunigung und später Atemverlangsamung. (Umkehrung in kleinen Dosen entspricht der *Arndt-Schulz*schen Regel.)

1. Typus nach dem AMB

Es gibt keine konstitutionellen Merkmale, da die Cocculus-Symptomatik im wesentlichen dem Vergiftungsbild der Droge entspricht und auf jede Konstitution zutreffen kann. Eine gewisse Prävalenz besteht nach *Allen* für „Frauen und Kinder mit hellen Haaren und Augen, mit starken Menstruations- und Schwangerschaftsbeschwerden, für unverheiratete und kinderlose Frauen … Lebemänner, Masturbanten und durch sexuelle Exzesse geschwächte Personen."
Der Angriffspunkt für die Cocculus-Wirkung liegt also am Nervensystem, und zwar sowohl am Gehirn und Rückenmark wie am autonomen Nervensystem. Dabei entstehen in verschiedener Ausprägung und Stärke

1. Symptome der Sphäre des Geistes und Gemüts,
2. Vagussymptome mit Spasmen und Atonie der glatten Muskulatur der Verdauungsorgane und der Blutgefäße und
3. Steigerung und Herabsetzung des Muskeltonus der willkürlichen Muskulatur.

Diesem vollentwickelten Symptombild, das dem oben gekennzeichneten Vergiftungsbild entspricht, wird man nur andeutungsweise, aber mit unverwechselbaren Symptomen, begegnen, und zwar als Folge von Überreizung durch geistige Anstrengung, Kummer und Sorgen, Folgen *von häufigem Schlafentzug,* nach Schock, Überanstrengung, vor allem aber *durch Fahren im Wagen, Schiff oder Flugzeug (Kinetose).*

2. Körperliche Symptome

Die meisten Krankheitserscheinungen sind Folge eines gesteigerten Vagotonus, einer vagovasalen Regulationsstörung: Schwindel mit Übelkeit und Erbrechen, sobald man den Kopf hebt oder sich bewegt, es ist ein Drehschwindel, der zum Niederlegen zwingt, nicht nur bei Kinetosen. Cocculus ist sicher eines der wichtigsten Mittel bei Behandlung des Schwindels und wurde selbst von dem Kliniker *von Hoff* in seiner „Behandlung innerer Krankheiten" als das Mittel bei Kinetosen anerkannt. *Mössinger* („Das persönliche Rezept") behauptet, daß er in seiner Praxis fast immer mit zwei Mitteln ausgekommen sei: mit Conium und Cocculus. Wir können es also unter Berücksichtigung der Blutdruckwerte auf die Diagnose hin geben. Bei hohen Blutdruckwerten sollte man allerdings zögern und Conium vorziehen. So hat sich das Mittel auch bei Lähmungen infolge von Rückenmarksleiden (bei beginnender MS) bewährt, bei Schwäche im Kreuz und in den Beinen, Taubheitsgefühl in den Fußsohlen, Migräne mit Übelkeit und Erbrechen (siehe unten), Erschöpfungsschwindel und bei vertebragenem Schwindel, ausgehend von der HWS, und, nach *Boericke,* auch bei zerebraler Embolie, besonders der Basalarterien des Gehirns (TIA). Aber Cocculus ist auch ein Mittel bei sogenannter Neurozirkulatorischer Dystonie wie auch bei *Menière.* Bei Kinetose ist es wohl so, daß die Erregung des Vestibularisapparats reflektorisch auf die Zentren der Medulla oblongata und dort besonders auf das Brechzentrum übertragen werden *(Münch).* Nach *Stiegele* ist Cocculus auch ein gutes Mittel gegen gehäuft auftretende Fälle von Morgenschwindel durch Föhneinwirkung.
So ist Cocculus paradigmatisch für die „Lehrbarkeit der Homöopathie" *(Keller).*
Erwähnen muß man noch das Gefühl von Hohlheit in einer der Körperhöhlen, entweder im Kopf, in der Brust oder im Bauch, andererseits

auch bei charakteristischer „Windkolik“ im Bauch, wobei ein Schmerz auftritt, als ob scharfe Steine im Bauch aneinander reiben.

ZUNGE: weiß oder gelb belegt.

Bei Menstruationsbeschwerden (Dysmenorrhö, Regel zu früh) ist die Patientin so schwach, *daß sie kaum stehen kann.* Sehr bewährt hat sich Cocculus (D 4, D 6) bei sogenanntem Mittelschmerz.

3. Psychische Symptome

Zur Symptomatik des Mittels kann eine leichte Erregbarkeit und Schreckhaftigkeit gehören, aber auch Apathie und Hypochondrie. Bei Kindern und Heranwachsenden handelt es sich um eine gewisse Neurasthenie, bei Erwachsenen kann es eine reaktive Depression durch geistige Überanstrengung, Kummer und Sorge und, wie schon gesagt, Schlafentzug sein. Ein führendes Symptom ist: Die Zeit vergeht zu schnell.

Unabhängig von der Schwindelsymptomatik gibt es wichtige Gesichtspunkte:

1. Schwäche der Nackenmuskulatur mit Schwere des Kopfes und *Knirschen der HWS wie Sand.*
2. *Verschlechterung durch Fahren.*
3. Gefühl der Leere und Hohlheit.
4. Verschlechterung durch *Schlafentzug, Gemütsserregung und Nachtwache.*

4. Auslösende Schädigungen

Überreizung durch geistige Überanstrengung und
körperliche Überforderung,
Sorgen,
Schock,
Schlafentzug,
Fahren im Wagen,
Seekrankheit,
Föhn.

5. Art der Kopfschmerzen

Der migräneartige Schmerz sitzt im Hinterkopf und Nacken mit Schwäche der Nackenmuskulatur, schlimmer beim Liegen auf dem Hinterkopf. Dabei tritt das eigenartige Gefühl auf, als öffne und schließe sich der Schädel.
Er kann mit Übelkeit und Erbrechen und Benommenheit verbunden sein.
Auch das Gefühl einer festen Schnur, die um den Kopf gezogen ist oder das Gefühl, als ob die Augen nach vorn gezogen werden, wird beschrieben (Paris-quadrifolia-Gefühl, als würden die Augen an einer Schnur *in* den Kopf gezogen).
Hinterkopfschmerzen sind zuweilen schwer zu beseitigen. Cocculus ist (ebenso wie Gelsemium, mit dem es manche Ähnlichkeit hat) ein gutes Mittel dafür. (In Frage kommt noch Juglans cinerea, das sich besonders bei gleichzeitiger Cholecystopathie und morgendlichem Auftreten der Kopfschmerzen sehr bewährt hat s. S. 123.)

Verwirrung, Betäubung im Kopf > Ruhen.
Leere und Schwächegefühl, *kann den Kopf nicht hochhalten.* Stützt ihn bald mit der einen Hand, bald mit der anderen.
SCHWINDEL wie betrunken (Kopfheben, muß liegenbleiben.)

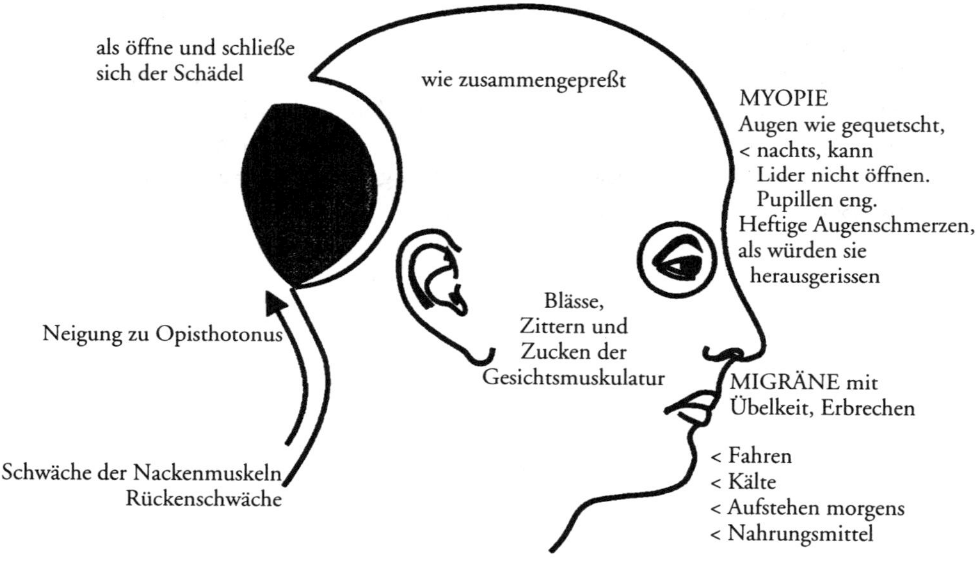

Verlangen: KALTE GETRÄNKE, Bier. < GERUCH VON SPEISEN
Aufstoßen leer, bitter, faulig.
WINDKOLIKEN, Leib voller spitzer Steine, < Mitternacht. < jede Bewegung.
Äußerste Schwäche < Regel.
Regel zu früh (14 Tage!), reichlich, lange. Reichliche Leukorrhoe.
Steifheit der Gelenke.

6. Homöosiniatrische Punkte

Es gibt keinen entsprechenden Akupunkturpunkt, sondern nur einen isolierten *Weihe-Punkt:*

Lage:
2 Querfinger unterhalb des 4. Teils der Linie zwischen Schwertfortsatz und freiem Ende der 11. Rippe, links, und etwas seitlich von **KG 13** (rechts Chamomilla).

Nach *de La Fuye:*
Allgemeinzustand mit Erbrechen beim Fahren, Schwindel bei Aufrichten vom Bett. Leere im Kopf mit extremer Schwäche der Halsmuskulatur, so daß er nicht aufrecht gehalten werden kann und man sich anlehnen muß. Geistige Schwäche, die Zeit vergeht zu schnell, Einschlafen der Füße beim Sitzen.
Migräne und Übelkeit verschlimmert durch Fahren im Wagen, Schiff oder Eisenbahn, in kalter Luft, Regel zu früh, mit Auftreibung des Bauches und stechenden Schmerzen. Extreme Schwäche während der Regel. Amenorrhö mit eitrigem Ausfluß und Schwäche.

7. Vom homöopathischen Symptombild zum Disharmoniemuster

Aus der Sicht der westlichen, wissenschaftlichen Medizin würden wir die Symptomatik des Cocculus-AMB niemals irgendeinem inneren Organ zuordnen, sondern ausschließlich im Zerebrum, Nervensystem und Parasympathikus suchen. Die Chinesische Medizin kennt dafür keinen besonderen Funktionskreis. Alle diese Funktionen sind vom Zustand des Funktionskreises der Niere und des Herzens, aber ggf. auch von dem der Leber und des Milz-Pankreas abhängig. Im Fall des Cocculus-Bildes kommen aber im wesentlichen Niere und Herz in Frage: Die Niere speichert die Essenz, und das Herz verwaltet das Blut. Wenn die Nieren-Essenz und/oder das Herz-Blut schwach sind, ist die Gehirnleistung verlangsamt, das Erinnerungsvermögen schwach, die Vigilanz und die Vitalität beeinträchtigt, Hören und Sehen verringert. Besonders schlechtes Erinnerungsvermögen und Konzentrationsunfähigkeit, Schwindel und Sehstörungen können infolge einer Schwäche der Nieren-Essenz oder des Herz-Blutes auf eine Defizienz des „Sees des Markes", also des Rückenmarkes, zurückgeführt werden. Da aber die Nieren-Essenz abhängig ist vom Einfluß des Nieren-YANG, und da gerade Überarbeitung und Überlastung über längere Zeit das Nieren-YANG schädigen, muß man auch die *Nieren-YANG-Schwäche* in der Therapie je nach Befund berücksichtigen und stärken. So wird die Stärkung der *Nieren-Essenz* und ggf. auch des *Nieren-YANG* zur Grundlage für die Therapie der Cocculus-Symptomatik sein.

Selbstverständlich kann man nicht pauschal vorgehen, sondern muß das jeweilige Stadium, in dem sich die Erkrankung befindet, berücksichtigen: Ob es sich nur um Schwindelerscheinungen mit oder ohne Erbrechen handelt, oder ob der Cocculus-Kopfschmerz bzw. ob Spasmen, Taubheit, Gliederschwäche und muskuläre Ausfallserscheinungen das Krankheitsbild bestimmen. Das aber sind graduelle Unterschiede.

Wenn es sich z. B. um einen *Milz-Pankreas und/oder Leber-Blut-Mangel* handelt (beide zusammen können ein Disharmoniemuster sein), dann stehen Schwindel, Müdigkeit, bleiches Aussehen, weiche Stühle, Sehstörungen, Taubheit oder Kribbeln im Vordergrund.

ZUNGE: ist dann bleich, besonders an den Seiten.

PULS: rauh.

Dies dürfte allerdings schon ein relativ fortgeschrittenes Cocculus-Bild sein, zurückzuführen auf eine Protein-Mangelernährung oder exzessiv kalte und schlackenreiche Kost. Aber selbstverständlich genügt der *Leber-Blut-Mangel*, um zusammen mit Muskelspasmen und -krämpfen dieses Krankheitsbild hervorzurufen.

Außer einer Mangelernährung, vor allem was Proteine und Hämorrhagien anbetrifft, kann auch eine *Nieren-Essenz-Schwäche* zu diesem Disharmoniemuster führen. So schließt sich der Kreis. Wenn wir nämlich dieses Disharmoniemuster auf dem Hintergrund einer *Nieren-YANG-Schwäche* sehen, dann finden wir solche Symptome wie Ohrensausen und Schwindel. Wir begegnen dann außerdem der für Cocculus typischen Aversion gegen Kälte, allgemeiner Schwäche, weichen Knien, Apathie, Schwäche im ganzen Rücken und Kreuz und Schmerzen in allen Gliedern.

Man wird dann, je nachdem, ob die Symptome der *Nieren-Essenz-Schwäche* (schwache Knie und Glieder, schlechtes Gedächtnis, Haarausfall, verringerte sexuelle Aktivität und Rückenschmerzen) oder die oben geschilderten Symptome der *YANG-Nieren-Schwäche* vorherrschen, die Therapie auswählen, die sich im übrigen ein wenig überschneidet. Ausschlaggebend dürfte die *Zungendiagnostik* sein, denn

bei der *Nieren-Essenz-Schwäche* ist die

ZUNGE rot und landkartenartig,

bei der *Nieren-YANG-Schwäche*

ZUNGE blaß und geschwollen, feucht.

Bei den Hinterkopfschmerzen muß man in erster Linie an ein *aufsteigendes Leber-YANG, das Wind verursacht,* denken. Wie schon mehrfach beschrieben, spielen dafür ätiologisch emotionale Probleme, aber auch exzessive sexuelle Aktivität, Überforderung über längere Zeit, wie auch ein *Leber-Blut-Mangel* eine entscheidende Rolle.

Dieser Kopfschmerz wird differentialdiagnostisch auch dem Funktionskreis der Niere zugeordnet, wobei es sich dann um eine *Nieren-YIN-Schwäche* handelt mit folgenden grundsätzlichen Symptomen, wenn sie mit einer *Leber-YIN-Schwäche* einhergeht. Es handelt sich dann um die sogenannte *hepatorenale YIN-Schwäche* mit Kopfschmerz, Verschwommenes- oder Flockensehen, unregelmäßiger Menses oder Sterilität, feinem, schnellem Puls, roter Zunge, starkem Schwindel, Ohrensausen.

Nach der Meridiandiagnose ist der Kopfschmerz, der sich im Hinterkopf-Nacken lokalisiert, durch die Meridiane Dünndarm und Blase bedingt (TAI YANG). Oft wird dieser Kopfschmerz durch Kälte und Zugluft ausgelöst oder schlechter. Danach richtet sich natürlich die Art und Weise der Therapie, die ich nicht erläutern werde.

Selbstverständlich wird man sich bei der Kinetose (Seekrankheit) mit mehrmaligen Gaben von Cocculus D 4–6 in Globuliform, die von Kindern besser genommen werden, begnügen, ebenso beim Mittelschmerz.

Wenn es sich nur um die Behandlung von Schwindel mit vagovasaler Reaktionslage (Menière) handelt, sollte man zuerst das Vorliegen einer *Nieren-YANG-Schwäche* in Erwägung ziehen (*Zungen*-Diagnostik) und behandeln und dann erst die *Nieren-Essenz* tonisieren. Ein fortgeschrittenes Stadium der Erkrankung des Cocculus-Patienten erfordert eine Behandlung nach den Grundsätzen des *Milz-Pankreas und/oder Leber-Blut-Mangels.*

8. Therapie

a) Schwäche des Nieren-YANG (s. S. 61)

Die Therapie deckt sich im wesentlichen mit der Defizienz des *Nieren-JING.* Ich erspare mir deshalb auch die Erläuterungen.

BL 23, **KG 4** (mox), **KG 6,** **NI 3,** **MA 36,** **NI 7**	spezifisch zur Stärkung des NI-YANG.
BL 52	tonisiert die Nieren und speziell ihren geistigen Aspekt: die Willenskraft.
MP 9 **KG 9**	bei Wasserretention.

b) Schwäche der Nieren-Essenz

NI 3 (mox)	tonisiert das NI-YIN und die Essenz (JING). (Dies ist ein Punkt, der in fast allen Disharmoniemustern der Niere zur Anwendung kommt).
NI 6 (mox)	tonisiert ebenfalls das NI-YIN.
KG 4 (mox)	tonisiert des JING.
BL 23 (mox)	tonisiert die NI.
LG 4	tonisiert den YANG-Aspekt des JING der Essenz. Dieser Punkt, der den Namen MING-MEN (Tor des Lebens) hat, wird nur angewandt bei Nieren-Essenz-Defizienz auf dem Hintergrund eines YANG-Defizits.
GB 39	tonisiert das Knochenmark (Meisterpunkt).

LG 20	tonisiert das „Mark“, um das Gehirn zu füllen („Mark“ korrespondiert nicht mit dem Mark in der westlichen Medizin. Es ist die allgemeine Matrix für Knochen, Knochenmark, Gehirn und Rückenmark).
LG 14	stimuliert ebenfalls das „Mark“ damit es das Gehirn erreicht.
BL 15	tonisiert das Herz in seiner Fähigkeit, den Geist (SHEN) zu beherbergen.
BL 11	ernährt die Knochen (Meisterpunkt).
MA 36	stärkt das QI und somit die erworbene Essenz.
MP 6 und **BL 20**	verbessern die Assimilationskraft des Stoffwechsels.

c) Milz-Pankreas und/oder Leber-Blut-Mangel

MA 36, MP 3, BL 20 und **BL 21**	tonisieren das MP-QI.
LE 8	tonisiert das LE-Blut.
BL 18 und **BL 17**	befördern und tonisieren das LE-Blut (auf BL 17 können Moxa gesetzt werden).
MP 6	tonisiert das MP-QI und fördert den Blutfluß.

d) Mangel an Leber-Blut

BL 18	tonisiert das LE-Blut.
BL 20	tonisiert die Milz dafür, Blut zu bilden.
BL 17	tonisiert das Blut (direkt gemoxt).
BL 23	tonisiert die Niere.
LE 8	tonisiert das LE-Blut.
MA 36 und **MP 6**	tonisieren das QI für die Blutbildung (moxen).

BL 43	tonisiert das QI im ganzen Körper direkt gemoxt, ernährt die Essenz und damit das Gehirn.
KG 4	tonisiert direkt bemoxt das Blut.
GB 37 **GB 20.**	bei Sehstörungen mit
TAI YANG	(extra) bei Schwindel.

Wenn der Hinterkopf-Nackenschmerz vor allem durch eine *Nieren-YIN-Schwäche* bedingt ist, sind die Hauptpunkte

e) BL 47 und BL 23

NI 7	erzeugt Wasser (5-Wandlungsphasen)
NI 3	tonisiert die NI sowohl bei NI-YIN wie bei YANG-Schwäche.
LE 2	unterdrückt das LE-YANG.
TAI YANG	verteilt und leitet das QI zum Scheitel.

Man sollte auch **BL 10** und **BL 60** sedieren und bei Vorliegen einer Nacken- und Schulterspannung nur ganz leichte Hautreizungen mit der Nadelspitze durchführen und auf myogelotische Verquellungen (**3E15, BL 11, BL 12**) Wärmemoxen setzen.
Auch den vorher beschriebenen *Weihe*-Punkt kann man in das therapeutische Konzept mit aufnehmen, wobei dann wohl nur die gleichzeitige Applikation von Cocculus wirkt als der Punkt.

9. Epikrise

Die zentralnervöse Komponente der Schwindelerscheinungen im AMB von Cocculus beruht im wesentlichen auf einem vago-vasalen Effekt. Wir wissen aber, daß es außer Cocculus noch eine große Anzahl von homöopathischen Mitteln gibt, die für die Behandlung des Schwindels in Frage kommen.

Im *Kent*-Repertorium ist dafür ja ein besonderes Kapitel vorgesehen. Differentialdiagnostisch wichtig erscheint mir der Zusammenhang von

Cocculus mit der Fahrkrankheit, mit Übelkeit, bei meist niedrigem Blutdruck, und dem Gefühl zu schweben. Ebenso gibt es in der Akupunktur eine ganze Anzahl recht unterschiedlicher Disharmoniemuster mit dem Symptom des Schwindels. Er kann zurückgeführt werden auf die vier Faktoren: Wind, Feuer, Schleim und Schwäche bzw. Mangel. Das heftige Schwindelgefühl entsteht durch inneren Wind; leichterer Schwindel, begleitet von Schwere und Benommenheit im Kopf, beruht auf Schleim oder, bei Verschlimmerung durch Ermüdung, auf QI-Mangel. Plötzliches Einsetzen des Schwindels ist meist ein Zeichen von Fülle, langsamer Beginn von Schwäche. Hervorheben möchte ich noch, daß „Feuchtigkeit" im Kopf zwar ein bestimmtes Gefühl von Schwere im Kopf hervorruft, „Schleim" aber im Gegensatz dazu Schwindel erzeugt. Und während man die „Feuchtigkeit" meist über den Funktionskreis des Milz-Pankreas beeinflußt, eliminiert man den „Schleim" über den Magen-Meridian, wobei der **MA 40** der wichtigste Punkt ist.

Im Hinblick auf das AMB von Cocculus aber kann man davon ausgehen, daß das defiziente *Nieren-YIN* das *Leber-YIN* und damit auch das *Leber-Blut* schlecht ernährt, gemäß dem Gesetz der 5 Wandlungsphasen, und dadurch Ohrensausen, Schwindel, Kopfschmerz und Irritabilität entstehen. Da außerdem das *Leber-Blut* die *Nieren-Essenz* ernährt und auffüllt, kommt es bei einem *Leber-Blut-Mangel* über längere Zeit zu einem *Nieren-Essenz-Mangel*, der ebenfalls zu Schwindel, Ohrensausen, Nachtschweiß und sexueller Schwäche führt.

Cyclamen

Toxikologie

Der aus dem Wurzelstock des Alpenveilchens gewonnene Wirkstoff Cyclamin (ein Saponin) hat eine beträchtliche hämolytische Wirkung. Mit den örtlichen Reizerscheinungen erklären sich bei größeren enteralen Dosen die gastroenteritischen Erscheinungen. Die Hauptrichtung des Mittels, die sich z. T. auch aus der zentral lähmenden Wirkung ergibt, bestimmen auch das homöopathische Wirkungsspektrum: Zentrales Nervensystem, Hirngefäße, weibliche Genitalsphäre, Nasen, Augen.

1. Typus nach dem Arzneimittelbild

Konstitutionell vorherrschend ist die Beziehung zum weiblichen Geschlecht mit der Abhängigkeit aller Beschwerden vom menstrualen Geschehen, das bei Cyclamen eine große Rolle spielt. Es sind meist phlegmatische Personen in anämischem und sogenanntem „chlorotischem" Zustand: Leicht unter Schwäche, Schlaffheit und Müdigkeit leidend.

2. Körperliche Symptome

Bei der sogenannten Bleichsucht (Chlorose) bekommt die Gesichtsfarbe einen leicht grünlichen Ton (chloros griech. = grün). Man kann diesen Begriff also nicht ausschließlich für ein „blasses" Gesicht verwenden. Das trifft auch für Cyclamen zu. Außer dem typischen Kopfschmerz besteht zuweilen eine Rhinitis vasomotorica mit Niesparoxysmen und wäßrigem (nicht scharfem) Nasenlaufen und Minderung von Geruch und Geschmack.

Hinsichtlich der Symptome des Digestionstraktus besteht reichlicher Speichelfluß von salzigem Geschmack, der sich allen Speisen mitteilt. Die Magensymptome ähneln sehr denen bei Pulsatilla:

Abneigung gegen Brot, Butter und fette Speisen, Verschlimmerung nach Kaffee,
Erbrechen.

Leibschneiden mit Durchfall,
Auftreibung des Leibes,
ein Gefühl im Magen wie von einem Gewicht.

Entscheidend sind die Regelanomalien:
Entweder zu früh, zu stark, zu klumpig mit Besserung des depressiven Gemütszustandes während der Regel,
oder verspätete Regel mit Herzklopfen,
Weinerlichkeit.
Abneigung gegen Gesellschaft und frische Luft.
Auffallend ist noch die Mastodynie.
Die Regelstörungen können besonders in den Entwicklungsjahren auftreten.
Von den sonstigen Störungen sind nur noch die brennenden Fersenschmerzen interessant (viel Frösteln, besonders während der Menses.)

ZUNGE: (nach *Kent)* weißer oder gelber Belag. *Clark* spricht von einem weißen Belag, was in Anbetracht der Gesamtsymptomatik wahrscheinlicher ist. Auf der Zunge sind brennende Blasen. Nach *Mezger* ist die Zunge gefurcht. Brennen an der Zungenspitze. Der Speichel schmeckt salzig.

3. Psychische Symptome

Zumeist Frauen, die sich alles übermäßig zu Herzen nehmen. „Wechselnde Stimmung ist ein hervorstechendes Symptom" *(Kent).* Kummer und Furcht lassen die Patienten nie zu geistiger Ruhe kommen, daher gedrückt, verstimmt, weinerlich, mürrisch und tadelsüchtig. Sie fühlen sich gern unglücklich und sind oft unmotivierten Heultouren unterworfen. Es besteht auch Gewissensangst mit dem Gefühl, seine Pflicht nicht getan oder ein Verbrechen begangen zu haben. Abneigung gegen Arbeit, aber „sie fühlen sich besser, wenn sie aufgerüttelt und gezwungen werden zur Arbeit" *(Farrington).*

Auffallend im Gegensatz zu Pulsatilla: die *Abneigung gegen frische Luft und Verschlechterung im Freien (Kopfschmerz).*

Trotz großer Ähnlichkeit mit Pulsatilla hat Cyclamen eine stärkere venöse Stase, weniger Ekelgefühl, mehr Flatulenz statt Durchfall.

Die Oligomenorrhö ist konstanter, die Stimmung weniger mürrisch und wechselhafter. Auch hat der Cyclamen-Patient mehr Durst als Pulsatilla. Gemeinsam mit Pulsatilla besteht Besserung durch Bewegung.

4. Auslösende Schädigung

Ovarielle Dysfunktion (Oligomenorrhö),
längeres Sitzen,
vor der Regel,
Kaffee,
Wind (Kälte),
Überforderung des Assimilationsvermögens bis hin zur Allergie,
Schwäche der gastro-intestinalen Funktion (Dysbakterie?).

5. Art der Kopfschmerzen

Man kann zwei Formen unterscheiden *(Voisin)*:

1. Entweder *Stirnkopfschmerz bei* einer Frau mit Verdauungsschwäche (Dysbiose), Anämie und mürrischem Wesen (oder Dysmenorrhö). Dabei Gefühl der Schwere über den Augen, auftretend während der Regel, morgens beim Erwachen und in Ruhe. Besserung durch Kälte (!), feuchte Kompressen und Umhergehen.

2. Typische *Migräne* mit vorangehenden Sehstörungen: Nebel, Flackern und bläuliche Farben, „die Gegenstände glitzern und flackern in den verschiedensten Farben, bald gelb, bald grün. Glühende Funken sprühen vor den Augen, es entsteht Sehtrübung mit schwarzen Flecken wie Fliegen, Doppeltsehen, Hemianopsie, konvergierendes Schielen" *(Kent)*.
   Schwindel und Übelkeit begleiten die sogenannte „Ophthalmische Migräne".
   Wenn die Sehstörungen abnehmen, nimmt der Kopfschmerz, der meist halbseitig und linksseitig ist, zu. Die Migräne bessert sich im Gegensatz zu Pulsatilla im warmen Zimmer (ähnlich wie Amonium carbonicum), aber nicht durch Wärme (wie bei Kalium bichromicum), bessert sich außerdem durch Bewegung und Einsetzen der Regel.

Kopfschmerz **während der Regel** mit VORÜBERGEHENDER **Blindheit.**
Flimmern und Trübsehen morgens beim Erwachen mit Kopfschmerzen.
Drehschwindel beim Gehen im Freien > im Hause.
Heuschnupfen > im Freien.

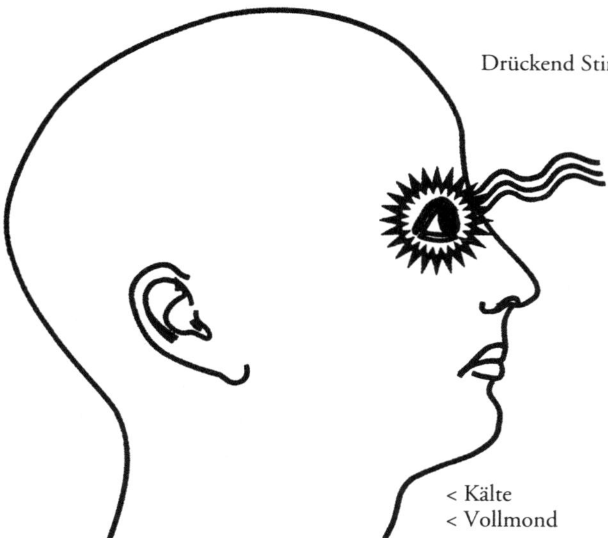

Speisen schmecken salzig, **schnell satt, durstlos.**
Aversion **Fett, Butter, Brot, Butterbrot, Fleisch, Bier,** Limonade, **Sardinen.**
Diarrhö nach Kaffee.
Menses unregelmäßig, fließt weniger beim Gehen, **schwarz, klumpig,** membranös, schmerzhaft, mit Rückenschmerzen. Ruhelos während Menses. Weinerlich, tadelsüchtig, Gewissensangst, Kummer.

6. Homöosiniatrische Punkte

Von *de la Fuye* wird kein Punkt angegeben. Ich selbst halte in Anbetracht der Ophthalmischen Migräneform den

GB 1
TONGZILIAO für außerordentlich wichtig und wirksam, besonders wenn *aufsteigendes Leber-Feuer* oder *aufsteigendes Leber-YANG* die Ursache sind.

(Auch der Punkt **GB 3** wird häufig erwähnt, für wirkungsvoller in diesem Zusammenhang halte ich den Extrapunkt **TAI YANG** im Bereich der Schläfe).

7. Vom homöopathischen Symptombild zum Disharmoniemuster

Es ist nicht schwierig, der Symptomatik des Cyclamen-Bildes die entsprechenden Disharmoniemuster zuzuordnen. In Anbetracht der hohen Affinität zu den weiblichen Geschlechtsorganen nimmt es nicht wunder, daß verschiedene Disharmoniemuster der Leber im Vordergrund stehen. Aber unter Berücksichtigung der gegensätzlichen Symptomatik, Hypermenorrhö-Oligomenorrhö, Stirnkopfschmerz-Migräne, muß man eine stufenweise Gewichtigung vornehmen und diese im jeweils notwendigen therapeutischen Konzept berücksichtigen.

Aus der Sicht der Chinesischen Medizin kann man mit der Angabe „Bleichsucht“ nur begrenzt etwas anfangen, am wahrscheinlichsten ist die mit einem grünlichen Teint verbundene Blässe, die auf ein Disharmoniemuster der Leber, auf innere Kälte, Schmerzen oder inneren Wind hinweist.

Andererseits bedeutet ein trüb-weiß-blasses Aussehen Blut-Mangel, während eine leuchtend-weiße Gesichtsfarbe auf eine YANG-Schwäche hinweist. Die Feststellung „bleich“ erfährt eine weitere Verfeinerung und Relativierung dadurch, daß man hinsichtlich aller Farbnuancen noch unterscheiden sollte, ob sie klar und leuchtend oder trüb und trocken sind. Ist sie klar und hat einen feuchten Schimmer, spricht das für ein intaktes Magen-QI und kann positiv auch bei einem pathologischen Befund hinsichtlich der Farbe bewertet werden. Hat die Farbe aber einen mehr trockenen und leblosen Ton, bedeutet es, daß das Magen-QI erschöpft ist. Das beeinträchtigt die Prognose von vornherein. Wir haben auch heute keine besseren Möglichkeiten, um solche subtilen Feinheiten zu erkennen. So spiegelt die Gesichtsfarbe den Zustand von QI und Blut.

Gehen wir vom Vollbild der Cyclamen-Symptomatik mit Migräne und Regelstörung aus, so kommt als Disharmoniemuster der *Leber-Blut-Mangel* in Frage, wenn auch nicht alle mit diesem Muster verbundenen Symptome im AMB nachzuweisen sind, wie z. B. brüchige Nägel, Taubheitsgefühl der Glieder. Im übrigen aber entspricht das AMB dem Disharmoniemuster: spärliche Oligomenorrhö, die damit zusammenhängt, daß die Leber dem KG und TCHONG-MO nicht genug Blut zur Verfügung stellen kann, trüb-bleicher Anblick, Schwindelerscheinungen, muskuläre Schwäche und Krampfneigung, Störung der Sehnenfunktion (z. B. Fersenschmerz), blasse Zunge und vor allem Sehstörungen (Trübsehen). In der Symptomatik fehlt aber die Migräne, worauf ich noch näher eingehen werde.

Natürlich können proteinarme Ernährung und ernsthafte Blutverluste zu diesem Disharmoniemuster führen, aber auch der Funktionskreis der Niere spielt eine ursächliche Rolle und zwar entweder als *Nieren-QI-Mangel* oder, was in diesem Fall wahrscheinlich ist, eine *Nieren-Essenz-Schwäche.*

Die Abhängigkeit des Sehvorganges bzw. der Augenfunktion vom Funktionskreis der Leber ist bekannt. Nun treffen wir die im Zusammenhang mit der Migränesymptomatik beschriebenen Sehstörungen und Visionen besonders beim *aufsteigenden Leber-YANG* an, zu dem es infolge des geschwächten YIN bei *Leber-Blut-Mangel* kommt. Dieses schon mehrfach beschriebene Disharmoniemuster bestimmt vorerst die mehr oder weniger „symptomatische“ Therapie, die aber nur bei Berücksichtung der tiefer liegenden Störung zum dauerhaften Erfolg führen kann.

Denn ein fehlendes Zusammenspiel von Leber- und Nierenfunktionskreis führt zu blockierender Menses.

Ein wesentliches Moment bei unseren differentialdiagnostischen Erwägungen ist aber das QI. Wenn das QI defizient oder stagnierend ist, kann es das Blut nicht bewegen und so stagniert auch dieses. Je nach Entwicklungsstadium des Krankheitsbildes von Cyclamen handelt es sich also entweder um ein *stagnierendes Leber-QI,* oder, bei längerem Bestehen desselben durch emotionale Problematik, um *Stagnation des Leber-Blutes.* Beides sind Fülle-Zustände, schließen aber ein *aufsteigendes Leber-YANG* nicht aus, vor allem, wenn im Hintergrund noch eine *Nieren-YIN-Leere* besteht. Für das Vorliegen eines *stagnierenden Leber-QI* spricht die Auftreibung des Leibes, die Mastopathie, die Schmerzen vor der Periode und ihre Unregelmäßigkeit. Dieser Füllezustand der Leber führt zu einer Behinderung des Milz-Pankreas in seiner Transport- und Transformationsfunktion (5 Wandlungsphasen) und damit zu Diarrhö. Außerdem führt auch schon die *Stagnation des QI* zu einer Behinderung des glatten Blutflusses und damit, durch seine Einwirkung auf das Konzeptionsgefäß und den CHONG-MO, zu Unregelmäßigkeiten und schmerzhaften Perioden sowie, wie oben bereits erwähnt, zum Anschwellen der Brüste (Mastopathie).

Man darf aber auch, wenn die Patientin in dieser Phase durch Perioden von „Depression" geht, also mürrisch und nervös ist, nicht vergessen, daß es sich ungeachtet dessen um einen Fülle-Zustand handelt. Dabei kann die *Zungenfarbe* normal, oder auch leicht blaugrün sein und nicht viel aussagen, während der *Puls* durch seine Spannung, besonders auf der rechten Seite, auf den Leber-Funktionskreis hinweist.

Zum nächsten Stadium der *Stagnation des Leber-Blutes* ist es nur ein kleiner Schritt, und sicher überlagern sich diese Muster. Auch die damit verbundene Irregularität der Periode, die mit Schmerzen verbunden ist, dunkles, klumpiges Menstrualblut aufweist, ein Hauptsymptom für die Stagnation, ist dafür charakteristisch. Der Schmerzcharakter ist bohrend und stechend und meistens auf einen Fleck fixiert. Er wird begleitet von einer Zusammenballung oder Schwellung, die im Abdomen auf einen Ort beschränkt ist. Die Purpurfarbe der *Zunge* spiegelt die Blutstagnation. In schweren Fällen findet man purpurne Flecken besonders an den Seiten der *Zunge.*

In Anbetracht der Tatsache, daß das gravierendste Disharmoniemuster des *Leber-Blut-Mangels* mit einer *Nieren-Essenz-Schwäche* zusammenhängen kann, muß man auch dem gegebenenfalls Rechnung tragen. Dafür spricht auch die für Cyclamen typische Rhinitis vasomotorica. Die *Nieren-Essenz-Schwäche* kann aber auch als Vorbedingung einer *Nieren-YANG-Schwäche* angesehen werden in Anbetracht des Mangels an Lebenswärme (Frösteln) und des salzigen Geschmacks, der verbunden sein kann mit einem *Nieren-YIN-Mangel* als Teil eines *Essenz-Mangels.* Die Entscheidung, welches Muster Prävalenz hat, muß jeweils aufgrund der *Zungen*-Diagnostik getroffen werden.

Dem Symptombild der typischen ophthalmischen Migräne wurde mit den oben besprochenen Disharmoniemustern weitgehend Rechnung getragen.

Anders verhält es sich mit der ernsteren Stirnkopfschmerzform, die unsere Aufmerksamkeit auf den Magen-Milz-Pankreas-Funktionskreis lenkt, der, durch das *stagnierende Leber-QI* behindert, zu einem Schwäche-Innen-Syndrom führt und mit einem Überwiegen der Feuchtigkeit, ja sogar des Faktors Hitze, verbunden sein kann. Neben dem allgemeinen Schweregefühl hat der Patient dann einen hutdruckartigen Kopfschmerz. Wenn man unter Berücksichtigung der *Zungen*-Diagnostik (gelber oder weißer Belag, Zungenkörper mehr oder weniger gerötet), in erster Linie dann das *stagnierende Leber-QI* sediert und danach das Milz-Pankreas tonisiert, wird man mit einer gewissen Aussicht auf Erfolg therapieren.

8. Therapie

a) aufsteigendes Leber-YANG

LE 3	beruhigt das LE-YANG. Dies ist der wichtigste distale Punkt.
3E5	beruhigt das LE-YANG und ist speziell indiziert bei Kopfschmerz im Bereich des GB-Meridians.
MP 6 und **NI 3**	tonisieren das NI-YIN.
LE 8	stärkt das LE-YIN.
GB 43	unterdrückt das LE-YANG. Besonders wirksam auch auf der Gegenseite zur Behandlung des GB-Meridians. Auf jeden Fall verstärkt der Punkt als JONG-PU den energetischen Fluß im GB-Meridian.

GB 38	unterdrückt das LE-YANG und LE-Feuer und gehört zu den Standard-Punkten bei chronischer und hartnäckiger Migräne.
BL 2	zerstreut das LE-YANG und ist ein wichtiger lokaler Punkt. Dasselbe gilt für
TAI YANG	besonders bei Schläfenkopfschmerz und auch für
GB 20	wenn sich der Kopfschmerz zum Hinterkopf erstreckt. Er hat außerdem als Windpunkt eine besondere Beziehung zu Windheteropathien.
GB 9, 8, 6	sind wichtige Loci dolenti auf der befallenen Seite.

b) Leber-Blut-Mangel

Bei der Behandlung dieses Musters geht es mehr darum, die *Leber* zu tonisieren und das *Blut* zu ernähren:

BL 18	tonisiert das LE-Blut.
BL 20	tonisiert Milz und bildet Blut.
BL 23	tonisiert die Nieren und bildet Blut.
BL 17	tonisiert das Blut direkt gemoxt.
LE 8	tonisiert das LE-Blut.
MA 36 **MP 6**	tonisieren das QI und bilden Blut.
KG 4	tonisiert direkt gemoxt das Blut.

c) Nieren-Essenz-Schwäche

Ich gebe nur die für dieses AMB wichtigsten Punkte an:

NI 3	tonisiert das NI-YIN und die Essenz.
NI 6	tonisiert das NI-YIN.
KG 4	tonisiert den YANG-Aspekt der Essenz.

DI 4	in Anbetracht der allergischen Komponenten in Kombination mit LE 3.

d) Stagnierendes Leber-QI

LE 3	stärkt das LE-QI, reguliert die Zirkulation von QI und Blut. Senkt aufsteigendes YANG.
LE 13	reguliert das LE-QI im MDE, besonders, wenn es die Milz affiziert.
LE 14	reguliert das LE-QI im MDE, besonders, wenn es den Magen affiziert.
GB 34	reguliert das LE-QI und wirkt besonders auf das Hypochondrium.
3E6	reguliert ebenfalls das LE-QI mit besonderer Wirkung auf die beiden Seiten des Körpers.
KS 6	bei Übelkeit. Auch dieser Punkt reguliert das LE-QI, besonders im Hinblick auf das JUE-YIN, das von beiden gebildet wird.

e) Nieren-YANG-Defizienz

Die Therapie deckt sich im wesentlichen mit der Defizienz des *Nieren-JING (s. S. 101).* Ich erspare mir deshalb auch die Erläuterungen.

BL 23, LG 4, KG 4 (mox), **KG 6, NI 3, MA 36, NI 7**	spezifisch zur Stärkung des Nieren-YANG.
BL 52	tonisiert die Nieren und speziell ihren geistigen Aspekt: die Willenskraft.
MP 9, KG 9	bei Wasserretention.

9. Epikrise

Cyclamen gehört in Anbetracht seiner dezidierten Symptomatik nicht zu den häufig indizierten Migränemitteln, ist aber, wenn das Trias der Migräne mit Sehstörungen, ovarieller Insuffizienz und Abneigung gegen frische Luft vorliegt, sehr zuverlässig in der Wirkung. Der Akupunktur kommt dabei eine zusätzlich stabilisierende und im Akutfall schnelle Wirkung zu. Zu beachten ist immer wieder die Ähnlichkeit mit dem Pulsatilla-Bild, von dem es sich aber durch ein paar der geschilderten Nuancen unterscheidet. Eine besondere Indikation von großer Zuverlässigkeit ist die Rhinitis vasomotorica mit Niesparoxysmen und wäßrigem Nasenlaufen, schlimmer morgens nach dem Schlaf, durch stilles Sitzen, Blumenduft und Ausdünstung von Hunden und Katzen, wobei sich dieser Zustand bei Bewegung in frischer Luft bessert (D 15, D 30, *Schilsky*). Die Akupunktur der *Nieren-YANG-Schwäche* stellt dabei eine wesentliche Bereicherung dar.

Gelsemium sempervirens (Jasmin)

Toxikologie

Das Vergiftungsbild von Gelsemium sempervirens ist sehr vielgestaltig und interessant, kann aber hier nur mit seinen wesentlichen Punkten erwähnt werden. Es beruht auf dem Gehalt an Alkaloiden (Gelsemin) mit strychninartiger Wirkung. Das AMB findet volle Entsprechung im Vergiftungsbild:
allgemeine Hinfälligkeit und
Lähmung der willkürlichen Muskulatur,
Trübung des Sehvermögens mit einem Schweregefühl in den Augenlidern, leichte Benommenheit oder Schläfrigkeit.
Aber auch
teilweise Lähmung der unwillkürlichen Muskulatur (Sphinkter, Atmung, Herzmuskulatur).
In Ausnahmefällen tritt eine
plötzliche Blutüberfüllung des Gehirns auf.

Hauptrichtung:

Zentrales Nervensystem, sensible und motorische periphere Nerven, Augenmuskeln, Herz, weibliche Genitale, Magen-Darmkanal.

1. Typus nach dem AMB

Im Vordergrund des AMB steht ein *durchgehendes Gefühl von allgemeiner Mattigkeit und Erschöpfung.*
Es besteht außerdem
eine passive Kongestion des Gehirns,
des Rückenmarks und der Leber mit Beeinträchtigung der motorischen Zentren des Zentralnervensystems.
Ein führendes Symptom ist *der Verlust der muskulären Koordination.*
Es gibt keinen eindeutigen körperlichen Konstitutionstyp, aber es handelt sich oft um sensible Großstadtmenschen, die reizbar, depressiv, manchmal bockig und übel gelaunt sind.

(„Arnica = der Erschöpfte“, „Ignatia = der Sensible“ und „Gelsemium = der Reizbare“).

Vorwiegend handelt es sich allerdings um Kinder, junge Leute und vor allem Frauen mit nervösem, hysterischem Temperament.

2. Körperliche Symptomatik

Abgesehen von dem typischen Kopfschmerz
große Schwäche und Zittern,
Muskelerschlaffung bis zur teilweisen oder völligen Lähmung,
Zerschlagenheitsgefühl und Wehtun aller Glieder,
Stupor und Schläfrigkeit (grippaler Infekt).
Frösteln entlang der Wirbelsäule, den Rücken auf- und ablaufend, nervöses Frösteln überhaupt.
Ptose der Lider, Lähmung der Augenmuskulatur,
Verlust des Gesichts bis hin zur Erblindung,
heftige Augapfelschmerzen,
Schnupfen mit dünner und scharfer Absonderung,
trockener Husten,
nervöse Herzstörungen mit Rhythmusstörungen und sowohl Tachykardie wie Bradykardie.
Schwindel mit Gesichtstrübung,
erweiterten Pupillen,
Doppeltsehen und
Gefühl von Berauschtheit (Nash).
Gefühl, als wolle das Herz aufhören zu schlagen und man deshalb in Bewegung bleiben muß.
Myokarditis bei Infektionskrankheiten,
Herzstörung der Tabakraucher,
nervöse Durchfälle nach Aufregung.
Zittern, Schwäche und Lähmigkeit aller Muskeln
(Lähmung und Neuralgie der peripheren Nerven).

ZUNGE: (nach *v. Ungern*): belegt, mit Übelkeit und Galleerbrechen, am Rande rot, in der Mitte weiß, dicker gelber Belag, dick belegt braun, die Zunge ist so dick, daß das Sprechen schwer fällt. Fötor. Empfindung von Taubheit, Zittern beim Herausstrecken, vollständige Lähmung der Zunge. Große Trockenheit bei typhösem Fiebern. Rot, wund, schmerzhaft, in der Mitte entzündet.

(*Anm.:* Diese unterschiedlichen Zungenbefunde spiegeln die verschiedenen Krankheitsstadien von Gelsemium.)

3. Psychische Symptome

Erregbar, irritierbar, sensibel.
Dumpfer, apathischer Gemüts- und Geisteszustand mit schwerfälligem Denken.
Auffallende Schläfrigkeit.
Depressiv, manchmal bockig und übelgelaunt.
Hochgradige Empfindlichkeit gegen Gemütsstörungen.

4. Auslösende Schädigung

Gemütserregung, Drandenken.
Schlechte Nachrichten,
Sommerhitze, Sonne, feuchtwarmes Wetter (Föhn), Sommergrippe,
Bewegung,
Tabak,
Menstruation,
geistige Arbeit.
Besser durch Alkohol und Reizmittel.

5. Art der Kopfschmerzen

Es ist ein *kongestiver Kopfschmerz mit heftigem Blutandrang und dunkelrotem Gesicht.*
Einleitend charakteristische Augensymptome (Bindehautrötung), Augapfelziehen, Doppelbilder, Flimmern, Sehschwäche und vor allem *eine Schwere der Augenlider,* die trotz der Schmerzmittel bei nachlassendem Kopfschmerz anhält.
Band- und Reifengefühl wie vergrößert.
Der Schmerz nimmt vom Hinterkopf seinen Ausgang,
oft begleitet von
Nackenschmerzen und Steifigkeit.

Die Nackenmuskeln sind kontrahiert und rigide, so daß der Kopf nach hinten gezogen wird.
Der Kopfschmerz kann klopfend sein.
Vom Hinterkopf breitet sich der Schmerz über den ganzen Kopf, oft einseitig (besonders zu den Schläfen und der Stirn, aber auch zum Hals und den Schultern) aus.
Jeder Pulsschlag wird in der Schädelbasis wie ein Hammerschlag empfunden.
Manche Patienten geben an, vor Schmerzen verrückt zu werden *(Ghegas).*
Schwindel, Koordinationsstörung, Gedankenschwund.
Erleichterung durch *reichlichen Abgang hellen Harns* (Ignatia, Aconit, Veratrum) (s. Abb. S. 466).

KONGESTION. Klopfen. Gedankenzudrang.
Rollt den Kopf; muß herumgehen; *aber auch:* wie gelähmt durch den Kopfschmerz; unbeweglich stumpf.

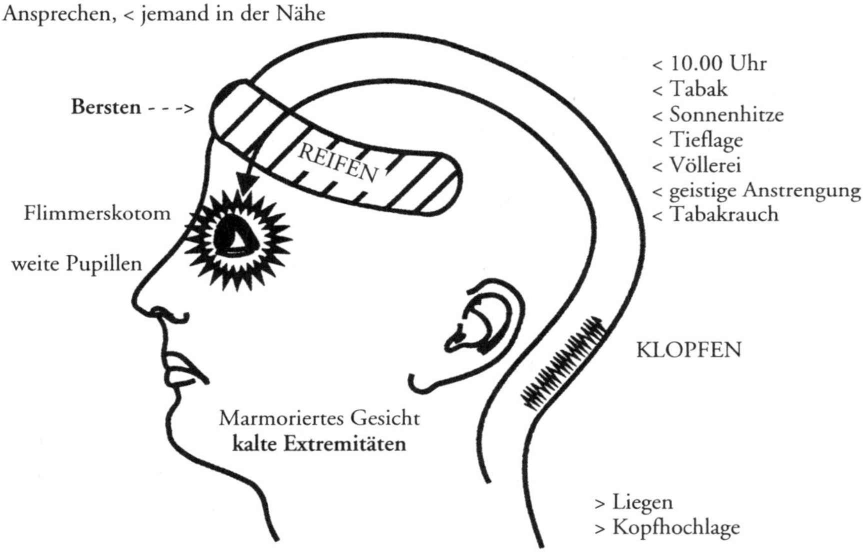

ANTIZIPATIONSÄNGSTE: < Aufregungen, schlechte Nachrichten
< Darandenken.
HKKF = heißer Kopf, kalte Füße!

6. Homöosiniatrische Punkte

BL 15, HE 5, NI 4

BL 15 (links)
XINSHU = Zustimmungspunkt des Herzens

Lage:
1,5 CUN lateral des 5. Brustwirbels

Präkordialangst, dorsaler Segment-Punkt, paroxymale Tachykardie (Dauernadel), Ösophagus-Spasmus, Beruhigen des Herzens, Rückens, der Wirbelsäule.

Einer der wichtigsten Punkte für Herz-Disharmoniemuster. Der Punkt ist deshalb so wichtig bei herzbedingten Disharmoniemustern, weil er das Gemüt beruhigt. Andererseits sollte man beachten, daß er nicht in Frage kommt bei Ängstlichkeit und Schlaflosigkeit, die bedingt sind durch Mangelsituationen. Außerdem hat der Punkt eine stimulierende Wirkung auf das Gehirn.

Nach *de La Fuye:*
wirkt er bei Herzklopfen mit dem Gefühl, daß das Herz aussetzt, bei Inkontinenz, bei Erregbarkeit, bei Unregelmäßigkeiten der Regel, bei epileptiformen Anfällen, bei Lumbago und Rheumatismus der Schultern.

HE 5
TONG-LI = verbindender Weiler
Verbindungspunkt
LO-Punkt
Phosphor

Lage:
1,5 CUN proximal von HE 7

Seelische Erregung, Angst, Examensangst,
psychische Sprach- und Zungenstörung. Beruhigung des Bewußtseins (Shen), Ausgleichen des HE-QI.

Seine Wirkung beruht auf der Tatsache, daß er vor allem das *Herz-QI tonisiert,* so daß er bei allen Symptomen von *Herz-QI-Mangel* in Frage kommt. Über die Verbindung mit dem Dünndarm-Meridian kann dieser Punkt auch die Blase und die Harnausscheidung beeinflussen (bei Hitze in der Blase.)

Nach *de La Fuye:*
bei Erregung, Furcht, Ungeduld, Lampenfieber, Angst, Gesichtskongestion, Apoplexie, Urininkontinenz, lähmender Schwäche der Glieder mit Einschlafen. Hemiplegie nach Gehirnkongestion.

NI 4
DAZHONG = Die große Glocke
Epuisetum
Plumbum
LO-Punkt = Verbindungspunkt

Lage:
Am inneren Rand der Achilles-Sehne, schräg unterhalb des melleolus medialis.

Kräftigt den Funktionskreis der Milz, stützt die linke Niere, vertreibt Feuchtigkeit und feuchte Hitze, Atemnot, Keuchatmung.
Besonders wirksam bei Rückenschmerzen durch Nieren-Defizienz. Wirkt aufmunternd bei geistiger Erschöpfung durch Überbeanspruchung bei chronischer Nieren-Defizienz.

Nach *de La Fuye:*
Angezeigt bei Erregbarkeit, Furcht, Traurigkeit, Schlafbedürfnis, Verlangen nach Alleinsein, Apathie. Bei Nieren- und Rückenschmerzen, Muskelkontraktionen des Abdomens und Rückens.

7. Vom homöopathischen Symptombild zum Disharmoniemuster

Es ist nicht möglich, die vielschichtige Symptomatik, die auch verschiedenen Entwicklungsstadien des Krankheitsbildes von Gelsemium entspricht, mit einem einzigen Disharmoniemuster zur Deckung zu bringen. So müssen auch für die verschiedenen Funktionsstörungen verschiedene Muster erwogen werden. Je nach Krankheitsbild, für welches Gelsemium als Simillimum in Frage kommt, ändert sich auch das Disharmoniemuster. Aber ganz allgemein gesehen besteht ein *QI-Mangel.*
Er wirkt sich aus im Abwehrbereich der Abwehrenergie (WEI-QI) und in einem Mangel an endogener Körperabwehr (CORRECT-QI, ZHENG-QI).
Eine weitere Folge davon kann eine Blutstauung sein, denn QI und Blut sind ja wechselseitig abhängig voneinander.

Ein führendes Symptom für die Gelsemium-Grippe ist der Kopfschmerz, der sehr heftig sein kann und dem grippalen Infekt den Namen *Kopfgrippe* eingebracht hat. Deswegen gehe ich auch in diesem Zusammenhang auf das Grippe-Bild ein, das häufig nicht als solches erkannt wird. Im Gegensatz zu Aconit und Belladonna sind der Beginn, der Verlauf und das Fieber schleichend.

Abgesehen von einer Beteiligung der Schleimhäute, wie bei all diesen Grippeformen, ist das Schweregefühl und die Müdigkeit in allen Gliedern bemerkenswert. Es besteht eine mehr passive Kongestion im Gesicht, Kopfschmerzen den Nacken rauf und (im Gegensatz zu Eupatorium) eine Art Betäubung, Schläfrigkeit und Durstlosigkeit.

Der PULS ist ziemlich langsam oder mäßig beschleunigt und hypoton.

Im Gegensatz zum heißen Kopf sind die Extremitäten eiskalt, über den Rücken ziehen Kälteschauer.

Auffallend ist die Schwäche als Folge einer Beteiligung des Nervensystems und das Auftreten der Erkrankung bei feucht-warmem Wetter oder nach Überhitzung.

Ein führendes Symptom ist eben die Abhängigkeit und Verschlechterung durch Föhn, Sommerhitze, feuchtwarmes Wetter, auch wenn die Erwärmung paradoxerweise in einer normalerweise kalten Jahreszeit auftritt.

In Anbetracht der Wärmemodalitäten kommt für diese Art des grippalen Infektes keiner der durch pathogene Kälte bedingten 6 Schichten des SHANG HAN-LUN in Frage, sondern eine der 4-Energie-Ebenen, nach der das YIN und die Säfte durch ein Hitze-Pathogen geschädigt wurden. Wenn das Pathogen durch das Abwehr-QI nicht überwunden werden kann, dringt es in die Ebene des QI, danach in das Meridian-QI, das QI der Bauenergie (YING-QI), und zuletzt in die Ebene des Blutes. Von den beiden letzten Ebenen kann das Hitze-Pathogen auch in den KS eindringen.

So kann auch im Fall eines grippalen Infektes beim Gelsemium-AMB fast jede der 4 Energieebenen betroffen sein.

1. Ebene des Abwehr-QI-Erscheinungsbildes

Hier besonders aufgrund von pathogenen Faktoren wie *Hitze* und *Feuchtigkeit* mit Fieber, Windabneigung, allgemeinem Schweregefühl, Oppressionsgefühl in der Brust, Übelkeit, trockene Kehle ohne Durst, verbunden mit Kopfschmerzen, Druck im Kopf und Benommenheit.

So wie die TAI-YANG-Erkrankung durch Kälte und kalten Wind nach dem SHANG-HAN-LUN bedingt ist, muß die Abwehr-Schwäche-Erkrankung der 4-Energie-Ebenen-Theorie im Gegensatz dazu als durch pathogene Hitze, Föhn und Wind-Hitze bedingt aufgefaßt werden.

ZUNGE: hat einen dünnen, schleimigen Belag.

PULS: oberflächlich und schnell.

2. Ebene des QI-Erscheinungsbildes

Auf sie trifft die Gelsemium-Symptomatik seltener zu, mehr jedoch auf den Zustand, der durch das Eindringen des *Hitze-Pathogens* auf der *Ebene des nährenden Meridian-QI* hervorgerufen wird. Dieser Aspekt kann eigentlich nur aufgrund des charakteristischen *Zungen-Befundes* erkannt werden:

ZUNGE: rot oder purpurrot mit wenig oder überhaupt keinem Belag, wenn es sich um *innere Hitze* oder um *Wind-Hitze* handelt.

ZUNGE: purpurrot mit schmutzigem oder schwarz verbranntem Belag bei einer durch *feuchte Hitze* bedingten *inneren Erkrankung.*

Hinzu kommen dann schneller Puls, allgemeines Fieber, Ruhelosigkeit, zuweilen auch Bewußtseinstrübung, Krampfanfälle und maculopapulöse Eruptionen.
Wenn entsprechend dem AMB diese papulösen Eruptionen, wie bei Masern, auftreten, so kann das Pathogen die

3. Ebene des Bluterscheinungsbildes

erreicht haben, mit hohem Fieber mit brennender Hitze des Körpers, maculopapulösen Effloreszenzen.

ZUNGE: kann purpurrot mit weißem oder gelbweißem Belag sein oder auch völlig bedeckt mit gelbweißem Belag ohne Purpurröte.

Kommen dann noch Bewußtseinsstörungen wie manische Agitiertheit, delirantes Sprechen, Koma und Krämpfe hinzu, so daß das *Hitze-Pathogen* die innerste Schicht, nämlich

4. den KS und damit das SHEN

befallen hat, dann ähnelt das Krankheitsbild der infektiösen *Enzephalitis B*, wobei dann das Pathogen von der Schicht der *Abwehr* direkt in den KS eindringt.

ZUNGE: ist rot, evtl. exsikkiert mit violetten Papillen, der Belag ist gelb bis dunkelbraun.

(*Anm.:* Auch die rheumatische Myokarditis, die eine Indikation für Gelsemium ist, gehört in dieses Disharmoniemuster).

Entsprechend diesen Stadien, wie sie auch im Krankheitsfall beim Gelsemium-Bild vorkommen, ist auch die Therapie verschieden. Das gilt auch für die Kopfschmerzen, die allerdings am ehesten im ersten *Erscheinungsbild* anzutreffen sind.
Wenn es sich nur um die Behandlung der für das Gelsemium-Bild so typischen Migräne handelt, steht für die Therapie das Disharmoniemuster *aufsteigendes Leber-YANG* im Vordergrund, wie schon mehrfach beschrieben, mit seiner Mischung von Fülle und Schwäche: Fülle im oberen Bereich und Schwäche im Inneren, also YIN-Mangel.

ZUNGE: rot, besonders an den Rändern, der Zungenbelag ist dünn oder fehlend.

PULS: ist gespannt und typischerweise schnell (Hitzezeichen) und dünn.

Sind die Kopfschmerzattacken sehr heftig, mit Schwindel und vor allem verbunden mit Nackensteifigkeit, wird man therapeutisch die Punkte des *Leber-Windes* bei *aufsteigendem Leber-YANG* berücksichtigen müssen.

ZUNGE: rot und trocken, ohne Belag (außer bei zusätzlich pathogenem Schleim).

PULS: ist gespannt und dünn.
Nach den 8 diagnostischen Leitkriterien liegt entweder extreme Hitze vor, die Leber-Wind erzeugt oder ein Leber-YIN-Mangel oder ein Mangel an Leber-Blut.

Die Harnflut (Urina spastica), die für Gelsemium so typisch ist, deutet aber auch auf einen gleichzeitig vorliegenden Nieren-YANG-Mangel hin, was zusammenhängen kann mit einer *Unfähigkeit der Niere, das QI zu erhalten.* Außer der Harnflut sind typisch Kältegefühle, besonders im Rücken und Apathie.
Der reichliche und helle Urin ist auf jeden Fall eine Folge der Kälte im UDE.

Bei *Nieren-YANG-Mangel* ist die

ZUNGE: blaß und schlapp, evtl. mit dünnem, weißlichem Belag.

Beim Vollbild von Gelsemium stehen ja die Symptome von allgemeiner Mattigkeit, Erschöpfung, Schwäche und Lähmigkeit der Muskeln bis hin zu Koordinationsstörungen im Vordergrund. Da das Milz-Pankreas die Muskulatur und die Glieder beherrscht, muß man in diesem Zusammenhang auch an eine Störung und Behinderung der Milz-Pankreas-Funktion denken, an einen QI-*Mangel des Milz-Pankreas.*

Schweregefühl im Körper, Schmerzen in den Muskeln, kein Schweiß, Durstlosigkeit, dumpfer Kopfschmerz
sprechen für flüssigen Schleim in den Gliedern und Meridianen, wie wir es im Disharmoniemuster QI-Mangel und Stagnation von Feuchtigkeit im Milz-Pankreas vorfinden. Schleim im Herzen blockiert den Fluß des SHEN.

Es entstehen stumpfsinnige, komaähnliche Zustände und chaotisches Verhalten.
In den Meridianen führt es zu Taubheit und Lähmung, alles Symptome, wie es im AMB von Gelsemium beschrieben werden.

ZUNGE: blaß, evtl. geschwollen und hat Zahneindrücke. Der Belag ist schleimig bis körnig und weißlich.

PULS: schlüpfrig oder weich und kraftlos bei endogener Ursache.

8. Therapie

Soweit sie nicht schon ausführlich beschrieben wurden, werde ich die Behandlungsmöglichkeiten der einzelnen Disharmoniemuster darstellen.

a) QI-Mangel

Am wichtigsten sind die Punkte:

MP 6
MA 36
DI 4
KG 4
und **BL 20.**

Sie tauchen in den verschiedensten Therapievorschlägen auf und müssen abwechselnd gemoxt werden.

b) Ebene des Abwehr-QI-Erscheinungsbildes

DI 4	entfernt pathogene Noxen.
KS 6, KG 12 und **MP 9**	verteilen Feuchtigkeit.
DÜ 3	schützt das Äußere und vertreibt Hitze.

c) Ebene des nährenden Meridian-QI

DI 11, LG 14, BL 2 und **DÜ 3**	klären bei Hitze den nährenden Aspekt.
KS 6, 7 und **HE 7**	klären das Herz.
MP 9 **KG 12**	bei Feuchtigkeit.
LG 14	kann man bei extremer Hitze bluten lassen, ebenso aber auch

DI 11,
LU 5
evtl. auch
BL 40.

d) Ebene des Bluterscheinungsbildes

MP 6 und **DI 11** und **BL 40**	(Kapillaren bluten lassen) werden zur Kühlung des Blutes eingesetzt, je nach Ort der Hitzeentwicklung.
LU 5	bluten lassen.
MP 10 und **BL 17**	entfernen Hitze und Hitzetoxin.
LE 3 und **8** zusammen mit **KS 5**	kühlen und bewegen KS und LE-Meridian, die JUE-YIN-Ebene.
HE 9 und **KS 6**	bluten lassen (entfernt die Hitze aus KS und HE bei Bewußtseinsstörungen).

e) Hitze im Kreislauf

KS 6, 7 und **8, HE 7**	man bedient sich einer kräftigen Stimulation.
KG 26 und **20**	öffnen die Sinnesorgane und klären die Hitze im LG.

(*Anm.:* Bei Myokarditis kommen vor allem in Frage: **KS 3**, der kühlend auf das Blut wirkt, **KS 6** und **5** sowie **HE 8**, evtl. auch **KS 4**.)

f) Aufsteigendes Leber-YANG

LE 3	sediert das LE-YANG. Dies ist der wichtigste Punkt distal.
3E5	sediert ebenfalls das LE-YANG und kommt vor allem in Frage bei Kopfschmerz im Bereich des GB-Meridians.
MP 6 und **NI 3**	tonisieren das NI-YIN.

LE 8	tonisiert das LE-YIN.
GB 43	sediert das LE-YANG. Es ist ein wichtiger YONG-Punkt, der die Energie im GB-Meridian zum Fließen bringt und auf der Gegenseite angewandt werden kann.
GB 38	King-Punkt und sedierender Punkt für GB und LE-YANG und LE-Feuer. Ein ganz wichtiger Punkt zur Behandlung der Migräne.
BL 2 **TAI YANG** **GB 20**	alle sedieren das LE-YANG und wirken als lokale Punkte im Bereich der Augen, Schläfen und des Hinterkopfes.
GB 9, 8, 6	Lokal wirksame Punkte.

g) Leber-Wind bei aufsteigendem Leber-YANG

LE 8	tonisiert das LE-YIN.
LE 3	unterdrückt das LE-YANG und den LE-Wind.
MP 6 und **NI 3**	tonisieren das YIN.
LG 16 und **GB 20**	bändigen den Wind.
BL 18	kann das LE-YIN tonisieren und dadurch das LE-YANG bändigen.
LG 20	reguliert das YIN-YANG-Ungleichgewicht, entfernt Wind, öffnet die Sinnesorgane.
NI 7	beruhigt das SHEN.

Diese Therapie kann symptomatische Erleichterung bei dem schweren Krankheitsbild bringen.

h) Nieren-YANG-Leere

BL 23	tonisiert das NI-YANG.
LG 4	tonisiert ebenfalls das NI-YANG.

NI 3	tonisiert das NI-YIN.
BL 52	tonisiert das NI-YANG und die NI-Essenz.
KG 4	ebenso, vor allem mit Moxa.

i) Milz-Pankreas-QI-Mangel

KG 12	tonisiert das MP-QI.
BL 20 und **21**	tonisieren das MP-QI.
MA 36	tonisiert das MP-QI.
MP 3	ist der Quell-Punkt des MP und tonisiert das MP.
MP 6	tonisiert QI und YANG des MP und MA und bewegt das QI.
MP 9	transformiert die Feuchtigkeit.

Alle diese Punkte können mit Moxa behandelt werden.

j) Gelsemium-Kopfschmerz

Es dürfte nicht immer ganz leicht sein, im Fall des Gelsemium-Kopfschmerzes die richtige Entscheidung zu treffen. Oft braucht man 2–3 Behandlungen, um sich „einzuschießen". Solange man sich nicht ganz klar ist, sollte man vom Gesichtspunkt Halb-Innen – Halb-Außen Punkte auf dem Gallenblasenmeridian und Loci dolenti berücksichtigen.

GB 15 Sehstörungen
GB 20, 8, 7
GB 41, 43, 34, 38
BL 2,
YINTANG (extra)
TAI YANG (extra)
MA 8

Damit kann man, zumindest vorübergehend, evtl. unter Hinzufügung von **KS 6** und **BL 10, 60** eine Besserung oder Erleichterung erzielen. Nicht zu vergessen:

GB 37, ein LO-Punkt, der eine besondere Beziehung zu ophthalmologischen Befunden hat und den bezeichnenden Namen GUANG MING, d. h. „Glanz und Licht" trägt.

9. Epikrise

Das Gelsemium-Bild wurde so ausführlich dargestellt, weil Gelsemium eines unserer wichtigsten und am häufigsten angezeigten Mittel bei Migräne ist. Außerdem war es notwendig, den verschiedenen Stadien und Aspekten dieser Droge gerecht zu werden, um damit im Einzelfall zu der jeweilig richtigen Entscheidung zu gelangen. Damit wurde aber auch die Palette der auf diese Weise therapierbaren Krankheitsbilder unabhängig von der Migräne erweitert.

Auf die spärlichen Angaben über Zungen- und Pulsbefunde in den Gelsemium-Arzneimittelbildern habe ich verzichtet, weil sie zu ungenau und, zu wenig differenziert sind und darum auch nicht weiterführen. Andererseits kann gerade die *Zungendiagnostik* wegweisend für die Entscheidung sein, welches Stadium des Gelsemium-Bildes im gegebenen Fall gerade vorliegt. Deshalb habe ich die Befunde für jedes Disharmoniemuster aufgeführt, sowohl für akute, wie vor allem subakute Infekte, die fast immer mit Kopfschmerz verbunden sind. Für migräneartige, langanhaltende Kopfschmerzen ist Gelsemium ein Hauptmittel. Auch die Art der Kopfschmerzen, vom Nacken zur Stirn oder als Reifengefühl, ist recht typisch und leicht zu diagnostizieren. Führend und auffallend ist das durchgehende Gefühl allgemeiner Mattigkeit, Erschöpfung, Benommenheit und der Verlust der muskulären Koordination. Wenn dann noch die typischen Herzsensationen hinzukommen (s. d.), ist es fast unverwechselbar und eines unserer sichersten Migränemittel.

Bei gegebener Indikation sollte man vor allem die Punkte **HE 5** und **BL 15** in dem Therapiekonzept berücksichtigen und ggf. mit aufnehmen.

Für die Behandlung kommen in erster Linie in Frage: *Aufsteigendes Leber-YANG* bzw. *Leber-Wind bei aufsteigendem Leber-YANG.*

Glonoinum

Toxikologie

Glonoin ist das Trinitrat des Glyzerins. Jedem Arzt ist der flüchtige, sogenannte Nitrokopfschmerz bekannt, der einem Prüfungssymptom entspricht und zurückzuführen ist auf die Tendenz zu *plötzlichen und heftigen Irregularitäten des Blutkreislaufes* mit zersprengendem, klopfendem Kopfschmerz, Ausdehnungs- bzw. Oppressionsgefühl, Beschleunigung des Herzens. Ein ähnliches Mittel ist Amylum nitrosum, das sich besonders bei Wallungen in den Wechseljahren bewährt hat.

1. Typus nach dem AMB

Man kann das Glonoin-Bild nur bedingt auf einen Körperbautyp festlegen, wenn auch ein nervöses Temperament bei plethorischen, kräftigen, sensitiven Frauen häufig zu beobachten ist. In Verbindung mit stenokardischen Beschwerden ist mir dieser Typ häufig bei Frauen in den Wechseljahren begegnet (siehe oben: Amylum nitrosum).

2. Körperliche Symptome

Das vorherrschende Merkmal dieses Mittels, von dem *Nash* als einem Hauptkopfschmerzmittel spricht, ist der arterielle Gefäßerethrismus. Fast alle Symptome des AMB sind damit in Zusammenhang zu bringen. Diese „Eindeutigkeit" hängt wohl damit zusammen, daß der Inhaltsstoff im Gegensatz zu anderen, wenn auch ähnlichen Mitteln, wie z. B. Belladonna, Melilotus und Cactus, das relativ einfache Nitroglyzerin-Molekül ist. So erklären sich die Blutwallungen zum Kopf und die Kopfkongestionen mit Klopfen und *Pulsieren* und die Abhängigkeit dieser Beschwerden von Wärme, Sonne und Hitze, vom Wein, vom Vornüberbeugen des Kopfes.
So erklärt sich auch *das Klopfen im ganzen Körper* bis in die Fingerspitzen, ein überaus typisches Symptom, und die Apoplexie, wenn der starke Blutandrang zum Kopf anhält und dessen Begleitsymptome, wie stertoröse Atmung, Koma, die intensive Hitze, die glänzende Haut und die Kälte der Extremitäten.

Genauso erklärt sich der kardiale und zirkulatorische Erethrismus, bis hin zur Stenokardie und Angina pectoris, *mit heftigem und beschleunigtem Klopfen des Herzens,* wo es in niedrigen Potenzen von D 3–D 4 der schulmedizinischen Therapie vergleichbar ist.

Bei sonst entsprechenden Symptomen kann man es auch bei Tachykardie, besonders bei Hyperthyreose und bei klimakterischen Wallungen, ähnlich wie Amylum nitrosum, einsetzen.

ZUNGE: (nach *von Ungern-Sternberg)* milchweiß, ohne Belag und mit Zahnabdrücken. Empfindung wie geschwollen, roh, taub, wie verbrannt.

PULS: wird im AMB als schnell und unregelmäßig oder langsam und drahtförmig angegeben.

3. Psychische Symptome

Die psychischen Symptome sind nicht sehr charakteristisch:
Müdigkeit, Mattigkeit und Arbeitsunlust sind Folgen der durch die Blutdissoziation hervorgerufenen Energiestörung. Die Beklemmung macht Angst und Furcht, will fortgesetzt umhergehen. Interessant ist außer der nervösen Erregung auch die Apathie und Interesselosigkeit und vor allem das Symptom: bekannte Straßen scheinen fremd, kennt seine Freunde nicht wieder.

4. Auslösende Schädigung

Emotionen,
Furcht und Angst,
Wärme,
vor allem Sonneneinstrahlung,
Wein,
Arteriosklerose und die sie bedingenden Noxen,
Wechseljahre,
Hyperthyreose.

5. Art der Kopfschmerzen

Plötzliche, heftige Kopfkongestion, *im Rhythmus des Herzschlages klopfender Kopfschmerz, vom Nacken aufsteigend.*
berstend und mit Gefühl, daß das Gehirn zu groß,
der Kopf zu voll sei,
schlimmer in Wärme,
beim Zurückbiegen des Kopfes sowie
bei jeder Bewegung desselben
und durch Weingenuß.
Besser im Freien,
durch kühle Abendluft, offene Fenster und
bei entblößtem Kopf,
auch durch Nasenbluten und
Harnflut.
Der Patient kann sich nicht hinlegen,
er muß sich aufsetzen im Bett.
Kopfschmerz an Stelle der Menses.

Klopfende Kopfschmerzen, Hirnkongestion im Wechsel mit Herzkongestion. ZUM PLATZEN. Hält den Kopf mit den Händen. Wallungen. **Sonnenstich; Apoplexie; Meningitis** während der Zahnung – komatöses Bild.

Schwindel, wenn er in die Senkrechte kommt.

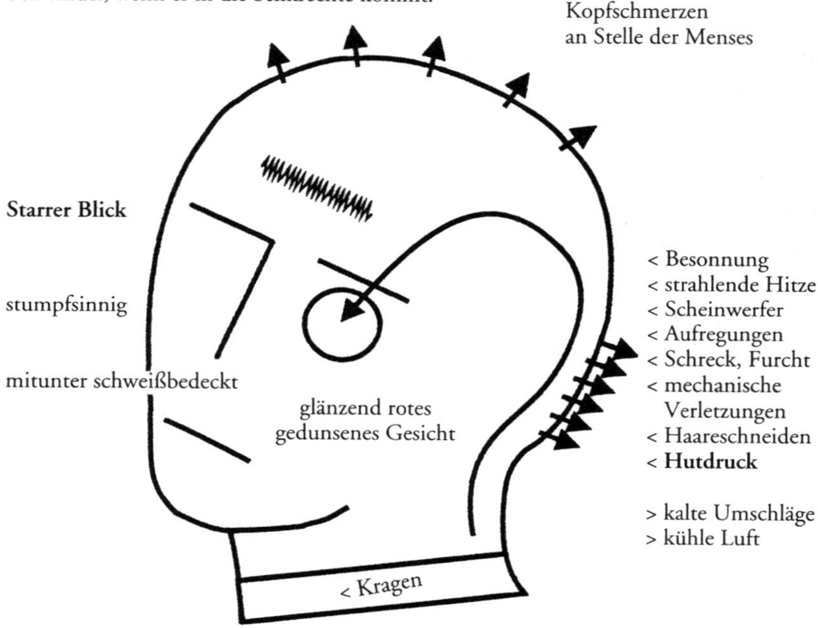

< jeder Herzschlag, jeder Schritt, jedes Geräusch.
Kann sich nicht hinlegen, „weil das Kissen klopft".
Hände zittern, Hände und Füße kalt.

6. Homöosiniatrische Punkte

NI 23
SHENFENG = Altar der Götter
Rechts
(Nach anderen Autoren Seelen-Siegel)
Weihe-Pu

Lage:
im 4. ICR 2 CUN lateral der Leibesmitte.
Tonisiert die Nieren, beruhigt das Gemüt. Ein an sich wohl mehr lokal bzw. segmental wirkender Punkt bei Spannung, Druck und Völlegefühl in der Brust, aber auch bei Aufstoßen, Übelkeit und Erbrechen. Dieser Punkt findet bei *de La Fuye* keine Erwähnung. Nach *Weihe* bei Angina pectoris, akuter Nephritis, Bronchitis, Pleuritis.

7. Vom homöopathischen Symptombild zum Disharmoniemuster

Aus der Sicht des AMB kann man ohne Einschränkung davon ausgehen, daß es sich bei den Turbulenzen im Blutgefäßsystem in der Blutverteilungsstörung (oben Hitze, unten Kälte) um Veränderungen sowohl der zentralen Regulation des Blutdrucks wie auch um Störungen im Sinn einer Gefäßsklerose handelt. Die Ursachen dafür sind letztlich nicht immer zu ermitteln, dürften aber vorwiegend endogen sein, wenn auch Hitze und Sonneneinstrahlung ein von *außen* eindringendes, aber doch wohl mehr auslösendes Pathogen sind. Sicher spielen sowohl emotionale, hormonale wie auch diätetische Fehlbelastungen und Noxen eine ursächliche Rolle.

Aus der Sicht der Chinesischen Medizin bedingen diese vorwiegend endogenen Noxen eine Stagnation von QI in der Leber. Es entsteht Hitze in der Leber, die aufsteigt und das Syndrom des *aufsteigenden Leber-Feuers* verursacht. Dies erzeugt in Kombination mit psychischen Belastungen, aber auch hormonalen Faktoren wie Hyperthyreose und klimakterischen Ausfallserscheinungen, das Disharmoniemuster des *aufsteigenden Herz-Feuers:* In diesem Fall liegt keineswegs immer ein *Herz-YIN-Mangel* vor, sondern eine *YANG-Fülle* bei normalem YIN. Es dürfte überhaupt schwierig sein, auch im Falle des *aufsteigenden Leber-Feuers,* zu entscheiden, ob eine Gleichgewichtsstörung durch ein übermäßiges *YANG-* oder durch *YIN-Mangel* mit ebenfalls *Feuer-Übermaß vorliegt,* es gibt da viele Varianten, die man im einzelnen Fall aufgrund der Symptomatik, Puls- und Zungendiagnostik erkennen muß.

Im Fall eines übermäßigen YANG bei normalem YIN ist der ganze Körper fortwährend heiß, der Kopfschmerz ist stark, rasend,
die Augen sind rot, geschwollen und schmerzend,
es besteht ein starkes Schwindelgefühl (das beim Glonoin-Bild nicht vorhanden ist),
es kann zu heftigen Wutausbrüchen kommen, und der *Puls* ist voll, schnell und drahtförmig.

Im anderen Fall, wenn neben dem übermäßigen YANG noch das YIN vermindert ist,
treten periodisch Hitzewellen im Kopf und Gesicht auf,
die Kopfschmerzen sind pochend,
die Augen rötlich und wenig schmerzend,
der Schwindel ist mäßig,
es besteht Ärger oder Depression,
der *Puls* ist schnell und drahtig.

In den meisten Fällen wird es sich um die zweite Disharmonieform handeln. Besonders aber der drahtförmige Puls, der ja auch im AMB erscheint, spricht dafür, daß es sich im wesentlichen um ein von der Leber ausgehendes Disharmoniemuster handelt. Dafür spricht auch die Stärke der Kopfschmerzen.

Für ein *aufflammendes Herz-Feuer* sprechen eine rote Zungenspitze, Zungenrisse, Geschwüre der Mundschleimhaut. Die Störung des SHEN ist sehr viel ausgeprägter, mit Ruhelosigkeit, Schlaflosigkeit bis zur Manie und delirantem Verhalten. In beiden Fällen bestehen Kopfschmerzen. Der Puls ist zwar schnell, aber nicht drahtförmig, schwach und evtl. arhythmisch.

Da im AMB von Glonoin neben der Kopfschmerzsymptomatik auch die Herzschmerzen im Sinn von Stenokardie und Angina pectoris geschildert werden, gehe ich darauf kurz ein. Es handelt sich um das Disharmoniemuster *stagnierendes Herz-Blut,* das niemals als ein Muster sui generis auftritt, sondern immer abgeleitet werden muß, entweder von

YANG-Mangel des Herzens, von *Blut-Mangel des Herzens* oder von *aufsteigendem Herz-Feuer.*

Die Symptome entsprechen dem jeweiligen Muster, von dem dieses Muster *stagnierendes Herz-Blut* ausgegangen ist. Das wäre in diesem Fall das *aufsteigende Herz-Feuer*, zu dessen Symptomatik ja auch der kongestive Kopfschmerz gehört. Für das Disharmoniemuster *stagnierendes Herz-Blut* ist der Brustschmerz ein Schlüsselsymptom, was bei anderen *Herz-Mustern* nicht auftritt.

Wenn die Stasis des Blutes abgeleitet ist vom *aufsteigenden Herz-Feuer*, dann ist sie bedingt durch die Hitze, die das Blut in der Brust gerinnen läßt.

8. Therapie

a) Aufsteigendes Leber-Feuer

LE 2	ist der Hauptpunkt. Er ist spezifisch für LE-Feuer, wirkt besonders auf Schläfen- und Augenhöhlenkopfschmerz.
LE 3	beruhigt die Leber.
GB 20	beruhigt das LE-YANG und die Hitze im Kopf.
GB 13	hemmt das aufsteigende LE-YANG und beruhigt das Gemüt.
GB 41	Bei Störung der Energie durch Zirkulationsstörungen der Leber löst er die Stauung des LE-QI, kühlt Hitze im Meridian, wirkt auf das Auge (Name: „Am Rand der Tränen“ (des Fußes), im Gegensatz zu GB 15 am Kopf, der denselben Namen hat und besonders auf die emotionale Komponente einwirkt (Schlüsselpunkt des TAE MO).
BL 2 und **TAI YANG**	evtl. bluten lassen.

BL 1 und **DÜ 19**	leiten das Feuer ab.
BL 38	klärt das LE-Feuer und unterdrückt das LE-YANG, wichtiger Fernpunkt bei *chronischer Migräne.*
GB 37	dieser Punkt wirkt ebenso, der LO-Punkt des GB-Meridians. Loci dolenti.

b) Aufsteigendes Herz-Feuer

HE 9	bluten lassen und **HE 8** klären das HE-Feuer
HE 7	beruhigt das SHEN ebenso wie
KG 15	klärt die Hitze, evtl.
HE 5	der ebenso wirkt.
BL 15	Zustimmungspunkt des Herzens.
MP 6 und **KS 6**	stärken das YIN und kühlen das Feuer, auch wenn kein YIN-Mangel vorliegt.

Alle Punkte außer MP 6 und KS 6 werden sedierend behandelt.

c) Stagnierendes Blut im Herzen

KS 6	reguliert die Durchblutung im Herzen und befreit die Brust. Dieses ist der Hauptpunkt.
KS 4	ähnlich wirkend besonders bei Herzschmerzen und Angina pectoris.
KG 17	reguliert Blut und QI in der Brust. Bei HE-YANG-Mangel können Moxa gebraucht werden.
BL 17	reguliert das Blut, wenn es genadelt wird.
BL 14	stärkt das YANG und reguliert QI und HE und KS.
MA 10	wenn Schleim eine Rolle spielt.
MP 10	reguliert das Blut.

KG 14	MO- bzw. Alarmpunkt des Herzens. Loci dolenti, um das gestaute QI im Brustbereich zu bewegen, evtl. auch
NI 25.	

d) Intervalltherapie

KS 6, **BL 14**	tonisiert das YANG und reguliert das QI von HE und KS.
MA 36 (evtl. mox.) **MP 6** **BL 20** (mox) oder **BL 23** (mox) **NI 3**	beide Punkte moxen, stärken das QI, wärmen YANG von MP und NI, beeinflussen die Zirkulation von QI und Blut.
KS 17	stärkt das QI in der Brust.
HE 7	beruhigt das HE und das SHEN.

Diese Behandlung muß mit wechselnder Punktwahl 2–3mal in der Woche durchgeführt werden.
Je nachdem ist auch die Berücksichtigung des Disharmoniemusters *aufsteigendes Herz-Feuer* zu erwägen.

9. Epikrise

Glonoin ist eine klar umrissene und nicht ganz seltene Migräneform: kongestiver Kopfschmerz, der häufig im Zusammenhang mit den entsprechenden stenokardischen Beschwerden gesehen werden kann. Es handelt sich immer um Turbulenzen im Gefäßsystem, die sehr eindrucksvoll das Simileprinzip der Homöopathie spiegeln, liegt doch bei Glonoinum ein Nitrokörper vor, das Trinitat des Glyzerins, dessen Nebenwirkungen bei allopathischer Dosierung jedem Arzt bekannt ist. Je nach Schwere der Kopfschmerzen kann man entweder mit dem Disharmoniemuster *aufsteigendes Leber-YANG* oder *aufsteigendes Leber-Feuer* die Kopfschmerzen behandeln.

Die stenokardischen Beschwerden von Glonoin sind komplexer Natur, und eine ausschließliche Behandlung mit Akupunktur empfiehlt sich angesichts des Risikos eines Herzinfarktes nicht. Man wird sich auch nicht auf eine Homöopathie mit Glonoin beschränken können. Für die Therapie im Intervall zwischen den stenokardischen Anfällen versucht man dann, das YANG des Herzens zu stärken, die Zirkulation von QI und Blut zu verbessern, die Niere und das Milz-Pankreas zu wärmen und QI und YANG allgemein zu tonisieren.

Ignatia (Ignatiusbohne)

Toxikologie

Die Droge hat einen ähnlichen Alkaloidgehalt wie Nux vomica und eine ähnliche Toxikologie (s. dort). Trotz dieser wirkstoffmäßigen Ähnlichkeit bestehen bei der Arzneimittelprüfung am Gesunden doch wesentliche Unterschiede, wohl durch ein anderes Mengenverhältnis der Alkaloide und mancher Nebenstoffe.
Wirkungen im Arzneiversuch am Gesunden:
Überempfindlichkeit des Nervensystems,
erhöhte Ansprechbarkeit vor allem gegenüber emotionalen Faktoren mit Neigung zu Spasmen.
Regellose und widerspruchsvolle sympathikotone Reaktionen *(Voisin)*.

1. Typus nach dem AMB

Voraussetzung für die Entstehung eines krankhaften Zustandes im Sinn irgendeines AMB ist eine wie immer geartete, durch Anlage und Umwelteinflüsse bestimmte *Persönlichkeitsstruktur*. Das gilt besonders für alle Polychreste, zu denen auch Ignatia gehört. So spiegelt die außerordentlich differenzierte und differenzierende Symptomatik eines Homöopathikums den ganzen Reichtum an Möglichkeiten, aber auch die große Schwierigkeit, den Geist eines Mittels zu erfassen.
Beim Ignatia-Typ handelt es sich meist um dunkelhaarige Frauen und Kinder, sehr viel seltener um Männer.
Es sind Frauen mit *emanzipatorischen Zügen;*
die Empfindsamkeit ist gepaart mit romantischem Wesen. Meist sind es fähige, schnelle, kluge, künstlerische Frauen von heute, wie *Vithoulkas* schreibt. Dieser romantische Geist gerät dann schließlich in einen *Konflikt mit der Realität.* So ist die Empfindsamkeit, das Romantisch-Schwärmerische, die geistige Fähigkeit, aber auch die Frustrationstendenz kennzeichnend für die Ignatia-Frau.
Aus der *Eindrucksfähigkeit* resultiert die erhöhte *Erregbarkeit* und die *reizbare Schwäche,*
die *Launenhaftigkeit* und Veränderlichkeit im Verhalten.
Eigentlich immer lassen sich die verschiedenen emotionalen Störungen

und Reaktionen auf *ein unbewältigtes seelisches Ereignis* zurückführen, sei es ein plötzlicher Schock wie der Tod eines Familienangehörigen oder der Bruch einer Beziehung, sei es sonst irgendein Kummer oder emotionaler Streß. In dieser Hinsicht ist es manchmal schwer von Natrium muriaticum zu unterscheiden, aber auch von Sepia.

2. Körperliche Symptome

Da das psychische Moment bei Ignatia im Vordergrund steht, und da wahrscheinlich fast alle körperlichen Symptome und Veränderungen psychosomatischer Natur sind, kann ich mich kurz fassen. Auffallend sind die *widersprüchlichen und paradoxen Reaktionen:*

Der nervöse Husten,
die nervöse Magenstörung bis hin zum Ulkusleiden,
Colon irritabile mit *vergeblichem Stuhldrang* (Nux vom., der mehr im Oberbauch empfunden wird),
die Abneigung gegen alle Arten von Obst,
scharfe Stiche im After den Mastdarm aufwärts bei Hämorrhoiden.
Aftervorfall nach dem Stuhl,
Durstlosigkeit im Hitzestadium, aber Durst im Frost.
Verschlimmerung durch Tabakrauch,
Übelkeit,
besser durch Essen,
Globus hystericus.
Halsschmerzen besser durch Schlucken von festen Speisen (Lachesis).
Kollapsneigung abends um 23.00 Uhr.

3. Psychische Symptome

Wesentliche psychische Symptome wie die *Feinfühligkeit des Gemüts,* die *zarte Gewissenhaftigkeit,* aber auch die *Unbeständigkeit* wurden schon eingangs erwähnt. Dazu gehört aber auch, daß sie leicht beleidigt sind.
Wichtig ist das Symptom: Hang zu stillem Kummer, wodurch diese Personen physisch und psychisch erschöpft sind.
Viel *wortloses Seufzen* (Seufzerzwang), aber zuweilen auch *unduldsame,*

streitsüchtige, ärgerliche Stimmung sind charakteristisch. Feinheiten müssen den Lehrbüchern entnommen werden. Es ist eines der besten Mittel für „hysterische“ Anfälle und Krämpfe, die *durch Schreck* ausgelöst werden *(Coulter).* Träumt, lebendig vergraben zu sein. Verbirgt seinen Kummer.
Nach *von Ungern* lautet der psychopathognostische Trias: Indignation, Antizipation, Opposition.

4. Auslösende Schädigung

Emotionale Belastungen jeder Art,
Enttäuschungen in der Liebe,
Eifersucht,
Kummer und Sorgen,
Drandenken,
Überforderungen,
Schreck,
Tabakrauchen,
Alkohol, Kaffee.

5. Art der Kopfschmerzen

Der Kopfschmerz ist vorwiegend nervöser, psychosomatischer Natur. Man spricht gern von Hysterie. *Dabei handelt es sich keineswegs um einen hysterischen Charakter,* als vielmehr um die Folge von unbewältigten psychischen Traumen auf dem Boden reizbarer Schwäche. Das typische Symptom dieses Ignatia-Kopfschmerzes bzw. der Migräne ist der sogenannte *Clavus hystericus,* d. h. Kopfweh wie von einem eingeschlagenen Nagel. Der Begriff „hysterisch“ verleitet leicht dazu, die Heftigkeit der Schmerzen zu unterschätzen. Der Schmerz ist oft einseitig und wird durch Liegen auf der schmerzhaften Seite gebessert.

Er bessert sich außerdem durch *profusen Harnabgang* (Urina spastica) (S. 466). Es kann berstendes, pulsierendes Kopfweh mit Blutandrang zum Kopf bestehen, anfallsweise, die Stelle wechselnd oder auf andere Körperteile überspringend. Es ist klar, daß durch Aufregung, Sprechen, Gedankenarbeit und Drandenken der Schmerz ausgelöst werden kann.

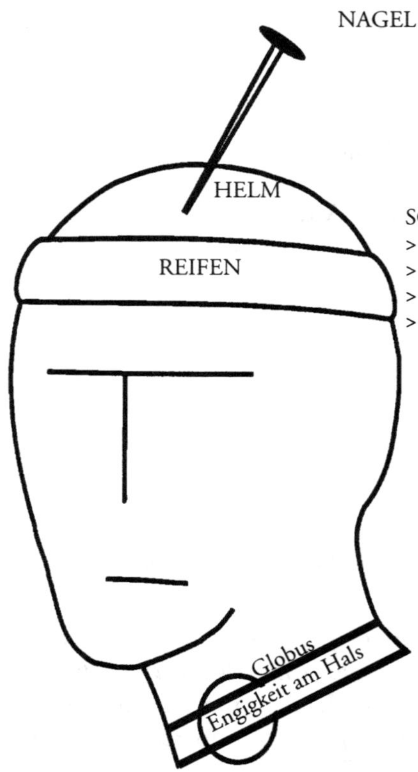

SCHWERER KOPF
> Hängen lassen
> Wärme
> Liegen auf der schmerzhaften Seite
> milder Druck

< jede geistige Arbeit
< jeder Duft
< jede Erregung
< Kaffee
< Tabak
< Alkohol
< Anstrengung
< schnelle Kopfbewegung
< Lagewechsel
< Augenbewegung
< LÄRM

KONGESTION
Nervöse Leute. DEMÜTIGUNG, blamable Situation, stiller Kummer. HUNGER
Urina spastica.

6. Homöosiniatrische Punkte

MA 26
WAI LING = äußerer Grabhügel

Lage:
2 CUN seitlich der Leibesmitte, 1 CUN senkrecht unter MA 25 bzw. 1 CUN unterhalb des Nabels.

Nach *de La Fuye:*
Flatulenz, saures Aufstoßen, Magenkrämpfe.
Paradoxe Dyspepsie. Appendix-Schmerzen (akut und chronisch), Pseudoappendizitis-Schmerzen. Keine Kopfschmerzsymptomatik.

Dieser Punkt spielt auch in den meisten Lehrbüchern keine Rolle, er wird meist nicht erwähnt. Nach *Porkert/Hempen:* Kälteschäden im UDE, also Schmerzen im Unterleib. Die Beziehung zum Ignatia-Bild ist unerklärlich.

7. Vom homöopathischen Symptombild zum Disharmoniemuster

Die in ihren Manifestationen sehr typische Migräne von Ignatia ist aus schulmedizinischer und homöopathischer Sicht *rein psychosomatischer Natur.* Was aber bedeutet das in der TCM, wo Körper, Geist und Gefühle ein integrales Ganzes ohne Beginn und Ende sind und die inneren Organe den Haupteinfluß haben? In der westlichen Medizin betrachtet man die Auswirkungen von Emotionen als ausschließlich vom Kopf, vom Gehirn ausgehend, während man in der TCM, wie wir sie hier vertreten, die Körper-Seele-Geist-Beziehung als ein Zirkelgeschehen von Interaktionen zwischen den Funktionskreisen und ihrem emotionalen Aspekt ansieht. In der westlichen Medizin werden die Auswirkungen der Emotionen auf die Organe als sekundäre Folge betrachtet, während in der Chinesischen Medizin der *Einfluß der Emotionen auf die Funktionskreise als primäre Ursache* für die Entstehung von Krankheiten angesehen werden, wobei das Gehirn in diesen Zusammenhang integriert ist.
Im AMB von Ignatia erscheinen nun folgende, durch ihre Intensität und Chronizität *krank machende* bzw. *belastende Gefühlszustände,* die man unter den Sammelbegriff *„Ärger“* subsumieren kann:

Frustration, unterdrückter Ärger, Ressentiment aus unbewältigtem Kummer und Groll und außerdem Sorge und seelischer Schock. Daraus resultieren nach chinesischer Vorstellung mehrere Angriffspunkte: der Funktionskreis Leber und der der Milz und nach einem Schock Herz und Nieren. Auf sie alle können sich die Irritationen als verschiedene Disharmoniemuster auswirken.

Bei Kopfschmerz stehen als Disharmoniemuster im Vordergrund die des Funktionskreises Leber, sei es als *Stagnation von Leber-QI* oder *-Blut, aufsteigendem Leber-YANG* oder *aufsteigendem Leber-Feuer,* während seelischer Schock das QI behindert und den Funktionskreis von *Herz* und *Nieren* schwächt.

In erster Linie wird es sich bei dem Ignatia-Kopfschmerz um ein *aufsteigendes Leber-YANG* handeln. Dieses Disharmoniemuster ist charakterisiert durch ein Ungleichgewicht zwischen defizientem *Leber-YIN* und *Leber-YANG* im Exzeß. Diese Art Kopfschmerz ist ein gemeinsames und auffallendes Zeichen für *aufsteigendes Leber-YANG* und kann außerdem durch mangelndes *Leber-YIN* bedingt sein und/oder durch ein mangelndes *Nieren-YIN,* wie nach einem Schock.

Der für ein *aufsteigendes Leber-YANG* typische Kopfschmerz ist gewöhnlich einseitig an der Schläfe oder im Bereich des GB-Meridians oder über dem Auge. Er ist verbunden mit Reizbarkeit, d. h. Verschlimmerung durch Aufregung, Gedankenarbeit, Drandenken. Es besteht ein Hang, sich zu ärgern, Ohrensausen und Gehörstörungen, Schwindel und Schlaflosigkeit können dabei sein.

ZUNGE: hat einen roten Körper mit roten Rändern.

PULS: ist gespannt.

Doch können *Puls* und *Zunge* auch davon abweichen, je nach den Bedingungen, d. h. ob ein *Leber-YIN-Mangel* oder eine *Nieren-YIN-Schwäche* den Hintergrund bilden. In diesen Fällen ist

die ZUNGE eher blaß,

der PULS öfter rauh und fein.

Im Fall eines *Nieren-YIN-Mangels* ist

die ZUNGE rot und rissig,

der PULS oberflächlich und schwach.

Nach den 8 diagnostischen Leitkriterien führt der YIN-Mangel im Inneren zu einem relativen YANG-Überwiegen mit konsekutiver Hitze-Symptomatik. Unter dem Einfluß eines *stagnierenden Leber-QI,* wie es sich durch Probleme im emotionalen Leben in Folge von Frustration, unterdrücktem Ärger oder Groll über eine lange Zeit entwickelt, kann es zu einer *Behinderung des Magen-QI kommen,* mit der Folge, daß die absteigende Bewegung des *Magen-QI* behindert wird und sogar die Transport- und Transformationsfunktion der Milz. Das findet dann seinen Ausdruck in gastrointestinalen Beschwerden, wie sie für das Ignatia-Bild so typisch sind. Aber die Differentialdiagnose dieser verschiedenen, sich überschneidenden Disharmoniemuster kann in der Praxis recht schwierig sein.

Bei kombinierter *Nieren-* und *Leber-YIN-Schwäche* bestehen außerdem Hitzezeichen. Bei *Nieren-YIN-Schwäche* Schwindelanfälle, Tinitus, Kopfschmerzen, besonders an den Schläfen oder dem Scheitel (oft pulsierend), Sehstörungen. Zusätzliche Symptome des *aufsteigenden Leber-YANG* sind dabei möglich.

Damit sind aber die Beziehungen des Ignatia-Bildes zu den Disharmoniemustern nicht erschöpft. Probleme im emotionalen Leben sind – wie auch bei Ignatia – bei zahlreichen Patienten eine große, wenn nicht sogar die einzige Ursache für eine *Stagnation des Leber-QI* und zwar als Folge einer langanstehenden Frustration, unterdrücktem Ärger, Sorge oder Kummer. So wird die Zirkulation des QI behindert, fließt nicht mehr frei und kumuliert in der Leber. Dabei handelt es sich um einen Fülle-Zustand im Inneren, auch wenn der Patient einen defizienten Eindruck macht. Diese Stagnation des QI kann, da ja QI die treibende Kraft für das Blut ist, auch zu einer *Stagnation des Leber-Blutes* führen.

Die *Stagnation des Leber-QI* hat verschiedene Auswirkungen, die nicht immer gleichzeitig auftreten müssen. Eine der häufigsten Auswirkungen, die fast immer anzutreffen ist, ist das Gefühl der Ausdehnung bzw. Auftreibung im Hypochondrium, oder, wenn das *Leber-QI* in der Brust stagniert, eine Brustverklemmung. Die Folgen sind im ersten Fall Aufstoßen und im zweiten Seufzen (wer dächte hier nicht an die für Ignatia so typische Seufzeratmung).

Die nächste Gruppe von Symptomen äußert sich in verschiedenen Emotionen. Das ist ebenfalls sehr typisch für dieses Disharmoniemuster.

8. Therapie

a) Aufsteigendes Leber-YANG

Die hierfür in Frage kommende Therapie wurde schon mehrfach ausführlich behandelt (siehe Calc. car.), daß ich mich hier darauf beschränken kann, lediglich die Punkte, die in Frage kommen, anzugeben:

LE 3, 3E5, MP 6, NI 3, LE 8, GB 43, GB 38, BL 2, TAI YANG, GB 20, GB 9, 8, 6.

b) Nieren-YIN-Schwäche

KG 4 **NI 3**	tonisieren das NI-YIN.
NI 6	spezifischer Punkt, um die Niere zu tonisieren.
NI 10	ebenfalls spezifischer Tonisierungspunkt.
MP 6 **KG 3**	stärken die drei unteren YIN.

c) Niere und Leber-YIN-Schwäche

NI 3	zur Stärkung der Nieren.
NI 6	tonisiert die Niere (s. o.).
LE 8	tonisiert LE-Blut und LE-YIN.
KG 4	stärken NI-YIN und NI-Essenz.
BL 23 und **BL 20**	tonisieren das Blut.
BL 17 und **BL 18**	tonisieren das LE-Blut. (BL 17 kann moxiert werden.)
BL 10	bei okzipitalem Kopfschmerz.
LG 20	bei Scheitelkopfschmerz.

TAI YANG und Loci dolenti auf dem GB-Meridian bei Schläfenkopfschmerz.

d) Stauung des Leber-QI, stört Milz-Pankreas und Magen

LE 3	reguliert das LE-QI und hat speziellen Einfluß auf die Kehle (Globus hyst.).
LE 13	reguliert das LE-QI im MDE, besonders, wenn es in die Milz eingedrungen ist.
LE 14	reguliert das LE-QI im MDE, besonders, wenn es den Magen affiziert hat.
GB 34	reguliert das LE-QI und hat speziellen Einfluß auf das Hypochondrium.
KS 6	reguliert das LE-QI (aufgrund der Beziehung zwischen LE und KS-Meridian innerhalb des TSIUE-YIN). Dieser Punkt ist besonders indiziert, wenn die Stauung des LE-QI bedingt ist durch emotionale Probleme.
MA 36	stärkt das MA-QI und reguliert MA- und MP-Funktion.

9. Epikrise

Der Ignatia-Mensch ist ein ganz besonderer Mensch und, solange er gesund ist, gekennzeichnet durch Empfindsamkeit, gepaart mit einem romantischen Wesen, das leicht in Konflikt gerät mit der Realität. Meist sind es fähige, lebhafte, kluge und künstlerisch begabte Frauen und seltener Männer, weil deren Verhalten weniger vom Gefühl her motiviert ist. So ist der Übergang vom normalen zum gestörten Gefühlsleben bis hin zur Hysterie verständlich. Die Vielfalt der Disharmoniemuster sucht der Differenziertheit dieser psychosomatischen Reaktionen gerecht zu werden. Doch müssen die Behandlungsvorschläge nicht alle sklavisch angewandt werden, es muß eine Auswahl und eine Gewichtung erfolgen, und sie müssen ggf. vikariierend eingesetzt werden, als Basistherapie der zugrunde liegenden Wurzel (root).

Eins muß aber einschränkend bemerkt werden: Nach lange bestehenden, ernsthaften psychischen Problemen genügt Akupunktur nicht, und auch die Homöopathie hat da eine Grenze. In solchen Fällen braucht der Patient die Hilfe und Unterstützung eines geschickten Psychotherapeuten.

Iris versicolor (Schwertlilie)

Toxikologie

Der Wurzelstock, aus dem das Heilmittel bereitet wird, bewirkt als Vergiftungsbild Übelkeit, Erbrechen, Durchfälle und allgemeine Mattigkeit. Außerdem migräneartige Zustände mit Leberaffektionen und Kongestion des Pankreas.

1. Typus aus homöopathischer Sicht

Iris ist kein konstitutionell wirkendes Mittel und findet weder im *Kent* noch im *Allen* Erwähnung. Nach *Donner* tritt die angiospastische Migräne bei körperlich und nervlich asthenischen Menschen auf.

2. Körperliche Symptome

Schwerpunkt der Therapie mit Iris ist sicher die sehr typische Migräneform (s. u.), der wir nicht selten begegnen. Aber man sollte darüber nicht die Bedeutung für den Magen-Darm-Kanal vergessen, dessen Störung mit viel Brennen verbunden ist, Leber- und Pankreasbeteiligung erkennen läßt in Gestalt von Leberschwellung, Leberinsuffizienz, akuter und chronischer Pankreatitis.
Entscheidend für die Mittelwahl sind:
ein *zäher Speichelfluß,*
Brennen im Magen,
ständige Übelkeit und Erbrechen von Wasser und saurem Mageninhalt,
Schmerzen in der Lebergegend,
schrecklich brennende Schmerzen in der Tiefenregion des Pankreas *(Clark),*
reichlich grüne, wäßrige, saure Stühle (Cholera infantum nach *Nash*),
auch blutig schleimig mit großer Schwäche und Brennen am After (wie Feuer) nach jedem Stuhl und Wundheit am After.

PULS: beschleunigt.

ZUNGE: Zunge und Mund sind wie verbrüht mit Schmerzen in der linken Zungen-Seite. Am Morgen sind Zunge und Gaumen bedeckt von einer fetten Substanz *(Clark).* Nach *Voisin* ist die Zunge trocken und an den Rändern belegt, in der Mitte rot.

Im übrigen wird noch eine Gesichtsneuralgie (Trigeminus und Fazialis) angegeben, sowie ziehende, reißende, brennende Ischialgie bis zum Fuß.

3. Psychische Symptome

Niedergeschlagen und verzweifelt,
leicht gereizt,
völlige Erschöpfung des ganzen Körpers.

4. Auslösende Schädigung

Körperliche und besonders geistige Belastung und Überforderung mit nachfolgender Entspannung.

5. Art der Kopfschmerzen

Dumpf klopfende oder schießende Schmerzen
meist auf der rechten Seite der Stirn mit saurem Erbrechen,
Fleckensehen oder
vertikaler Hemianopsie,
in die Schläfe schießend und zum Hinterkopf ziehend.
Auffallend ist, daß die Migräne oft als Folge geistiger Anstrengung an
Ruhetagen, etwa jeden Sonntag, auftritt, begleitet von
saurem Erbrechen oder
Durchfall und
Speichelfluß.
Mit Einsetzen von reichlichem Harnabgang Besserung .

Migräne als Folge geistiger Überanstrengung AN RUHETAGEN.
Rechts. Periodisch – 7 Tage.
URINA SPASTICA mit Erbrechen.

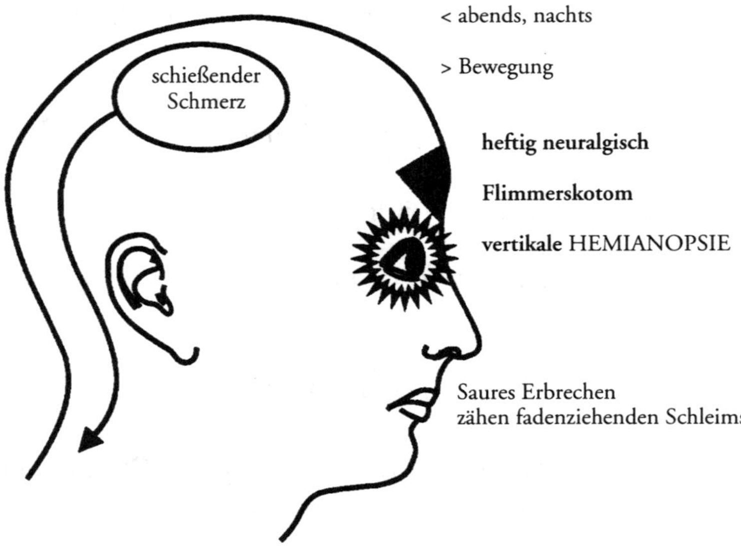

Brennen im gesamten Verdauungskanal.
Obstipation. Kolikartige Schmerzen im Oberbauch mit Durchfall.
After brennt wie Feuer nach dem Stuhl.
ISCHIAS - - -> Kniekehle (links) < Bewegung.

6. Homöosiniatrische Punkte

Weihe-Punkt

Lage:
Im 4. Interkostalraum auf der linken Seite (2 ICR – oberhalb von MP 21, dem großen LO).

Nach de La Fuye:
Der gestaute Magendarmkanal ist irritiert und brennend mit Erbrechen, Diarrhö und Migräne, Schulterrheumatismus, linksseitiger Ischialgie. Kopfschmerz und Erbrechen nach vorangegangenem Nebel vor den Augen (einseitig, periodisch). Diese Darstellung stimmt mit dem AMB von Iris überein.

MA 31
BIGUAN = Paßtor des Femurs

Lage:
Senkrecht unterhalb der oberen, vorderen Spina iliaca auf gleicher Höhe mit der Schambeinsymphyse.
Dieser Punkt hat nach übereinstimmenden Darstellungen nur eine lokale Wirkung bei Schmerzen im Hüftgelenk, Taubheitsgefühl in den Füßen, Atrophie-Syndrom, Spannungsgefühl im Oberschenkel und in der Gesäßmuskulatur.

De La Fuye geht von der Annahme aus, daß sich an diesem Punkt außerdem sowohl der LE 12 (nach *de La Fuye* IANGCHE) und der MP 11 (nach *de La Fuye* JIMEN) treffen, weil sich hier die 3 Meridiane MA, MP und LE überschneiden würden. Die Indikationen dieser Punkte haben überhaupt keine Beziehung zum Iris-Bild. *De La Fuye* behauptet für diesen Punkt folgende Indikationen:
Kopfschmerz mit blitzendem Skotom,
ophthalmische Migräne,
Magenbrennen,
Schleimerbrechen,
Bluterbrechen, Pankreasaffektionen.

Nun liegen die Punkte **MA 31,** (BIGUAN), **MP 12** (CHONG MEN) und **LE 11** (YIN LAIN) sehr dicht beieinander, so daß eine Verwechslung möglich war.

Es findet sich tatsächlich in der Gegend des MP 11 (JIMEN) (Lage: 6 CUN oberhalb MP 10 in der Mitte der medialen Seite des Oberschenkels) ein Punkt, der bei Migräne, die mit Erbrechen einhergeht, recht druckempfindlich und sehr wirksam ist, wenn er tief gestochen wird, am besten mit einer chinesischen Nadel. In gewisser Weise bestätigt das die Beobachtungen von *de La Fuye.*

7. Vom homöopathischen Symptom zum Disharmoniemuster

Die Sonntagsmigräne ist das auffallende Symptom am AMB von Iris versicolor, aber man muß die Verordnung abgrenzen gegen drei andere Mittel, deren Migräne ebenfalls periodisch, meist alle 7 Tage, auftritt: Sanguinaria, Lac deflorata und Natrium muriaticum. In allen drei Fällen handelt es sich ebenso wie bei Iris um Leberstörungen, aber zum Unterschied von Iris sind sie verbunden mit Obstipation, während sich bei Iris mehr Durchfälle im Sinn einer Pankreopathie feststellen lassen.

Andererseits tritt verschleiertes Sehen oder Skotom nicht nur bei Iris, sondern auch bei Natrium muriaticum und Lac deflorata auf. Am wichtigsten ist die Beziehung von Iris zum Magen und Pankreas, wie sie in dieser Form bei keinem der oben erwähnten Mittel vorkommt.

Das ausgeprägte Vollbild von Iris versicolor entspricht dem *stagnierenden Leber-QI,* welches sowohl die Milz wie auch der Magen beeinträchtigt und funktionell behindert. Denn der Funktionskreis der Leber ist verantwortlich für den glatten Fluß des QI durch den Körper. Wenn das Leber-QI nun im Abdomen stagniert, stört es die Transformations- und Transportfunktion der Milz. Aber auch nach dem Gesetz der 5 Wandlungsphasen kann es zu einer Überwältigung der Erde (MP) durch das Holz (LE) kommen, da es sich bei dem Disharmoniemuster *stagnierendes Leber-QI* um einen Fülle-Zustand handelt.

Genauso kann es dazu kommen, daß das *stagnierende Leber-QI* das *Magen-QI* daran hindert, nach unten zu fließen. Es kommt dann zu Reizbarkeit, Ausdehnungsgefühl und Schmerzen im Epigastrium und Hypochondrium, saurem Aufstoßen, Singultus, Übelkeit und Erbrechen, also einer Gegenläufigkeit im QI-Fluß. Bei allen drei Disharmoniemustern finden sich ursächlich emotionale Probleme im Vordergrund wie

Ärger und Frustration, häufig verbunden mit anderen Faktoren, die den MP-Funktionskreis belasten, wie Überarbeitung und unregelmäßige Ernährungsweise, vor allem, wenn sie seit längerem besteht.

Bei der *Stagnation des Leber-QI* besteht folgende Symptomatik:
Ausdehnungsgefühl in Brust und Hypochondrium,
Depression oder Stimmungsschwankungen,
Übelkeit,
Erbrechen,
epigastrische Schmerzen,
saures Aufstoßen,
Singultus,
Bauch- bzw. Darmgeräusche,
Durchfall,
Gefühl eines Kloßes im Hals,
unregelmäßige und eventuell schmerzhafte Periode,
prämenstruelle Reizbarkeit.

Diese Symptome müssen nicht alle vorhanden sein, um dieses sehr häufige Disharmoniemuster zu diagnostizieren. Ein Teil der beschriebenen Störungen sind außerdem darauf zurückzuführen, daß das *stagnierende Leber-QI* sowohl die Magen-Funktion als auch die des Funktionskreises Milz-Pankreas gegenläufig behindert, was im Hinblick auf das MP zu Diarrhö, abdominalem Ausdehnungsgefühl, einem charakteristischen Symptom für eine Stagnation des QI, führt.

Beachtenswert ist noch der charakteristische Zug von *stagnierendem Leber-QI,* das die emotionale Symptomatik ein wenig fluktuiert. Es wechseln Perioden mit Depressionen, bei denen alle Krankheitserscheinungen auftreten, mit Phasen, in denen die Gemütssymptome verschwinden und gleichzeitig auch die Beschwerden. Das paßt recht gut auf die Periodizität von Iris versicolor.

Um die Prävalenz der drei Disharmoniemuster zu erkennen, muß man sich an die vorherrschenden Symptome halten. Die Diagnostik der *Zunge* gibt da nicht viel her und stimmt nicht ganz mit den Angaben im AMB überein. Bei *stagnierendem Leber-QI* kann die *Zungenfarbe* normal sein (aber evtl. auch blaugrün, violett, dunkel). Bei *Störung des Milz-Pankreas-QI durch stagnierendes Leber-QI* ist die *Zunge* an den Rändern rot, wenn der Magen vorher nicht geschwächt war, auch blaß, wenn er bereits defizient gewesen war. Der *Puls* ist bei *stagnierendem Leber-QI* gespannt, besonders auf der linken Seite, bei *Invasion der Leber in die Milz* weich auf der rechten und gespannt auf der linken Seite, ebenso bei der *Invasion der Leber in den Magen.*

8. Therapie

a) Stagnierendes Leber-QI

GB 34 reguliert das LE-QI und wirkt besonders auf das Hypochondrium.

LE 3 reguliert das LE-QI.

LE 13 reguliert das LE-QI im MDE, besonders, wenn es die Milz-Funktion beeinträchtigt.

LE 14 reguliert das LE-QI im MDE, besonders bei Behinderung des Magens.

3E6 reguliert das LE-QI und wirkt besonders in der Kombination mit **GB 34**, ihr Wirkungsbereich sind die Flanken.

KS 6 reguliert das LE-QI durch seine Verbindung zwischen KS und LE im TSIUE YIN. Der Punkt ist speziell angezeigt, wenn es sich um emotionale Probleme handelt.

b) Gegenläufige Invasion der Leber in die Milz

LE 14 harmonisiert die Leber und verbessert den glatten Fluß des LE-QI.

LE 13 harmonisiert LE und MP.

GB 34 fördert den glatten Fluß des QI und beruhigt abdominale Schmerzen in Verbindung mit KG 6.

LE 3 bewirkt den glatten Fluß des LE-QI und beruhigt Bauchschmerzen.

KG 6 bewegt das QI im Abdomen.

KG 12 **MA 36**	tonisieren das MP.
MP 6	tonisiert das MP und beeinflußt Schmerzen im Abdomen.
BL 20 oder **21** und **MP** 4	regulieren MP, MA und LE.
MA 25 und **37**	bei Diarrhö.

c) Gegenläufige Invasion der Leber in den Magen

LE 13	harmonisiert die LE und MDE.
LE 14	ebenfalls, besonders harmonisierend auf **LE** und **MA**
GB 34	harmonisiert die Leber, stimuliert den glatten Fluß des LE-QI besonders im Hypochondrium.
KG 13	unterdrückt gegenläufig aufsteigendes MA-QI.
MA 36	tonsiert den MA.
BL 21	tonisiert den MA und ist besonders angezeigt bei chronischen Fällen. Eine sehr wirksame Therapie ist, wie bereits beschrieben, ein druckempfindlicher Punkt in der Gegend des MP 11 (JIMEN) bei Migräne und Erbrechen. Die Nadel muß bis zum DE QI tief eingestochen werden.
MA 34	bei Sodbrennen.

9. Epikrise

Die Entscheidung für Iris versicolor als Homöopathikum steht und fällt mit dem typischen Symptom der Periodizität, im übrigen müssen nicht

alle anderen Symptome des Magendarmkanals gegeben sein. Es wird immer eine gewisse Symptomprävalenz geben, wobei nach meiner Erfahrung die Magensymptomatik überwiegt. Dasselbe gilt für die Auswahl der Disharmoniemuster mit einem gewissen Schwergewicht bei *stagnierendem Leber-QI.*
Im übrigen differieren die Therapievorschläge nicht wesentlich untereinander, es sei denn in der Reizstärke.
Das Symptom Kopfschmerz bzw. Migräne wird in den zuvor erörterten Disharmoniemustern nicht erwähnt. Das aber ist kein Grund, auf sie zu verzichten, geht es doch um die Voraussetzung einer Harmoniestörung als Wurzel (root) des Krankheitsgeschehens überhaupt. Die Migräne ist dann erst eine der Manifestationen und bedarf im Ernstfall zuweilen einer sofortigen Behandlung, wie sie im Behandlungsvorschlag für *Invasion der Leber in den Magen* erfolgt ist. Dies ist eine Basistherapie, die aber ggf. ergänzt werden muß durch eine Berücksichtigung der befallenen Meridiane, in denen es ebenfalls zu einer konsekutiven QI-Stagnation gekommen ist. Meistens ist das der Gallenblasenmeridian mit seinen Punkten: **GB 1, 3, 4, 6, 8, 14, 20, 27** und **21** je nach Druckempfindlichkeit. Wichtig sind im übrigen die peripheren Punkte **GB 37,** der das Leber-QI stützt und die Sicht klärt, und **GB 38,** der das Leber-YANG bändigt, die Hitze dämpft und die Feuchtigkeit beseitigt.

Kalium bichromicum

Toxikologie

Die Substanz wird in chemischen Fabriken hergestellt. Früher wurde die Chromsäure als kräftiges Ätzmittel in der Allopathie verwendet, außerdem in Färbereien, bei Chromsäuregerbung und der Photographie. Die tödliche Dosis beträgt bei 100 %iger Resorption 0,5–1,0 gr. Es verursacht Stomatitis ulcerosa und akute Nephritis, Haut- und Schleimhautulzerationen, ulzeröse Entzündungen der Respirations- und Verdauungsschleimhäute, Abmagerung.

1. Typus nach dem AMB

Als Körperbautyp kann man Kalium bichromicum nicht eindeutig festlegen, es sei denn, man geht davon aus, daß dicke und hellhaarige Menschen besonders anfällig gegen Schädigung im Sinn von Kalium bichromicum sind. Für die Verordnung des Mittels ist das keine zwingende Voraussetzung.

2. Körperliche Symptome

Das vielfältige AMB wird beherrscht von der besonderen Affinität zu den Schleimhäuten und ihren Folgen sowie von den Modalitäten:
Es sind dies die reichlichen, zähklebrigen, schleimigen Absonderungen auf allen Schleimhäuten
und als Modalität die Kälteempfindlichkeit,
der Mangel an Lebenswärme,
die große Erschöpfung,
Schwäche und Schläfrigkeit.
Allerdings können sich rheumatische Beschwerden gerade bei heißem Wetter entwickeln.
Im übrigen besteht aber Empfindlichkeit gegen kalte Winde, wie überhaupt gegen kaltes, trockenes Wetter.

Auffallend ist außerdem die Verschlimmerung durch den Genuß von Bier bei Gastritis,
Magen- und Zwölffingerdarmgeschwür
und *der Schmerz auf kleinen umschriebenen Stellen* bei Neuralgien und bei rheumatischen Gelenkerkrankungen (chronischer und subakuter Gelenkrheumatismus), die dadurch charakterisiert sind, daß sie *rasch die Stelle wechseln und wandern* oder plötzlich auftreten und verschwinden und zuweilen verbunden sind mit zwischen Schleimhäuten und Gelenken vikariierenden Beschwerden *(v. Ungern).*

Typische Krankheitsbilder sind außerdem:
Kopfschmerzen und Krankheiten der oberen Luftwege, besonders der Nasennebenhöhlenkatarrh *mit Druckschmerz an der Nasenwurzel* (im Stirnbereich und an der Nasenwurzel: Sticta) und der
Bronchialkatarrh mit der typischen Schleimbildung, *Absonderung von Pflöcken,* zähem, fadenziehendem, grünem Schleim und
chronischer Rachenkatarrh mit ulzerösen Entzündungen der Schleimhäute.
Die Magenschmerzen aufgrund einer chronischen Dyspepsie (s. u.), Gastritis oder Ulcus ventriculi, die begleitet sind von digestivem Kopfschmerz, Dysenterie abwechselnd mit Obstipation sind typisch wie Ulcera der Haut (wie mit dem Locheisen gestanzt) und, wie bereits gesagt, Neuralgien (Ischialgie). Gelenkrheumatismus, Knochen und Periostschmerzen gehören in das AMB.

ZUNGE: wird bei akuten Zuständen als breit, schmutzig, gelb belegt mit Zahnabdrücken, evtl. mit roten Rändern angegeben, bei subakuten Zuständen (Dysenterie) als rot, trocken, glänzend (wie glasiert) mit feinen Rissen.

PULS: hierüber gibt es keine verläßlichen Angaben.

3. Psychische Symptome

Die Verhaltensweisen und Störungen auf der geistig-emotionalen Ebene finden in den meisten Arzneimittellehren nur wenig Beachtung. Allein *Vithoulkas* stellt in seinen „Essenzen" (S. 87 ff.) in sehr ausführlicher Form ein Charakterbild und die psychischen Symptome dar. Wie weit sie für die Auswahl des Mittels eine ausschlaggebende Rolle spielen, und

wie weit die Angaben von *Vithoulkas* stichhaltig sind, kann ich nicht beurteilen. Im Zusammenhang mit den Kopfschmerzen könnten sie allerdings ins Gewicht fallen und sollen hier kurz referiert werden:
verschlossen, zurückhaltend, tüchtig und überaus korrekt, Engstirnigkeit ist vielleicht die beste Beschreibung.
Daraus ergibt sich, daß die Patienten ziemlich konservativ und materialistisch ausgerichtet sind. „Sie schließen sich in ihrer eigenen Welt (Familie) ab."
Die Schwäche dieser Menschen beruht darauf, daß sie sich leicht entmutigen lassen und alles „aus einem düsteren, schwermütigen Blickwinkel sehen". Daraus entwickelt sich zuweilen eine Art verdrießlicher Gleichgültigkeit oder ein übellauniges Zurückziehen.

4. Auslösende Schädigung

Kälte, Wetterwechsel, Luftzug,
bei heißem Wetter Magenbeschwerden und rheumatische Beschwerden.
Chronische Folgen von übermäßigem Bier- und Alkoholgenuß.

5. Art der Kopfschmerzen

Man sollte zwei Formen von Kopfschmerz unterscheiden. Die eine, die im Zusammenhang mit der typischen Sinusitis auftritt und die gastrogene Form.

Ersterer geht einher mit einem Druck an der Nasenwurzel, mit Supraorbitalschmerz, der sich bei Berührung verschlimmert. Er kann mit Schwindel und mit Sehtrübung verbunden sein, und er bessert sich bei eintretender Absonderung.

Der migräneartige Kopfschmerz ist mehr digestiver Natur und beginnt meist mit *Sehstörung, bis hin zur Blindheit, die dem Anfall vorausgehen kann,* die aber bei Beginn der Kopfschmerzen verschwindet. Auch dieser Kopfschmerz ist supraorbital, vor allem rechtsseitig, mit der Sonne steigend und fallend, schlimmer morgens, durch Licht und Lärm, besser im Liegen durch Druck und Wärme. Er kann mit Übelkeit und Aufstoßen nachts verbunden sein.

EKZEM der Kopfhaut mit dicken Krusten, hervorsickernde gelbe Flüssigkeit.
SINUSITIS – Geschwüre wie ausgestanzt, **Nasenpolypen,** zäher Schleim, falsche Membranen.
KRUPP < morgens beim Aufwachen, > vornüberbeugen, < Hinlegen.

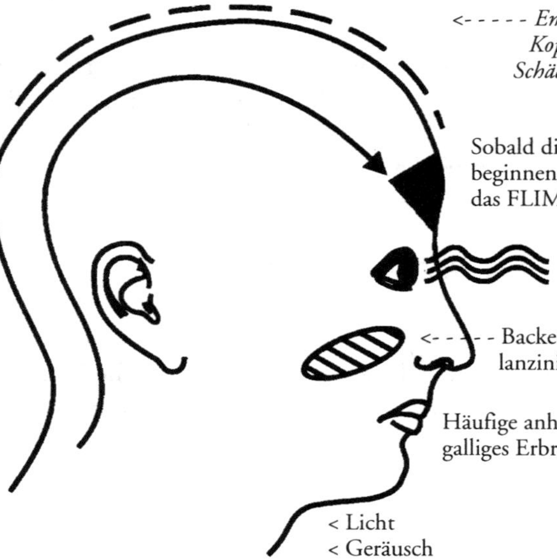

< Licht
< Geräusch
< Bewegung
< BIER
< Sommerhitze
> Liegen
> Einhüllen
> Bettwärme
> Gehen (Ischias)
> Wärme (außer Hautaffektionen)

NEURALGIE täglich zur selben Stunde.
SCHMERZEN an kleiner Stelle,
kommen und gehen plötzlich. Wandern, springen.
Treten u. U. diagonal auf: re. Mamma, li. Knie
oder re. Knie, li. Schulter.

DURST unstillbar, Verlangen nach BIER (aber < Bier)
Saures,
Aversion Wasser, < Fleisch, < Tee.
Speisen liegen schwer im Magen, Magenbrennen, *Ulcus ventriculi,*
< sofort nach dem Essen. Alternanz mit rheumatischen Beschwerden.

6. Homöosiniatrische Punkte

NI 14
SIMAN
Das 4. Volle (Foramen)
rechts einseitiger Weihe-Punkt

Lage:
1 CUN senkrecht über NI 13 und 0,5 CUN lateral der Leibesmitte.

Indikationen:
Bei Zusammenballungen im Unterleib, Wasseransammlung im Unterleib. Rötung und Schmerzen im Auge (wie NI 16). Gynäkologische Erkrankungen.

Nach *de La Fuye:*
Wirkung auf das Nierensystem wie Nierenstauung, Nephritis mit wenig Urin und Albumen und auf das Genitale (Menstruationsschmerzen, Amenorrhoe, Unterleibsschmerzen). Eine eindeutige Beziehung zum Charakteristikum von Kalium bichromicum kann ich nicht erkennen.

7. Vom homöopathischen Symptombild zum Disharmoniemuster

Ein Teil der Kalium bichromicum-Kopfschmerzen steht im Zusammenhang mit der für dieses AMB typischen Sinusitis. Sie ist charakterisiert durch reichliche, zähklebrige, schleimige, eitrige Absonderungen. Lediglich bei Beginn der Erkrankung kann es zu wäßriger, wundmachender Sekretion kommen. In diesem Stadium entspricht das Krankheitsbild dem TAI YANG der 6 Krankheitsstadien nach dem SHANG HAN LUN, hervorgerufen durch Kälte bzw. kalten Wind als pathogenem Faktor, denn Feuchtigkeit, wie sie uns in den Absonderungen im Kalium bichromicum-Bild begegnet, ist immer entweder mit Hitze oder Kälte verbunden. So beherrscht Feuchtigkeit das ganze AMB. Infolge der fehlenden transformatorischen und transportierenden Kraft des Funktionskreises des *Milz-Pankreas,* der *Milz-Pankreas-YANG* oder *QI-Mangels,* geht die Erkrankung direkt in das des TAI YIN über. Entsprechend des regulären *Milz-Pankreas-Mangels* kann das Pathogen aber auch direkt in das TAI YIN eindringen.

Die *TAI YIN-Krankheit,* die ja bestimmt wird vom Funktionskreis der Lunge und des Milz-Pankreas, ist charakterisiert durch Völle im Abdomen mit periodisch auftretenden Schmerzen, durch Erbrechen, Diarrhö, Stockung des Verdauungsvorganges, Durstlosigkeit und einem weichen, langsamen Puls. Im wesentlichen beruhen diese Erscheinungen auf einem *Milz-Pankreas-YANG-Mangel,* nicht selten als Folge einer falschen Therapie, wie z. B. eine unangemessene Unterdrückung im TAI YANG und SHAO YANG oder übermäßige Anwendung von Kälte während des YANG MING-Stadiums.

Bei der Feuchtigkeit als Schleim auf den Schleimhäuten der Atemwege handelt es sich um die substantielle Form von Feuchtigkeit im Gegensatz zu der nicht substantiellen Form, die sich in den Meridianen, unter der Haut, im Herz, in der Gallenblase oder den Nieren, und last but not least, in den Gelenken etablieren kann, mit den verschiedensten Auswirkungen. In diesem Fall haben wir es mit feuchtem Schleim zu tun, der profus auftreten kann, weiß und klebrig und äußeren Ursprungs ist, im Gegensatz zur inneren Feuchtigkeit, die zwar auch klebrig, aber dünner ist. So kann Feuchtigkeit (SHI) sowohl äußeren wie inneren Ursprungs sein im Gegensatz zum Schleim (TAN), der von einer inneren Dysfunktion herrührt. In jedem Fall resultiert die Entstehung von innerer Feuchtigkeit und Schleim (im englischen „Damp" und „Plegm") aus einer Beeinträchtigung der Milz-Pankreas-Funktion hinsichtlich der Transformation und dem Transport von Körperflüssigkeit.

Die manifeste eitrige Sinusitis, die anfangs charakterisiert ist durch Husten, Fieber, wunde Kehle, verstopfte Nase oder Fließnase mit klarem, wäßrigem Schleim, Niesen, Abneigung gegen Kälte, Hinterkopfschmerz, Gliederschmerzen, wird man also unter dem Gesichtspunkt, daß *kalter Wind in die Lunge* eingedrungen ist, zuerst als TAI YANG-Stadium behandeln. Dieses Stadium geht aber infolge der *Defizienz des Milz-Pankreas* und bei unzulänglicher Therapie sehr bald in das Stadium des TAI YIN über und erlaubt uns dann zugleich, dem *Milz-Pankreas-QI-Mangel* Rechnung zu tragen. Im übrigen ähnelt das Krankheitsbild dann sehr dem *heißer Schleim verlegt die Lunge,* denn durch das Eindringen der Kälte in den Körper ist es zu einem Umschlag in Hitze gekommen.

Unter homöopathischen Gesichtspunkten handelt es sich bei der Migräne um einen digestiven, gastrogenen Kopfschmerz.

Es kommt zu einer entzündlichen Reizung der Magenschleimhaut mit Neigung zur Geschwürbildung, Appetitlosigkeit und Durst. Bald nach dem Essen entstehen Völle und Druck im Magen, auch starke, brennende Magenschmerzen, häufige Übelkeit und zähes, fadenziehendes, sehr saures und bitteres Erbrechen. Diese Symptome verschlechtern sich durch Kälte, bald nach dem Essen und durch Bier.
Häufig handelt es sich um indolente, fette, frostige Menschen und um Biertrinker.

ZUNGE: breit, schmutzig, gelb belegt, mit Zahnabdrücken.

Trotz Durst besteht Widerwillen gegen Wasser und trotz der Unverträglichkeit Verlangen nach Bier. Die Magenschmerzen strahlen zum Rücken aus, was typisch für ein Ulcus ventriculi sein kann, und verschlimmern sich durch Fleisch und Tee. Auch bestehen zuweilen dumpfe Leberschmerzen, die sich bei Bewegung bessern. Der Leib ist aufgetrieben.

Es gibt zwei wahrscheinlich gleichwertige Möglichkeiten, die Magen-Kopfschmerzsymptomatik einem Disharmoniemuster gleichzusetzen: entweder dem großen TAI YIN den 6 Krankheitsstadien nach dem SHANG HAN LUN *(Heribert Schmidt),* oder die andere Möglichkeit, sie unter dem Gesichtspunkt einer *QI-Leere* und *Stagnation von Feuchtigkeit im Milz-Pankreas* zu sehen. In beiden Fällen kommt es zu gastrointestinalen Beschwerden, zu Magen- und Zwölffingerdarmgeschwüren und Kopfschmerzsyndromen.

Dem TAI YIN entsprechen folgende Symptome:
allgemeine Erschöpfung und Ermüdbarkeit, die typisch sind für eine Defizienz im Milz-Pankreas-Bereich,
Appetitlosigkeit,
vermehrter Speichelfluß,
Übelkeit, Erbrechen, Völlegefühl im Oberbauch,
häufige Magenschmerzen und Durchfälle,
große Kälteempfindlichkeit,
vermehrte Harnausscheidung durch Kälte.
Die Bauchdecken sind dünn, im ganzen erschlafft oder brettartig gespannt.
Druck auf den Bauch mit der flachen Hand wird als angenehm empfunden (ein typisches YIN-Symptom).

PULS: tief, langsam, schwach.

Im zweiten Fall, dem *QI-Mangel* und *Stagnation von Feuchtigkeit im Milz-Pankreas* hat die *Leere von QI und YANG des Milz-Pankreas oder der Niere* zur Ansammlung von Feuchtigkeit im MDE geführt. Aber auch exogene Faktoren wie Feuchtigkeit (Bier) und Kälte können eine Ansammlung und Stagnation von Feuchtigkeit im Milz-Pankreas bewirken.

Die Folgen davon sind ähnlich wie beim TAI YIN: Lethargie, Müdigkeit, Appetitlosigkeit, Völlegefühl und Magenschmerz, der besser wird durch Wärme. Auch Diarrhö als Folge der QI-Stagnation und des *QI-* bzw. *YANG-Mangels* des Milz-Pankreas kann auftreten.

Dazu gehört aber außerdem noch dumpfer Kopfschmerz, vor allem an der Stirn, mit Übelkeit. Die Magenschmerzen werden auf Druck gebessert. Bei Vorherrschen emotionaler Faktoren in der Genese der Gastritis und der Ulzera kann aber auch eine *Stauung des Leber-QI,* das das *Milz-Pankreas* oder den *Magen* gegenläufig behindert, das passende Disharmoniemuster sein. Die Symptomatik ist ähnlich wie bei den vorher beschriebenen Mustern, nur daß sich hier weniger die Symptome von Müdigkeit und Schwäche zeigen. Dafür beherrscht die emotionale Dysbalance mit Jähzorn, Frustrationsgefühl und Depression das Bild, begleitet von kolikartigen Schmerzen, besonders in den Flanken.

ZUNGE: blaß, eventuell geschwollen mit Zahneindrücken, der Belag ist schleimig bis körnig und weißlich, ein kräftiger Zungenbelag deutet auf exogene pathogene Feuchtigkeit und Kälte hin.

Handelt es sich aber um ein *gestautes Leber-QI* mit *Beeinträchtigung des Milz-Pankreas* und *Magen,* kann die

ZUNGE: bläulich verfärbt als Zeichen des Blutstaus oder rot an den Seiten oder blaß sein.

PULS: schlüpfrig oder weich und kraftlos.

Es sei in diesem Zusammenhang noch vermerkt, daß sowohl die rheumatoide Arthritis des Kalium bichromicum-Bildes als auch die „ausgestanzten" Ulcera crura häufig eine Folge des *Milz-Pankreas-Mangels* sind, weil Feuchtigkeit, sowohl äußere als auch innere – und diese besonders – die Gelenke affizieren. Das Ulcus cruris dürfte die Folge davon sein, daß Schleim (TAN) als Folge der MP-Defizienz den Meridian verlegt.

8. Therapie

a) Kalter Wind ist in die Lunge eingedrungen

LU 7	vertreibt den Wind, befreit das Äußere und stärkt die Lunge in ihrer abwärts leitenden Funktion.
BL 12	entlastet das Äußere und vertreibt den Wind. Ggf. kann man moxieren, besser noch ist Schröpfen, um den Wind zu vertreiben.
LG 16	vertreibt ebenfalls den Wind und ist besonders wirksam bei Kopfschmerz, evtl. moxen.

b) TAI YIN

KG 12	Hauptsammelpunkt für den MDE und den Magen. Sammelpunkt für die YANG-Organe.
MP 4	bei Erbrechen, Diarrhö, abdominellem Völlegefühl.
MA 25 **GB 20** **MA 36**	Sie unterstützen und bewegen QI, besonders im MDE.
MP 6 **3E5** **KG 6**	können bei starkem abdominellem Völlegefühl hinzugefügt oder gewählt werden.

Im allgemeinen kommt man bei Sinusitis mit folgenden Punkten aus:

DI 4, 20,
LU 7,
M 4,
KG 6
BL 20

und um die Feuchtigkeit zu vertreiben:

MP 9, 6 und 3
KG 9

c) Heißer Schleim verlegt die Lunge

LU 5	klärt Hitze und Schleim der Lunge.
LU 7	stärkt die absteigende Funktion der Lunge.
LU 10	klärt die Hitze der Lunge.
DI 11	klärt die Hitze.
LU 1	stellt die absteigende Funktion der Lunge wieder her und klärt LU-Hitze.
BL 13	wirkt auf LU-Hitze.
KG 12	wirkt resorbierend auf Schleim (*Even*-Methode).
MA 40	resorptionsfördernd bei Schleim (TAN).

Es versteht sich von selbst, daß man, wenn es sich nur um die Behandlung der Sinusitis handelt, nicht sämtliche LU-Punkte benötigt, aber es genügt, wenn man **DI 4** und **DI 20** sowie den YIN TRANG hinzufügt und im übrigen sedierend vorgeht, denn nach den 8 diagnostischen Leitkriterien handelt es sich um eine Fülle-Hitze im Inneren. Lediglich KG 12 sollte man nicht sedieren, sondern nach der *Even*-Methoden nadeln.

d) QI-Leere und Stagnation von Feuchtigkeit im Milz-Pankreas

Die Behandlung ähnelt der des TAI YIN:

BL 20 und evtl. **21,** **KG 12,** **MA 36,** **MP 6**	stärken YANG und QI und MP und MA, bewegen das QI und fördern die Beseitigung von Feuchtigkeit.
MP 9 und **KG 9**	transformieren die Feuchtigkeit.
MA 25	bei Diarrhoe, evtl. **MA 37.**

Bei Kopfschmerzen im Stirnbereich:

LU 7,
DI 4,
MA 36.

Bei Übelkeit:

KS 6,
KG 12,
MA 36.

Die Reizstärke hat sich nach dem Verlauf (akut oder chronisch) zu richten.

e) Stauung des LE-QI

Im wesentlichen handelt es sich bei *Stauung des Leber-QI* mit Behinderung des *Milz-Pankreas* und/oder *Magen* nach den 8 diagnostischen Regeln um einen Füllezustand in der Leber und einen QI-Mangel im Milz-Pankreas.

LE 14	harmonisiert die Leber und fördert den glatten Fluß des QI.
LE 13	harmonisiert Leber und Milz-Pankreas.
GB 34	verbessert den glatten Fluß von QI und lindert die abdominellen Schmerzen in Verbindung mit KG 6.
LE 3	wirkt ebenso.
KG 12 und **MA 36**	tonisieren das Milz-Pankreas.
MP 6	tonisiert MP, reguliert die Leber und wirkt auf die Leibschmerzen.

Bei Störungen des QI im Magen kommen dieselben Punkte zur Anwendung, modifiziert durch

KG 13	der das rebellierende aufsteigende MA-QI unterdrückt.
KG 10	stimuliert die absteigende Tendenz des QI.
BL 21	tonisiert den Magen, besonders in chronischen Fällen.

9. Epikrise

Kalium bichromicum ergänzt aufs glücklichste die Akupunkturbehandlung subakuter und chronischer Sinusitiden, der atrophischen Rhinitis und der Ozaena. Bei entsprechendem Auswurf und Schleimbefund hat es außerdem seine Bedeutung bei Kehlkopf- und Bronchialkatarrh und chronischer Tonsillitis. Aufgrund der unverwechselbaren Symptomatik ist Kalium bichromicum ebenso ein ausgezeichnetes Mittel bei Gastritis, Magen- und Zwölffingerdarmgeschwür, ruhrartigen Durchfällen und Kolitis. In Anbetracht der meist sehr ausgeprägten psychischen Faktoren dieser Erkrankungen sollte man sich der Abkapselungstendenz, der Kontaktarmut, der Umständlichkeit und Engstirnigkeit dieses Menschentyps erinnern. Auch die Schmerzen in allen Körperteilen, die rasch die Stelle wechseln und wandern oder plötzlich auftreten und verschwinden – meist handelt es sich um Neuralgien – entsprechen in der Akupunktur den Windkrankheiten und müssen dementsprechend behandelt werden, auch wenn es sich um chronischen und subakuten Gelenkrheumatismus handelt. Aber auch Schmerzen auf kleinen Stellen oder Flächen sind eine Indikation ebenso wie Geschwüre, die wie ausgestanzt in die Tiefe bis auf den Knochen dringen.

Bei den Kopfschmerzen von Kalium bichromicum muß man sich klar darüber werden, ob es sich mehr um eine neuralgische Form im Zusammenhang mit einem chronischen Nebenhöhlenkatarrh oder um eine digestive Form bei Störungen im Magenbereich handelt. In beiden Fällen kommt ja das Mittel in Frage, während die Akupunktur dementsprechend modifiziert werden muß.

Die Angaben *Weihes* bzw. *de La Fuyes* sind völlig unergiebig und können vernachlässigt werden.

Lac caninum

Toxikologie

Es gibt keine Vergiftungserscheinungen, aber aufschlußreich sind auch die Wirkungen im Arzneiversuch am Gesunden *(Voisin):*

Entzündungen der Schleimhäute mit großer Neigung zur Bildung von Pseudomembranen.
Schmerzhafte Schwellung und Überempfindlichkeit der Brüste,
rheumatische Schmerzen,
wiederholter symetrischer Seitenwechsel der Störungen.
Sensorielle Überempfindlichkeit insbesondere gegen Berührung.
Angst und übertriebene Vorstellungen,
Empfindungsstörungen und Illusionen.

1. Typus nach dem AMB

Konstitutionelle Merkmale werden nicht beschrieben, aber es besteht eine starke Organotropie für entzündliche Erscheinungen im Rachenring, zu den weiblichen Geschlechtsorganen und zu den Brüsten und eine sensorielle Überempfindlichkeit. *Auffallend ist der Seitenwechsel der Beschwerden im Abstand von wenigen Stunden oder Tagen.*

2. Körperliche Symptomatik

Angina mit strahlend *rot glänzender Schleimhaut* (im Gegensatz zu Lachesis mit bläulich-purpur-farbener, nicht glänzender Schleimhaut), und wie gelacktem Aussehen (Apis).
Auf dem Gaumenbogen, dem harten Gaumen und der Rachenwand weißlich-gelbe Beläge, die an Diphtherie denken lassen, *glänzend und wie gelackt.* Der Schluckschmerz wird durch Essen gebessert. Seitenwechsel der Schmerzen und Pseudomembranen. *Schwellung und schmerzhaftes Völlegefühl in den Brüsten,* besonders zur Zeit der Regel oder Ovulation, *und bei Erschütterung.*

Utero-ovarielle Schmerzen, dysmenorrhoische Regelbeschwerden. Rachenschmerzen oder Angina während der Regel. Rheumatische Schmerzen mit symmetrischem Seitenwechsel. *Bei heftigem Lumbosakralschmerz sehr empfindlich gegen Druck oder Berühung.* Starker Hunger. Wichtiges Mittel zum Versiegenlassen der Milch nach Abstillen (wie Pulsatilla).

3. Psychische Symptome

Sehr vergeßlich. Geistesabwesend. Krankhafte Vorstellungs- und Einbildungskraft. Überempfindlichkeit der Sinne. Hyperästhesie. Sexuelle Erregung bei Berührung der Brüste, der Vagina, der Vulva. Jähzorn bei geringstem Anlaß, Schreien bei Kindern. Realitätsverlust. *Die meisten Symptome beziehen sich auf das Nervensystem (Kent).* Gefühl, auf Wolken zu gehen oder beim Liegen zu schweben.

4. Auslösende Schädigung

Eine auslösende Schädigung läßt sich nicht ausmachen. Das gesamte AMB macht den Eindruck eines Vergiftungsbildes, gegen welches Lac caninum eine Art Nosode ist. Alles ist schlimmer
in Kälte,
in offener Luft,
in Ruhe (mit Ausnahme der rheumatischen Beschwerden, die besser durch Kälte werden).
Auslösend wirkt auf jeden Fall die Menstruation.
Es besteht eine Milchallergie.

5. Art der Kopfschmerzen

Die Kopfschmerzsymptomatik des AMB ist vielfältig und verwirrend. Es ist schwierig zu entscheiden, ob es sich um eine vasale oder eine neuralgisch-rheumatische Form handelt:

Stirnkopfschmerz, wie von einem Brett vor dem Kopf, zuerst rechts, dann links,

Migräne, den einen Tag auf der einen, den anderen Tag auf der anderen Seite.
Verschlimmerung durch Drehen der Augäpfel.
Er kann entstehen durch Fahren in kaltem Wind
und bessert sich in warmem Zimmer.
Die Kopfschmerzen sind fast nicht zu ertragen.
Der Schmerz kann auch im Nacken oder Hinterkopf beginnen und setzt sich dann an der rechten oder linken Stirn fest.
Kalter Wind und Blick nach oben verschlimmern.
Scharf lanzierender Schmerz, der sich in einer Zickzacklinie vom Vorderkopf zu irgendeinem Punkt am Hinterkopf zieht und sich manchmal wiederholt. Aus der unbestimmten Furcht, daß es sich wiederholen könnte, legt der Patient alles beiseite und legt sich nieder.
Neuralgischer Schmerz auf der linken Seite des Kopfes, gefolgt von einem Film vor dem linken Auge, den der Patient abzuwischen versucht.
Bandgefühl von einer Schläfe zur anderen.
Heftiger Schmerz in der rechten Schläfe und dem rechten Auge mit Druck auf die Wirbelsäule während der Menses.
Steifheit am Hinterkopf beim Drehen des Kopfes mit wundem Schmerz bei Druck.

Verschlimmerung:
durch Geräusche und Reden, bei Nacht, während der Regel.

Besserung:
ruhiges Verhalten, Anwendung von kaltem Wasser (manchmal auch im warmen Raum und durch Wärme), kommt aber dann bald wieder, wenn auch nicht so schlimm. So wird er auch besser an frischer Luft, nimmt aber dann bald wieder zu.

Kopfschmerz morgens beim Erwachen,
< geistige Anstrengung

beim Kämmen

SEITENWECHSEL

beim nach
oben Sehen
< Licht
< beim Nähen

< beim Augenschließen
< im Liegen
< kalter Wind
< Bewegen
< Kopfbewegung
< Geräusche

> warmes Zimmer

Migräne, Brustschwellung, Ovarialgie < **VOR MENSES**
Seitenwechsel bei Angina
Gedächtnisschwäche, Fehler beim Sprechen,
unternimmt vieles, vollendet nichts,
Fluchen, Schreien,
Schwermut, Furcht vor Krankheit, Wahnideen.

6. Homöosiniatrische Punkte

(nicht angezeigt)

7. Vom homöopathischen Symptombild zum Disharmoniemuster

Nach den 8 diagnostischen Regeln ist man geneigt, aufgrund der Heftigkeit der akuten Beschwerden ein überwiegendes YANG anzunehmen und eine sowohl *Außen-* wie *Innen*-Erkrankung zu unterstellen. Vorwiegend ist es eine Wind-*Kälte*-Erkrankung beim Kopfschmerz, aber eine *Hitze*-Erkrankung bei den entzündlichen Veränderungen im Rachenring. Alle Erscheinungen machen den Eindruck von *Fülle.*

Nicht die gesamte Symptomatik des AMB Lac caninum läßt sich mit einem einzigen Syndrom unter einen Hut bringen. So entspricht die nahezu organotrope Beziehung zum entzündlichen Rachenring bis hin zur Diphtherie im wesentlichen dem *aufflammenden Magenfeuer* oder dem YANG-MING der sechs Krankheitsstadien durch exogene pathogene Faktoren, zu denen auch Infektionen gehören.

Die betroffenen Organe sind entweder das Meridiansystem oder die YANG-MING-Organe.
Bei Angina handelt es sich um ein Fülle-Hitze-Syndrom des Inneren mit Befall des *Magen-Meridians.*
Hohes Fieber,
hochrotes Gesicht,
starker Durst und Schweiß,
Ruhelosigkeit, Angina.

Die sehr typischen seelisch-neurotischen Störungen sprechen für eine Erkrankung des SHEN, und zwar für eine Schwäche des *YIN des Herzens.* Die Vergeßlichkeit und der Konzentrationsmangel sind typisch für Wind und Schleim. Fast alle anderen Symptome des AMB sind im Zusammenhang mit dem pathogenen Faktor *Wind* zu sehen, ob nun äußerer Wind, wie bei den rheumatischen Beschwerden und auch zuweilen den Kopfschmerzen, oder innerer Wind, der wiederum an die Beziehung zum Funktionskreis Leber und Gallenblase denken läßt. Das plötzliche Auftreten von Symptomen wie

trockener Mund und Augen,
Trismus,
Steifheit der Glieder,
Opisthotonus ist ein Wind-Symptom.
Wenn sich dann noch das aufsteigende *Leber-YANG* in Wind verwandelt, charakterisiert durch
extreme Hitze,
Sehstörungen,
Zittern,
konvulsive Spasmen,
schwerste Migräne, Trigeminus-Neuralgie usw.,
dann ist dieser *innere Wind* ausschließlich vergesellschaftet mit der *Leber.* In dieser Beziehung zum Funktionskreis *Leber* lassen sich die Störungen im Genitalbereich mühelos einordnen, handelt es sich doch bei der Mastopathie, ob prämenstruell oder menstruell, um eine *Stauung des Leber-QI.* Das gilt ebenso für die Dysmenorrhö und Ovarialgie. Aber auch eine Stagnation von QI und Blut im JENN MO und CHONG MO können zu Dysmenorrhö oder prämenstrueller Mastodynie führen. Allerdings unterliegt ein so komplexes Geschehen wie der Menstruationszyklus der Steuerung mehrerer Funktionskreise.
So wird das Blut vom Funktionskreis *Herz* geregelt, von der *Leber* gespeichert und vom Funktionskreis *Milz* bewegt. Wenn der Funktionskreis *Leber* bei der Speicherung des Blutes und die Milz bei Förderung versagen, dann kommt es dazu, daß die Menses zu früh und zu profus auftritt, wie in dem AMB von Lac caninum beschrieben.

Die Fülle-Symptomatik im oberen Körperbereich bei Mangel-Symptomen im Inneren, wie sie sich in der allgemeinen Hyperästhesie äußert, der plötzliche Beginn der Neuralgieformen, heftige Kopfschmerzen und einseitige Migräne mit ihrem Seitenwechsel, sprechen für *Leber-Wind* bei aufsteigendem *Leber-YANG* als Grundlage einer Therapie. Dafür spricht auch die typische Lichtempfindlichkeit, ein Symptom der Wind-Hitze und letztlich des Funktionskreises *Leber.* Die Sehstörungen sind Ausdruck des Windes als pathogener Faktor, sowohl als äußerer wie innerer Wind, der die Meridiane und Gefäße im Kopf verlegt. Sie sind zurückzuführen auf ein *aufsteigendes Leber-YANG,* denn die Leber öffnet sich in die Augen. Ebenso ist das Symptom wie auf Wolken zu gehen oder im Liegen zu schweben typisch für das *aufsteigende Leber-YANG* und den *Leber-Wind.* So schließt sich zwanglos der Kreis für die

Interpretation eines Krankheitsbildes, das einer Intoxikation so sehr ähnelt und die die Folge einer intermediären Stoffwechselstörung, besonders im Darm im Sinne einer Dysbakterie bei geschwächter Entgiftungsfunktion der Leber, sein kann.

8. Therapie

a) Aufsteigendes Leber-YANG

LE 3	stärkt die Leber und beruhigt aufsteigendes LE-YANG (oder LE 2 bei mehr akuten Fällen).
GB 20	vertreibt Wind, beruhigt YANG im Kopf, stützt die Augen.
LG 20	verringert den YANG-Überschuß.
DI 4	ebenso.
NI 3, **MP 6,** **BL 23**	beeinflussen den YIN-Mangel.
GB 37, evtl.	
TAI YANG **GB 1** und **BL 2**	bei Augensymptomen.

Dazu kommen natürlich die Loci dolenti und druckempfindlichen Akupunktur-Punkte am Kopf.

Vielleicht sollte man außer an **GB 20** noch an die anderen Windpunkte denken:

LG 16, BL 12, BL 17, DÜ 12 und

die weiteren Punkte, die bei Windkrankheit wichtig sind:

GB 41, LG 14, BL 60, 58.

Selbstverständlich muß man auch

GB 34 und **LE 8 (QUQUAN)** behandeln.

b) Leber-Wind bei aufsteigendem Leber-YANG

GB 20, **LG 14** oder **16**	zur Bekämpfung des Windes und zur Beruhigung des SHEN.

auch

DI 7, **MA 9** und **MA 40**	wirken ausgleichend auf das gestörte SHEN.
LG 26	reguliert das YIN-YANG-Ungleichgewicht, Funktionskreis MP und MA beruhigen den Wind, wandeln Schleim um.
NI 1	beruhigt SHEN, reguliert das QI.

Im übrigen verweise ich auf die therapeutischen Anregungen zu a).

Eventuell noch, je nach Befund:

LE 8	tonisiert das LE-YIN.
LE 3	unterdrückt LE-YANG und LE-Wind.
MP 6 und **NI 3**	tonisieren das YIN allgemein.
BL 18	tonisiert LE-YIN als Gegengewicht gegen das LE-YANG.

c) YANG-MING

DI 4	klärt innere Hitze (Wind-Hitze), befreit das Äußere, stoppt Schmerz, verstärkt den Abwehrmechanismus.
DI 11	vertreibt Wind-Hitze, löst Feuchtigkeit und Schleim.
MA 40	löst Schleim in allen Formen.
LU 11	(evtl. kontralateral) vertreibt Wind (äußeren und inneren). Bei feuchter Hitze, die Fieber verursacht.

DÜ 17, **DI 18,** **MA 9**	bei Angina (MA 9 evtl. Hautnadel).
MA 36	stärkt die körpereigene Abwehr.
KG 12	reguliert das MA-QI.

9. Epikrise

Bei der Darstellung des Lac caninum-Bildes und seiner Akupunktur-Behandlung ging es mir im wesentlichen darum, auf die Grundvoraussetzung (die Wurzel) der Kopfschmerzen einzugehen. Das schließt eine Meridian-Therapie nicht aus, doch tritt sie an die zweite Stelle. Eingegangen bin ich noch auf die außergewöhnliche Form der Tonsillitis, in dem ich die Hauptbehandlungspunkte des YANG-MING beschrieben habe. Für die Akupunkturtherapie der Migräne kommt, wie so häufig, das *aufsteigende Leber-YANG* in Frage, aber auch eine Berücksichtigung des CHONG-MO und JENN-MO (KG) mit ihren Schlüsselpunkten MP 4 und LU 7. Der plötzliche Beginn und der so typische Seitenwechsel spricht für das Vorliegen von *Leber-Wind* bei *aufsteigendem Leber-YANG.*

Lac vaccinum defloratum (Lac defloratum)

Toxikologie

Es gibt kein Vergiftungsbild, aber Abneigung gegen Milch (3-wertig) und ebenso Verschlimmerung durch Milchgenuß (3-wertig).
Im Arzneiversuch am Gesunden mit höheren Potenzen kommt es zu Leberstörungen mit Obstipation und Kopfschmerzen, Abmagerung und Schwäche *(Voisin).*

1. Typus nach dem AMB

Ernährungsgestörter Mensch.
Entweder Abmagerung mit welken, abgemagerten Brüsten oder Fettsucht mit besonders starken Brüsten.
Fühlt sich total erschöpft, ob Patient etwas tut oder nicht.
Totenblässe, fahl aussehendes Gesicht mit halonierten Augen.

2. Körperliche Symptome

Der Patient ist frostig und blutlos, er kann nicht einmal im warmen Raum bzw. in dicken Kleidern warm werden.
Er fühlt jedes kalte Lüftchen (Kalium carbonicum). Es kann Globus hystericus bestehen, das Empfinden, als steige ein Kloß vom Magen zur Kehle und verursache ein Erstickungsgefühl (wie Asa foetida, Calcium carbonicum nach *Kent* und *Allen*).
In der Schwangerschaft kann es zu unaufhörlichem, stark sauren Erbrechen kommen. Unterdrückte Milchsekretion.
Es besteht hartnäckige Obstipation mit vergeblichem Drang, hartem, großkalibrigem Stuhl, der nur unter großer Anstrengung abgesetzt werden kann, den Anus aufreißt und dadurch sehr schmerzhaft ist. Der Patient schreit beim Pressen vor Schmerz.
Bei den Harnorganen fällt häufiger und reichlicher Abgang von hellem Harn auf, aber auch sonstige Schmerzzustände, die von der Nierengegend ausstrahlen über die Hüften zur Halsgegend, den Glutäen und Schenkeln.

Die Menses sind verspätet, eventuell mit Senkungsgefühl und unregelmäßig.
Eintauchen der Hände in kaltes Wasser (wie Conium, beides 2-wertig, als einzige Mittel) oder Trinken eines Glases Milch kann die Regel prompt und bis zur nächsten Periode unterbrechen.

3. Psychische Symptome

Die psychischen Symptome sind nicht sehr eindrucksvoll:
Ruhelosigkeit,
Gedächtnisschwäche für Gelesenes, selbst für die vorige Zeile,
Depression mit Weinen,
Todesahnung: ist überzeugt, innerhalb der nächsten 24 Stunden zu sterben.
Klaustrophobie,
Abneigung gegen Gesellschaft.

4. Auslösende Schädigung

Leberstörung mit Obstipation,
Kuhmilch,
Schlafmangel,
Kälte,
leiseste Zugluft,
Feuchtigkeit,
Halten der Hände in kaltes Wasser,
periodisches Auftreten.

5. Art der Kopfschmerzen

Der Kopfschmerz ist ein *führendes Symptom* (bei verstopften Hepatikern nach *Voisin*) mit sehr charakteristischen Zeichen:
Er tritt entweder migräneartig oder kongestiv und klopfend auf und ist fast immer verbunden mit *Verstopfung*.

Migräneartig: zuerst in der Stirn, dann nach hinten ziehend und sich am Hinterkopf festsetzend. Es ist ein *heftiges Pochen,* mit *verschleiertem Sehen vor* dem Kopfschmerz, Lichtempfindlichkeit (sehr ausgeprägt, selbst gegen Kerzenlicht).
Tödliche Übelkeit mit Erbrechen,
Periodisch, oft alle 7 Tage (siehe Iris versicolor),
mehr tagsüber,
schlimmer durch Bewegung und Aufrichten,
begleitet von Frösteln, ohne daß Wärme bessert.
Häufiges, reichliches Urinieren von ganz hellem Harn, oft alternierend mit Kopfschmerz.
Appetitmangel, Durst.
Oder: Stirnkopfschmerz über den Augen,
Übelkeit, ohne Erbrechen zu können,
als ob der Kopf bersten wollte.
Gefühl, als ob der Scheitel gehoben wird.

Schlimmer:
Licht, Geräusch, Verstopfung, Bewegung während der Menses, nach Kränkung, Kälteempfindlichkeit.

Besser:
Druck, festes Binden, Ruhe und Dunkelheit. Kälteanwendungen im Gegensatz zu Schmerzen an anderen Körperteilen, die durch Wärme gebessert werden.

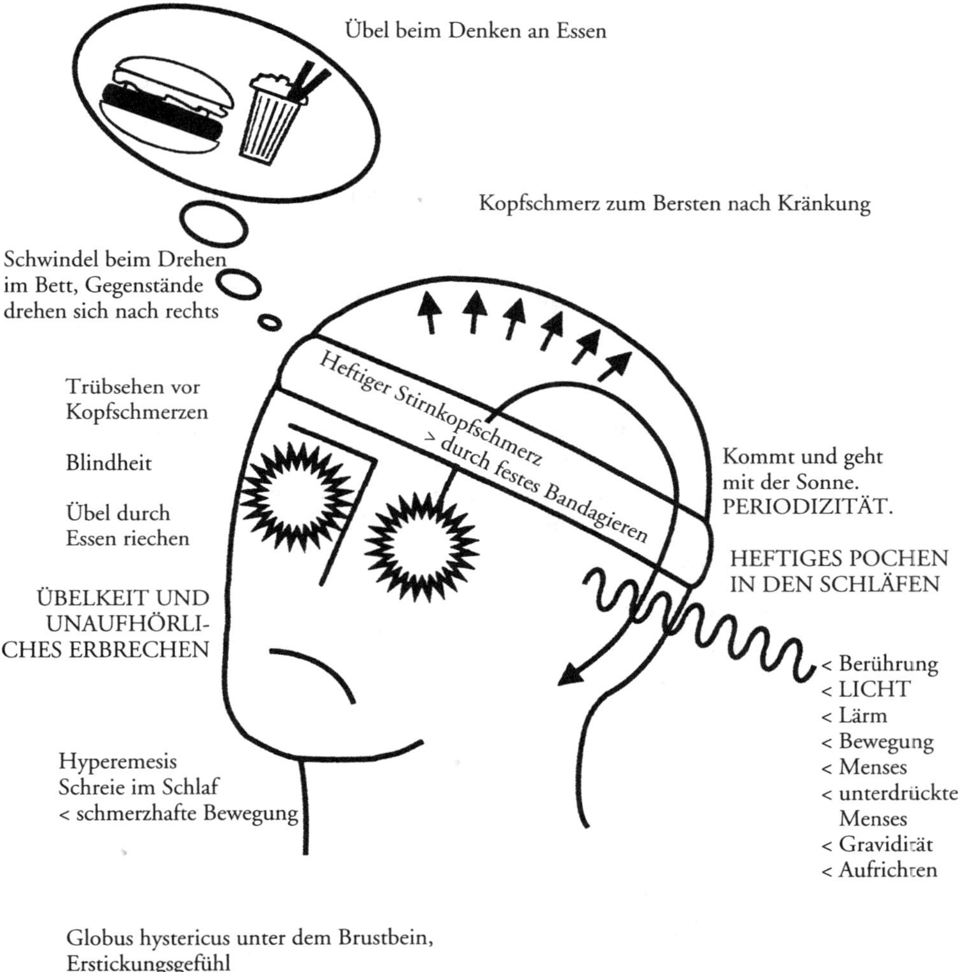

Globus hystericus unter dem Brustbein,
Erstickungsgefühl
EISIGES GEFÜHL IM GANZEN KÖRPER, wie von Eis gefüllt, selbst nahe dem Feuer.
>URINA SPASTICA, farblos
Kälte läuft den Rücken hinauf.
Kalte Hände, kalte Füße.
Obstipation spastisch, Stuhl voluminös
und hart, muß stark pressen, so daß der Anus einreißt.
SCHREIT BEIM PRESSEN VOR SCHMERZ.

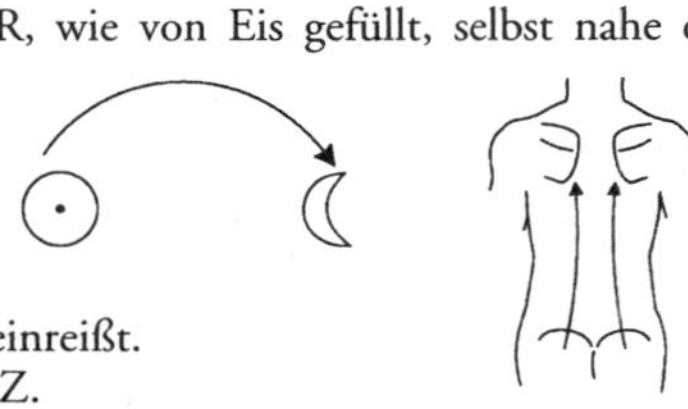

Mutlos, es liegt ihm nichts am Leben. Abneigung Gesellschaft, will niemand sehen. Ist überzeugt, in 24 Stunden sterben zu müssen. Keine Furcht vor dem Tod, sagt aber die Todesstunde voraus.

6. Weihe-Punkt

(sind nicht angezeigt)

7. Vom homöopathischen Symptombild zum Disharmoniemuster

Wo finden wir den gemeinsamen Nenner für dieses eigenartige AMB? Gleicht es doch fast einer Intoxikation, die von einer Rückvergiftung aus dem verstopften und sicher mit einer Dysbakterie vergesellschafteten Dickdarm herrührt. Diese Rückvergiftung kann ja soweit gehen (Indican positiv u. a. intermediäre Stoffwechselprodukte), daß die Entgiftungsfunktion der Leber überfordert ist und es aus westlicher Sicht zu faßbaren Leberschäden kommt. Es fällt bei vielen homöopathischen Mitteln auf, daß immer eine Magen-Darm-Beziehung besteht, sei es bei Calcium carbonicum, Causticum, Chelidonium, China, Nux vomica, Lycopodium, Phosphor und Sulfur – um nur einige zu nennen.

So muß man sich mit *Deichmann* („Catenia medica") fragen, ob nicht eine intestinale Autointoxikation die Ursache ist. Es lohnt sich immer wieder, über die vielen Erkenntnisse, die wir *Rusch, Kolb, Baumgärtel, Nissle* und *Kollath* verdanken, nachzudenken, so wie *Kollath* gesagt hat: „Eines der wichtigsten Forschungsmittel ist das Nachdenken über die Ergebnisse, auch über solche, die andere gefunden haben."

So bin auch ich der Meinung, daß eines unserer Hauptallergene in der Stoffwechselproduktion unserer Darmflora liegt und daß es dadurch häufig zu einer hepatogenen toxischen Überbelastung kommt. Es ist auf jeden Fall auffallend, daß unsere Migränemittel und Disharmoniemuster fast alle ein Darm-Leber-Galle-Bild aufweisen. „Der Kopfschmerz des Migräneanfalls ist", wie *Deichmann* schreibt, „nur ein Sympathiestreik der Kopfgefäße, das primäre Geschehen ist die Lebertoxikose."

Ich kann in diesem Zusammenhang nicht näher darauf eingehen, aber es gibt zu denken, daß die erste Erkrankung in heutiger Zeit – früher war es die Krätze – Darmerkrankungen in der Kinderzeit sind, die zu einer grundsätzlichen Allergisierung führen. Es ist das Verdienst *Deichmanns*, darauf hingewiesen zu haben, daß es durch einen inneren Milieuschaden infolge Unterdrücken der ersten manifesten Erkrankung oder auch durch eine falsche Keimbesiedlung von der Mutter oder der Umgebung zu einer „verdorbenen Flora“ kommt. „Das ist“, sagt *Deichmann*, „der Psorabegriff heute, die Allergie der Schulmedizin.“ Die Bedeutung des Disharmoniemusters der Funktionskreise der Leber bei Allergien und Hauterkrankungen (Leber-Blut-Mangel oder Leber-Blut-Hitze) ist ein Beweis dafür:

Die totale Erschöpfung,
das Malabsorptionssyndrom,
die hochgradige Störung des Wärmehaushaltes,
die Migräne mit Erbrechen und einer typischen Obstipation,
die häufige Milchallergie und
bei Frauen die verspätete oder unterdrückte Regel,
die Harnflut bei Migräne
sind unerläßliche Hinweise für die Verordnung von Lac deflorata.

Gehen wir für die Auffindung der Disharmonie vom Symptom der Kälte, der trockenen Obstipation und der Schwäche aus, so handelt es sich generell um eine Schwäche- bzw. Mangel-Symptomatik, gleichgültig, aus welchem Grund, denn in der Chinesischen Medizin spielt die Causa ja keine vorrangige Rolle.

So ist die Obstipation Ausdruck einer Schwäche-Verstopfung mit Mangel an Feuchtigkeit aufgrund einer Blut- und Flüssigkeitserschöpfung, wodurch es ohne besondere Bauchauftreibung zu dem typischen, oft großkalibrigen, trockenen Stuhl kommt.

Die allgemeine Erschöpfung, die Harnflut, die Kältesymptomatik, aber auch die Rückenschmerzen, die Apathie, sprechen für eine *Nieren-YANG-Schwäche* als Folge einer lange bestehenden Krankheit oder Störung. Die Folge davon kann ein *Leber-Blut-Mangel* sein, der zu einem Säftedefizit führt und der sich daraus ergebenden *Trockenheit des Dickdarms.*

Die Migräne kann man im wesentlichen auf den *Leber-Blut-Mangel* zurückführen, der meines Erachtens Folge der toxischen Belastung der Leber durch die gestörte Darmfunktion ist. Man wird also das aufsteigende QI (in diesem Fall das *Leber-Blut*) tonisieren und, um den pathogenen Faktor zu unterdrücken, das *aufsteigende Leber-YANG* dämpfen.

Nicht immer begegnet uns das Vollbild eines Arzneimittels, aber unentbehrlich sind die Leitsymptome. Das von *Kent* und *Allen* beschriebene

Globusgefühl gehört zwar nicht dazu, deutet aber, wenn es ebenso wie das Schwangerschaftserbrechen auftritt, auf nicht substantiellen Schleim hin, wie er gewöhnlich verbunden ist mit einer *Stagnation des Leber-QI.*

Erbrechen ist immer Folge eines *aufsteigenden Magen-QI,* zu dem es aus verschiedenen Gründen kommen kann. Wenn es , wie bei Lac defloratum, sehr sauer ist, handelt es sich um das Übergewicht des *Leber-QI,* wodurch die abwärts gerichtete Tendenz des *Magen-QI* behindert wird und nach oben steigt.

8. Therapie

a) Nieren-YANG-Schwäche

BL 23	tonisiert das NI-YANG.
LG 4	tonisiert ebenfalls das NI-YANG.
NI 3	tonisiert das NI-YIN.
BL 52	tonisiert das NI-YANG und die NI-Essenz.
KG 4	ebenso, vor allem mit Moxa.

b) Leber-Blut-Mangel

BL 18	tonisiert das LE-Blut.
BL 20	stärkt das MP und fördert so die Blutbildung.
BL 23	tonisiert die Nieren, verbessert die innere Abwehr und produziert Blut.
BL 17	beeinflußt gemoxt die Blutbildung.
LE 8	tonisiert das LE-Blut.
MA 36	tonisiert das QI und beeinflußt gemoxt die Blutbildung.
MP 6	tonisiert das nachgeburtliche QI und produziert Blut.
KG 4	wirkt direkt gemoxt auf die Blutbildung.

c) Trockenheit des Dickdarms

MA 36	kann die Feuchtigkeit im Magen und Dickdarm aktivieren.
MP 6	tonisiert das YIN, aktiviert Flüssigkeit.
NI 6	tonisiert das YIN, fördert Bildung von Flüssigkeit und ist speziell angezeigt, um den Stuhl anzufeuchten.

d) Stagnierendes Leber-QI

LE 3	reguliert das LE-QI und hat speziellen Einfluß auf die Kehle (Globus hyst.).
LE 13	reguliert das LE-QI im MDE, besonders, wenn es in die Milz eingedrungen ist.
LE 14	reguliert des LE-QI im MDE, besonders, wenn es den Magen affiziert hat.
GB 34	reguliert das LE-QI und hat speziellen Einfluß auf das Hypochondrium.
KS 6	reguliert das LE-QI (aufgrund der Beziehung zwischen LE- und KS-Meridian innerhalb des TSIUE YIN). Dieser Punkt ist besonders indiziert, wenn die Stauung des LE-QI bedingt ist durch emotionale Probleme.
MA 36	stärkt das MA-QI und reguliert MA- und MP-Funktion.

e) Aufsteigendes Magen-QI

KS 6 und **MA 36**	harmonisieren den oberen und mittleren Teil des Magens und unterdrücken das rebellierende MA-QI.
KG 10 und **MP 4**	fördern die Abwärtsbewegung des QI.
KG 13	unterdrückt das rebellierende QI.

9. Epikrise

Lac deflorata findet in gängigen Darstellungen der Migränetherapie kaum Erwähnung. Dabei bestehen sehr markante Symptome, und wenn sie vorliegen, dann ist das Mittel von zuverlässiger Wirkung. Es sind dies die trockene und quälende Obstipation, die Harnflut (Urina spastica) beim Anfall, ohne daß dies bessernd wirkt, die Periodizität, die hochgradige Kälteempfindlichkeit des Patienten, dem aber ungeachtet dessen kalte Anwendungen am Kopf Besserung bringen. Wichtig ist auch die Photophobie, die selbstverständlich auch bei anderen Mitteln anzutreffen ist. Ich wies auf die Hepatopathie hin, in der ich eine Auswirkung der Dysbiose sehe, wie überhaupt gerade an diesem Bild sich der Zusammenhang mit dem Florageschehen im Darm zeigt.
Im übrigen darf davon ausgegangen werden, daß eine Überempfindlichkeit gegen Kuhmilch vorliegt, denn es besteht sowohl eine Verschlimmerung durch Milch (3-wertig), wie auch eine Abneigung gegen Milch (3-wertig). Zur Behandlung ziehe man die Disharmoniemuster *Nieren-YANG-Schwäche, Leber-Blut-Mangel* und *Trockenheit des Dickdarms* heran.

Auch hier stellt sich, wie bei Lac caninum, die Frage, wie sich die Wirksamkeit der potenzierten abgerahmten Kuhmilch erklären läßt. Denn auch in diesem Fall nimmt man an, daß die Eiweißstoffe bei der Potenzierung mit hochprozentigem Alkohol ausgefallen sind und die Wirkung dann auch die maßgebenden Bestandteile in den Mineralsalzen oder hormonartigen Substanzen, die bei Milchbildung im Spiel sind, an der Wirkung beteiligt sind. Ich halte es für wahrscheinlicher, daß Lac deflorata, genau wie Lac caninum, wie eine Nosode bei Vorliegen einer allergischen Komponente durch Dysbiose eine entscheidende Rolle spielt. Eine Parallele dazu ist die Wirkung von potenziertem Eigenblut, dessen Anwendung uns *Hedwig Imhäuser* gelehrt hat.

Lachesis

Toxikologie

Wirkung des Schlangenbisses von Lachesis muta: Bei dem Gift kann man 3 Hauptgruppen von Wirkstoffen unterscheiden:

1. Proteolytische Fermente
2. thrombokinaseartige und thrombinhaltige Fermente
3. Katalasen

Im Vordergrund der Wirkung steht die Einwirkung auf das Blut und die Gefäße (Blutgerinnung oder Verlust der Gerinnungsfähigkeit, proteolytische oder hämolytische Eigenschaften).
Das ergibt bei der akuten Intoxikation *(Voisin)*:

a) Kurse Phase der kongestiven und konvulsiven Erregung des Nervensystems,

b) rasch generalisierte paralytische Erscheinungen mit Hämolyse, beschleunigter Blutgerinnung, endovaskulärer, lokaler Entzündung mit Schwellung, Blutaustritt und Nekrose.

c) Hinzu kommt, daß sich unter dem Einfluß der im Gift enthaltenen Proteinasen eine *blutdrucksenkende* Substanz (Bradykinin) abspaltet. Dies erklärt die extreme Erschöpfung und die kollapsartigen Zustände mit kaltem Schweiß bei Lachesis (auch bei Crotalus).

Im Arzneiversuch am Gesunden kommt es zu Kongestion und Erregung der nervösen Zentren und des Nervensystems.
So liegt die Hauptrichtung auf: Zentrales Nervensystem, veg. Nervensystem, Herz, Respirationsorgane, Gefäße und Kapillaren, Blut, Schilddrüse, Ovarien und Haut.

1. Typus nach dem AMB

Man kann Lachesis nicht auf einen Konstitutionstyp festlegen. Es paßt sowohl auf pastöse, phlegmatische als auch auf magere, erschöpfte und depressive Kranke. Aber schon allein wegen ihrer Abhängigkeit vom Blut und der Funktion des Blutgefäßsystems ist der *weibliche Organis-*

mus prädestiniert. Dabei fragt es sich, ob der extreme Rededrang, die Eifersucht, das Mißtrauen und die Berührungsangst konstitutionell bedingt sind oder nicht doch Folgen einer Störung, also Krankheitswert haben. Auf jeden Fall handelt es sich *„um eine enorme Überreizung,* der Luft verschafft werden muß, wenn der Patient Linderung verspüren will" *(Vithoulkas).*

Das Krankheitsgeschehen des AMB spielt sich nacheinander oder wechselweise auf *drei Ebenen ab,* die ineinander greifen, deren Symptomatik aber hier nur in Stichpunkten und auf Wesentliches reduziert werden können, denn sie enthalten eine verwirrende Fülle von Informationen. Für uns wichtig, im Zusammenhang mit dem Kopfschmerz, ist vor allem die *psychische Ebene.* Da besteht eine gewisse Bipolarität der Symptome zwischen Übererregung und sogenannter *reizbarer Schwäche.* Wichtig im Zusammenhang mit dem Kopfschmerz sind eben nicht allein die wahlhinweisenden Symptome, sondern die starke Erregung und Erregbarkeit des Gefäßsystems, die sich bessert durch Ingangkommen von Absonderungen oder seelischer Abreaktionen in endlosem Redestrom. Man hat den Eindruck, in krassen Fällen, daß die Patienten physisch wie psychisch unter einem Überdruck „zum Platzen" stehen. Das physische Äquivalent dafür sind Kongestionen verschiedenster Art mit besonderer *Prävalenz des venösen Anteils* des Kreislaufs. Daher auch das häufig blaurot-zyanotische Aussehen der Haut und der Schleimhäute, die Hitzewallungen, die Verschlimmerung durch Wärme jeder Art. Auch das typische Gefühl der Beengung, besonders am Hals, aber auch am Abdomen (Kleiderdruck), dürfte mit der Blutstauung im Zusammenhang stehen.

2. Körperliche Symptome

Auf der körperlichen Ebene (soweit man das überhaupt vom psychischen Zustand des Patienten trennen kann) sind wesentlich
eine sehr charakteristisch verlaufende Angina,
Entzündung und Nekrosen der Haut,
schwere oder adynamische Infektionen (Sepsis),
Leberkongestionen und Hepatitis,
Hämorrhoiden,

menstruell und klimakterisch, also ovariell und inkretorisch, bedingte Störungen.
Es würde in diesem Zusammenhang zu weit führen, auf Einzelheiten der Symptomatik einzugehen.
Ergänzen will ich zu den bisher aufgeführten „Guiding Symptoms“:
die linksseitige Wirkung,
die Verschlimmerung durch Schlaf,
schläft sich in die Verschlimmerung hinein,
die Tatsache, daß bei Angina feste Nahrung besser geschluckt werden kann als flüssige,
die Besserung durch Eintritt der Blutung oder anderer Ausscheidungen,
die blauroten Verfärbungen der wunden Stellen und der Umgebung von Geschwüren,
Schüttelfröste und Zähneklappern bei Fieber und Schweißen. (Siehe weitere Einzelheiten auch bei der Darstellung der Lachesis-*Weihe*-Punkte durch *de La Fuye, S. 246ff.)*

ZUNGE: rot und glänzend *(Voisin).* Die linke Zungenhälfte geschwollen *(Mezger),* trocken und rissig oder entzündet, (bedeckt mit weißen Blasen), bräunlich oder schwärzlich *(Clark).*

PULS: klein und schwach und unregelmäßig, vor allem sehr beschleunigt.

3. Psychische Symptome

In den verschiedenen Arzneimittellehren spielen die Geist- und Gemütssymptome des Mittels eine zentrale, wahlanzeigende Rolle. Es kommt mir in diesem Zusammenhang nicht darauf an, all diese Symptome aufzuzählen oder darzustellen, sondern vielmehr darauf, die tiefere Ursache aufzufinden, denn es bringt uns nicht weiter, von so typischen Symptomen wie
Redelust,
Mitteilsamkeit,
Sprunghaftigkeit,
Eifersucht und Mißtrauen
und religiöser Manie zu berichten, wenn es nicht gelingt, zu konstatieren, wie es dazu kommt.

Kent stellt fest, daß „nichts charakteristischer ist für den Lachesis-Patienten als das
Selbstbewußtsein,
die Einbildung,
der Neid,
der Haß,
das Rachegefühl und
die Grausamkeit"
als Zeichen von „unangemessener Eigenliebe". Psychologisch noch tiefer schürfend analysiert *Whitmont* Lachesis (Psyche u. Substanz: Essay zur Homöopathie im Lichte der Psychologie *C. G. Jungs,* Burgdorf Verlag, Göttingen 1988) „als einen Menschen, der seinen Instinkten Ausdruck geben muß, wie stark er sie auch unterdrückt; die blockierte Energie entlädt sich stellvertretend als
geistige Überreizung oder *körperliche Hyperaktivität.*"
Dieser Konflikt ist bezeichnend für die Gegensätzlichkeiten im Lachesis-Bild.
Whitmont stellt weiter fest, daß, da die Emotionen sich *nicht auf natürliche Weise ausdrücken können, sie ihren Tribut von der körperlichen und geistigen Gesundheit des Individuums* fordern.
„Wo logos (der Geist) gegen bios (die Triebe) kämpft, begegnet man der Pathologie der Schlange... (Lachesis), sie repräsentiert die nicht integrierte Lebenskraft, die nicht integrierte Libido." (Zitiert nach *C. R. Coulter,* Porträts homöopathischer Arzneimittel).
Denn die Entwicklung des *Ich* beruht auf einer zumindest teilweisen Unterdrückung der instinkthaften Triebe, einer Grundsituation und Grundproblematik des Menschen überhaupt. Er ist nach *Arnold Gehlen,* dem philosophischen Anthropologen, das „nicht festgestellte Tier". Daß der Mensch fast ohne Leitung ererbter Instinkte auskommen muß, erklärt seine enorme Anfälligkeit und seine Verführbarkeit; es erklärt auch das hartnäckige Streben aller menschlichen Gemeinschaften, Ordnung, Gesetze und Institutionen zu schaffen, die ein Ausbrechen verhindern. Im Lachesis-Menschen gewinnt dieser Konflikt paradigmatischen Charakter.
Um nur ein Beispiel zu nennen:
die Verschlimmerung durch Schlaf weist auf die Dominanz des Unterbewußten im Schlaf hin, d. h. auf die Gefühle, die Lachesis lieber nicht zur Kenntnis nehmen würde, die Triebe, die sonst gewöhnlich ruhen,

die Träume *(von Schlangen, von Toten, die sie verloren hat, und vom eigenen Tod),* die der Lachesis-Mensch nicht unter Kontrolle hat und die nun aus dem Unterbewußtsein an die Oberfläche steigen.
Wichtig in diesem Zusammenhang ist die psycho-physische Relation, auf die ich noch kommen werde. Einzelheiten des AMB können im übrigen nachgelesen werden und sind besonders gut dargestellt im *Kent,* bei *Vithoulkas, Whitmont, Gutmann und Coulter.* Fast alles im AMB läßt sich als Ausdruck
blockierter,
verdrängter,
also auch unterbewußter Emotionen begreifen.

4. Auslösende Schädigung

Krankheiten von langdauerndem Kummer:
Sorgen,
Furcht,
Verärgerung,
Eifersucht,
enttäuschte Liebe,
innersekretorische Störungen,
Wärme,
Wein, Bier und Tabak.

5. Art der Kopfschmerzen

Kongestiver Kopfschmerz,
das Gesicht kann *purpurfarben und gedunsen oder blaß und kalt sein.*
Sehr charakteristisch ist, daß der Schmerz als ein Gefühl von *Wellenbewegung* den Nacken herauf geht, aber nicht pulssynchron ist.
Andererseits kann er klopfend und hämmernd sein, *mit Schwere und Druck auf dem Scheitel.*
Es besteht zuweilen das Gefühl, als ob die Augen nach hinten gezogen würden.
Der Patient *schläft sich in den Kopfschmerz hinein* und erwacht morgens mit Kopfschmerz.

Nach *Nash* hat der Patient ein sehr blasses Gesicht. Er schreibt: „Wenn (diese beiden) Symptome fehlen, würde ich meine Mittelwahl auf andere als die Kopfschmerzsymptome stützen."
Hier besteht ein gewisser Widerspruch zur Feststellung, daß der Kopf heiß und die Glieder kalt sind, was mehr der Kongestion entsprechen würde, während nach *Nash* das mehr spastische Element überwiegt. Es kann aber beides der Fall sein und wechselseitig auftreten, bzw. zweiphasig sein.
Besserung tritt ein während der Regel,
Ingangkommen von Ausscheidungen und Nasenbluten,
Verschlechterung vor der Menses,
in warmen Räumen,
durch Sonne und Schlaf.

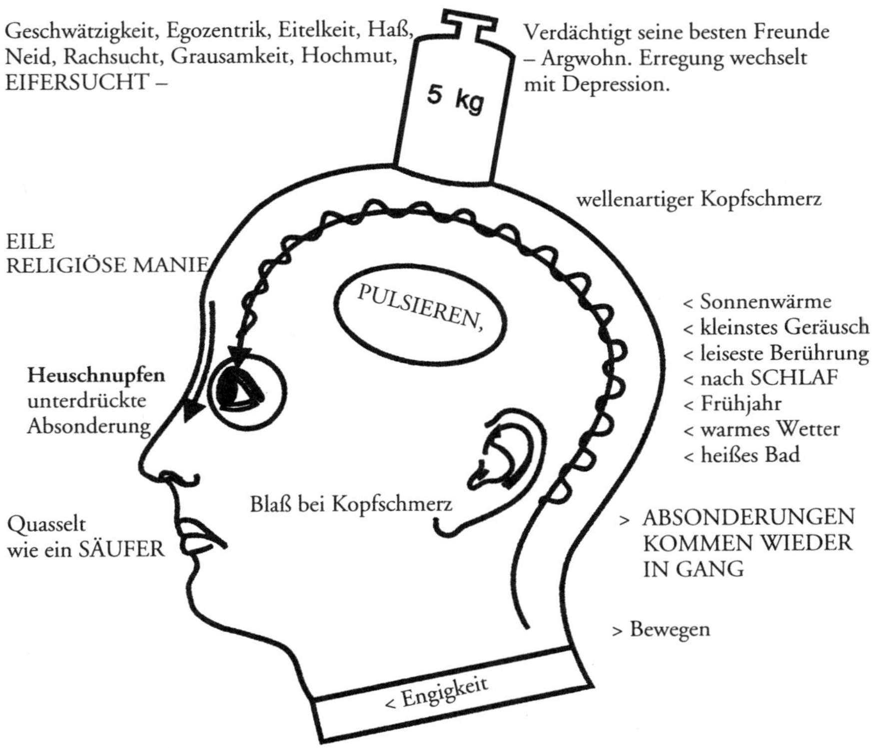

Abends aktiv, bleibt lange auf – morgens verstimmt. Will nicht mit anderen zusammenkommen.
BERSTEN, Verwirrung des Denkens, KLOPFEN.
Pulsieren an der linken Schläfe und supraorbital vor einem Schnupfen.
Inappetenz wechselt mit Heißhunger.
Verlangen AUSTERN, Aversion BROT. – Alles schmeckt sauer.
Unlöschbarer DURST < heiße Getränke. Verlangen nach Alkohol.

6. Homöosiniatrische Punkte

Weihe-Punkt
links
isoliert

Lage:
Am sternalen Schlüsselbeinende am Ursprung des M. Sternocleidomastoideus

Nach *de La Fuye* erfaßt man an diesem Punkt nahezu *das ganze Lachesis-AMB:*

Außergewöhnliche Redseligkeit.
Der Patient ist abends lange wach.
Lebhaftigkeit und Hast, in dem er von einer Idee auf die andere springt, religiöse Manie.
Eifersucht ohne Grund,
Melancholie und Traurigkeit am Morgen nach dem Erwachen, alles ist schlimmer nach Schlaf.
Kann weder ein Halsband noch einen Gürtel ertragen.
Brennende und kongestive Schmerzen.
Kneifende Schmerzen an der Nasenwurzel.
Gefühl, die Augen würden zurückgezogen.
Scharf ausstrahlende Schmerzen am linken Ohr, nach rechts ziehend.
Magenschmerzen zwingen zum Öffnen der Kleider. Kann weder den Kontakt mit dem Hemd oder der Kleidung vertragen.
Schmerzen im Bereich des linken Ovars.
Blutwallung zum Kopf.
Ohnmacht durch Herzschwäche.
Die Unterlippe scheint zurückgezogen durch bläulichen und glänzenden Firnis.
Die zitternde Zunge hängt fest an den unteren Zähnen. Sie ist nach links gezogen.
Feste Nahrungsmittel können besser passieren.
Alle Beschwerden und Leiden sind besser während und nach der Regel.
Beschwerden in der Menopause.
Darmblutungen mit zersetzten Blutgerinseln.
Bläuliche und livide Hämorrhoiden mit zusammenschnürenden Schmerzen und klopfendem Gefühl im Anus und im Rektum.

Unruhiger Schlaf. Träume von Toten und Schlangen.
Zittern durch extreme Schwäche am Morgen.
Dunkle Rötung der Pharynxschleimhaut mit dem Gefühl des Zusammenschnürens.
Wäßriger Schnupfen, der Kopfbeschwerden vorangeht; wenn der Schnupfen beginnt, verschwindet der Kopfschmerz.
Larynx sehr empfindlich gegen Berührung.
Trockener Husten, schneidend im Schlaf mit Herzstörungen.
Heftige Atemnot nach Schlaf oder auch beim Einschlafen, der Kranke wirft alles heftig von sich.
Bedürfnis, tief zu atmen.
Spontan auftretende blaue Flecken.
Varicöse Ulcera mit bläulichen und lividen Rändern, die leicht bluten.

NI 6 ZHAOHAI = Meer der Erhellung
Schlüsselpunkt
des YINKEO

Lage:
Genau senkrecht unter dem Mittelpunkt des Malleolus medialis, ein CUN von seinem Rand entfernt in einer Vertiefung.

Es ist der beste Punkt, um *YIN-Mangel der Niere* zu beeinflussen. So vermehrt er die Flüssigkeit und befeuchtet Trockenheit (Kehle und Augen). Er beruhigt bei Ängstlichkeit und Ruhelosigkeit und hat sich bewährt bei Schlaflosigkeit (evtl. in Verbindung mit **BL 62**, den man sediert). Er kühlt das Blut bei Hauterkrankungen mit Hitze im Blut. Indem er YIN-Energie aufwärts schickt, wirkt er anfeuchtend bei chronischer Trockenheit und Wundheitsgefühl in der Kehle. Bei Amenorrhö durch Nieren-Defizienz und Uterusprolaps wirkt er beeinflussend. In Verbindung mit **KS 6** öffnet er die Brust und bewegt das QI, so daß er bei Brustschmerzen in Frage kommt.

Nach *de La Fuye:*
Der Punkt kommt in Frage bei chronischer Nephritis,
Blasenschmerzen,
Urethritis,
bei Traurigkeit, Depression, Schlaflosigkeit,
Regelschmerzen, vor allem vorher, Uterusprolaps,
sexueller Exitation (Mann und Frau),

Verstopfung,
trockener Kehle,
Pharyngitis,
brennenden Unterleibsschmerzen,
Magenstörungen, Erbrechen,
Gelbsucht, Trunksucht,
Hysterie, epileptiformen Anfällen,
„Mouches volantes".
Nächtlichen Krämpfen,
Zahnschmerzen,
Neuralgien.

BL 31 SHANGJIAO = Oberes Kellerloch

Lage:
1. Foramen sacrale

Wichtiger Punkt zur Behandlung von Erkrankungen der Genitalien sowohl beim Mann wie bei der Frau, tonisiert die Nieren und die Essenz und stärkt den lumbosakralen Rücken.

Nach *de La Fuye*
hat er Wirkung auf Erbrechen und spastische Obstipation,
Sterilität,
Fluor,
Amenorrhö,
Uterusprolaps,
Anurie,
Beschwerden in der Menopause,
Hitzewallungen,
Schwäche der Knie,
Knochenschmerzen, Ischias,
Knieschmerzen und Kältegefühl der Knie.

7. Vom homöopatischen Symptombild zum Disharmoniemuster

Wenn man von dem Vergiftungsbild durch Schlangenbiß ausgeht – und ich habe es zum besseren Verständnis deswegen so ausführlich beschrieben – so gleicht die erste Phase des Lachesis-Bildes dem durch pathogene Faktoren hervorgerufenen Erkrankungsbild *des JUE-YIN der 6-Schichten-Therapie,* dem sog. *leeren YIN.* Das Pathogen dringt über die Blutbahn direkt in diese letzte Schicht, die vom *Kreislauf* und der *Leber* repräsentiert wird. Dabei liegt bei der Diagnose nach den 8 Leitkriterien eine *Hitze-Fülle in Leber und Gallenblase* bei *Mangel-Kälte des Magens und der Eingeweide vor.* Es kommt zu einer Dissoziation von YANG und YIN. Der Oberkörper ist heiß und der Unterkörper kalt. Das JUE-YIN gehört zu den schwersten Krankheitsbildern: Diabetische Stoffwechsellage, zum Herzen aufsteigendes QI mit Druck-, Beklemmungs- und Krampfgefühl in der Brust, Völlegefühl im Epigastrikum, Hunger ohne Verlangen nach Nahrung, halbseitiger Kopfschmerz bzw. Migräne mit Übelkeit und Erbrechen. (Man bringt in der TCM dieses Symptombild häufig mit Wurmerkrankungen in Verbindung.) Aber man kann dieses Disharmoniemuster, das einem YIN-Mangel entspricht, *nur bedingt* einer Behandlung des Lachesis-Kranken zugrunde legen, denn natürlich entsteht die Lachesis-Symptomatik aus *endogenursächlichen Zusammenhängen.* Hier bestätigt sich das Konzept der TCM, daß sich nämlich die medizinische Theorie niemals vom Körper trennt. So schließt sie in ihre Definition des Somas ein, was man im Westen als „Psychologie" bezeichnen würde.

Das bestimmt auch den Zusammenhang körperlicher Symptome und Erscheinungen mit seelisch-geistigen Symptomen, die ineinander greifen, so daß *Seelisches über körperliche Einwirkung und Körperliches auch über die Berücksichtigung seelischer, psychischer Ausdrucksformen erfaßt werden kann.* Das ist das Neue, das die chinesische Heilkunst der westlichen Medizin bietet. So wirkt sich alles Körperliche auf Seelisch-Geistiges aus und findet umgekehrt alles Psychische seine Entsprechung in den Funktionskreisen. Die Ähnlichkeit gewisser Symptome des JUE-YIN der 6 Schichten der Pathologie der Leitbahnen nach den SHANG-HAN läßt an eine enge Beziehung des Lachesis-AMB zu den Disharmoniemustern der *Leber* und des *Kreislaufs,* und das heißt des *Herzens* denken.

Es würde eine ganze Monographie füllen, wollte man sämtliche Krankheitsbilder zu den entsprechenden Disharmoniemustern in Beziehung setzen. Ich greife nur die wichtigsten in gebotener Kürze heraus, um die Haupttendenz, die auch für die Behandlung des Kopfschmerzes wichtig ist, zu kennzeichnen:

Bei der *Tonsillitis* hat sich ein Hitzepathogen im Funktionskreis der Lunge und des Magens festgesetzt. Diese Krankheit kann anfangs dem TAI YANG der 6 Krankheitsschichten gleichen, mit Übergang zum SHAO YANG. Beim Eindringen eines Hitzepathogens handelt es sich dagegen nach der 4-Energieebenen-Theorie um die *Ebene des Abwehr-QI-Erscheinungsbildes.* Aufgrund der Diagnose nach den 8 Leitkriterien liegt ein Hitze-Fülle-Syndrom des Äußeren, mit den pathogenen Faktoren Hitze und Wind oder Hitze und Feuchtigkeit, vor.

Kein Funktionskreis wird so stark von emotionalen Turbulenzen in Mitleidenschaft gezogen wie der der *Leber.* Nicht nur Zorn und Ärger, wie man annehmen könnte, sondern auch Trauer, Kummer, Angst und Streß beeinträchtigen den gleichmäßigen Fluß des QI und führen zur *Stagnation des Leber-QI,* das nach den 8 diagnostischen Leitkriterien als Fülle-Typ in der Leber und des Blutes bei konsekutivem *QI-Mangel im Milz-Pankreas* aufgefaßt und dementsprechend behandelt werden muß. Daraus kann sich eine *Stagnation des Leber-Blutes* entwickeln, das seine Hauptmanifestation in einer Stockung des Blutes im Uterus findet und dunkles, klumpiges Menstrualblut zur Folge hat.

Die Leber sorgt für den glatten Fluß, und das QI von MP hält das Blut in den Gefäßen. Ein *QI-Mangel des Milz-Pankreas* kann zu Hämorrhoiden und Purpura führen.
Auch die Hämorrhoiden sind Ausdruck eines zusammengebrochenen QI und meistens verbunden mit einem *QI-Mangel der Milz.*

Das *purpurfarbene Gesicht* spricht für eine *venöse Stase* bzw. für stagnierendes Blut, was im wesentlichen auch auf einen QI-Mangel zurückzuführen ist. Dieses Zustandsbild wird am besten erfaßt durch das *OKETSU-Bild,* wie es *H. Schmidt* in seinem Buch „Konstitutionelle Akupunktur" sehr anschaulich beschreibt, und das auf japanische Quellen zurückgeht. Im Vordergrund stehen hier eine angeborene Bindegewebsschwäche, Ovarialinsuffizienz, plötzliches Aussetzen der Regelblutung, chronische innere Erkrankungen und Entzündungsprozesse. Nach den 8 diagnostischen Leitkriterien unterscheidet *Schmidt* für das OKETSU-Bild zwischen einem Dickdarm- oder Lunge-Fülle-Typ und einem Nieren- und Leber-Leere-Typ, wobei offen bleibt, ob im ersten Fall eine YIN-Fülle und im zweiten ein YIN-Mangel vorliegt.

Übersetzt heißt OKETSU „unreines Blut". Es wird darunter ein dunkles, visköses Blut verstanden, wie es bei einer lokalen Blutstagnation oder einer allgemeinen *Venosität* angetroffen wird.

Zu den subjektiven Symptomen gehören u. a. Kopfschmerz, Schwindel, Ohrensausen, nervöse Herz- und Kreislaufstörungen, Parästhesien, Verschlimmerung der Beschwerden bei Nacht, Schweregefühl und allgemeine Abgeschlagenheit.

Die *Abhängigkeit der Lachesis-Patientin vom menstruellen Geschehen* ist ein führendes, wahlanzeigenes Symptom. Nicht nur die Besserung aller Beschwerden durch Ingangkommen der Blutung, sondern auch die Störungen der an sich rechtzeitig eintreffenden Regel, die aber oft zu kurz, zu spärlich und zu schwach ist, und das vielfältige klimakterische Syndrom. *Die Vorgänge im Menstruationszyklus geben ein anschauliches Bild vom Zustand des QI und des Blutes.*

Hervorgerufen durch emotionale Dysbalance, die ja im Lachesis-AMB eine maßgebliche Rolle spielt, kommt es zur *Stagnation des Leber-QI,* dem häufigsten Disharmoniemuster der Leber überhaupt. Vielfältige Störungen, deren Symptome ich nur kurz erwähnen will, sind die Folgen: Gefühl der Auftreibung im Hypochondrium, Seufzen und Aufstoßen, Darmgeräusche bei Eindringen des stagnierenden Leber-QI in den Magen, Diarrhö bei Eindringen in den Funktionskreis MP, Störungen, die sich überlappen. Es kommt zum Globusgefühl und schließlich zu einer Behinderung der Blutflusses, denn der glatte Fluß des Leber-QI gewährleistet sowohl ein ausgeglichenes Gefühlsleben wie auch eine ungehinderte Blutverteilung. Wenn sie gestört ist, kann der *außerordentliche Meridian des CHONG MO* nicht genug Blut an den Uterus abgeben, und es resultieren *Unregelmäßigkeiten der Menstruation* und Dysmenorrhö, prämenstruelle Spannung und Ausdehnungsgefühl der Brüste. Bei längerem Bestehen ist dann auch eine *Stagnation des Leber-Blutes* die Folge, dessen Hauptsymptom eine Blutstauung im Uterus mit klumpigem und dunklem Menstrualblut ist. Langandauernde Stagnation von Leber-QI und emotionaler Überdruck lassen Hitze in der Leber entstehen, die das Disharmoniemuster des *aufsteigenden Leber-Feuers* hervorruft, das den Migräneanfällen des Lachesis-Typs entspricht: temporaler Kopfschmerz, Schwindel, rotes Gesicht und Augen, Bittergeschmack, traumgestörter Schlaf, Verstopfung und Nasenbluten. Dieses Disharmoniemuster ist nach den 8 diagnostischen Leitkriterien ein reines Hitze-Fülle-Bild der Leber, bei stagnierendem QI und einem

YANG-Überwiegen im Inneren. Aber es kann sich auch abwechselnd zu dem milderen Disharmoniemuster *aufsteigendes Leber-YANG* entwickeln, das eine Mischung von Mangel und Fülle im Inneren darstellt, und zwar ausgehend von einem Leber-YIN oder/und Nieren-YIN-Mangel mit der Folge der Leber-YANG-Fülle, die ähnliche Symptome aufweist, aber mehr unter dem Gesichtspunkt behandelt werden sollte, daß im oberen Körperbereich Fülle-Symptome und im inneren Mangel-Symptome bestehen, die in erster Linie behandelt werden müssen. Der Unterschied zwischen „aufsteigendem Leber-YANG" und „aufsteigendem Leber-Feuer" besteht darin, daß letzteres viel ausgeprägter durch seine Hitze-Fülle ist. Im Gegensatz zum „aufsteigenden Leber-YANG" bestehen sehr deutliche Hitze-Zeichen wie Trockenheit, Obstipation, wenig dunklem Urin, roten Augen und Gesicht und Bittergeschmack.

Die für das Lachesis-AMB so fundamentale Gemütsstörung *Eifersucht* würde ich im Bereich des Funktionskreises der *Gallenblase* ansiedeln, ebenfalls im Zusammenhang mit der *Stagnation des Leber-QI,* aber auch der *MP-QI-Leere.* Dementsprechend sollte man die Feuchtigkeit auflösen, die Hitze in der GB klären und den glatten Fluß des Leber-QI fördern.
Nicht unerwähnt bleiben kann eine Entwicklungsreihe, die besonders im Zusammenhang mit klimakterischen Störungen und Ausfallserscheinungen berücksichtigt werden sollte: Die Stauung des Leber-QI führt zuweilen über ein *aufsteigendes Leber-Yang* zu einem *Nieren-YIN-Mangel,* der seinerseits wieder sowohl einen *YIN-Mangel* des Herzens als auch ein *aufsteigendes Herz-Feuer* zur Folge haben kann.

8. Therapie

a) JUE YIN

BL 18 und **LE 14** (YU-MO)	um die Leber anzutreiben, um Stagnation von Leber-Blut zu verhindern.
KG 12 (mox) **MA 36** (mox)	um das MA-QI nach unten zu leiten und zu stärken.
KG 6	stärkt QI und Blut im UDE.

KS 6 und **LE 3**	Bei aufsteigender Hitze in der Brust.
MA 25	bei Diarrhoe. Es besteht häufig eine Reaktionsstarre. Hautnadeln an den Loci dolenti.

b) Stagnierendes Leber-QI

LE 3	stärkt das LE-QI, reguliert die Zirkulation von QI und Blut. Senkt aufsteigendes YANG.
LE 13	reguliert das LE-QI im MDE, besonders, wenn es das MP affiziert.
LE 14	reguliert das LE-QI im MDE, besonders, wenn es den Magen affiziert.
GB 34	reguliert das LE-QI und wirkt besonders auf das Hypochondrium.
3E6	reguliert ebenfalls das LE-QI mit besonderer Wirkung auf die beiden Seiten des Körpers.
KS 6	bei Übelkeit. Auch dieser Punkt reguliert das LE-QI, besonders im Hinblick auf das JUE YIN, das von beiden gebildet wird.

Dies sind die Hauptpunkte, die bei der Grundbehandlung der Kopfschmerzen genügen werden. Im wesentlichen kommt eine sedierende Therapie in Frage.

c) OKETSU (nach Schmidt)

bei Fülle:
LE 3, 8,
MP 6, 9,
LU 6,
DI 4, 11,

BL 17	(wichtiger Sammelpunkt des Blutes)
BL 47	(52 neue Nomenklatur) sedieren und schröpfen, Blut-
LE 1	lassen aus und aus den Kapillarektasien, besonders im Bereich der Schulter, des Rückens und der Lumbo-Sakralregion.

PULS:	Auf der linken Seite gespannt, auf der rechten an der ersten Position stark und oberflächlich.

bei Leere:
LE 3,
NI 6 (**NI 3** neue Nomenklatur)
NI 7,
KG 3,
MA 28,
BL 23, 28
Bei Spannungen im Oberbauch **LE 13, 14**; evtl. mit Hautnadeln.

PULS:	tief und schwach.

d) Aufsteigendes Leber-Feuer (rein sedierende Behandlung)

LE 2	der Hauptpunkt, um das Leber-Feuer zu klären.
LE 3	beruhigt die Leber.
GB 20	klärt ebenfalls die Hitze im Kopf und überwältigt das aufsteigende LE-QI.
TAI YANG (extra Punkt)	klärt das Feuer bei aufsteigendem Leber-Feuer und LE-YANG und besonders bei temporalem Kopfschmerz.
GB 13	unterdrückt aufsteigendes LE-YANG und beruhigt das Gemüt.
GB 41	zerstreut Fülle-Zustände im Funktionskreis LE und GB, wirkt auf die Augen zusammen mit
GB 20 und **MA 40**	auf Kopfschmerzen und Schwindel.

e) Aufsteigendes Leber-YANG

Die Therapie unterscheidet sich in der Punktwahl nicht wesentlich von der des aufsteigenden Leber-Feuers, wirkt aber stärkend auf das Leber-YIN, unterdrückt das Leber-YANG und den Wind.

LE 8	stärkt das LE-YIN.

LE 3	unterdrückt das LE-YANG und den LE-Wind.
GB 43	unterdrückt das LE-YANG, Gegenpunkt des GB-Meridians.
3E5	unterdrückt das LE-YANG und ist besonders angezeigt bei Kopfschmerz entlang des GB-Meridians.
MP 6, NI 3 **GB 20**	stärken das YIN ganz allgemein, bändigen den Wind und unterdrücken das LE-YANG.
LE 8, **LG 16** und **NI 3**	müssen tonisiert werden.
LE 3, **GB 20**	müssen sediert werden.

Bei Augensymptomen:

GB 38	bändigt das LE-YANG und wirkt besonders bei chronischer und hartnäckiger Migräne.
GB 37	klärt die Sicht, evtl. mit

BL 2, GB 1, TAI YANG.

Außerdem müssen natürlich die entsprechenden Meridianpunkte (s. u.) und Loci dolenti aufgesucht werden. Sedierend auf der kranken Seite, bei ganz akuten Zuständen auch nach der *Even*-Methode auf der Gegenseite.

9. Epikrise

Um der Bedeutung dieses Mittels gerecht zu werden, wurde es sehr ausführlich und weit über den angestrebten Zweck hinaus, Migräne und Kopfschmerz zu behandeln, erörtert. *Kent* schreibt (Arzneimittelbilder, S. 493): „Lachesis ist häufig angezeigt, weshalb man dieses Mittel besonders gut studieren sollte. Lachesis scheint für das ganze Menschengeschlecht zu passen, ... und Schlangengift ruft nur hervor, was schon im Menschen ist.“

Daß diese Darstellung nicht erschöpfend sein konnte, habe ich schon anfangs gesagt. Aber ich bin etwas genauer auf Toxikologie eingegangen, weil diese schon einen Eindruck vermittelt vom Lachesis-Krankheitsgeschehen und seinem phasenhaften Verlauf. Darauf sollte man auch bei der Therapie achten.
Auf eine genauere Analyse des schweren adynamischen Fiebers und der Herzerkrankungen als Endo- und Myokarditis, wurde allerdings verzichtet. Für die Behandlung des Kopfschmerzes kommen in erster Linie die Disharmoniemuster *gestautes Leber-QI, aufsteigendes Leber-YANG* und *-Feuer* in Betracht. Differentialtheoretisch muß man den Pulsbefund zu Rate ziehen.

Lilium tigrinum

Toxikologie

Es gibt keine Toxikologie von dieser Pflanze. Die Wirkungen im Arzneiversuch am Gesunden sind jedoch recht bezeichnend: chronische Kongestion des Uterus und der Ovarien mit sexueller Erregung, reflektorischen Auswirkungen auf Herz und Psyche (zunächst Erregung und hastige Unruhe, dann melancholische seelische Depression), Neigung zur Ptose.

Hauptrichtung:

Uterus, Ovarien, Herz.

1. Typus nach dem AMB

Es gibt keinen Körperbautypus, es sei denn, daß es sich im wesentlichen um Frauen handelt, auf die dieses Mittel paßt. Denn die Hauptrichtung bezieht sich auf die utero-ovarielle Zone und die Sexualsphäre.

2. Körperliche Symptome

Sämtliche Störungen im AMB hängen nahezu ohne Ausnahme mit einer Stufenfolge von Irritationen und Veränderungen im weiblichen Genitalbereich zusammen: zunächst utero-ovarielle Kongestion allein oder verbunden mit reflektorischen Störungen am Herzen und Kreislaufsystem. Es kommt zu sexueller Erregung und stechenden Schmerzen im Unterbauch, besonders in den Ovarien, verbunden mit psychischen Symptomen.

Die nächste Stufe ist gekennzeichnet durch eine stärkere Zunahme physischer und vor allem psychischer Unruhe in Verbindung mit der Unterleibskongestion. In beiden Stadien besteht bereits das Gefühl von Senkung der Gebärmutter, allerdings ohne wirkliche Ptose.

Diese hat sich dann mehr oder weniger in dem dritten Stadium entwickelt, verbunden mit seelischer Depression.

Die reflektorischen Störungen können sich auf
Harndrang,
Reizung im Rektum,
Mastodynie (bes. links), Leukorrhö und vor allem auf das Herzkreislaufsystem auswirken mit
Herzklopfen,
Extrasystolie,
Pulsieren in den Arterien durch den ganzen Körper,
Tachykardie, ja sogar
pektanginösen Beschwerden, *als würde das Herz heftig gepackt* und als ob der Griff allmählich wieder nachließe.

Zentrales Symptom ist das
Senkungsgefühl und die Gebärmuttersenkung, *als wolle der ganze Inhalt des Beckens zur Scheide herauskommen.* Die Patientin muß die Hand gegen die Scheide drücken.
Die Regel, die zu früh und zu stark oder zu schwach fließt, fließt nur beim Herumgehen.

ZUNGE: belegt, mit gelblich weißem Belag.

3. Psychische Symptome

Ausgehend von der in ihrer Ausschließlichkeit überholten Vorstellung, daß hysterisches Verhalten allein auf einer Irritation aus der Genitalsphäre beruht, spricht man im Zusammenhang mit dem psychischen Verhalten bei Lilium tigrinum von „hysterischen Frauen". Das ergibt sich zwanglos aus den reflektorischen Störungen und der sexuellen Sphäre des Mittels. So kommt es im Zusammenhang mit der Uteruskongestion zu sexueller Erregung,
hastiger Unruhe,
schlechter Laune und Reizbarkeit.
Diese unruhige, schnell aufgebrachte Frau bis hin zur Nymphomanie auf der einen Seite (sie muß ständig beschäftigt sein, um das sexuelle Verlangen zu unterdrücken) und phantastischen religiösen Ideen auf der

anderen Seite, zeigt häufig einen mürrischen, zänkischen und stets unzufriedenen Charakter. Dieser Zustand kann umschlagen in eine ängstlich getönte Depression, in der die Patientin *sehr zum Weinen geneigt ist, mit großer Niedergeschlagenheit.*

4. Auslösende Schädigung

Uterusverlagerung,
subakute und chronische Entzündungen,
Wärme, Zimmerwärme, stickige Luft,
Trost,
hormonales Ungleichgewicht (?) mit dadurch bedingter Schwäche des Beckenbindegewebes (?)

5. Art der Kopfschmerzen

Nach *Kent* zieht ein „verrücktes Gefühl" vom Hinterkopf zum Scheitel, andererseits kommt es zu ausgesprochenem Stirn-Kopfschmerz mit Sehstörungen, ja sogar Verlust der Sehkraft (Skotom), meist über dem linken Auge, eventuell auch an der Schläfe.
Blutandrang zum Kopf,
lichtscheu,
Verschlimmerung durch Koitus,
Besserung im Freien.

UTERUSLEIDEN. Nervös, überempfindlich.
Kopfschmerz < *Koitus*. VÖLLE und SCHWERE, STECHENDER SCHMERZ macht sie verrückt.
PHOTOPHOBIE

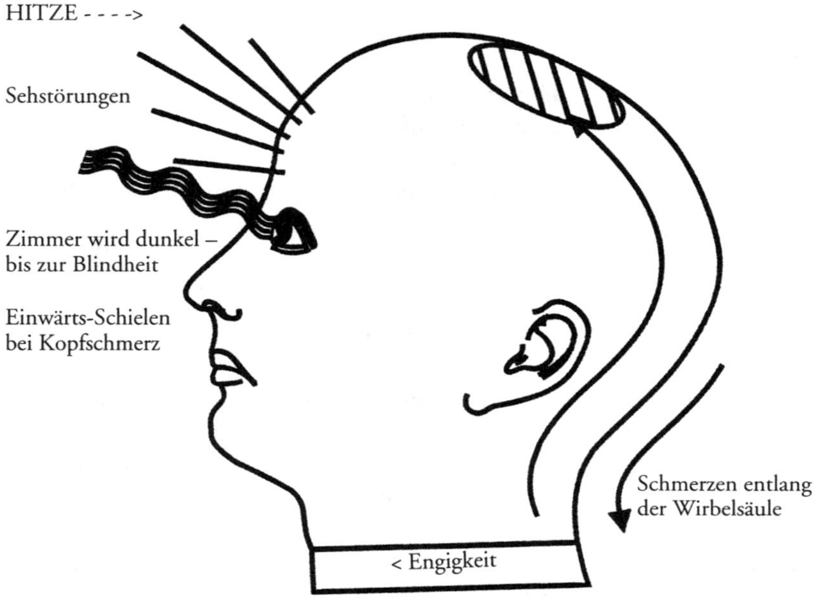

Uterusprolaps, Ptosegefühl – *wie in einem Trichter.*
HERZ wie im Schraubstock, Herzklopfen, Kältegefühl.
GROSSER DURST, oft und viel.
Verlangen nach Fleisch, Übelkeit bei Tabakrauch, Aufblähung durch Gase.
OVARIALSCHMERZ links. Bräunlichgelbe, wundmachende Leukorrhö.

6. Homöosiniatrische Punkte

(entfallen)

7. Vom homöopathischen Symptombild zum Disharmoniemuster

Die alles beherrschende Symptomatik der utero-ovariellen Kongestion und des Prolapsgefühls sowie des Prolapses selbst beherrscht unsere Entscheidung für das Disharmoniemuster *Sinkendes QI des Milz-Pankreas,* was im Grunde genommen nur eine Spezialform des *Milz-Pankreas-QI-Mangels* ist. Wie kann es dazu kommen?

Das Mittel wird vordergründig beherrscht von den Symptomen einer gestörten Sexualsphäre und von Herz- und Kreislaufbeschwerden, für die es oft aus schulmedizinischer Sicht keine objektiven Befunde gibt. Für die gesamte Symptomatik entscheidend ist aber m. E. die emotionale Unausgeglichenheit bis hin zu einem Zustand, den man früher als Hysterie bezeichnete. Handelt es sich doch bei diesen Patientinnen um einen aus dem Unbewußten wirkenden autonomen Komplex, der sich häufig um sexuelle Inhalte dreht.

Die sich daraus ergebenden Frustrationen einerseits oder das nymphomanische Verhalten mit exzessiver Lustbefriedigung andererseits, führen entweder zu einer *Stagnation im QI-Fluß der Leber* oder in extremen Fällen zu einer Schädigung der *Nieren-Essenz.* Da jedoch nicht nur übersteigerte Freude den Funktionskreis des *Herzens* schädigt, sondern nach meiner Ansicht auch eine extreme Erregung durch Lustbefriedigung, „voluptas", die eine der sieben Todsünden war, so wirkt sie sich schädigend auf den Funktionskreis des Herzens als *QI-Mangel des Herzens* aus, worauf ich später noch eingehen werde.

Das AMB beschreibt diese Zusammenhänge sehr deutlich. Und da in der Chinesischen Medizin alles mit allem zusammenhängt, kommt es durch die emotionale Dysbalance als einer Hauptursache dafür zur *Leber-QI-Stagnation.* Es begegnen uns im AMB die dafür typischen Symptome wie Ausdehnungsgefühl im Hypochondrium, depressive Verstimmung und Stimmungswechsel, weniger die Magen- als die Darmsymptome, wie ständiger Drang und Morgendurchfälle, unregelmäßige

Periode mit Unterbrechungen („fließt nur beim Umhergehen"), Mastodynie vor der Periode, Launenhaftigkeit.

ZUNGE: Die Farbe des Zungenkörpers kann normal sein, aber auch blau-grün, violett und dunkel.

PULS: drahtförmig, (P. chordalis), besonders auf der linken Seite.

Die emotionalen Probleme und eine lang andauernde *Stagnation des Leber-QI* können zu einer *Stagnation des Leber-Blutes* führen, was sich besonders über die beiden „Außerordentlichen Meridiane" CHONG MO und JENN MO auf den Uterus auswirkt, und zwar in Form von kolikartigen Unterbauchschmerzen vor oder während der Menses, Abgang von dunklem, klumpigem Blut und prämenstrueller Mastodynie.

Die *Stauung des Leber-QI* führt andererseits zu einer Behinderung der transformativen und transportierenden Funktion des *Milz-Pankreas-QI,* wobei außerdem noch seelische Belastungen über eine lange Zeit eine prädisponierende Rolle spielen. Aus dem *QI-Mangel des Milz-Pankreas* kommt es u. a. zur Auftreibung des Leibes, dünnem Stuhl, Appetitlosigkeit und Müdigkeit.

Eine weitere Folge ist dann das *sinkende Milz-Pankreas-QI,* mit den mehr oder weniger ausgeprägten Prolapserscheinungen am Uterus, der Vagina und dem Anus, häufigem und vergeblichem Harndrang.

Im allgemeinen geht man von einer reflektorischen Verursachung der für Lilium tigrinum typischen Herzneurose aus, bedingt durch die Stagnation im Genitalbereich. Dafür sprechen die Auswirkungen einer Leber-Blut-Defizienz auf die außerordentlichen Meridiane CHONG MO und JENN MO. Ist der CHONG MO gestört, kann es u. a. zu Präkordialschmerzen, Dyspnö und dem Gefühl, daß die Energie nach oben steigt, kommen. Andererseits ist der CHONG MO gekoppelt mit dem YIN OE (YIN WEI MO). Charakteristisch für dessen Störung sind ebenfalls Herzschmerzen, hervorgerufen durch eine Stase des Blutes im Bereich des YIN OE, der den 3 YIN-Meridianen folgt, besonders wenn es sich um den sogenannten JENN MO-Typ handelt und alle drei YIN befallen sind. Bei diesem Typ strahlen die Herzschmerzen in den Rücken aus, oft verbunden mit Schmerzen in anderen Bereichen und dem Gefühl, daß der Thorax komprimiert wird und die Energie in den oberen Körperbereich fließt oder daß Energie überhaupt fehlt. Diese

Herzschmerzen sind stets von *Kopfschmerzen* begleitet. Sie beginnen im Nacken und strahlen nach unten in die Nierengegend entlang der Wirbelsäule, aus. In ganz schweren Fällen können die Extremitäten bis zu den Ellenbogen oder den Knien eiskalt sein. (*Van Nghi,* S. 127)

Es besteht noch die zweite Möglichkeit, daß das Symptombild sich in Anbetracht der emotionalen Dysbalance mit einem *QI-Mangel des Herzens* deckt, ganz besonders in Anbetracht des emotionalen Hintergrundes. Dieses Disharmoniemuster geht einher mit Herzklopfen, Kurzatmigkeit bei Erregung, Schweiß, Blässe, Müdigkeit, Schwindel, Herzrasen. Die Behinderung der Blutversorgung führen zu Herzinsuffizienz, unterbrochenem, oft beschleunigtem Puls und Herzschmerzen.

ZUNGE: blaß oder normal gefärbt, kann aber in der Mittellinie einen Riß haben, der bis zur Spitze reicht und dessen Seiten geschwollen sind.

PULS: schwach, schlecht gefüllt.

Bei dem *Herz-YANG-Mangel* treten dieselben Symptome auf, aber die Kältesymptomatik steht dann im Vordergrund, mit kalten Extremitäten (besonders die Hände), bis hin zur Blutstauung und Zyanose.

Das *aufflammende Leber-Feuer*, verursacht durch Umwandlung des unterdrückten Leber-QI in Feuer vor allem durch ernsthafte seelische Probleme in diesem Fall, führt zu dem für das AMB typischen Kopfschmerz, der recht heftig sein kann. Es kommt zu
Blutandrang im Kopf,
Augenrötung,
auch plötzlichem Ohrensausen oder Taubheit in schweren Fällen.
Typisch sind die psychischen Begleitbilder:
Reizbarkeit, Unbesonnenheit, Überstürztheit und Ungeduld.

8. Therapie

Für die Differential-Therapie entscheidend ist natürlich das Symptombild, dessen Behandlung jeweils im Vordergrund steht, sei es die Unterleibsproblematik, die Herzneurose oder der Kopfschmerz. Immer aber sollte man die emotionale Dysbalance im Auge haben und versuchen, sie auszugleichen. Daß hierfür der Einsatz des Homöopathikums entscheidend sein kann, liegt auf der Hand. Aber man wird immer die

a) Stagnation des Leber-QI

zuerst behandeln.

GB 34	fördert den starken QI-Fluß des LE-QI und ist dafür sehr wichtig.
LE 3	fördert den glatten Fluß des LE-QI und beruhigt das Gemüt.
LE 13	reguliert das LE-QI, besonders, wenn es die Funktion des MP-QI behindert.
LE 14	hat einen ähnlichen Effekt in bezug auf eine Behinderung des Magens.
3E6	reguliert das QI in den Drei-Erwärmern und bewegt die Stagnation des LE-QI.
KS 6	reguliert das LE-QI, besonders, wenn die Stagnation durch eine emotionale Belastung entstanden ist.

Dies sind fast alle Hauptpunkte, sie können ergänzt werden durch:

LE 8	bewegt das Uterus-Blut in Kombination mit MP 6.
GB 41	wird oft angewandt bei prämenstrueller Anschwellung der Brüste.

b) QI-Mangel des Milz-Pankreas

KG 12	stärkt das MP-QI in seiner transformatorischen und transportierenden Kraft.
MA 36	stärkt das MP-QI und ist überhaupt ein Hauptpunkt, um QI und Blut zu stärken.
MP 3	Dies ist ein Hauptpunkt, um die Defizienz der Milz zu behandeln.
BL 20 und **BL 21**	stärken das MP-QI.

d) CHONG MO

MP 4	Schlüsselpunkt des außerordentlichen Meridians CHONG MO, dem „See der 12 Meridiane" und dem „See des Blutes". In diesem Fall dient er zur Beseitigung von Stauung und Obstruktion. Er wird kombiniert mit KS 6 bzw. mit dem Schlüsselpunkt des

e) YIN WEI MO

dessen spezifische und bedeutsame Wirkung auf die Brust und ihre Probleme, auf das Gemüt, auf das stagnierende Leber-QI, besonders wenn es kombiniert ist mit Herzbeschwerden, bekannt ist. Wichtigster Therapiepunkt ist der **KS 6**, der der Öffnungs- bzw. Schlüsselpunkt des YIN WEI MO ist. Das erklärt auch die therapeutische Bedeutung dieses Punktes überhaupt. Denn er entwickelt so eine ganz spezifische Wirkung auf Erkrankungen des Herzens und der Gallenblase, Störungen im Bereich des Milz-Pankreas und des Magens und des Darms. Er wird in Verbindung mit dem **MP 4** eingesetzt, abgesehen von den anderen Punkten, die ggf. in Frage kommen (**MP 3, KG 6, MA 36, KG 9**).

f) QI-Mangel des Herzens

HE 5	stärkt das HE-QI. Es ist dem HE 7 vorzuziehen, das das Herzblut stärkt.
KS 6	wirkt auf das HE-QI und das Gemüt.
BL 15	ist der Bestimmungspunkt des Herzens und stärkt das QI. Ggf. kann man an diesem Punkt Moxa benutzen.
KG 17	Sammelpunkt des QI, stärkt Lungen und Herz, besonders, wenn Traurigkeit die Ursache ist.
KG 6	stärkt das QI im ganzen Körper.

g) Aufsteigendes Leber-Feuer

LE 2	spezifischer Punkt, um das Leber-Feuer zu klären.
LE 3	beruhigt den Funktionskreis Leber.
GB 20	unterdrückt Leber-Feuer und LE-YANG.

TAI YANG	klärt Leber-Feuer und wirkt besonders auf temporalen Kopfschmerz.
GB 13	unterdrückt das aufsteigende LE-YANG und beruhigt das Gemüt.

9. Epikrise

Man wird Lilium tigrinum für die Behandlung von Kopfschmerzen, die an und für sich nicht gerade sehr charakteristisch sind, nur einsetzen, wenn das Trias von Störungen in der Sexualsphäre, herzneurotischen Beschwerden und hysterischem Verhalten vorliegt. Die ausgeprägten herabdrängenden, ptotischen Beschwerden im Bauch, die sehr heftig sein können und die dem Sepia-Bild sehr ähneln, werden durch dieses Mittel sehr wirksam beeinflußt. Die Unterscheidung zwischen Sepia und Lilium kann Schwierigkeiten machen, doch sind die Störungen bei Sepia mehr chronisch, bei Lilium oft heftiger, schmerzhafter, beunruhigender. Auch fehlen dem Sepia-Kranken die Herz- und Kreislaufbeschwerden mit Herzflattern, stenokardischen Erscheinungen, Tachykardie und Pulsieren in den Arterien durch den ganzen Körper (Glonoin). Damit hängt auch der vorwiegend kongestive Kopfschmerz zusammen, den man am ehesten durch das Disharmoniemuster *aufflammendes Leber-Feuer* beherrschen kann, zumal emotionale Störungen, wie sie durch die ausgeprägten psychischen Erscheinungen gegeben sind, zusammen mit einer langdauernden *Stagnation des Leber-QI* Hitze in der Leber entstehen lassen, die dann aufsteigt. Die herzneurotischen Beschwerden entsprechen einem *QI-Mangel des Herzens.* Für die Behandlung sollte man noch folgende Disharmoniemuster erwägen:

1. QI-Mangel des MP
2. CHONG MO
3. YIN WEI MO

Lycopodium

Toxikologie

Die Tinktur wird aus den zerriebenen Sporen einer Bärlappart, Lycopodium clavatum, hergestellt. Pharmakologisch und toxikologisch gilt der Bärlapp als bedeutungslos. Im Arzneimittelversuch am Gesunden zeigen sich

1. allgemeine Stoffwechselstörungen (der Assimilation und Dissimilation),
2. Leberschwäche mit Neigung zu Leberzellschädigung und Leberatrophie und
3. Schwäche der Magen- und Darmfunktion mit Flatulenz.
4. Trägheit und Trockenheit der Haut, physische Schwäche mit Neigung zu Hypercholesterinämie, Urikämie, Lithiasis, Urämie und Abmagerung *(Voisin).*

Es ist immerhin interessant zu wissen, daß, wie *Künzli* („Zur Theorie der Homöopathie", S. 118) schreibt, „Lycopodium, der Bärlappsamen, in unverändertem Naturzustand belassen, bei fast keinem Menschen einen Effekt (erzeugt); aber verdünnt und hochpotenziert ist dieselbe Substanz imstande, fast jedermann zu affizieren, vorausgesetzt, sie werde längere Zeit kontinuierlich eingenommen." Diese Effektivität beruht wahrscheinlich auf der Tatsache, daß die Samenkapsel des Bärlapp, einer der ältesten Pflanzen der Erdgeschichte, als Inhaltsstoffe 5 Fettsäuren enthält: Öl – Palmitin – Linol – Stearin – Myristinsäure. Hinzu kommen mineralogische Inhaltsstoffe der Kapselhülle, wovon Aluminium den größten Anteil ausmacht. Angesichts der Bedeutung der Fette und Fettsäuren für die Leber- und Gallenfunktion kann man von der Einwirkung der potenzierten Arznei auf den Fettmetabolismus ausgehen. Hinzu kommt dann noch die Wirkung der verschiedenen Minerale wie Aluminium, Phosphor, Magnesium, Silicea und Kupfer im Sinn ihrer homöopathischen Wirkmechanismen.

1. Typus nach dem AMB

Man sollte immer davon ausgehen, daß man, wenn man bei der Beschreibung des Typus von Magerkeit bei welker, gelblicher Haut spricht, die dem Patienten ein älteres Aussehen als dem Alter entsprechend verleiht, und wenn man sagt, daß Abmagerung besonders am Oberkörper die äußere Erscheinung auszeichnet, dann einen bereits von Krankheit infolge von Selbstvergiftung durch Stoffwechselprodukte, insbesondere Harnsäure, gezeichneten Menschen vor sich hat. Insofern ist die Warnung *Stiegeles* vor einer Überbewertung des Konstitutionstypus berechtigt.

Es führt uns weiter, wenn wir weniger vom Körperbautyp als von den psychologischen Voraussetzungen der gesunden Persönlichkeit ausgehen, wie sie von *C. R. Coulter* beschrieben wird. Dann finden wir, daß sie „angenehm und unabhängig ist, wohltuend ruhig und reserviert und, zumindest nach außen hin, kühl und beherrscht."

Coulter kennzeichnet vier auffallende Merkmale des Lycopodium-Typs:
„Seine unverwüstliche Selbstachtung,
seine unerschütterliche Vitalität,
seine gelassene, innere Distanz
und die Achillesferse dieses höchst leistungsfähigen Typs: Seine Neigung, sich selbst etwas vorzumachen."

Im Gegensatz zu dieser mehr wohlwollenden Charakterisierung steht die Behauptung *Vithoulkas*, daß der Hauptwesenszug von Lycopodium etwas mit Feigheit zu tun hat und daß darin der tiefere Grund dafür liegt, daß sie „Verantwortung meiden, wo immer es geht" (Essenzen, S. 100). Auch würde die zentrale Idee in früheren Stadien Lycopodiums darin bestehen, ihr sexuelles Verlangen zu befriedigen, ohne jedoch die Verantwortung tragen zu wollen, und daß die Lycopodium-Persönlichkeit in erster Linie Befriedigung um jeden Preis sucht. Das von *Coulter* gezeichnete Bild entpuppt sich dann als Fassade, hinter der sich ein Mangel an Selbstvertrauen verbirgt und das angebliche Selbstwertgefühl des Lycopodium-Menschen erheblich relativiert.

Ich gehe in dieser Darstellung so ausführlich auf solche Charakterstrukturen ein, weil der Kopfschmerzpatient für die Arzneimittelfindung nicht immer signifikante körperliche Symptome aufweist und man auf psychologische Voraussetzungen angewiesen ist, insbesondere auch, wenn außerdem nur Geist und Gemüt gestört sind.

2. Körperliche Symptome

Wichtig nach *Stiegele* ist die Trias von Leberbeschwerden,
Ziegelmehlsediment im Harn und
Stuhlverstopfung mit vergeblichem Drang,
Symptome, die nach *Mezger* Teilwirkungen der gestörten Stoffwechselfunktion der Leber darstellen.

Es kommt zu einer Hemmung und Verlangsamung im oxydativen Abbau der Stoffwechselprodukte, insbesondere der Proteine, so daß anstelle des normalerweise als Endprodukt des Eiweißstoffwechsels statt Harnstoff vermehrt Harnsäure gebildet wird. Dies ist sicher nur ein Bruchteil der im Leberstoffwechsel gestörten physiologischen Abbauvorgänge, auf die ich nur in ihren Auswirkungen eingehen will: harnsaure Diathese mit Blasen- und Nierenbeckenentzündung und vor allem einer Nierensteinbildung. Abhängig davon sind auch vielleicht die chronisch-rheumatischen Leiden und Gicht, mit Schwäche und Kraftlosigkeit der Glieder, Krämpfe, Zucken und Zittern und Parästhesien. Bekannt (und ein wesentlicher Bestandteil des AMB) sind die krankhaften Störungen im gesamten Verdauungsapparat, wahrscheinlich auch als Folge der chronischen Leberstörungen:

Heißhunger, aber *voll nach wenigen Bissen,*
oder völlige Appetitlosigkeit,
Ablehnung von Fleisch und
Abneigung gegen Brot, aber
übermäßiges Verlangen nach Süßem, Folge einer Hypoglykämie,
viel Sodbrennen und saueres Aufstoßen,
Auftreibung des Bauches im Unterleib (im Gegensatz zu Carbo. veg., im oberen Teil, und China, wo der ganze Bauch gebläht ist), und das besonders zwischen 16.00 und 18.00 Uhr, als Folge einer verlangsamten Stärkeverdauung im Intestinaltrakt,
Gallenkoliken,
spastische Obstipation mit dem Gefühl, als bliebe viel zurück
und vergeblicher Drang.
Erkrankungen der oberen Luftwege und der Lunge wie chronische Rhinitis mit
verstopfter Nase nachts, Krusten und gummiartigen Stopfen,
fächerartige, nicht atmungssynchrone Bewegung der Nasenflügel

im wesentlichen bei Pneumonie mit meist trockenem, quälendem Husten (Stadium der Hepatisation oder chronischer Bronchial-Katarrh) und eine sehr typische Form der Angina,
die rechts beginnt und nach links sich ausbreitet, schlimmer von kalten Getränken.

Eine wichtige Modalität ist der Umstand, daß der Druck der Kleider in der Gürtelgegend großes Unbehagen macht, die Verschlimmerung durch Kälte, kühles Wetter, warme Umschläge, Bettwärme.
Kühle, frische Luft und Bewegung bessern.

Diese Darstellung erschöpft natürlich nur einen Teil der vielfältigen Symptomatik dieses großen Mittels.

Die ZUNGE wird im Zusammenhang mit den intestinalen Störungen als weiß oder gelb belegt angegeben. Sie kann brennen und ist geschwollen.

3. Psychische Symptome

Einen Teil des Psychogramms habe ich bereits eingangs dargestellt. Bei weiter fortgeschrittenen Stadien begegnen wir verschiedenen Reaktionen und Überkompensationen eines Mangels an Selbstvertrauen, wohl als Folge der Verlangsamung des ursprünglich scharfen Denkprozesses bis hin zur Konfusion in alltäglichen Dingen. Das ist das mißtrauische, höchst argwöhnische Verhalten, die Furcht vor irgendwelchen Ereignissen,
das Verlangen nach Einsamkeit und
sowohl die Furcht, allein zu sein, wie andererseits Menschenscheu aus der Angst heraus, andere könnten die innere Schwäche entdecken.
Dabei ist der Lycopodium-Mensch häufig intelligent und intellektuell.
Er hat *zwar Furcht, eine Unternehmung, eine Rolle nicht durchführen zu können,* hat er sich aber entschlossen, führt er seine Sache mit Leichtigkeit durch.
Er kann keinen Widerspruch vertragen und
kommt gleich außer sich vor Ärger,
andererseits ist er, um seine innere Schwäche zu kompensieren, machtliebend. So kann er diktatorisch und tyrannisch sein (Radfahrertyp).

Am Lebensende kommt es zu einer zunehmenden Zerstörung geistiger Funktionen.

Zu den psychischen Symptomen gehören auch sexuelle Störungen. Er hat Angst, den Verpflichtungen in einer partnerschaftlichen Beziehung nicht nachkommen zu können, so daß die Frau keinen Orgasmus mehr hat und der Mann an Impotentia coiundi und Ejaculatio praecox leidet *und alte Männer unter starkem Verlangen, aber unvollständigen Erektionen leiden.*

Dies in Stichworten und der gebotenen Kürze über die reich facettierte Charakterstruktur von Lycopodium.

4. Auslösende Schädigung

Emotionale Faktoren,
Traumata und Sorgen,
fehlerhafte Ernährung,
exzessive sexuelle Betätigung,
Kälte und Schwüle,
altersbedingte Abnutzungserscheinungen.
Bei Schmerzen Verschlimmerung von 16.00–20.00 Uhr.

5. Art der Kopfschmerzen

Folgende Symptome charakterisieren den Kopfschmerz:
Benommenheit und Schwindel,
Kopfschmerz von Verärgerung,
Kopfschmerz mit Neigung zur Ohnmacht und Unruhe,
Schweregefühl des Kopfes.
Der Kopfschmerz verschlimmert sich beim Schütteln und Drehen des Kopfes und ebenso bei jedem Schritt,
Schmerz über den Augen, besonders nach dem Frühstück,
halbseitiger Kopfschmerz am Abend, verschlimmert durch anhaltende geistige Tätigkeit, als ob der Kopf auseinanderbrechen würde, beim Aufrichten vom Bücken.

Manchmal auch ein Schmerz, als ob ein Nagel in den Kopf getrieben würde,
Stechen in den Schläfen,
meist auf der rechten Seite, von innen nach außen.
Hitzegefühl, klopfend, drückend, reißend, zum Bersten,
besser in kühler Luft.
Der Kopfschmerz kann ausgelöst werden, wenn das Essen nicht zur rechten Zeit eingenommen wird, nach dem Essen vergeht er aber wieder.

Ängstlich, ANTIZIPATION. Überlastet.
Verwirrt, gedächtnisschwach, fürchtet Unfähigkeit zu dieser Arbeit.
Es geht aber, sobald er angefangen hat.

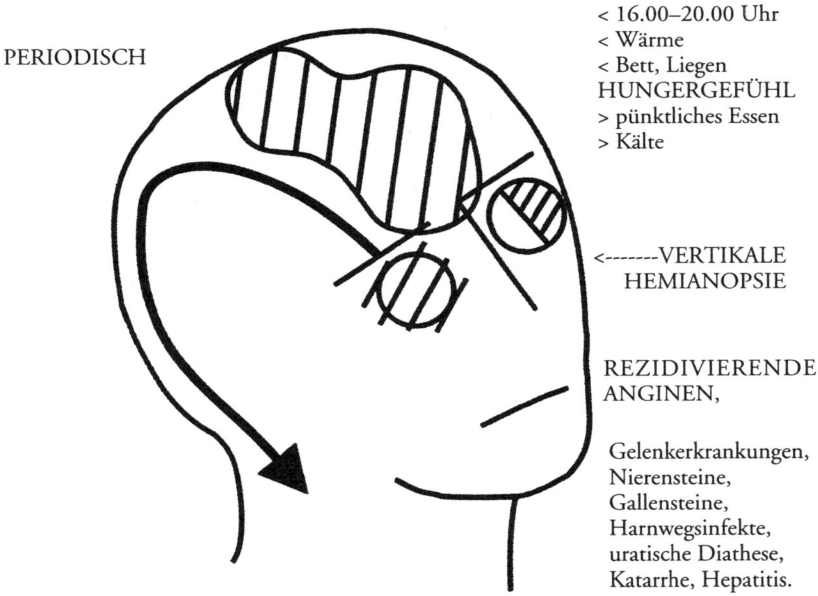

Lehrer, Anwälte, Geschäftsleute, Beamte. Sehr für Gerechtigkeit, Widerspruch wird schlecht vertragen. Radfahrertypen, Gockeltypen, GELDPROBLEME. Beim Schreiben **zusätzliche** Silben und Worte. Flieht Gesellschaft wegen Schüchternheit. Ergriffen bei Freundesbegrüßung. Sentimental; weint, wenn ihm gedankt wird oder bei Geschenken. Weinen bei der geringsten Unannehmlichkeit.
Heulkinder.
Verlangen: SÜSSES,
Aversion: AUSTERN, < KOHL, < ZWIEBELN
Kann nichts Enges um den Leib vertragen.

6. Homöosiniatrische Punkte

NI 25
SHENCANG = Speicher des SHEN

Lage:
Im 2. Interkostalraum, 2 CUN lateral der Mittellinie.

Wirkt tonisierend auf die Nieren und das YANG des MDE. Beruhigt das Gemüt. Indiziert besonders bei Druck in der Leibesmitte, Kurzatmigkeit, Druck auf der Brust.

Nach *de La Fuye:*
Nierensteindiathese, Nierenkolik, Asthma, Dyspnoe, Völlegefühl in der Brust, Erbrechen.

Nach *Weihe* liegt dieser Punkt nur rechts, nach *de La Fuye* beiderseits (s. Anmerkung).

LE 8
QU QUAN = Quelle an der Krümmung
Wasser-PU
HO-PU (Delta)
Tonisierungs-PU

Reguliert und tonisiert die Leber (speziell QI und Blut), leitet Leberhitze ab, vertreibt Feuchtigkeit aus dem UDE, reguliert die Menstruation und bewegt Blutstauung. Entspannt die Sehnen. (Es gibt außerdem eine große Anzahl von Indikationen, auf die ich hier nicht eingehen will, die aber die weitreichende Bedeutung dieses Punktes, z. B. auch bei Dysfunktionen des Urogenitalsystems, bei Schwindel und Kopfschmerz erklären.

Nach *de La Fuye* repräsentiert der Punkt fast sämtliche Symptome des Lycopodium-Bildes, von denen ich einige mir wichtig erscheinende hervorheben möchte:

Atrophische Zirrhose,
Wechsel von Dysenterie und Obstipation,
Auftreibung des Leibes mit Darmspasmen und Windkolik,
Schwindel, lebhafte Schmerzen im ganzen Körper, besonders im Rücken, in den Augen und den Gliedern.

Dyspnöe, Enge der Brust, spastische Kontrakturen, Kältegefühl der Knie, Pruritus und Brennen der Vulva, beeinträchtigte Nierenfunktion.

Selbst wenn man unterstellt, daß es weniger der Punkt als das Mittel Lycopodium ist, das die therapeutische Wirkung hervorruft, sind die Angaben zu allgemein und ohne Berücksichtigung des konstitutionellen Moments auch unangebracht.

NI 1
YON QUAN = Emporsprudelnde Quelle
Holz-PU
TING-PU (Ursprung)
Sedierungs-PU

Lage:
Auf der Mitte der Fußsohle in einer Vertiefung zwischen 2. und 3. Metatarso-Phalangeal-Gelenk.

Die Klassifizierung als Sedierungspunkt ist irreführend, denn er tonisiert das YIN und die Essenz, klärt die Hitze und wirkt insofern sedierend, als er Wind und Hitze durch YIN-Schwäche unterdrückt. Dadurch beruhigt er auch das Gemüt, verbessert die Beschwerden und klärt die Gehirnfunktion.

Daraus ergeben sich Indikationen wie Furchtsamkeit, Vergeßlichkeit, Unfruchtbarkeit beider Geschlechter, Hitze der Fußsohlen als Folge der Schwäche des SHAO-YIN. Aber auch Gleichgewichtsstörungen, Kopfschmerzen (Scheitel), Sehstörungen aller Art und psychische Alterationen. Reizbarkeit, Nervosität und Jähzorn können über diesen Punkt mit beeinflußt werden.

Außerdem Krämpfe an verschiedenen Stellen, also Windbefunde (Waden, Rücken-, Nackenmuskulatur). Auch Beengung am Hals und Schwellung, Lähmung der Zunge, Sprachverlust, Heiserkeit und Husten. Man kann auch Feuchtigkeit und feuchte Hitze beeinflussen bei Müdigkeit, Schlafsucht, Abgeschlagenheit, Beklemmungsgefühl in Bauch- und Leibesmitte.

Hinzu kommt die Wirkung bei Mangel des QI-pulmonale: Husten, starker Durst, Schmerzen in Brust und Rücken. Mit dieser Aufzählung sind die therapeutischen Wirkungen dieses Punktes keineswegs erschöpft.

Nach *Maciocia* hat dieser Punkt also einen „sedierenden Effekt auf das Körper-QI und wird angewandt bei Fülle-Mustern. In erster Linie tonisiert er das YIN und sediert speziell Hitze, die von einem YIN-Mangel herrührt. Aber ebenso sediert er Fülle-Hitze und unterdrückt Wind-Krankheiten."

Nach *de La Fuye*
wirkt der Punkt in erster Linie auf das urogenitale System, also sowohl die Niere wie bei Nephritis, auf die Blase bei Zystitis-Schmerzen mit Oligurio und Anurie. Er hat Einfluß auf Modalitäten wie Verschlimmerung durch heißen Wind, auf das Gemüt im weitesten Umfang, auf das Kreislaufsystem mit Herzklopfen und Konstriktionsschmerz des Herzens, Nasenbluten, Urämisches Koma, Schwindel, das Respirationssystem, Verdauungssystem, mit Verstopfung, Pharyngitis, Magenschmerzen, auf kongestiven Kopfschmerz, Scheitelschmerz, mangelnde Schweißbildung.

Man muß sich wirklich fragen, was all diese Symptome (mit einigen Ausnahmen) mit dem Lycopodium-Bild zu tun haben. Für die Beziehung zu dem Akupunkturpunkt fehlt das geistige Band.

GB 40
QIUXU = Feld am Hügel
(oder Ruinen-Hügel)
Quell-PU

Lage:
Vor und unterhalb des Malleolus externus in einer Vertiefung.

Reguliert speziell das Leber-QI und Blut und die Gallenblase. Löst das Leber-QI und klärt Hitze und Feuer im Funktionskreis der Leber. Daher bei allen Schmerzen in Verbindung mit LE 5. Hauptpunkt für Psychosen, Förderung des Leber- und Gallenflusses, wirkt spasmolytisch bei Cholezystitis, Cholangitis, beeinflußt Muskelschwäche und Lähmung der Beine.

Nach *de La Fuye*
ein Punkt, der auf die Blase bei schwerer Blasenatonie und Gallenstein wirkt. Anzuwenden auch bei physischer und geistiger Depression, bei Gliederschwäche mit Einschlafen.

Anm.: Auch von *Voisin* wird der *Weihe-Punkt*, der dem **NI 25** entspricht, als sehr wirksam bei chronischen Affektionen der Leber oder der Niere, die dem Lycopodium-Bild entsprechen, erwähnt. Allerdings lokalisiert er den Punkt etwas abweichend in den 2. oder 3. Interkostalraum 3 Querfinger außerhalb des Sternums. Man muß sich wohl beim Aufsuchen des Punktes auf die Druckempfindlichkeit verlassen.

7. Vom homöopathischen Symptombild zum Disharmoniemuster

Das AMB von Lycopodium wird beherrscht von der Trias: Leberfunktionsstörung, harnsaure Diathese und Magen-Darm-Symptomatik. Das darf aber nicht bedeuten, daß die psychische Problematik, heute würde man sagen der psychosomatische Aspekt, unwesentlich ist. Es stellt sich jedoch die Frage des Zusammenhanges mit dem Somatischen, denn nach chinesischer Denkweise kann man Körper, Seele und Geist nicht voneinander trennen. Die Schwierigkeiten in der westlichen Medizin ergeben sich daraus, daß sie im wahrsten Sinne zu „kopflastig" ist.

So aber spielt es für die Therapie keine Rolle, daß in der TCM den zentralen Funktionen des Gehirns zu geringer Stellenwert zukommt, denn es besteht ja die Möglichkeit, die Seele über den Körper zu behandeln – bis zu einem gewissen Grenzwert, muß man allerdings einschränkend zugeben. Aber diese Einschränkung gilt für beide Therapieformen, wie auch immer „Psychotherapie" zur Anwendung kommt.

Der Kopfschmerz selbst spielt in diesem AMB keine beherrschende Rolle und soll erst am Schluß, wenn alle Zusammenhänge geklärt sind, besprochen werden. Gerade er hat ja mit der Gehirnfunktion wenig oder gar nichts zu tun und spiegelt mehr die Abhängigkeit krankhafter Reaktionen von disharmonischen Zuständen in den Funktionskreisen wider.

Im emotionellen Bereich spielt die Funktion der Leber eine zentrale Rolle und im Hinblick auf Lycopodium auch der Funktionskreis der Gallenblase. Das Verhalten des Lycopodium-Menschen – nicht im Normalen – bei gestörtem seelischem Gleichgewicht, ist dann von besonderer Bedeutung, wenn er mißtrauisch und reizbar wird, wenn ihn Ärgerlichkeit und leichte Erregbarkeit mit Unmut und Zorn erfassen, wenn er auch keinen Widerspruch ertragen kann, Schwäche und Erschöpfungszustände auftreten. Dann ergibt sich aus der Sicht der TCM sogleich eine Beziehung zum *gestauten Leber-QI* und zum *geschwächten Nieren-YING*, gleichgültig, ob emotionale Faktoren die Disharmonie der Leber hervorgerufen haben oder die emotionalen Störungen die Begleiterscheinungen eines konsekutiven Disharmoniemusters der Leber sind. Nur in diesem Zusammenhang können auch Kopfschmerz und Migräne gesehen und behandelt werden.

Die Schwäche der Leberfunktion zieht sich auf jeden Fall durch das ganze Präparat, so daß selbst *Mezger* in seiner Arzneimittellehre in bezug auf Lycopodium von einer „Stagnation der Leber" (S. 879) spricht. So spielt die *Stagnation des Leber-QI* sicher eine zentrale Rolle, da sie ja hervorgerufen wird durch Frustration, unterdrückten Ärger oder Groll über einen längeren Zeitraum. Diese Störung des glatten Energieflusses kann vielseitige Folge haben:

Ausdehnungsgefühl des Hypochondriums und der Brust,
Oberbauchschmerz,
Seufzen und Aufstoßen,
Melancholie, Depression, Launenhaftigkeit,
Übelkeit, Erbrechen,
Appetitlosigkeit,
Bauchauftreibung,
Darmgeräusche, Diarrhö,
Gefühl des Kloßes im Hals,
Schluckstörung,
Unregelmäßigkeit der Periode,
prämenstruelles Syndrom.

ZUNGE: normale Farbe des Zungenkörpers, der auch blaugrün, violett und dunkel aussehen kann.

PULS: gespannt, besonders auf der rechten Seite.

Nicht alle diese Symptome müssen zusammen auftreten. Andererseits reicht die Stagnation des *Leber-QI* sehr weit und manifestiert ihren Einfluß in einem großen Umfang. Da ist das Ausdehnungsgefühl, das vorherrschend ist gegenüber den Schmerzen, die Seufzeratmung und das Aufstoßen, die emotionalen Irritationen.

Die meisten Oberbauchbeschwerden (Erbrechen, Übelkeit, epigastrische Schmerzen, Appetitlosigkeit, Aufstoßen) sind die Folge davon, daß das *stagnierende Leber-QI* in dem Auto-Regulations-System von Erzeugung und physiologischer Hemmung zu sehr überwiegt und die normale absteigende Bewegung des *Magen-QI* behindert. So kommt es zu den oben erwähnten Magenstörungen. Dasselbe gilt nach der Regel der Fünf-Wandlungsphasen natürlich auch für die Kontrollfunktion der Leber über die Milz (Holz – Erde). Tritt sie infolge des Füllezustandes in der Leber bei stagnierendem QI zu sehr in Aktion, hemmt sie die Milz und hindert sie an ihrer Transport- und Transformationsfunktion. Es handelt sich da um eine Überlappung der Disharmoniemuster zwischen MP/MA und Leber, und es ist zuweilen schwierig zu entscheiden, wo die Störung beginnt und endet. Letztlich behindert die Stagnation auch den Fluß des Blutes mit Auswirkungen auf den JENN MO und CHONG MO und damit auf die Uterusfunktion. Nach den 8 diagnostischen Leitkriterien ist dies ein Füllezustand im Inneren, der Hitze erzeugt, was man bedenken muß, auch wenn der Patient aufgrund seiner depressiven Grundhaltung den Eindruck von Defizienz erzeugt.

Hält dieses Disharmoniemuster lange an, kann es zu 3 sich überlappenden Zuständen kommen. Ich erwähnte oben die exzessive Hemmung des Funktionskreises des Milz-Pankreas durch *stagnierendes Leber-QI* im Zusammenhang mit emotionalen Problemen. Es entsteht das kombinierte Muster *Leber überwältigt die Milz* mit ihren Folgen:

Der glatte Fluß des QI der Leber ist beeinträchtigt und damit auch die Funktion der Milz zur Transformation und zum Transport. Nach den Regeln der 5 Wandlungsphasen überwältigt das Holz „die Erde". Nach den 8 diagnostischen Leitkriterien ist dieses Disharmoniemuster eine Mischung von Mangel und Fülle, *Defizienz des Milz-Pankreas-QI* und *Fülle des Leber-QI.* Überwiegt das letztere, dann kommt es zu Obstipation mit trockenem, schwer absetzbarem, bröckeligem Stuhl und Bauchauftreibung. Umgekehrt entsteht bei vorherrschendem QI-Mangel der Milz weicher Stuhl, und die Bauchbeschwerden sind gering. Dabei sind im Fall des QI-Mangels der Milz noch andere als emotionale Faktoren im Spiel: unregelmäßige Eßgewohnheiten und Überarbeitung.

Unter normalen Umständen hilft das Leber-QI dem Milz-Pankreas bei seiner transformatorischen Aufgabe bei Trennung und Transport. Kommt es zu einem Milz-Pankreas-QI-Mangel in Kombination mit

Hitze, die sich bei dem stagnierenden Leber-QI entwickelt, entsteht Feuchtigkeit in der Leber und Gallenblase.
Es resultiert daraus u. a. das Disharmoniemuster *feuchte Hitze der Gallenblase* mit Schmerzen und Ausdehnungsgefühl im Hypochondrium,
Erbrechen und Übelkeit,
Widerwillen gegen fette Nahrung,
gelblichem Teint,
spärlichem und dunkelgelbem Urin,
Fieber (in manchen Fällen),
Durst ohne Wunsch zu trinken,
Bittergeschmack.

ZUNGE: dick-haftender, gelber Belag, entweder bilateral oder auf einer Seite.

PULS: schlüpfrig, gespannt.

Die Feuchtigkeit stört das *Leber-QI* am glatten Fluß, das dann stagniert und dieses typische Ausdehnungsgefühl mit Schmerzen erzeugt. Eine weitere Folge können nach einer längeren Dauer der Feuchtigkeitsansammlung Gallensteine als Ausdruck von feuchter Hitze oder Schleim-Feuer sein.

Unter demselben Gesichtspunkt muß man die Entstehung des für Lycopodium typischen Ziegelmehlsediments sehen, das grobkörnig einen regelrechten Satz im Uringlas bildet und auch in Gestalt der harnsauren Diathese als Vorstufe für Nierensteine anzusehen ist. Denn wenn das Milz-Pankreas-QI nicht transformieren und transportieren kann, akkumulieren die Flüssigkeiten in Form von „Feuchtigkeit", welche die Nierenfunktion behindert. Dies könnte auch eine Erklärung für die Tatsache sein, daß die meteoristische Auftreibung sich im Unterleib (UDE), und gerade zwischen 16.00–18.00–20.00 Uhr, abspielt. Denn nach der *Organuhr* ist die Zeit um 17.00–19.00 Uhr die Maximalzeit der Niere und eine sogenannten *Wendezeit,* u. a. mit vermehrtem Rest-N im Blut, Steigerung des O_2-Verbrauchs und der CO_2-Abgabe, einem Minimum der Fettresorption im Darm und einem Maximum an Leberfett, Hauptaktivitätszeit der Nebennieren. Außerdem treten zu diesem Zeitpunkt gehäuft hypoglykämische Beschwerden auf und Nierenkoliken. In der Zeit von 17.00–19.00 Uhr und auf der gesamten Organuhr fungiert Lycopodium als Hauptmittel.

Wenn es im Laufe des Lebens zu den typischen Abbau-Vorgängen von Lycopodium kommt mit:

Gedächtnisschwäche, Konzentrationsmangel,
Versprechen, Wortfindungsstörung,
Schreibfehlern,
Unfähigkeit zu geistiger Arbeit,
häufigem Schwindel,
Impotenz bei vorhandenem Trieb,
seniler Demenz,
so ist das Ausdruck eines *Nieren-Essenz-Mangels*, der sowohl mit einem *Nieren-YIN-Mangel* wie mit einem *Nieren-YANG-Mangel* zusammenhängen kann. Im letzteren Fall wäre die

ZUNGE: blaß

PULS: tief und weich.

Der Knochenbau geht zurück, und es entsteht nicht genug „Mark", um das Gehirn zu füllen.

Dies sind die wesentlichen Disharmoniemuster für die komplementäre Therapie beim Lycopodium-AMB.

Mit den bisher erörterten Disharmoniemustern lassen sich noch andere krankhafte Phänomene des Lycopodium-Bildes erklären, so die rheumatischen Erscheinungen, die im wesentlichen auf eine Ansammlung von nicht substantiellem Schleim aufgrund einer herabgesetzten Transformationskraft von Milz-Pankreas (aber auch von Niere und Lunge) zurückgeführt werden können. Die Stagnation der Leber wiederum verursacht Krampfadergeschwüre und Varizen und ist verantwortlich für die so charakteristische rechtsseitige periphere Durchblutungsstörung. Auch die Blutstauung im weiblichen Organismus mit zu langer, zu starker Regel und Zwischenblutungen im Lycopodium-Bild lassen sich so einordnen.

Unter dem Einfluß des *stagnierenden Leber-QI* wird auch das *Lungen-QI* in seinem Fluß gestört und die nach unten gerichtete Bewegung der Energie behindert, was dann Husten, Kurzatmigkeit und/oder Asthma hervorruft (nach der Regel der fünf Wandlungsphasen: Holz verletzt Metall). Aber außerdem kann *stagnierendes Leber-QI zu aufwärtssteigendem Leber-Feuer* führen und das Lungen-YIN beeinträchtigen, was dann zu

Oberbauchschmerzen,
Bluthusten
und schmerzhafter Atmung
führt, Begleiterscheinungen pleuraler Natur, die einer Lungenentzündung entsprechen, bei der *Hitze das Lungen-QI* hemmt. Dieses Stadium (der Hepatisation) ist dann verbunden mit hohem Fieber, Aufhusten von dickem, gelbem Schleim, manchmal auch von Blut, heftiger Atmung.

Es gibt im Lycopodium-Bild noch einen psychologischen Aspekt, der seine Entsprechung in einem defizienten Gallenfunktionskreis hat:
Die Entschlußlosigkeit, ja „Feigheit" d. h. der Mangel an individuellem Mut und Initiative.
Denn der Funktionskreis der Leber ist verantwortlich für die Lebensplanung, der Funktionskreis der Niere für die Stärke der Vitalität, der der Gallenblase aber vermittelt die Fähigkeit, die Vitalität zu steuern. Dies spiegelt auch die Mutter-Sohn-Beziehung zwischen Leber-Gallenblase und Herz nach den fünf Wandlungsphasen. Ein Mangelzustand im Funktionskreis Gallenblase führt zu Mangel an Entscheidungskraft.

Noch eine andere Folge kann die Beeinträchtigung des QI-Flusses im Bereich des Gallenblasen-Meridians haben: *Stauung des QI im Gallenblasen-Meridian* erzeugt Schmerzen in seinem Verlauf, wie sie uns beim Lycopodium-Kopfschmerz begegnen können.

Im übrigen kommt für den Lycopodium-Kopfschmerz mit dem eingenommenen Kopf und der Abhängigkeit von Nahrungsaufnahme vor allem das Disharmoniemuster *feuchte Hitze eindringend in die Milz* in Frage. Wir haben es also bei den Kopfschmerzen sowohl mit einem FU- wie mit einem ZANG-Kopfschmerz zu tun.

8. Therapie

a) Stagnation des Leber-QI

LE 3 stärkt das LE-QI, reguliert die Zirkulation von QI und Blut. Senkt aufsteigendes YANG.

LE 13 reguliert das LE-QI im MDE, besonders, wenn es die Milz affiziert.

LE 14	reguliert das LE-QI im MDE, besonders, wenn es den Magen affiziert.
GB 34	reguliert das LE-QI und wirkt besonders auf das Hypochondrium.
3E6	reguliert ebenfalls das LE-QI mit besonderer Wirkung auf die beiden Seiten des Körpers.
KS 6	bei Übelkeit. Auch dieser Punkt reguliert das LE-QI, besonders im Hinblick auf das JUE YIN, das von beiden gebildet wird.

Dies sind die Hauptpunkte, die bei der Grundbehandlung der Kopfschmerzen genügen werden. Im wesentlichen kommt eine sedierende Therapie in Frage.

ZUNGE: Der Zungenkörper kann normal sein, aber auch purpurn oder bläulich verfärbt.

PULS: gespannt.

b) Stauung des Leber-QI stört Milz-Pankreas oder Magen

Die Therapie verläuft ähnlich wie bei a), besonders

LE 3 und **LE 13**	regulieren QI der Leber und des Milz-Pankreas, bewegen das QI im MDE.
LE 14	reguliert das QI im MDE, besonders, wenn der Magen betroffen ist.
BL 20 oder/ und **BL 21**	Zustimmungspunkte von MP und MA, tonisieren MP und MA. Lösen Feuchtigkeit auf.
MP 4	Schlüsselpunkt des CHONG MO. Tonisiert MA und MP. Verteilt Bauchauftreibung, beruhigt den Magen.
MA 36 und **KS 6**	bei Übelkeit.
MA 25, 36 und **37**	bei Diarrhö.

c) Feuchte Hitze in der Gallenblase

Außer KG 12 und BL 20 muß sedierend oder nach der *Even*-Methode behandelt werden.

GB 24 und **BL 19**	„JU-MO"-Methode. Klären die Hitze in der Gallenblase.
LE 14 und **BL 18**	„JU-MO"-Methode, klären Hitze in der Leber.
KG 12 und **BL 20**	lösen die Feuchtigkeit auf.
GB 34	verstärkt den glatten Fluß des Leber-QI, löst Feuchtigkeit auf und klärt die Hitze.
DANANGXUE - Spezial-Punkt (1 CUN unter dem GB 34, nach Druckempfindlichkeit)	Er hat dieselbe Wirkung wie **GB 34** und wird nur benutzt, wenn er empfindlich ist.
LG 9	klärt die Hitze in der Gallenblase und regt den glatten Fluß des LE-QI an und löst Feuchtigkeit auf.
DI 11	klärt die Hitze und löst Feuchtigkeit auf.
3E6	verbessert den glatten Fluß des LE-QI, klärt die Hitze im SHAO YANG.

d) Nieren-Essenz-Mangel

NI 3 (mox)	tonisiert das NI-YIN und die Essenz (JING). (Dies ist ein Punkt, der in fast allen Disharmoniemustern der Niere zur Anwendung kommt.)
NI 6 (mox)	tonisiert ebenfalls das NI-YIN.
KG 4 (mox)	tonisiert des JING.
BL 23 (mox)	tonisiert die Nieren.
LG 4	tonisiert den YANG-Aspekt des JING der Essenz.

	Dieser Punkt, der den Namen MING-MEN (Tor des Lebens) hat, wird nur angewandt bei Nieren-Essenz-Defizienz auf dem Hintergrund eines YANG-Defizits.
GB 39	tonisiert das Knochenmark (Meisterpunkt).
LG 20	tonisiert das „Mark", um das Gehirn zu füllen („Mark" korrespondiert nicht mit dem Mark in der westlichen Medizin. Es ist die allgemeine Matrix für Knochen, Knochenmark, Gehirn und Rückenmark).
LG 14	stimuliert ebenfalls das „Mark", damit es das Gehirn erreicht.
BL 15	tonisiert das Herz in seiner Fähigkeit, den Geist (SHEN) zu beherbergen.
BL 11	ernährt die Knochen (Meisterpunkt).
MA 36	stärkt das QI und somit die erworbene Essenz.
MP 6 und **BL 20**	verbessern die Assimilationskraft des Stoffwechsels.

e) Feuchtigkeit und Hitze sammeln sich in Milz-Pankreas und Magen

Es geht darum, die Milz zu tonisieren, die Feuchtigkeit zu vertreiben und den glatten Fluß des LE-QI sowie die Dämpfung der Hitze zu erreichen.

KG 12	tonisiert die Leber und vertreibt Feuchtigkeit.
MP 6 **MP 3**	vertreiben Feuchtigkeit.
BL 20	tonisiert die Milz und löst Feuchtigkeit auf.
LE 13	fördert den freien Fluß des LE-QI und vertreibt die Feuchtigkeit aus dem MDE.
LE 14	fördert ebenfalls den freien Fluß des LE-QI.
GB 24	fördert den freien Fluß des LE-QI und die Sekretion der GB.

GB 34 fördert den glatten Fluß des LE-QI und MDE.

MP 9 transformieren die Feuchtigkeit.
und **KG 9**

9. Epikrise

Lycopodium ist sicher eines der wichtigsten Polychreste und antipsorischen Mittel und wurde deshalb so ausführlich behandelt. Aber die Kopfschmerzsymptomatik steht nicht im Vordergrund und läßt sich ohne Bezugnahme auf den Disharmonie-Hintergrund nicht nachhaltig beeinflussen. Dabei steht auch hier, wie bei den meisten Migränebildern, die Bedeutung des Leber- und Milz-Pankreasgeschehens im Vordergrund, wenn wir auch aus der Sicht der westlichen Medizin die Stoffwechselvorgänge, vor allem was die Gallensteinbildung und die harnsaure Diathese anbetrifft, aufgrund unserer wissenschaftlichen Erkenntnisse anders erklären.
Auf den therapeutischen Erfolg bei den nach TCM-Vorstellungen behandelten Patienten hat das aber keinen beeinträchtigenden Einfluß. Zumal wenn man den Kranken mit einem passenden Homöopathikum wie Lycopodium gleichzeitig behandelt. Zur Behandlung einer Pneumonie allein mit Homöopathie oder zusätzlich mit Akupunktur wird man sich wohl kaum entschließen.

Es ist bemerkenswert, daß *Voisin* („Materia medica“, S. 787) die vorwiegend rechtsseitige „Nierenkolik im Lycopodium-Bild als eine chronische, allgemeine Stoffwechselstörung der Assimilation und Dissimilation hepatischen Ursprungs mit hepatischer oder hepato-renaler Insuffizienz“ bezeichnet.

Es leuchtet nun ohne weiteres ein, daß die Benutzung der homöosiniatrischen Punkte nach *Weihe* und *de La Fuye* niemals ausreichen würden, um ein so komplexes Geschehen durchgreifend zu beeinflussen. Das schmälert allerdings nicht ihren Stellenwert, der sie in diesem Fall für einen therapeutischen Einsatz durchaus geeignet macht.

Melilotus officinalis

Toxikologie

Melilotus wird aus den frischen Blättern und Blüten des Steinklees gewonnen. Sein Inhaltsstoff *Cumarin* ruft Betäubung, Herabsetzung der Reflextätigkeit, der Atmung und Schädigung der Leberzellen mit Ikterus und Nephritis hervor. Beim Arzneimittelversuch am Gesunden kommt es zu Kongestionen zum Kopf mit Kopfschmerzen und Nasenbluten.

1. Typus nach dem AMB

Konstitutionelle bzw. körperbauliche Merkmale werden nicht beschrieben. Auffallend ist die Organotropie des Mittels zum Gefäßsystem, sowohl des arteriellen als auch venösen Schenkels ohne Gerinnungshemmung, wie man sie bei der *Cumarin*-haltigen Urtinktur bis zur D 2 beobachten konnte und therapeutisch ausnutzte *(Esberiven)*. Diese, in der Schulmedizin beobachtete Wirkung, beruhte wahrscheinlich auf einer Thrombopenie, weswegen man Melilotus in therapeutischen Dosen von D 4–D 6 auch bei hämorrhagischer Diathese vom Typ Werlhof einsetzen kann, beobachtet man doch im Prüfungsbild blaue, blutunterlaufene Stellen an allen Gliedern.

2. Körperliche Symptome

Im Vordergrund stehen berstende Kopfschmerzen (s. u.), aber auch Ameisenlaufen und Parästhesien, Varikosis, Thrombophlebitis und Hämorrhoiden. Nicht überall werden die sehr charakteristischen Kreislaufbeschwerden im Sinn einer Angina pectoris mit Herzstechen und Herzklopfen, Beklemmungen und heftigem Oppressionsgefühl auf der Brust beschrieben, die zusammen mit den kongestiven Kopfschmerzen, aber auch allein auftreten können.

Der Blutandrang nach den verschiedensten Organen ist symptomatisch für das ganze Mittel: Kongestionen nach dem Gehirn, den Lungen und Rektum verbunden mit Nasenbluten,
Hämoptoe und Hämorrhoidalblutungen, wobei

geistige und körperliche Anspannung und Schwäche vorhanden sein können.
Besserung im Freien und durch Bewegung in frischer Luft,
durch körperliche Tätigkeit und
durch *Nasenbluten,*
reichliches Harnlassen,
sowie durch Einsetzen der Menses.
Das Nasenbluten kann als entlastender Vikariationseffekt aufgefaßt werden und tritt auf bei
intensiver Rötung,
Wallungen zum Gesicht und
klopfenden Karotiden.

3. Psychische Symptome

Unzufriedene, ungeduldige und zornige Gemütsstimmung, bis hin zur Melancholie mit religiösen Wahnideen können vorliegen.

4. Auslösende Schädigung

Sonneneinstrahlung *(Nash).*
sonst sind nur als Modalität bekannt:
Verschlimmerung durch körperliche Ruhe,
abends,
Stuben- und Küchenwärme,
im Klimakterium.

5. Art der Kopfschmerzen

Plötzlich auftretende berstende Kopfschmerzen mit starkem Hitzegefühl im Kopf und glühender Gesichtshaut, evtl.
einhergehend mit konjunktivaler Injektion *(Römer).*
Klopfendes Gefühl in der Stirn, das sich mit dem Einsetzen von Nasenbluten bessert.
Die Kopfschmerzen können fürchterlich sein.

KONGESTIVER KOPFSCHMERZ ZUM BERSTEN MIT GLÜHENDROTEM GESICHT. HITZEGEFÜHL IM KOPF, KALTE FÜSSE. Kopfschmerz wechselt mit Lumbago.

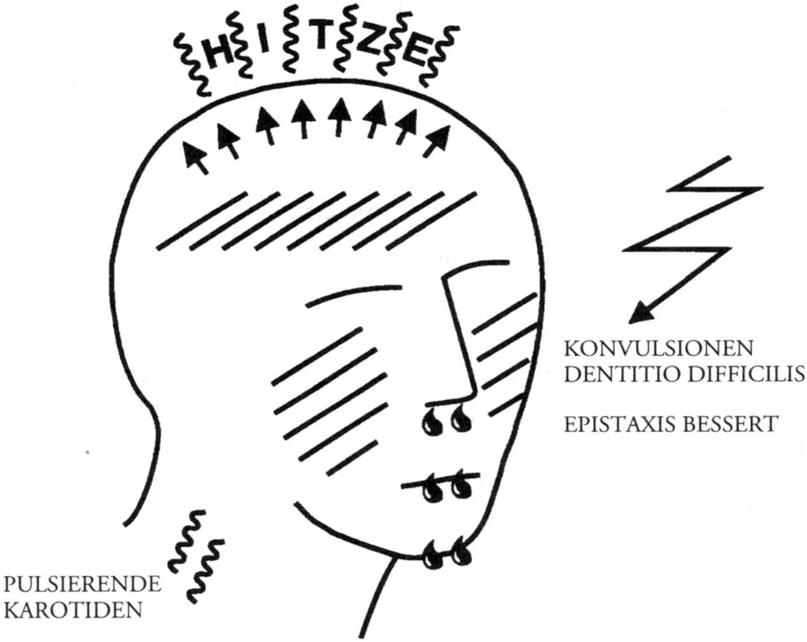

Blutanschoppungen in jedem Körperteil und Organ.
Blutungen bessern den Blutandrang.
DELIR MIT ANGST oder religiöse Melancholie. Wahnsinn in frühen Stadien, um das Gehirn von Druck und Reizung zu befreien. Monomanie mit Raserei. Zerstörungswut, will weglaufen.
Urina spastica.
Erstickungsgefühl in der Brust mit Husten, Herzstechen, Beklemmung und Herzklopfen gebessert durch Nasenbluten.
Thrombocytopenie, M. Werlhof, reichlich blaue Flecke. Akne und Ekzem mit Jucken.
Konvulsionen, Pseudo-Chvostek.
Parästhesien in Armen und Beinen. Neuritische Beschwerden.
Schlimmer bei regnerischem, wechselhaftem Wetter, Sturm; bei Stuben- und Küchenwärme; im Klimakterium; abends, durch körperliche Ruhe.
Besser im Freien, durch körperliche Betätigung, reichliche Harnausscheidung, Essig.

6. Homöosiniatrische Punkte

(keine Angaben)

7. Vom homöopathischen Symptombild zum Disharmoniemuster

In erster Linie denkt man bei diesem AMB von Melilotus an eine Plethora, an einen präapoplektischen Zustand, an Hypertonie mit Arteriosklerose.
Das alles kann vorliegen, es können aber auch zuweilen klimakterische Ausfallserscheinungen diese Symptomatik erzeugen.

Ganz allgemein handelt es sich um eine

a) Blut-Hitze

Sie kann die Gefäße erhitzen und zum Austritt von Blut führen in den verschiedensten Formen. Die Blutungen sind oft
profus und entweder hellrot oder dunkelviolett und so kann es auch zu *blauen, blutunterlaufenen Stellen in der Haut kommen.*
Ruhelosigkeit,
Durst,
rote oder tiefrote Zunge,
schneller Puls,
alles das zeigt die Hitze an.

Von da an ist kein weiter Schritt zum

b) Aufsteigenden Herz-Feuer

zumal das Herz die Gefäße und die Blutzirkulation, die ja hier gestört ist, in ihrer Verteilung beherrscht. In diesem Fall ist es kombiniert mit

c) Leber-Feuer

und wird bestimmt von den Symptomen:
Kopfschmerz,
Augenrötung,

Unruhe und Reizbarkeit, evtl. zusammen mit *Herz-Feuer* – Symptomen wie:
rote Zungenspitze, Zungenrisse
Erosionen der Zungen- und Mundschleimhaut.

Zum *Leber-Feuer* gehört außerdem
Nasenbluten,
blutiges Sputum oder
Bluterbrechen bei Hitzeschädigung der Blutgefäße.

8. Therapie

a) Blut-Hitze

BL 40 Kapillaren in der Umgebung bluten lassen. Ebenso

MP 6
KG 6
DI 11
LE 3
MP 1
LE 1
BL 20, 18 moxen bei Hämorrhagie.

b) Aufsteigendes Herz-Feuer

Überwiegend ein Fülle-Syndrom

HE 9 bluten lassen, evtl. auch **HE 8.**

HE 7 wirkt beruhigend auf das SHEN.

MP 6 stärken das YIN.
und **NI 3**
(oder **NI 7**)

KS 7 bei Zungenbrennen, Mandel-Ulzera.

GB 20, LE 2 bei gleichzeitig aufsteigendem Leber-Feuer.
und **LU 20**

c) Aufsteigendes Leber-Feuer

(rein sedierende Behandlung)

LE 2	der Hauptpunkt, um das LE-Feuer zu klären.
LE 3	beruhigt die Leber.
GB 20	klärt ebenfalls die Hitze im Kopf und überwältigt das aufsteigende LE-QI.
TA YANG (extra Punkt)	klärt das Feuer bei aufsteigendem LE-Feuer und LE-YANG und besonders bei temporalem Kopfschmerz.
GB 13	unterdrückt aufsteigendes LE-YANG und beruhigt das Gemüt.
GB 41	zerstreut Fülle-Zustände im Funktionskreis LE und GB und behandelt Kopfschmerz bei Stagnation LE-QI und LE-Feuer. Wirkt auf die Augen zusammen mit
GB 20 und **MA 40**	wirken auf Kopfschmerzen und Schwindel.

9. Epikrise

Fürchterliche, plötzliche kongestive Kopfschmerzen mit hochrotem Gesicht, oft und vor allem mit Nasenbluten, das eindeutig erleichtert (Ferrum phosphoricum, Petroleum, Psorinum), sind unübersehbare Hinweise auf Melilotus, das dann, vor allem wenn man es injiziert bei Patienten, die das öfters hatten (man sollte die Ampullen am besten parat haben), schlagartig wirkt und bei Weiterbehandlung mit Tropfen zur Heilung führen kann. Allerdings sollte man die Komplettierung der Kur durch einen passenden Polychrest soweit wie möglich (etwa Belladonna oder vor allem Lachesis) in Erwägung ziehen.

Menyanthes

Toxikologie

Die Hauptwirkung beruht auf dem Bitterstoffglykosid des Bitterklees. Im Arzneimittelversuch am Gesunden kommt es zu intermittierendem Fieber mit Körperkälte, lokalisierten Muskelspasmen und Migränekopfschmerz.

1. Typus nach dem AMB

Einen Typus in dem Sinne gibt es nicht. Es handelt sich um ein mehr oder weniger organotrop wirkendes Mittel mit einer speziellen Affinität zu fieberhaften Zuständen und Wirkungen auf die Endstrombahnen, bei denen Kältezustände überwiegen.

2. Körperliche Symptome

Kopfschmerzen (s. u.),
Krämpfe und Muskelspasmen der glatten wie quergestreiften Muskulatur,
daher Zuckungen und schmerzhafter Krampf der Gesichts- und Augenmuskulatur (Tic douloreux)
wechselartige Zustände mit vorwiegend Kälteempfindung (Malaria),
Krämpfe in Brust, Magen, Darm, Blase,
Samenstrangneuralgie.
Neuralgische Schmerzen im ganzen Körper.
Frostschauer über den ganzen Körper,
Durchblutungsstörungen der Extremitäten (kalte Hände, kalte Füße, kalte Nasenspitze).

3. Psychische Symptome

Sind nicht bekannt.

4. Auslösende Schädigung

Malaria. Sonst ist nichts bekannt.

5. Art der Kopfschmerzen

Schwere und Benommenheit.
Druck vom Scheitel von oben nach unten,
besser durch harten Druck mit der Hand, als ob ein schweres Gewicht auf den Scheitel drückt bei jedem Schritt und als wolle der Schädel bersten.
Schlimmer beim Treppensteigen hinauf oder hinab.
Halbseitige Schmerzen besonders der 1. Ast des Trigeminus.

Besser:
starker Druck, Wärme.

Begleiterscheinung:
Lokale Kälte oder Kälteempfindungen, besonders an den Beinen, durch Wärme nicht zu bessern.

KOPFSCHMERZ MIT KALTEN HÄNDEN UND FÜSSEN
Periodizität, jeden 2. oder 3. Tag

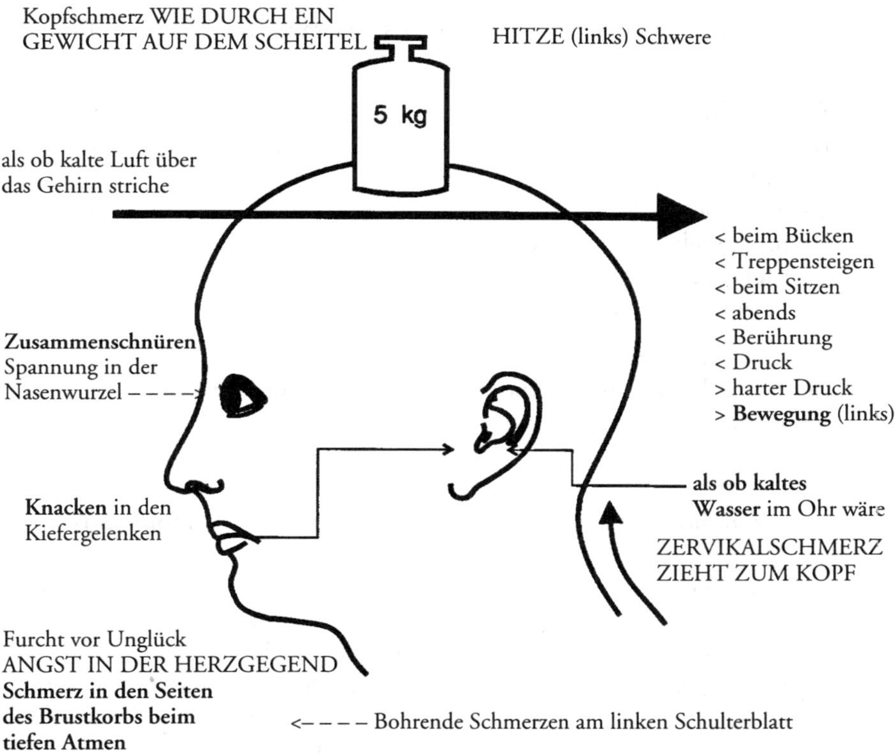

Schwäche mit Frösteln; Verlangen nach Wärme;
Äußere Hitze, innerer Frost; **Füße eiskalt bei Fieber;**
Gähnen im Frost;
KÄLTE IM ABDOMEN IM FROSTSTADIUM, Flatulenz, Auftreibung.
Durstlos bei Fieber; Hitzewallungen.
Völlegefühl durch Rauchen.
Verlangen nach Fleisch.
Zucken im Oberschenkel und Knie, Ischiasschmerz.

6. Homöosiniatrische Punkte

LG 15
JAMEN = Pforte der Stummheit

Lage:
0,5 CUN unter LG 16 unterhalb des Haaransatzes zwischen 1. und 2. HWS-Fortsatz.

Schlaganfall mit Aphasie und steifer Zunge, Manie, Hysterie, Tinnitus. Klärt die Sinne, feuchtet die Kehle an und erleichtert den QI-Fluß.
Bei Hinterkopfschmerz,
Gleichgewichtsstörungen,
Krampfanfällen allgemeiner Art,
oder lokalen Spasmen,
auch bei Opisthotonus (und **LG 16**)

Nach *de La Fuye*:
Bei Erkrankungen des Nervensystems, Gefühl der Eiseskälte, Okzipitalschmerz, Tortikollis, Aphasie.

7. Vom homöopathischen Symptombild zum Disharmoniemuster

In erster Linie erinnert die Symptomatik des AMB an eine *Wind*-Erkrankung der Leitbahnen (SHANG-HAN), und zwar im Sinne der TAI YANG-Leere *(H. Schmidt, Porkert)*, wobei das krankmachende Agens, abgesehen von den Malaria-Plasmodien, in diesem Fall offen bleibt und sich die Frage stellt, ob es nicht doch *innerer Wind* ist, der zu diesem Krankheitsbild führt. Charakteristisch ist auf jeden Fall das intermittierende Fieber mit starkem Kältegefühl, vor allem in den unteren Extremitäten (Spasmen der Endstrombahnen, die stark an Aconitum erinnern),
der kongestive Kopfschmerz (Blutandrang zum Kopf),
die Nacken-Schulterspannung aufgrund des von oben nach unten ziehenden Druckes,
die Mattigkeit,
das Frösteln,
die Nackensteife,
Magen-Darm-Krämpfe,

Spannung der quergestreiften Muskulatur und
vor allem die muskelrheumatische und neuralgische Komponente.

Dringt die Heteropathie tiefer in die Funktionskreise ein, kommt es zu einer stärkeren Dissoziation von YIN und YANG, dann haben wir eine JUE YIN-Erkrankung vor uns mit
halbseitigem Kopfschmerz,
Übelkeit,
Druck-Beklemmungsgefühl und Krampfgefühl in der Brust,
Völlegefühl im Epigastrikum,
Kälte der Extremitäten, von den Enden aus rumpfwärts schreitend.
Da die in diesem Zusammenhang wichtigsten Symptome des KS-Meridian:
Nackensteifigkeit,
Krämpfe in den Gliedern,
rotes Gesicht,
Augenschmerz bei äußerem Befall und, ebenso wie für den LE-Meridian:
Sehstörung,
Ohrensausen,
Fieber und Gliederspasmen vorliegen,
ist es naheliegend, an das Syndrom JUE YIN zu denken.
Von da an ist es kein weiter Schritt zum *Leber-Wind-Syndrom*, einem endogenen *Wind*–Syndrom, Folge eines unkontrolliert aufsteigenden Leber-YANG und Leber-Feuer als Ergebnis einer Erschöpfung des Flüssigkeitsaustausches zwischen Leber und Niere. Zugrunde liegt ein extremes Ungleichgewicht zwischen Leber-YIN-YANG, QI und Blut.

Und das sind die führenden Symptome:
heftiger Schwindel und Kopfschmerz,
Gefühl eines Stahlbandes um den Kopf,
Nackensteifigkeit,
Taubheit in den Gliedern und
Zucken der Sehnen und Muskeln.
Es kann auch zu
Anspannung der Muskeln des Gesichts und der Augen kommen,
zu zitternden Lippen und Fingern, bis zu
konvulsiven Spasmen oder
tetanischen Zuständen (FMC, S. 39).

Diese Symptomatik deckt sich weitgehend mit dem AMB von Menyanthes, und die Therapie wird davon abhängen, ob mehr die Außensymptomatik, wie bei einer Neuralgie oder die Innensymptomatik, wie bei einer schweren Migräne, vorherrscht.

8. Therapie

a) TAI YANG-Leere

DI 4	leicht stimulieren. Bei Schweiß evtl. **HE 6.**
LG 14 oder **LG 16**	moxen, eliminieren Wind.
BL 13, 12	beide moxen, eliminieren Wind.
BL 58	bei Windschädigung.
GB 20, LU 7 und **9**	entfernen Wind und Kälte, nadeln und evtl. moxen.
MA 36 und **MP 6**	moxen, um das QI zu stärken.
MA 8	wichtiger Kopfschmerzpunkt.

Lokale Punkte auf GB- und BL-Meridian, evtl. zusätzlich **GB 41.**

b) JUE YIN-Erkrankung

BL 13 und **LE 14**	nadeln, um die Strömung der Leber zu unterhalten und Stagnation des Leber-Blutes zu hindern.
KG 12 und **MA 36**	moxen, um das Magen-QI nach unten zu senken.
KG 6	Moxa, unterstützt den Energiefluß von QI und Blut im UDE.
DÜ 5	Moxa und nadeln, um QI und Blut in den Gliedern zu
DI 4	unterstützen.

Bei innerer Hitze und äußerer Kälte

DI 11, 4
3E2
MA 36
GB 41

c) Leber-Wind bei aufsteigendem Leber-YANG oder Leber-Blut-Mangel

NI 3, **MP 6** und **3E3**	stärken das YIN.
LE 3, 8, 14 **BL 18**	beruhigen die Leber.
GB 20	vertreibt den Wind.
LG 20 und **DI 4**	dämpfen das YANG.
MA 36, BL 20 oder **17** oder **18**	stärken das Blut und Blut der Leber.
GB 34	beruhigt LE und GB und senkt das LE-YANG.

Außerdem gibt man natürlich Loci dolenti und, was aufgrund der angesprochenen Symptomatik sinnvoll ist, den *Weihe*-Punkt **LG 15** YAMEN.

9. Epikrise

Menyanthes ist kein großes Mittel, hat aber fast organspezifische Wirkung bei migräneartigen Kopfschmerzen von kongestivem Charakter, wenn er verbunden ist mit lokaler Kälte bzw. Kälteempfindung besonders an den Beinen, die durch Wärme nicht zu bessern ist. Die Migräne geht einher mit Sehstörungen, ohne Erbrechen, und mit dem Gefühl, „als ob ein schweres Gewicht bei jedem Schritt auf den Scheitel drückt" (Cactus grand.). Es handelt sich um eine Dissoziation mit Fülle oben und Schwäche unten. Es liegt hier eine zusätzliche Komplikation des gestörten Leber-QI-Flusses vor, in diesem Fall der *Leber-YIN-Schwäche* und evtl. auch ein *Leber-Blut-Mangel,* so daß sich ein *aufsteigendes Leber-YANG* entwickelt.

So kommt je nach Schwere der Disharmonie im Körper entweder die Behandlung *Leber-Wind bei Leber-Blut-Mangel* oder *bei aufsteigendem Leber-YANG* in Frage. Andererseits kann man auch an eine JUE YIN-*Erkrankung* der 6-Schichten-Theorie denken, das hängt ganz von dem jeweiligen Befund ab.
Empfohlen wird noch eine medikamentöse Kombination von Iris, Menyanthes und Cocculus *(Delotte)* bei *Menière.*

Natrium muriaticum = Natrium chloratum

Toxikologie

Wegen der sehr starken Reaktionsfähigkeit dieses alkalischen Leichtmetalls kommt Natrium in der Natur nur in Verbindung vor, insbesondere als *Chlorid* (Steinsalz, Meersalz), *Karbonat* (Soda), *Nitrat* (Natron-Salpeter) *Fluorid* und *Sulfat* (Glaubersalz).

Für die normale Funktion der tierischen Zellen sind die *Natrium-Ionen* unentbehrlich. Die Aufgabe der Natrium-Ionen besteht ganz wesentlich in der osmotischen Regulation des Wasserhaushalts. Es ist überall im Organismus in diffusionsfähigem und ionisiertem Zustand vorhanden und dient zur Regulation des Säure-Basen-Haushalts.

Natrium chloratum ist nicht toxisch, aber Störungen im Natrium chloratum-Haushalt spiegeln am Kranken einen Teil des AMB wider. Damit wird auch die Wirkung des potenzierten *Natrium muriaticum* verständlich und nachvollziehbar. Es kommt durch verhinderte Assimilation zu Dehydration und Demineralisation mit Abmagerung und Anämie, zu körperlicher Spannung und Schwäche, psychischer Depression mit Überempfindlichkeit und Reizbarkeit und Trockenheit der Schleimhäute, Hypotonie. Dieses Zustandsbild ähnelt dem Addisonismus mit seiner erhöhten Natriumausscheidung.

Dagegen kann Natriumretention durch Störungen im Hormonhaushalt (z. B. Cushing-Syndrom) und natriumreiche Ernährung zu Wasserretention, Hypertonie und schweren Zellschädigungen führen.

Hauptrichtung:

Magendarmkanal, Leber, vegetatives Nervensystem, Herz, Schilddrüse, Haut und Schleimhäute, Genitale.

1. Typus nach dem AMB

Auf den ersten Blick erscheint es aufgrund der sehr einprägsamen körperlichen Symptome sehr einfach, den asthenischen, unterernährten

Natrium muriaticum-Typ sowohl bei Erwachsenen als auch bei Kindern in praxi zu erfassen. Doch dieser Eindruck kann täuschen, weil dem seelisch-geistigen Hintergrund dieses geborenen Neurotikers der gleiche Stellenwert in der Beurteilung zukommt, so daß kaum zu entscheiden ist, ob die psychische Verfassung Folge des (angeborenen) Körperzustandes ist oder ob neurotisierende, traumatisierende Faktoren nicht wesentlich zur körperlichen Verfassung beigetragen haben. Diese Einschätzung kann so weit gehen, daß *Whitmont* (zit. nach *Coulter*, S. 449) hierzu die These aufgestellt hat, diese *Konstitution* repräsentiere den Menschen „auf der Suche nach seinem Selbst", er befinde sich in einem Stadium seiner geistigen oder spirituellen Entwicklung, in dem er sich vom „kollektiven Unbewußten" (wie *C. G. Jung* es ausdrückt) löst, von seiner Familie, seinem Erbe, den traditionellen religiösen Glaubenssätzen oder kulturellen Werten und auf der Suche nach seinem eigenen, wahren Selbst ist.

Das sind große Worte, die zumindest aufhorchen lassen. Damit ist *ein* Bereich des konstitutionellen Befundes umrissen. Der *andere* betrifft die Folgen einer „Elimination infolge osmotischer Labilität" und der Abmagerung infolge Wasserverarmung. Das führt dann zu dem bekannten oxygenoiden Typ mit Abmagerung trotz guten Appetits. Es sind die asthenischen Menschen mit müdem Rücken, blasser, fahler Gesichtsfarbe und welker, magerer Haut. Man soll sich aber von dieser Vorstellung nicht täuschen lassen, denn es gibt durchaus auch den wohlgenährten Patienten, sofern die anderen Leitsymptome, auch die psychischen, zutreffen. Aufgrund einer Chloridretention begegnet uns auch ein dicklicher, aufgeschwemmter Patiententyp bis hin zu starken Ödemen. Bei diesem Hydrogenoidismus ist Natrium muriaticum in der D 3–D 5 indiziert.

2. Körperliche Symptome

Der Natrium muriaticum-Mensch verträgt keine Kälte und kaltes Wetter und ist fröstelig. Er kann aber auch Sonnenbestrahlung und Hitze nicht vertragen. Sein Zustand verschlimmert sich durch Aufenthalt am Meer. Er fühlt sich am schlechtesten in den frühen Vormittagsstunden zwischen 9.00–11.00 Uhr.
Besserung tritt ein

in frischer Luft,
bei kaltem Baden,
unregelmäßiger Nahrungsaufnahme,
Liegen auf der rechten Seite.

Die Abmagerung spielt sich vor allem an der oberen Körperhälfte ab (Hals, Schultern, Thorax).
Schleimhautkatarrhe,
Schnupfen mit Niesen und Eierklar (Heuschnupfen),
Herzklopfen mit Arhythmie, besonders in Ruhe,
Hyperthyreose,
Pulsieren im ganzen Körper.
Herpes an den Lippen, Mundwinkelrhagaden und in der Mitte der Unterlippe.
Gier nach Gesalzenem,
Abneigung gegen Schwarzbrot.
Trockenheit der Schleimhäute (Mund, Rachen),
Trockenheit des Mastdarms mit Obstipation (harte, trockene, krümelige Stühle bei Kindern – Natrium muriaticum D 4–12).

ZUNGE: Landkartenzunge mit Brennen an der Spitze.

Kann in Gegenwart anderer keinen Harn lassen.
Oligo- und Hypomenorrhö, verspätete Menarche.
(Eines der besten Mittel bei hartnäckiger Amenorrhö).
Auffallend sind die Rückenschwäche und die Kreuzschmerzen mit dem Verlangen nach einer harten Unterlage. Ursache dürfte eine Bindegewebsschwäche sein.
Akne, Herpes labialis,
Urtikaria akut und chronisch,
Ekzeme in den Ellenbeugen mit Absonderung scharfer Flüssigkeit.

Diese Symptomdarstellung erhebt keinen Anspruch auf Vollständigkeit.

3. Psychische Symptome

Die Darstellung des Seelenlebens und Lebensweges des Natrium muriaticum-Menschen kann ein ganzes Buch füllen (s. *C. R. Coulter*). Ich beschränke mich, soweit es möglich ist, auf wesentliches.

Wir treffen diesen AMB-Typ häufig bei Patienten, die in der frühesten Jugend psychisch traumatisiert wurden durch Liebesentzug, Enttäuschung, Verlusterlebnisse. Denn diese Menschen erinnern sich allzu intensiv an vergangene Kränkungen, Sorgen oder Enttäuschungen, grübeln darüber nach und kommen über ihren Groll nicht hinweg. Sie vergessen keine Verletzung.

So wird das schwierige Natrium muriaticum-Kind launisch, unglücklich, ja rebellisch und, unter dem Eindruck einer frühen Rivalität mit Geschwistern, kommt es zu einer Verlangsamung der sprachlichen und intellektuellen Entwicklung. „Langsames Sprechenlernen" *(Kent)* ist eine starke Indikation.

Seine Unfähigkeit, die normalen Rückschläge im Leben zu verkraften und sein Zurückweisen von Trost, der alles nur verschlimmert, das Gefühl, überflüssig zu sein, die Neigung, die Dinge von ihrer dunkelsten Seite zu sehen und immer das Schlimmste zu erwarten, hat einen masochistischen Zug. Ja, auch wenn die Liebe erwidert wird, kann sich der Natrium muriaticum-Mensch in unauflösbare Schwierigkeiten bringen oder Liebesbeziehungen eingehen, die unvermeidlich dazu führen, daß er leidet.

Aber selbstverständlich paßt das Klischee echter Tragik und tiefen „Kummers" *(Kent)*
bei Leid und Einsamkeit durch den Verlust eines geliebten Menschen,
bei einer Folge von kaputten Beziehungen,
bei Patienten mit quälenden Scheidungen usw.
All dies führt zu dieser besonderen Einsamkeit und Isolation mit dem Gefühl, nicht wirklich irgendwo hinzugehören und der „Suche nach dem eigenen wahren Selbst." Daraus folgert auch die nervöse Erregbarkeit, die große Gereiztheit, das ärgerliche und verdrießliche Verhalten. Dies führt von der typischen, leicht agitierten Depression zur Frustration und letztlich zur Aggression.

Natürlich kann der Natrium muriaticum-Mensch auch freundlich, hoffnungsvoll und fröhlich sein, wenn er sich in übertriebenem Pflichtgefühl auch alles zumutet. Aber wir haben es ja meist mit den mehr oder weniger neurotischen Varianten zu tun, aus denen sich die Migräne- Patienten rekrutieren.

4. Auslösende Schädigung

Allgemein:
Kummerfolge,
unbewältigte Frustration,
Kälte,
Sommerhitze,
Seeluft.

Für den Kopfschmerz:
Denken und Sprechen,
geistige Anstrengung.

5. Art der Kopfschmerzen

Der Kopfschmerz und die typische Migräne sind ein wahlanzeigendes Symptom und sollten immer Veranlassung sein, sowohl nach anderen somatischen und vor allem psychischen Symptomen zu suchen. Es gibt den Kopfschmerz mehr vasomotorischer Natur, der nicht ganz so Natrium-typisch ist wie die Migräne. Dieser Kopfschmerz ist verbunden
mit Völlegefühl,
mit Übelkeit und Schwindel,
tritt mit Vorliebe am Vormittag auf und flaut gegen Nachmittag ab.
Es besteht (in Anbetracht der Kongestion) das Verlangen nach kaltem Abwaschen und frischer Luft. Denken und Sprechen ruft Kopfschwere hervor.

Es besteht da ein gradueller Unterschied zum einseitigen Kopfschmerz am rechten Auge und Schläfe, dessen *Heftigkeit mit der Sonne steigt und fällt*, der sich durch Berührung und Licht verschlimmert und bei dem jede Augenbewegung verschlimmernd wirkt. Gebessert wird er durch Trinken von kaltem Wasser und durch eine kräftige Mahlzeit.

Die ganz tpyische Migräne tritt:
periodisch auf,
ist einseitig an Stirn und Schläfe,
verbunden mit *Gesichtsverdunklung,*
Flimmern und Blitzen vor den Augen und einem Schmerz „wie von tausend Hämmern“.

Sogar Parästhesien im Gesicht und auf den Lippen können auftreten. Im übrigen entspricht die Symptomatik den bereits oben geschilderten Symptomen. Außer der typischen Migräne gehört auch der „Schulkopfschmerz“ hierher, er tritt nach geistiger Anstrengung auf.

Kummer, Demütigung, (Selbst-)Vorwürfe. Sorgen nachts.
ISOLATIONSERLEBNISSE. Indianerhaß, < Widerspruch.
Hochmütiger Idealist. Häufig sehr konservativ. Es dauert lange, bis er seinen Ärger zeigt. Will anderen nicht weh tun.

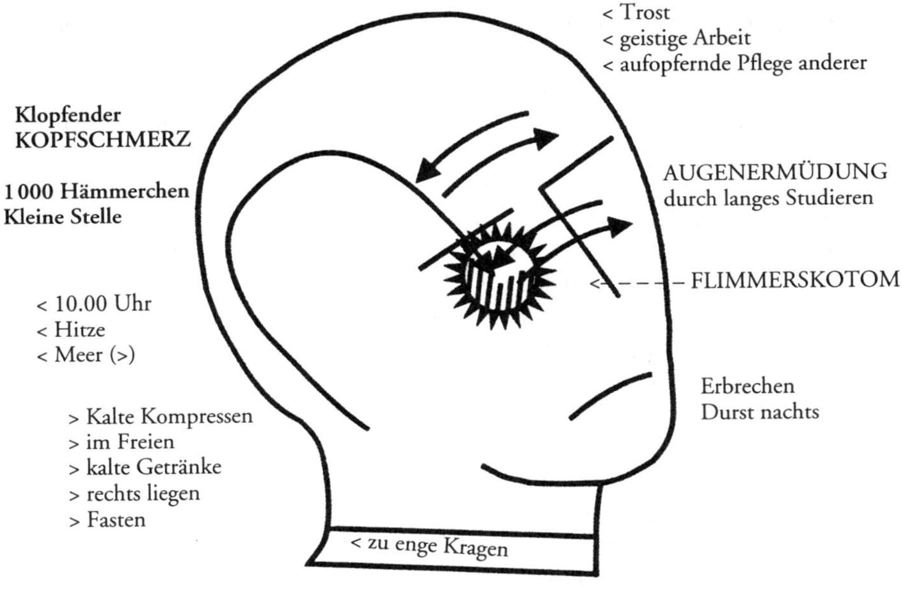

Abmagerung trotz guten Essens.
Kann nicht in Gegenwart anderer das Wasser lösen. Geniert sich.

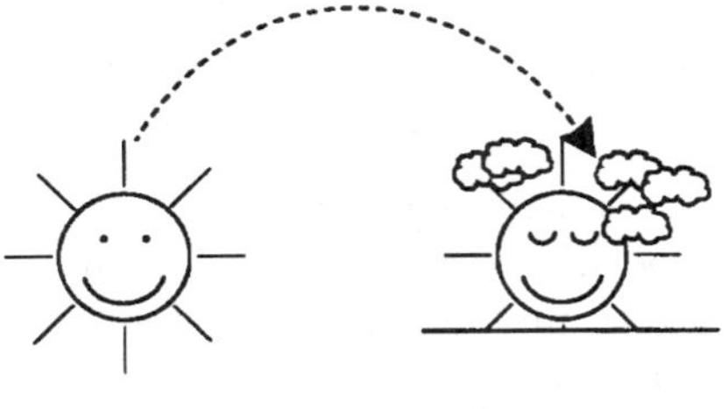

Kommt und geht mit der Sonne.

6. Homöosiniatrische Punkte

De La Fuye gibt nur den von *Weihe* gefundenen Punkt außerhalb der Meridiane an (in der vorderen Axillarlinie im 4. JCR rechts). Seine Symptomatik entspricht fast vollständig dem AMB, so daß es fast müßig erscheint, sie vollständig zu wiederholen. Ich greife nur einige markante Angaben heraus, die mit dem AMB von Natrium muriaticum übereinstimmen. Es stellt sich wie immer die Frage, welche Bedeutung dieser eine Punkt auf der rechten Seite für die Behandlung mit Natrium muriaticum haben kann.
Extrasystolen besonders während der Mahlzeit.
Lippenherpes,
Riß in der Unterlippe,
Mundtrockenheit mit unstillbarem Durst,
Landkartenzunge mit roten Inseln und Papillenschwund,
anormales Bedürfnis nach Salz,
Abmagerung, obwohl er gut ißt,
Obstipation mit trockenem Stuhl,
Urininkontinenz, der Kranke kann in Anwesenheit anderer kein Wasser lassen.
Unregelmäßige oder keine Regelblutung mit Druck nach unten.
Chronischer Fließschnupfen täglich um 10.00 Uhr.
Große Empfindlichkeit gegen Frost.
Depression, die sich um 10.00 Uhr verschlimmert und bei Frost.
Ekzem in den Gelenkbeugen.
Partielle Ödeme.
Fieber mit Schüttelfrost um 10.00 Uhr.

Anmerkung:
Zu dieser Verschlimmerungszeit um 10.00 Uhr morgens ist zu bemerken, daß es sich um die Maximalzeit des Milz-Pankreas handelt. Es ist die Zeit einer Umweltgestaltung mit Dissimilation und Katabolismus, in der es leicht zu Hypotonie, Koma und diabetischem Schock kommt.

Hinsichtlich der Kopfschmerzen gibt er an:
Chronische oder periodische böse Kopfschmerzen mit heftigem Klopfen.
Kopfschmerz der Schüler und der überarbeiteten Studenten.
Der Punkt liegt in der vorderen Axillarlinie am oberen Rand der 5. Rippe auf der rechten Seite.

Auch *Voisin* hält ihn in seiner vorzüglichen „Materia medica" für wert, angegeben zu werden mit der Indikation: „zuverlässig bei Syndromen mit Dehydration".

7. Vom homöopathischen Symptombild zum Disharmoniemuster

Der Patient des Natrium muriaticum-AMB wird hauptsächlich charakterisiert durch seine, wie wir sagen würden, neurotische Emotionalität und durch die osmotische Labilität, wobei sich aus der Sicht der TCM die Frage stellt, wie beides zusammenhängt bzw. voneinander abhängig ist. Bei der diagnostischen Beurteilung des Patienten kommt es dann darauf an zu entscheiden, worauf das Schwergewicht beruht. So kann es geschehen, daß bei einem Migränepatienten die typischen somatischen Symptome und Veränderungen nur diskret vorhanden sind, aber die psychischen Komponenten überwiegen. Und gerade der „Migräne-Patient" begegnet uns häufig in erster Linie als Neurotiker, bei dem die körperlichen Beschwerden kaum ins Gewicht fallen.

Insofern stellt sich die Frage, was beim Vollbild der Natrium muriaticum-Persönlichkeit (und es sind sehr häufig gerade Frauen, berufstätige und solche in untergeordneten Positionen wie Sekretärinnen, Lehrerinnen, aber auch Ehefrauen und nicht selten Schulkinder, die den Eindruck machen, gerade durch übereifrige Pflichtausübung überfordert zu sein, körperlich von hagerer Statur, abgespannt und auffallend blaß) dieses Zustandsbild hervorgerufen hat. Sind hereditäre Faktoren im Spiel, sind es frühkindliche, seelische Traumata (ich denke dabei an die große Dunkelziffer sexuell mißbrauchter Mädchen), Folgen von schweren, langdauernden Erkrankungen, die das YIN nachhaltig geschwächt haben, oder sind es sich wiederholende Frustrationen im Berufsleben – all das kann eine ursächliche Rolle spielen, fragt sich nur, welcher Funktionskreis in Mitleidenschaft gezogen wurde. Ganz allgemein springt der YIN-Mangel ins Auge. Kann dieser Mangel aber etwa als Nieren-YIN-Mangel solche emotionalen, neurotischen Reaktionen hervorrufen oder erzeugt umgekehrt Kummer, Isolation, Frustration, Enttäuschung und Schock diesen YIN-Mangel? Ich glaube, daß es ein Circulus vitiosus ist und so nicht entschieden werden kann. Gerade angesichts dieser Fragestellung beweist sich die Inkompetenz eines kausalen Nexus nach streng wissenschaftlichen Anforderungen. Es genügt festzustellen, ob die Disharmoniemuster, die zur Therapie herangezogen werden, sowohl mit der körperlichen als auch mit der emotionalen Seite übereinstimmen.

Wir müssen von einzelnen Symptomen, wie wir sie jeweils vorfinden, ausgehen und das Puzzlespiel eines Disharmoniemusters zusammenzusetzen. So ist die im AMB immer wieder beschriebene Landkartenzunge ein deutlicher und unverwechselbarer Hinweis auf einen YIN-Mangel, und da vor allem auf einen *Nieren-YIN-Mangel,* der verstärkt wird durch einen *Magen-YIN-Mangel,* der oft das erste Stadium eines YIN-Mangels überhaupt ist. Die klinischen Symptome desselben sind Mundtrockenheit und trockener Hals, Magenschmerzen, Durst mit Unfähigkeit zu trinken oder Trinken von Wasser in kleinen Schlucken, Appetitlosigkeit und trockener Stuhl – alles Symptome, wie sie uns im Natrium muriaticum-Bild begegnen. Ein länger andauerndes Fehlen der vom Magen zur Verfügung gestellten Flüssigkeit führt oft zu einem *YIN-Mangel der Niere,* so daß in chronischen Fällen *Magen-YIN-Mangel* und *Nieren-YIN-Mangel* miteinander vergesellschaftet sind. Dieser Flüssigkeitsmangel ist oft gefolgt von einem *aufsteigenden Feuer,* weil die Kontrolle des Feuers durch die Flüssigkeit fehlt. Die *Zunge* wird rot oder dunkel, trocken und landkartenartig belegt, manchmal mit einem tiefen Riß bis zur Zungenspitze. Je tiefer dieser Riß, um so ernster und vorherrschender ist der Nieren-YIN-Mangel. Auf diese Weise greift er das Herz an, denn dem Herzen mangelt die Ernährung und Kühlung durch die Nieren, was zu Herzklopfen, geistiger Ruhelosigkeit, Hitzegefühl und hektischer Röte, roter Landkartenzunge mit einem tiefen Riß in der Mitte führt. Hinzu kommen Gedächtnisschwäche, Ängstlichkeit, heiße Handflächen und Fußsohlen und Nachtschweiß. Sowohl die rote Landkartenzunge als auch der Riß in der Mitte der Zunge sind außerdem typische Symptome für einen *Herz-YIN-Mangel.* Wir begegnen fast allen diesen Zeichen im Natrium chloratum-AMB, und sie sind aus westlicher Sicht typisch für die Hyperthyreose, die oxygenoide Stoffwechsellage, für die Neurasthenie und die Herzneurose. Dahinter steht fast immer nach chinesischer Ansicht eine langandauernde Angst, Sorgen und Überforderung im Berufsleben. Tiefe emotionale Probleme führen zur Entwicklung dieses Disharmoniemusters.

Der Befund der Trockenheit ist nicht zu trennen von einem *YIN-Mangel der Lunge.* Die Aufgabe dieses Funktionskreises ist es, mit Flüssigkeit

(JIN) die Haut und die Muskeln anzufeuchten, im Gegensatz zu den mehr trüben Flüssigkeiten (YE), die mit dem Nahrungs-QI im Inneren zirkulieren und von Milz und Nieren kontrolliert werden. Ihre Funktion ist es, die Gelenke, die Wirbelsäule, das Gehirn und das Knochenmark zu befeuchten.

Doch ist der YIN-Mangel des Funktionskreises der Lunge oft mit einer Magen- und Nieren-YIN-Defizienz vergesellschaftet, sollte aber ggf. beachtet und therapeutisch in Erwägung gezogen werden.

Ist der Flüssigkeitsmangel kompliziert durch Blut-Mangel, muß man noch an einen Milz-Pankreas-QI-Mangel denken, z. B. bei einer Anämie. Doch ist die Blässe des Natrium chloratum-Patienten nicht immer mit einer Blutarmut verbunden. Allerdings könnte der Blut-Mangel die Amenorrhö (die besonders gut auf eine Natrium muriaticum-Medikation anspricht), die spärliche Periode, die Depression, die Angst und den Mangel an Initiative erklären und von einem *Leber-Blut-Mangel* herrühren.

Flüssigkeitsmangel ist immer mit einer YIN-Defizienz verbunden und affiziert insbesondere Lunge, Magen, Dickdarm und Niere. Die Frage ist eben nur, woher kommt dieser Flüssigkeitsverlust, die osmotische Störung im Natrium chloratum-Bild. Die wissenschaftliche, westliche Medizin wird in solchen Fällen innersekretorische Störungen als Ursache heranziehen.

Da einer der Hauptgründe für die Entstehung der Trockenheit eine Magen-Defizienz ist, stünde dies in Übereinstimmung mit der Störung der osmotischen Leistung, der Demineralisation und dem Malabsorptionsbefund.

Meiner Meinung nach spielt auch ein ererbtes konstitutionelles Moment eine prädisponierende Rolle: die *Nieren-Essenz*, die sich aus einem vorgeburtlichen, hereditären Anteil und aus einem nachgeburtlichen zusammensetzt und maßgeblich für die kindliche Entwicklung ist. Sie ist von vornherein geschwächt, ist ein Teil des Nieren-YIN und unter der wärmenden Einwirkung des Nieren-YANG notwendig für die Verwandlung von Nieren-YIN in Nieren-QI. Das Nieren-YIN ist die Wurzel alles YIN im Körper, so daß sein Mangel zur Schwächung von Herz-, Leber- und Lungen-YIN führt (s. Calcium carbonicum-Bild).

Im Fall des *Natrium muriaticum* liegt eine kardiorenale Defizienz mit Tachykardie, Hyperthyreose und Neurose vor.

Durch den Ausfall der Herz-Nieren-Verbindung kann es sowohl zu einem *aufsteigenden Herzfeuer* als auch, was in diesem Fall zutrifft, zu einem *Herz-YIN-Mangel* kommen. Dies allerdings setzt auch voraus, daß es zu einem Ausfall des Blutangebots der Leber aufgrund dessen kommt, daß die Leber nicht genug Blut (aus welchen Gründen auch immer) gespeichert hat, um das Herz zu ernähren. Im Vordergrund dieser Störung stehen dann Herzklopfen, Schlaflosigkeit, quälende Träume, geistig-seelische Unruhe, Hitzegefühl, hektische Röte, rote Landkartenzunge mit einem tiefen Riß in der Mittellinie. Dieser Typus findet nur mit Schwierigkeiten Schlaf und wacht nachts oft auf. Hinzu kommt noch Nachtschweiß, alles Symptome, die wir im Natrium muriaticum-Bild vorfinden. Langanstehende Sorge, Ärger und überanstrengendes Berufsleben, also tiefgreifende emotionale Probleme, kommen noch als Ursache in Frage.

Das Disharmoniemuster, das dem Natrium muriaticum-Bild am genauesten entspricht, ist aber ein kombiniertes Muster, wie es *Maciocia* (S. 259) beschreibt: *Nieren-* und *Leber-YIN-Mangel.* Hier haben wir das bleiche, fahle Aussehen, den dumpfen, Okzipital- oder Scheitelkopfschmerz an den Schläfen, die Schlaflosigkeit, den traumgestörten Schlaf, Hitzewallungen, Schwindel, Rückenschwäche und Rückenschmerzen, trockene Konjunktiven, Sehstörungen, ärgerliche Gereiztheit, den wunden Rachen, trockene Kehle, Nachtschweiß, heiße Handflächen, schwergehender, trockener Stuhl, nächtliche Pollutionen, spärliche Menstruation oder Amenorrhö, verspätete Regel und weibliche Sterilität. Auch der Salzhunger und der für das Natrium muriaticum-Bild typische salzige Auswurf entsprechen einem Mangel im Funktionskreis der Niere. Gleichzeitig sollte man sich vergegenwärtigen, daß der *Nieren-YIN-Mangel* einhergeht mit einem *Mangel der Nieren-Essenz.*

ZUNGE: rote Landkartenzunge mit Rissen.

PULS: oberflächlich, leer oder rauh.

Die Ätiologie dieses Disharmoniemusters ist dieselbe wie bei *Nieren-YIN-Mangel* und *Leber-Blut-Mangel,* und hinzu kommt die Komponente emotionaler Probleme wie Ärger, Frustration und Depression.

So ist dieses Disharmoniemuster nahezu vollständig deckungsgleich mit dem Natrium muriaticum-AMB.

8. Therapie

a) YIN-Mangel

Unabhängig von dem jeweiligen Funktionskreis, der betroffen ist, sind folgende Punkte maßgeblich:

KG 4 Dieser außerordentlich wichtige Punkt tonisiert Blut und YIN, hat überhaupt einen allgemein tonisierenden und stark beruhigenden Effekt. Dieser Punkt stärkt auch das Original-QI.

KG 12 tonisiert vor allem die Mitte (MA und MP) und reguliert das MA-QI.

NI 13 ist ebenfalls ein extrem wichtiger Punkt, vor allem, um Schwäche im NI-YIN und NI-YANG zu beeinflussen. Außerdem tonisiert er die Essenz, die Knochen und das Mark.

NI 7 tonisiert das NI-YIN und besonders auch das NI-YANG.

MP 6 verbessert die Funktion von MP und LE und NI.

b) Nieren-YIN-Mangel

KG 4 ohne Moxa tonisiert es das NI-YIN, mit Moxa das NI-YANG.

NI 3 Quellpunkt. Stärkt die Nieren.

NI 6 spezifisch zur Tonisierung des NI-QI. (Speziell wirksam bei Trockenheit des Mundes bei Nacht.)

NI 10 spezifisch zur Tonisierung des NI-YIN.

NI 9 stärkt das NI-YIN. Speziell anzuwenden bei Ängstlichkeit und seelischen Spannungen bedingt durch die Nieren.

MP 6 tonisiert die Leber und NI-YIN und besänftigt das Gemüt.

KG 1	tonisiert das NI-YIN und die Essenz und ist angebracht bei chronischem nächtlichen Wasserlassen (in Kombination mit **NI 3** und **HE 7**).

c) Magen-YIN-Mangel

KG 12	tonisiert das MA-YIN (s. o.).
MA 36	tonisiert das MA-QI und MA-YIN.
MP 6	tonisiert das MA-YIN und vermehrt die Flüssigkeit.
MP 3	tonisiert den Flüssigkeits-Haushalt.

d) Herz-YIN-Mangel

HE 7	stärkt das Herz-Blut und HE-YIN und beruhigt das Gemüt.
KS 6	beruhigt allgemein das Gemüt.
KG 14 und **KG 15**	wirken ebenfalls beruhigend, besonders **KG 15** ist ein sehr wirksamer Punkt, um den Geist zur Ruhe zu bringen, wenn Ängstlichkeit und geistige Unruhe bestehen.
KG 4	stärkt das YIN und ist ein Gegengewicht gegen die Mangel-Hitze.
HE 6	stärkt das HE-YIN und wirkt gegen nächtliche Schweißausbrüche.
MP 6	stärkt das YIN und beruhigt.
NI 7	stärkt die Nieren und wirkt gegen die nächtlichen Schweiße.
BL 62	sedierend genadelt, bremst das aufsteigende YANG und wirkt auf die Schlaflosigkeit.

e) Kombinierte Nieren- und Leber-YIN-Schwäche

Das Prinzip heißt: Leber und Niere ernähren.

NI 3	tonisiert die Nieren.
NI 6	tonisiert das NI-YIN.

KG 4	stärkt NI-YIN und Nieren-Essenz.
BL 23 und **BL 20**	stärken das Blut.
BL 17 (mox) und **BL 18** (mox)	stärken das Blut, insbesondere das Leber-Blut.
BL 10	kommt in Frage bei Okzipital-Kopfschmerz.
LG 20	zur Behandlung des Scheitelkopfschmerzes. Moxa können eingesetzt werden, wenn die Leber-Blut-Leere gegenüber der Leber-YIN-Leere überwiegt.

9. Epikrise

Der Natrium muriaticum-Typ begegnet uns bei Migränepatienten sehr häufig. Das Mittel kommt in Frage, auch wenn nicht alle Symptome des AMB nachgewiesen werden können. So gehört es zu den meist verschriebenen Konstitutionsmitteln in der Homöopathie. Das gehetzte, leistungsbetonte moderne Leben und die Lockerung der Familienbande und Partnerschaftsbeziehungen begünstigt die Entstehung der neurotischen Strukturen und überfordert die angeborene Introvertiertheit und die verletzliche Sensibilität der Menschen. Auf der anderen Seite spielt für die Arzneimittelfindung auch die oxygenoide Komponente eine wichtige Rolle.

Doch sollte man die Verordnung von Natrium muriaticum bei Kopfschmerzen auch dann in Erwägung ziehen, wenn diese Symptomatik nicht gegeben ist. Aber die Behandlung stellt auch bei richtiger Mittelwahl häufig einen langwierigen Prozeß dar. Der typischen und oft recht schweren Migräne des Natrium muriaticum-Patienten wird man am ehesten mit dem „kombinierten Nieren- und Leber-YIN-Schwäche"-Disharmoniemuster gerecht.

Damit erschöpft sich naturgemäß der Indikationsbereich von Natrium muriaticum nicht. Es dürfte aufgrund der vorangegangenen Erörterung der verschiedenen Disharmoniemuster nicht schwer fallen, für verschiedene Anwendungsbereiche das entsprechende Disharmoniemuster zu finden, sei es bei Allgemeinsymptomen, neurotischen Verstimmungszuständen, Bronchitis, nervösen Herzstörungen, Leberleiden, Duodenalsyndrom, Regelstörungen und trockenem seborrhoischen Ekzem, Rückenschmerzen. Besonders wichtig ist dabei die Einwirkung auf die psychische Komponente.

Natrium sulfuricum

Toxikologie

Toxikologisch spielt Natrium sulfuricum (Na_2SO_4) keine Rolle. Aber beim Arzneimittelversuch am Gesunden bewirkt es Störungen im Wasserhaushalt mit Verlangsamung der Lymphzirkulation.

1. Typus nach dem AMB

Wasserstoff und Wasserreichtum im Gewebe kennzeichnen das konstitutionelle Bild dieses Mittels im Sinn der sogenannten *hydrogenoiden Konstitution Grauvogels.* Damit verbunden sind Kolloidquellung, Frostigkeit,
Periodizität der Beschwerden und, was ganz wichtig ist,
Verschlimmerung durch Feuchtigkeit jeder Art:
Naßkaltes Wetter,
Nebel,
Leben an Binnenseen,
in *feuchten Häusern oder Kellern*
und stark wasserhaltige Nahrungsmittel.
Diese klare Charakterisierung des Mittels berechtigt *Kent* zu der Feststellung, „daß Natrium sulfuricum eines der am häufigsten angezeigten konstitutionellen Mittel ist" (S. 284).

2. Körperliche Symptome

Abgesehen von den typischen Kopfschmerzen, die uns dieses Mittel hier abhandeln lassen, hat es in seiner Symptomatik drei von Hydrogenoidismus bestimmte Schwerpunkte: Entzündungen und katarrhalische Erkrankungen, Rheumatismus (sogenannter Barometer-Rheumatismus) und Leberfunktionsstörungen. Ich will im einzelnen nur kurz darauf eingehen, denn wer einmal das Grundmuster begriffen hat, wird auch im Einzelfall die Symptomatik leicht begreifen und ableiten können: die ausgedehnten Katarrhe mit vorwiegend grünlich-gelben, schmerzlosen, dicken Absonderungen an den verschiedenen Organen wie Nase, Bronchien, Urethra, Scheide, Konjunktiven.

Da ist der „Barometer-Rheumatismus“ mit Verschlimmerung durch Feuchtigkeit in jeder Form und
bei Wetterwechsel von trocken nach feucht,
zudem dumpfe und scharfe Schmerzen, die durch Bewegung besser werden und im ganzen Körper sein können, und
da ist die hepatopathische Dyspepsie.

ZUNGE: hat einen schmutzig-grünen und braunen Belag.

Die Leber ist gestaut und eventuell vergrößert, wobei die Leberstörung infolge geistiger Anstrengung und Ärger auftreten kann.
Auch die Galle produziert krankhaft veränderte, dickflüssige Galle, die für die Bildung von Gallensteinen prädisponiert.

Zu erwähnen wäre noch die Morgendiarrhö mit viel Blähungen bei feuchtem Wetter. Die Stühle sind dünn, gelb, wäßrig, gußweise kommend, mit Blähungskoliken, wobei eine Leberbeteiligung nicht auszuschließen ist.

Damit wurden bis auf die Kopfschmerzen (s. u.) die wesentlichen Charakteristika dieses Mittels gekennzeichnet, wenn auch sicher markante Einzelheiten, die aber für eine Gesamtbeurteilung des Mittels nicht von Bedeutung sind, nicht erwähnt wurden.

3. Psychische Symptome

Das psychische Verhalten wird bestimmt durch die Leberstoffwechselstörung:
Mißgelaunte, melancholische Stimmung.
Selbst beschwingte Musik macht traurig.
Es besteht Furcht vor der Zukunft,
mit Lebensüberdruß und Selbstmordabsichten.
Der Patient muß sich sehr zusammennehmen, um diesem Zwang nicht zu erliegen. Wenn Natrium sulfuricum auch kein führendes Mittel für diese Art der Depression ist, so ist diese Selbstmordabsicht eine klare Indikation.

4. Auslösende Schädigung

Kälte und feuchtes Wetter,
Feuchtigkeit in jeder Form,
Ärger und Verdruß.

5. Art der Kopfschmerzen

Bei chronischen Folgen von Verletzungen, vorzüglich am Kopf, (Commotiofolgen) ist nach *Farrington* Natrium sulfuricum unentbehrlich.
Auch meningeale Reizerscheinungen verursachen *heftige, quetschende, nagende Schmerzen an der Schädelbasis*, wobei der Kopf zurückgezogen wird.
Im übrigen gibt es den kongestiven, periodisch auftretenden Kopfschmerz und
Galleerbrechen.
Die Schmerzen verschlimmern sich, wenn der Patient dran denkt.
Es gibt außerdem den Kopfschmerz auf dem Scheitel mit Scheitelhitze und am Hinterhaupt mit Schmerzen im Nacken.

LINKS. Alte COMMOTIOFOLGEN. Deprimiert. PERIODISCH.
Mit Galleerbrechen. < Darandenken. – Als falle das Gehirn zu der Seite, auf die man sich legt. Kopfschmerz bei intermittierendem Fieber.
HAARWURZELSCHMERZ

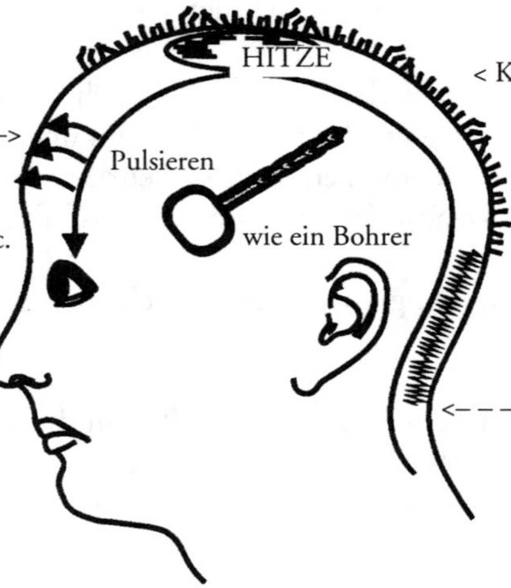

SCHWINDEL wie betrunken, nach dem Essen, > Schweiß auf der Stirn, Brennen im Magen. Borborygma.
DURCHFALL < feuchte Kälte; treibt aus dem Bett, nach dem Aufstehen, nach dem Frühstück.
< FISCH, Früchte und sehr wasserhaltige Gemüse aus feuchten Gebieten.
< Fleisch, Brot, Mehlspeisen.
> EIS, Eiswasser.

6. Homöosiniatrische Punkte

NI 18 (re)
SHIGUAN = Steinernes Paßtor

Lage:
1 CUN oberhalb von **NI 17** und 0,5 CUN lateral der Leibesmitte in Höhe des **KG 11.**
Dieser Punkt hat eine deutlich tonisierende Wirkung auf den Funktionskreis des MP und der Niere und leitet Feuchtigkeit ab.

Nach *de La Fuye*
wirkt er auf den Digestionsapparat bei Flatulenz, Obstipation und Leibschmerzen.
Auf das Urogenitalsystem bei brennender Miktion, häufigem und imperativem Harndrang, besonders nachts.

3E15 TAINJIAO
Kellerloch des Himmels
(oder Himmelsspalte)

Lage:
In der Mitte einer gedachten Verbindungslinie zwischen Akromion und dem auf der Rückenmittellinie liegenden Punkt **LG 14** (oder 1 CUN hinter und unter dem **GB 21**).

Dies ist ein wichtiger Punkt für Schulterschmerzen (Moxa) und bei den Franzosen der „Point hygrometrique".

In diesem Sinn deutet ihn auch *de La Fuye,* der im übrigen eine Indikation dieses Punktes für Erkrankungen der Atemwege (chronische Rhinitis, Husten und Auswurf, Asthma, verschlimmert durch Feuchtigkeit) sieht.
Er sieht außerdem in diesem Punkt eine Indikation für
den Verdauungsapparat mit pappigem Mund und zähem Schleim,
Bedürfnis nach kalten Getränken,
morgendliches Erbrechen,
Darmgeräuschen,
Flatulenz mit Kolik und Diarrhoe,
Cholezystitis.

7. Vom homöopathischen Symptombild zum Disharmoniemuster

In der chinesischen Pharmakologie gehört, wie in der westlichen Medizin, das Natrium sulfuricum (Glaubersalz, Na_2SO_4) zu den Purgantien. Es wird als kaltes Mittel mit scharfem, salzig-bitterem Geschmack eingestuft, den Funktionskreisen Magen, Dickdarm und Drei-Erwärmer zugeordnet, wirkt kühlend und leitet Fülle-Stauungen ab, erweicht Verhärtungen, befeuchtet, lindert Trockenheit (*Porkert,* „Klinische Chinesische Pharmakologie" S. 133). Aus dieser Sicht hat Natrium sulfuricum natürlich seine Grenze und Gegenindikation, wo im Darm keine Hitze-Fülle herrscht, ein Umstand, der in der westlichen Medizin häufig nicht beachtet wird und dann zusätzlich zu energetischer Schwächung führt, vor allem, wenn es zu lange bei Obstipation zur Anwendung kommt und eben dadurch zu einer Störung im Wasserhaushalt ganz im Sinn der hydrogenoiden Konstitution führen kann, die wir gerade mit dem potenzierten Arzneimittel behandeln wollen. Denn es ist ein Hauptmittel für diese Diathese, welche die besondere Neigung hat, Wasser im Zellgewebe aufzuspeichern. Das geschieht aber nicht nur vor allem bei Feuchtigkeit, bei Aufenthalt an Flüssen und Seen und bei Regenwetter, sondern auch durch innere pathogene Faktoren, im wesentlichen als Folge einer Störung im Funktionskreis von Milz-Pankreas, auf die ich weiter unten eingehen werde.

Nach der chinesisch-japanischen Typenlehre, wie sie *Heribert Schmidt* in seinem Buch „Konstitutionelle Akupunktur" darstellt, entspricht diese hydrogenoide Konstitution in fast allen Punkten dem SUI-DOKU-Bild, was wörtlich übersetzt „Wassergift" bedeutet. In diesem Symptombild (S. 106), das nach *Schmidt* eine „große Ähnlichkeit mit dem der Milzleere" hat, werden alle subjektiven und objektiven Veränderungen dieses Konstitutionsmittels zusammengefaßt. Ich zähle die mir charakteristisch erscheinenden Symptome auf:
Husten mit starkem Schleimauswurf,
Kälte und Schweregefühl der Beine,
Schwindel und Eingenommensein des Kopfes,
zahlreiche rheumatische Schmerzen in allen Gliedern,
Verschlimmerung durch Nebel und Regen,
Unverträglichkeit von Obst und Alkohol,
weißbelegte Zunge mit Zahneindrücken,
bleiches Gesicht,

glänzende Nase,
große Hautporen.

Typische Krankheiten sind u. a.
Asthma bronchiale,
chronische Bronchitis,
rheumatische Erkrankungen,
chronische Konjunktivitis.

Unter diesem Symptombild wurden allerdings auch Störungen subsumiert, die dem Calcium carbonicum-Bild entsprechen. Nicht zum SUIDOKU-Bild gehört außerdem die für Natrium sulfuricum typische Affinität zur Leber, sowie zum Darm und Duodenum, wofür besondere Disharmoniemuster in Frage kommen.

Was bedeutet *Feuchtigkeit* in der Chinesischen Medizin und Denkweise? Ob es sich um eine von außen induzierte Feuchtigkeit handelt (Regen, Nebel, feuchte Wohnung oder auch übermäßig feuchte Nahrung) oder um eine sich endogen durch gestörte Stoffwechselvorgänge in den Geweben und Organen entwickelnde osmotische Störung, so ist *Feuchtigkeit* immer zugleich Ursache wie Synonym für einen krankhaften Zustand, für ein Disharmoniemuster. Für die Therapie ist es gleichgültig, ob die Feuchtigkeit als pathogener Faktor einen Funktionskreis, etwa den dafür besonders empfindlichen Milz-Pankreas befällt, oder ob sie durch eine endogene Energiedysbalance etwa zwischen Milz-Pankreas, Lunge und Niere entstanden ist, weil die transformatorische Kraft des Milz-Pankreas, seine Transport- und Reinigungsfunktion, nicht ausreicht.

In erster Linie kommt dafür der *Milz-Pankreas-QI-Mangel* als Disharmoniemuster in Frage. Alle anderen Disharmoniemuster des MP sind nur Variationen davon. Dabei ist dies ein innerer Mangelzustand, der tonisiert werden muß. Dieser Zustand verursacht abdominelle Auftreibung, ungebundenen Stuhl, Appetitverlust. Da das MP verantwortlich ist für den Transport des QI in die Extremitäten, ist die Folge dieser Funktionsstörung Schwäche und Ermüdbarkeit der vier Glieder. Außerdem kommt es zur mangelhaften Umwandlung der Flüssigkeit bei längerem Bestehen dieses QI-Mangels und zur Ansammlung derselben in den Muskeln, mit dem Gefühl der Schwere. Sowohl die Ernährungsform als auch geistige Überlastung, Klimabedingungen und chronische Erkrankungen kommen hier als Ursache in Frage.

Doch genügen diese Symptome, die natürlich in vollem Umfang nicht immer anzutreffen sind, nicht, um dem Vollbild des Natrium sulfuricum gerecht zu werden. Es kommt noch ein Faktor hinzu, den man im Zusammenhang mit dem QI-Mangel des MP berücksichtigen muß: der *Schleim* (engl. „Phlegm"). Er spielt in der Konzeption der chinesischen „Physiologie" eine große Rolle und ist zu gleicher Zeit ein konditioneller wie ein ätiologischer Faktor. Das MP ist neben der Lunge und den Nieren der Hauptfaktor für seine Entstehung. Es gibt den *substantiellen Schleim*, wie er in den Lungen und den Schleimhäuten auftritt und uns als solcher auch im Natrium sulfuricum-Bild begegnet.

Außerdem gibt es aber den *nicht substantiellen Schleim*, der sich – zwar nicht sichtbar – aus angesammelter *Feuchtigkeit* entwickelt, aber schwerer und zähflüssiger ist und schwer aufgelöst werden kann.

Dieser nicht substantielle Schleim begegnet uns unter der Haut in Form von Knoten und Anschwellungen (Nervenganglien, Lymphknoten, Anschwellung der Schilddrüse, Lipomen), in den Meridianen (Taubheit), im Funktionskreis des Herzens (Trübung des Sensoriums, Geisteskrankheiten), in der Gallenblase und den Nieren (Steinbildung) und in den Gelenken (chronische rheumatoide Arthritis).

Es gibt diesen Schleim in den verschiedensten Kombinationen mit Wind, Hitze, Kälte, Feuchtigkeit, als QI-Schleim (Beklemmung in der Brust und Globus infolge der *Stagnation des Leber-QI*) und in Form verschiedener Schleim-Flüssigkeit im Magen und Darmkanal, im Hypochondrium, in den Gliedern und oberhalb des Diaphragmas. Alle diese Formen lassen sich auf den QI-Mangel des MP zurückführen und werden hinsichtlich der verschiedenen Symptomatik gegebenenfalls im einzelnen dargestellt. Ich bin so ausführlich darauf eingegangen, weil dieser pathogene Faktor von großer Wichtigkeit ist und unserem Verständnis erst nahe gebracht werden muß. Ich verdanke diese Darstellung dem Werk von *Maciocia*.

Für die Entsprechung mit dem AMB von Natrium sulfuricum sind von Wichtigkeit die Manifestation von Schleim in der Lunge (chronische Bronchitis, Asthma), in den Gelenken (rheumatoide Arthritis), im Kopf (SHEN).

Man wird in Erwägung ziehen müssen, ob *Stagnation von QI* und *Schleim im oberen Körper* infolge des Versagens des MP-QI, Feuchtigkeit zu transformieren, nicht Ursache sind für die Kopfsymptomatik des Natrium sulfuricum-Bildes. Denn wenn die Feuchtigkeit längere Zeit akkumuliert, bildet sich Schleim, der QI-Fluß in den Gefäßen und Meridianen in Brust und Kopf behindert und führt zu *Wind*-Symptomen mit Schwindel, Sehstörungen und Kopfschmerzen infolge der Verlegung der Meridiane und Gefäße im Kopf.

Erinnern wir uns, was *Kent* schreibt: „Das Mittel hat viele Leberbeschwerden geheilt. Leberstauung, Lebervergrößerung, ... Leberstörungen infolge geistiger Anstrengung und Ärger."
„Krankhaft veränderte, dickflüssige Galle, die leicht Gallensteine bildet!" (S. 586).
Das ist Feuchtigkeit und Schleim in der Gallenblase, die den glatten Fluß des Leber-QI stört und stagniert und oft verursacht wird von dem *stagnierenden Leber-QI,* das uns schon oft begegnet ist. Diese Gallenerkrankung wird als *feuchte Hitze in der Gallenblase* bezeichnet. Die Hitze ist eine Folge des lange bestehenden QI-Staus in der Leber. Die Feuchtigkeit hat im übrigen die Tendenz, nach unten zu fließen und zwar in den UDE, wo sie dann Vaginalausfluß und Juckreiz oder Schwellung und Rötung des Skrotums hervorruft. Natürlich kann auch, wie in tropischen Ländern, feuchte Hitze als exogener pathogener Faktor diesen Zustand hervorrufen.

Sehr wichtig ist der Zusammenhang zwischen dem Funktionskreis der Leber und dem des Milz-Pankreas, denn die Leber ist verantwortlich für den glatten Fluß des QI im Körper. Es besteht sowohl eine *Stagnation des Leber-QI* im Exzeß und bei *QI-Mangel im Milz-Pankreas.* So gibt es zwei Möglichkeiten: Die stagnierende Leber in Fülle stört durch Gegenläufigkeit (5 Wandlungsphasen) die transformatorische Milz-Pankreas-Funktion, oder aber das MP ist von vornherein in einem Mangelzustand und „erlaubt" der Leber die Behinderung.

Im ersten Fall überwiegt die Fülle und hat mehr Verstopfung und abdominale Ausdehnung zur Folge, oder es handelt sich, wie im zweiten Fall, um einen Mangelzustand, bei dem es vorwiegend zu lockerem oder durchfälligem Stuhl kommt.

Ursächlich spielen emotionale Faktoren über eine längere Zeit, aber auch unregelmäßige Lebensweise und Überarbeitung eine Rolle.

Dies alles gilt cum grano salis für das Natrium sulfuricum-Bild. Sprechen die Kopfschmerzen darauf nicht an, so muß man zusätzlich zur Therapie über die Meridiane greifen, deren QI durch die Feuchtigkeit und eventuell auch durch Schleim gestaut ist. Auch kommt eine Behandlung über das *aufsteigende Leber-YANG* in Frage. Niemals aber sollte man die oben geschilderten Zusammenhänge aus den Augen lassen.

8. Therapie

a) Feuchtigkeit (allgemein)

MP 9	(eventuell moxieren)
KG 9	beide Punkte leiten die Feuchtigkeit ab.
BL 20	(eventuell moxieren)
MP 6	(eventuell moxieren)
MA 36	(eventuell moxieren)

Alle diese Punkte tonisieren das MP und vermehren das QI und wirken somit unterstützend bei der Eliminierung der Feuchtigkeit. Bei feuchter Hitze darf nur genadelt, nicht gemoxt werden.

b) Schleim

KG 12 und **MA 40**	beide auch spezielle Punkte zur Umwandlung von Schleim.

c) SUIDOKU

Schmidt gibt folgende Punkte für die Behandlung an, aus denen man sinnvollerweise eine Auswahl treffen muß.

MP 4, 6, 9, 10

NI 3 (ZHAOHAI nach *Schmidt*) = **NI 6** (neue Nomenklatur)

KS 5, 6, 9, 12	alle diese Punkte werden tonisiert.
LE 13, BL 21, 23	auch diese Punkte tonisieren.

MA 36, 40 3–5 Moxen auf diese Punkte.
DI 10,
LU 6

In einem besonderen Fall, der dem SUIDOKU-Bild von Natrium sulfuricum entspricht (KUMI-BINRO-TO), schlägt *Schmidt* folgende Punktkombination vor:

NI 3 (ZHAOHAI) = **NI 6** (neue Nomenklatur)

BL 30, 31, 32, 33, 50, 51
MP 9,
KG 9, 3.

Diese Behandlung, eventuell zusammen mit dem oben genannten Tee der Kampomedizin, wirkt besonders gut bei Psychasthenie, Hypertonie, Hepatopathie, Arthralgie und Hämorrhoiden.

Eine andere Kombination für Bronchitis und Asthma bronchiale übernehme ich ebenfalls von *Schmidt* (Kursmitteilung):

MP 3, 9
LU 5, 6
MA 40
LE 3
BL 23, 38–40,
3E10,
GB 34.

Die Wirkung beruht auf der Schleimlösung, der Hemmung der Schleimproduktion und der Förderung der Diurese. Die sogenannten Wasserpunkte wie

MP 9 sollten gemoxt werden.
und **LU 5**

d) Milz-Pankreas-QI-Mangel

BL 20, MP 6 und **MA 36**	Diese Punkte tonisieren und bewegen QI und Blut und müssen gegebenenfalls moxiert werden.
KG 12	Hauptpunkt für Magenprobleme, er tonisiert MA und MP-QI, besonders wirksam bei Mangel-Kälte.

MA 25	bei Durchfall, moxieren.
MA 9	bei Ödemen (moxieren).
KG 9	fördert die Diurese.

e) Stagnation von Schleim und QI im oberen Körper

MA 40 und **MP 9**	lösen den Schleim und wandeln Feuchtigkeit um.
MA 36, MP 6	bewegen QI, tonisieren MP.
KS 6 **KG 12**	unterdrücken das aufsteigende MA-QI, fördern die absteigende Tendenz.
LE 8, BL 20 und **MP 3**	eventuell hinzugeben – je nach Befund.

f) Feuchte Hitze in Leber und Gallenblase

Außer **KG 12** und **BL 20** muß sedierend oder nach der *Even*-Methode behandelt werden.

GB 24 und **BL 19**	„JU-MO"-Methode. Klären die Hitze in der Gallenblase.
LE 14 und **BL 18**	„JU-MO"-Methode, klären Hitze in der Leber.
KG 12 und **BL 20**	lösen die Feuchtigkeit auf.
GB 34	verstärkt den glatten Fluß des LE-QI, löst Feuchtigkeit auf und klärt die Hitze.

DANAGXUE – Spezial-Punkt

(1 CUN unter dem **GB 34**, nach Druckempfindlichkeit)

	Er hat dieselbe Wirkung wie **GB 34** und wird nur benutzt, wenn er empfindlich ist.
LG 9	klärt die Hitze in der Gallenblase und regt den glatten Fluß des LE-QI an und löst Feuchtigkeit auf.

DI 11 klärt die Hitze und löst Feuchtigkeit auf.

3E6 verbessert den glatten Fluß des LE-QI, klärt die Hitze im SHAO YANG.

g) Stagnierendes Leber-QI

LE 3 stärkt das LE-QI, reguliert die Zirkulation von QI und Blut. Senkt aufsteigendes YANG.

LE 13 reguliert das LE-QI im MDE, besonders, wenn es die Milz affiziert.

LE 14 reguliert das LE-QI im MDE, besonders, wenn es den Magen affiziert.

GB 34 reguliert das LE-QI und wirkt besonders auf das Hypochondrium.

3E6 reguliert ebenfalls das LE-QI mit besonderer Wirkung auf die beiden Seiten des Körpers.

KS 6 bei Übelkeit. Auch dieser Punkt reguliert das LE-QI, besonders im Hinblick auf das JUE YIN, das von beiden gebildet wird.

Dies sind die Hauptpunkte, die bei der Grundbehandlung der Kopfschmerzen genügen werden. Im wesentlichen kommt eine sedierende Therapie in Frage.

ZUNGE: Der Zungenkörper kann normal sein, aber auch purpurn oder bläulich verfärbt.

PULS: gespannt.

k) Aufsteigendes Leber-YANG (s. S. 58)

Die Therapie unterscheidet sich in der Punktwahl nicht wesentlich von der des aufsteigenden Leber-Feuers, wirkt aber stärkend auf das Leber-YIN, unterdrückt das Leber-YANG und den Wind.

LE 8 stärkt das LE-YIN.

LE 3 unterdrückt das LE-YANG und den LE-Wind.

GB 43	unterdrückt das LE-YANG, Gegenpunkt des GB-Meridians.
3E5	unterdrückt das LE-YANG und ist besonders angezeigt bei Kopfschmerz entlang des GB-Meridians.
MP 6, **NI 3**	stärken das YIN ganz allgemein.
GB 20	bändigt den Wind und unterdrückt das LE-YANG.
LE 8, LG 16 **und NI 3**	müssen tonisiert werden.
LE 3, **GB 20**	müssen sediert werden.

9. Epikrise

Ich habe im Zusammenhang mit einem relativ kleinen Mittel einige grundsätzliche Gesichtspunkte, im wesentlichen in Beziehung auf den Wasserhaushalt, erörtert. Es sei daran erinnert, daß auch Natrium muriaticum diese hydrogenoide Verschlimmerung hat, die wohl auf das Na-Ion zurückzuführen ist, und daß auch Thuja diesen Reaktionstyp repräsentiert.

Trotzdem ist Natrium sulfuricum das Hauptmittel für die „hydrogenoide Konstitution". Es bewährt sich besonders bei Leberfunktionsstörungen, bestimmten Formen von Magen-Darm-Katarrh mit morgendlicher Diarrhö, wohl in Folge einer Duodenitis, bei Bronchialasthma, wobei mit *Mezger* zu bedenken ist, daß „die Empfindlichkeit gegen Kälte und Nässe schon evident sein muß, wenn man sich darauf stützen will" (S. 1016).

In jedem Fall von chronischen Folgen von Verletzungen, besonders am Kopf, sollte man Natrium sulfuricum in Erwägung ziehen, ob auch bei fehlendem Hydrogenoidismus bleibt dahingestellt. Vielleicht handelt es sich bei diesen Kopfschmerzen um eine lokale Ansammlung von „Feuchtigkeit" im Sinne der Chinesischen Medizin und vor allem um „nicht-substantiellen Schleim".

Ganz wichtig hingegen erscheint es mir, Natrium sulfuricum in Verbindung mit Akupunktur beim Rheumatismus durch Einfluß von Kälte und Nässe zu berücksichtigen, zumal dies die häufigste Form einer rheumatoiden Arthritis ist. Besonders empfohlen wird Natrium sulfuricum – von *Farrington* – bei Affektionen des linken Hüftgelenkes bei Kranken mit dieser Konstitution. Die Schmerzen verschlimmern sich nachts und wecken den Kranken aus dem Schlaf. Die Zuverlässigkeit der *Kent*schen Empfehlung bei Nagelfalzeiterungen wird von *Nash* in Frage gestellt. Trotzdem empfehle ich jedem die gründliche Lektüre der Darstellung dieses Mittelbildes in den „Arzneimittelbildern" von *Kent*.

Nux vomica

Toxikologie

Die Stammpflanze *Strychnos nux vomica,* der Brechnuß- oder Krähenaugenbaum, gehört wie Apocynum, Gelsemium, Oleander, Strophanthus und Vinca Minor zur Familie der Apocynaceen. Ihre Früchte enthalten ca. 2 cm breite und 9 mm dicke scheibenförmige Kerne, die für die Gewinnung der Tinktur verwendet werden und Strychnin und das weniger giftige Brucin enthalten. Strychnin entfaltet seine Wirkung am Nervensystem, indem es allgemeine Erregbarkeit, wahrscheinlich durch Aufhebung der Hemmung der Neurone, hervorruft. Das Vergiftungsbild hat Ähnlichkeit mit dem Tetanus, allerdings mit dem Unterschied, daß Strychnin in das ZNS wandert, während die Tetanus-Infektion an den peripheren Nerven angreift. Entscheidend ist, daß das Strychnin an den reflexübertragenden Apparaten sitzt und bewirkt, daß in den Schaltneuronen die dort normalerweise vorhandenen Hemmungen beseitigt werden. Die Innervation von Agonist und Antagonist gerät durcheinander, und im raschen Wechsel beider kommt es zum Tetanus. Wichtig für die Verwendung von Nux vomica als Homöopathikum ist die Erregung der Gefäßnerven und des Vagus, wie auch die Symptome der nervösen Überreizung und der Muskelspasmen.

Hauptrichtung

Zentrales Nervensystem, vegetatives Nervensystem, Gefäßnerven, Magendarmkanal, Uterus, Blase.

1. Typus nach dem AMB

„Wegen der einseitig auf das Zentralnervensystem und die vegetativen Nerven gerichteten Wirkung kann Nux vomica kaum als Konstitutionsmittel im engeren Sinne bezeichnet werden" (*Mezger,* S. 1035).

So kommt es in den verschiedenen Darstellungen auch zu widersprüchlichen Aussagen. Während *Vithoulkas* den (allerdings noch gesunden!) Nux vomica-Menschen als „robust und stämmig gebaut" beschreibt, dessen Körper „kompakt und muskulös" und dessen Konstitution kräftig ist, erscheint der Typus bei *Beuchelt* als „hagerer, dunkelhaariger" mit blasser, fahlgelber Gesichtsfarbe, was wahrscheinlich mehr dem Patiententyp entspricht, der uns wegen seiner Beschwerden aufsucht.

Sehr viel weiter führt die Feststellung, daß ein wesentlicher Charakterzug des Mittels seine Hastigkeit ist. Nach *Hahnemann* bedürfen die Personen dieses Mittel, „welche sehr sorgfältigen, eifrigen, feurigen, hitzigen Temperaments sind, oder tückischen, boshaften, zornigen Gemüts".

2. Körperliche Symptome

In diesem Rahmen ist es nicht möglich, die gesamte Symptomatik des großen und gerade in unserer Zeit so bedeutsamen Polychrestes erschöpfend zu behandeln. Aber ich werde die Leitsymptome herausstellen, die uns mit erheblicher Zuverlässigkeit zu dem Mittel hinführen, und die Symptomatik, die es uns ermöglicht, seine Grundstruktur zu verstehen.

Im Vordergrund stehen an sich geistige Erscheinungen, die man aber im Zusammenhang mit den gastrointestinalen Störungen sehen muß. Für die ersteren charakteristisch ist eine Übersteigerung von Ehrgeiz und Pflichtbewußtsein mit allen ihren psychischen Folgeerscheinungen, wie ich sie im nächsten Kapitel schildern werde.
Da ist die
leichte Erkältlichkeit mit Fließnase am Tag und verstopfter Nase bei Nacht.
Niesen morgens im Bett und Tubenkatarrh.
Es besteht Empfindlichkeit gegen frische Luft und bei Fieber, Hitze mit Schweißen, die mit Frost und Hitzeanfällen wechseln,
das dringende Bedürfnis, *in jedem Fieberstadium bedeckt zu sein.*
Da sind die Kopfschmerzen, auf die ich noch kommen werde, und da sind – und das ist besonders wichtig – die Dyskinesien der Verdauung mit spastisch-atonischen Mischformen.
Typisch dafür sind die Magenschmerzen 2 Stunden nach dem Essen (Pulsatilla und Anacardium), häufig als Folge vorübergehender, geistiger Überanstrengung.
Morgens Übelkeit,
leeres Brechwürgen und Stirnkopfschmerz. (Pulsatilla hat eine andere

Gemütsverfassung und Abendverschlimmerung.) Während der Pulsatilla-Patient viel über Sodbrennen klagt, hat der Nux vomica-Patient mehr leeres Wasserzusammenlaufen („Druckwasser") im Mund.
Nach dem Essen leidet der Patient unter *Vollheit und Auftreibung im Magen* und Bauch (muß die Kleider lockern) und hat
ein Drücken im Magen wie von einem Stein.
Hinzu kommt
eine subtoxische Hepatopathie, manchmal mit Schwellung in der Lebergegend,
hartnäckige Obstipation *mit vergeblichem Stuhldrang*, aber auch
Wechsel von Durchfall und Verstopfung, Hämorrhoiden.

ZUNGE: im hinteren Drittel gelb oder weiß belegt oder trocken, rissig (an den Ecken), bräunlich oder schwärzlich mit hellroten Rändern (nach *Clark*).

Auch an den Harnorganen äußert sich die Dyskinesie in Gestalt eines vergeblichen Drangs, abgesehen von reißenden und brennenden Schmerzen im Blasenhals und der Harnröhre.

Entsprechend der Grundstruktur des Arzneimittels kommt es bei den Gliedern, Muskeln und peripheren Nerven nicht nur zu Steifigkeit, Kribbeln, Taubsein und Einschlafen, sondern auch zum
anfallsweisen Auftreten von Muskelkrämpfen am ganzen Körper, ganz ähnlich dem Tetanus.
Glieder, Hals und Nacken, Kaumuskeln, auch Atemmuskeln, sind völlig steif und verkrampft.
Die Anfälle setzen durch Berührung oder Geräusch ein und können neben Trismus und Opisthotonus auch zur Muskelstarre des Brustkorbes führen, so daß das Atmen kaum möglich ist.

Es besteht ein
frühes sexuelles Interesse, wie überhaupt ein leicht erregbarer Geschlechtstrieb.
Ein oft bestätigtes Symptom nach *Nash* für die Menstruation ist: „einige Tage vor der Zeit, etwas zu stark oder mehrere Tage länger dauernd, mit Beschwerden beim Eintritt, welche bleiben, nachdem sie vorüber ist."

Wichtig sind
die nächtlichen Kreuzschmerzen und charakteristisch für Nux vomica, *daß der Patient sich im Bett aufsetzen muß, um sich dann umdrehen zu können.*

3. Psychische Symptome

Abgesehen von den sehr typischen Beschwerden im Abdomen haben die Geist- und Gemütssymptome den höchsten Stellenwert für die Arzneimittelfindung. Sie wurden schon andeutungsweise erwähnt. Aber das ist nicht nur der
von Ehrgeiz und Pflichtgefühl getriebene pragmatische Manager,
Unternehmer,
Vertreter,
Buchhalter und „Pauker",
ein Pflichtbewußtsein, das sich bis zur Arbeitswut (Workaholic) steigern kann, und der
abends nicht einschlafen kann, weil ihn die Gedanken nicht loslassen,
der nachts um 3.00 Uhr aufwacht,
geplagt wiederum von seinen Gedanken und den Tagesereignissen, die ihn bis in den Traum verfolgen,
so daß er morgens unausgeschlafen erwacht (Morgenmuffel),
evtl. mit Kopfschmerzen, wie „verkatert",
sondern auch der gegen äußere Eindrücke *hochempfindliche Nux vomica-Typ, den Eindrücke wie Licht, Geräusch, Gerede, Musik irritieren,*
der ärgerlich gereizt reagiert,
dem leicht „eine Sicherung durchbrennt",
der heftig und jähzornig antwortet und
zanksüchtig bis zur Tätlichkeit sein kann – „tückisch, boshaft, zornig", wie *Hahnemann* schreibt.

Das fortgeschrittene Nux-Bild ist resorptionsmäßig und wohl auch in seinem Leberstoffwechsel so gestört, daß es
zur Abmagerung kommt und
zum Gegenteil der quälenden Geschäftigkeit:
Zerschlagenheit,
Ermattungsbilder,
unüberwindliche postprandiale Schläfrigkeit,
hypochondrische Neigung, jedermann von seiner Krankheit zu erzählen,
Selbstmordideen,
Befürchtung bald zu sterben,
Angstanfälle und
Unsicherheit aus exzessivem Arbeitszwang,

Pedanterie,
Mißtrauen,
Unentschlossenheit,
Arbeitsunlust,
Überreiztheit der Nerven mit dem Drang zur Flucht nach vorn – neurotisches Fehlverhalten, dem wir in unserer modernen Gesellschaft so oft begegnen, daß es Autoren gibt, die behaupten, daß man, wenn man sich auf eine Insel begeben würde, um dort zu leben, auf jeden Fall zwei homöopathische Mittel mitnehmen müßte: Sulfur und Nux vomica. Aber gerade letzteres würde man bei einem Inseldasein vielleicht gar nicht brauchen.

4. Auslösende Schädigung

Nasse Kälte,
frische Luft,
geistige Anstrengung,
Ärger,
Reizmittel (Kaffee, Nikotin, Alkohol, starke Gewürze),
Exzesse,
Nachtarbeit und sitzende Lebensweise,
Schlafentzug,
Medikamentenabusus,
sexuelle Ausschweifungen,
falsche Ernährung.

5. Art der Kopfschmerzen

Die typischen Kopfschmerzen sind ein wahlanzeigender Teil des AMB. Es ist ein Kopfschmerz infolge Verdauungsstörungen, der morgens schon im Bett mit dem Gefühl von Benommenheit und Verwirrung auftritt, nachdem aus verderbter, mit Reizmitteln überlasteter Verdauung nächtens eine intravenöse Dauerinfusion von Darmgiften in die Pfortader sich ergossen hat und in die Zeit von 5.00–7.00 Uhr, die Maximalzeit des Dickdarms, fällt.

Es ist ein reiner Hinterkopfschmerz, der häufig nach vorn über die Augen zieht und dann (meist) über dem rechten Auge sitzt, oft mit

Brechwürgen verbunden ist und auch als Schläfenkopfschmerz sich etablieren kann. Andererseits gibt es auch reißende Schmerzen im Kieferbereich und am Kopf, die neuralgischen Ursprungs sind, was dem Patiententyp in dem Mittelbild entspricht und auch bei Trigeminus-Neuralgie eingesetzt werden kann.

Medikamentenabusus. GESCHÄFTSSORGEN, Selbstmordneigung, NACHT-SCHWÄRMER, BEAMTE – Beförderungsprobleme, Sorgen, Kummer, Angst. WUT: will töten, vernichten, *zertrümmern.* Spricht im Schlaf, wach von 3.00–6.00 Uhr, steht unausgeschlafen auf. Läßt Silben und Wörter aus beim Schreiben und Lesen.
< BROT, Fleisch.
> Alkohol, Pfeffer, Bitteres, Gewürze,
Kaffee, Tabak, Kreide < (Alum., Calc., Nit-ac.)

6. Homöosiniatrische Punkte

LE 13 (re) ZANGMEN = Dekorierte Pforte (Befehlstor)
Alarmpunkt des MP.
Meisterpunkt der 5 Speicherorgane.

Lage:
Am freien Ende der 11. Rippe.

Fördert den glatten Fluß des Leber-QI, beseitigt Nahrungsrückstände, stabilisiert die Bauenergie und fördert Magen- und Milz-Pankreas-Funktion. Dieser Punkt wird eingesetzt, wenn das Leber-QI stagniert und Magen und Milz behindert. Er kann tonisiert werden mit Moxen, außerdem zur Stärkung von Magen und Milz eingesetzt werden.

Nach *de La Fuye:*
Bei saurem Aufstoßen, bei Bittergeschmack am Morgen,
Erbrechen nach dem Essen, sauer oder gallig.
Leberkolik, Steingalle.
Erschwerte Verdauung,
Blutungen mit schwarzem Blut bei
Hämorrhoiden oder der Regel,
Schläfrigkeit nach dem Essen,
trockener Husten bei Nacht,
Asthma. Herzklopfen,
Arteriosklerose, Hypertonie,
vergeblicher Harndrang.
Nierensteine, Dysurie.
Samenabgang. Gelber Ausfluß.

MA 45
LIDUI = Die unterdrückte Heiterkeit (kranker Mund)
Metall
TING-Punkt (Ursprung),
Sedierungspunkt

Lage:
An der lateralen Seite der 2. Zehe, etwa 1/10 CUN neben dem Nagelbett.
Beruhigt das Gemüt bei Magenstörungen. Hellt die Sicht auf, dämpft das Herz-Feuer.

Nach *de La Fuye:*
Hypersekretion des Magens mit Übersäuerung.
Bulimie,
Auftreibung des Magens,
Zahnschmerzen.
Leberentzündung mit Ikterus.
Verschlimmerungsmodalität:
Geräusch und Schreie.
Rhinitis, Nasenbluten,
Steifheit des Nackens und der Gelenke.

MP 9 (li nach *Weihe*)
YINGLINGQUAN = Die Quelle am YIN-Grabhügel
Wasser
HO-Punkt

Lage:
In einer Vertiefung am Unterrand der medialen Seite des Tibiakopfes.

Verringert Feuchtigkeit, stärkt UDE. Fördert Wasserausscheidung. Beseitigt Blockaden des Meridians. Indikation: Ödeme (+ **KG 9** Mox.), abdominelle Auftreibung, venöse, variköse Beschwerden, Arthrose des Kniegelenks.

Nach *de La Fuye:*
Schlechte Verdauung,
Erbrechen,
Darmschmerzen, epigastrische Auftreibung, Flatulenz (to).
Plötzliche Diarrhoe nach dem Essen (sed).
Spastische Obstipation (sed) oder choleriforme Diarrhoe.
Samenabgang, Genitalschmerzen, Dyspnoe.
Husten, Völlegefühl in der Brust, Anurie, Aszites,
Bauchschenkelhärte.
Verschlimmerung nach dem Essen.

BL 65
SHUGU = Der geschnürte Knochen
Holz
Sedierungspunkt
YU-Punkt (Fluß)

Lage:
Unterhalb und proximal vom distalen Metatarsalis-Köpfchen, an der Grenze von rotem und weißem Fleisch.

Beseitigt Stauungen im Meridian, dämpft Hitze, beseitigt Wind. Besonders wirksam bei Befall des Kopfmeridians (Nacken), bei Hitzeerkrankung der Blase (Zystitis), bei innerem Wind (Epilepsie). Tränenfluß, Augenhyperämie, Geschwüre und Exantheme am Rücken.

Nach *de La Fuye:*
Kongestion mit Blasenreizung, Zystitis. Reizbarkeit. Abwechselnd Verstopfung und Durchfall. Hämorrhoiden. *Kopfschmerz* während der Defäkation. Übelkeit. Entzündung des inneren Augenlids. Spastische Verstopfung des Tränenkanals. Schwerhörigkeit, Kontraktion und Steifheit des Nackens. Nierenschmerz, Hüftschmerz (Ischias), Kopfschmerz, Schwindel.

7. Vom homöopathischen Symptombild zum Disharmoniemuster

Die Entwicklung zum typischen AMB von Nux vomica, wie ich es dargestellt habe, ist das Ergebnis einer Folge von Verstößen gegen eine gesunde Lebensführung, an deren Ende sich dann verschiedene Disharmoniemuster, besonders der Leber, entwickeln. Am Anfang steht die Fähigkeit des Funktionskreises der Leber zur Planung unseres Lebens und der Fähigkeit, ihm eine Richtung zu geben. Im gesunden Zustand kann die Energie des Leber-QI der Person starken, schöpferischen Auftrieb und Entschlossenheit geben. Wenn aber der Funktionskreis der Leber, ganz allgemein gesagt, außer Kontrolle gerät, kommt es zu einer Dissoziation im Zusammenspiel von YIN und YANG und zu einem übermäßigen Aufsteigen des Leber-YANG oder Leber-Feuers.
Daraus ergeben sich Reizbarkeit,
Ärger und Zornausbrüche,
Schwindel,
auch Ohrensausen und
vor allem Kopfschmerz.

Wir wissen nun, daß der Nux vomica-Mensch in seinem Ehrgeiz und übertriebenen Pflichtbewußtsein die Balance zwischen Arbeit und Ruhe mißachtet,

daß er gern unregelmäßig und unzweckmäßig ißt und trinkt,
zu lang hintereinander arbeitet und
sich intellektuell unter den Bedingungen von Streß überfordert,
daß er immer hastig und in Eile ist, also, wie wir sagen,
auf Kosten seiner Substanz lebt.
Das führt zu einer Erschöpfung des QI. Das wiederum affiziert die Funktionskreise von Magen, Milz-Pankreas und Niere.

Besonders unregelmäßige Nahrungsaufnahme, aber auch Überessen verursacht eine Schwäche des Magen-QI oder des Magen-YIN. Übermäßige geistige Arbeit und Konzentration schwächt den Funktionskreis des Milz-Pankreas, und Schwäche des Magen-YIN führt zu einer Nieren-YIN-Schwäche. Wenn dann noch übermäßige sexuelle Aktivität hinzukommt, erschöpfen wir die Nieren-Essenz.
Damit wurden zwar ein Teil der disponierenden Faktoren erfaßt, aber unberücksichtigt blieben der endogene emotionale Faktor, von dem man, z. T. jedenfalls, annehmen kann, daß er anlagemäßig bedingt ist.
Die innere Unrast, der Ehrgeiz, die Reizbarkeit und Ungeduld, der Jähzorn, aber auch
die unvermeidlichen Frustrationen in Anbetracht des überzogenen Pflichtbewußtseins, belasten aus chinesischer Sicht vor allem den Funktionskreis der Leber, und es kommt generell zur *Stauung des Leber-QI* und seinen Folgen. Es muß, wie so oft, offen bleiben und ist im Grunde genommen auch uninteressant, was hier Ursache und Wirkung ist, ob primär die Disharmonie im Geschehen des Funktionskreises mit seinen Folgen oder umgekehrt die emotionale Ausgangslage, ausschlaggebend ist allein die funktionelle Störung.

Es kommt noch etwas anderes hinzu und das aus der Sicht der westlichen Medizin, die wir immer mitdenken müssen:
Die meist vorhandene Störung der Darmflora, ob nun als Dysbakterie oder Dysbiose, entweder als Folge der unökonomischen Lebensführung oder einer seit langem bestehenden Prädisposition, wie sie sehr häufig unerkannt vorliegt. Aber auch hier ist die Frage nach Ursache oder Wirkung irrelevant. Entscheidend für unser Handeln sind allein die Phänomene.
Ausgangspunkt für eine Folge von Leberdisharmonie ist bei Nux vomica die *Stagnation des Leber-QI.* Das für Nux so charakteristische Symptom

der Vollheit und
Auftreibung um Magen und Bauch
ist auch vorherrschend und charakteristisch für dieses Disharmoniemuster. Hinzu kommt dessen deutliche Abhängigkeit vom emotionalen Leben. Auch finden wir abgesehen von
Melancholie und
Depression dabei die
emotionale Dysbalance mit
Reizbarkeit und Jähzorn.
Die meisten anderen Symptome wie
Übelkeit,
Erbrechen,
epigastrische Schmerzen,
Appetitlosigkeit,
Aufstoßen,
evtl. auch Diarrhoe
sind auf die Gegenläufigkeit des QI, die das Aufsteigen des Magen-QI verursacht, zurückzuführen. Nach den 8 diagnostischen Leitkriterien handelt es sich um einen Fülle-Typ im Innern in jedem Zustand.
Eine Eskalation erfährt diese Störung im glatten Fluß des QI durch das Disharmoniemuster des *aufsteigenden Leber-Feuer.* Da haben wir dann
die Reizbarkeit,
die Neigung zu Zornausbrüchen,
Tinnitus,
temporalen Kopfschmerz,
rotes Gesicht,
Durst, Taubheit,
Bittergeschmack,
traumgestörten Schlaf,
Obstipation mit trockenem Stuhl,
Nasenbluten,
Hämatemesis,
Hämoptoe,
alles Symptome, wie sie auch das Nux vomica-Bild bietet.
Auch ätiologisch steht für die Entstehung dieses Disharmoniemusters ein langanstehender, emotionaler Zustand von
Ärger,
Groll,

unterdrücktem Ärger
oder Frustration im Vordergrund.
Selbstverständlich spielt auch die Lebensweise mit Alkoholabusus, gebratenem Fleisch u. a. eine Rolle bei der Entstehung von Hitze in der Leber. Dabei handelt es sich nach den 8 diagnostischen Leitkriterien um eine Hitze-Fülle im Inneren.

ZUNGE: roter Zungenkörper, besonders an den Seiten, gelbe Beläge, trocken.

PULS: voll, gespannt, *beschleunigt.*

Die für das Nux vomica-Bild häufige Erscheinung des Wechsels von Durchfall und Verstopfung (ich denke hierbei an die außerordentlich zuverlässige Wirkung einer Verordnung von Nux vomica D 4) verweist uns auf eine Störung im Funktionskreis des Milz-Pankreas.

Und tatsächlich gibt es das Disharmoniemuster *die Leber eindringend in das Milz-Pankreas.* Da die Leber verantwortlich ist für den glatten Fluß des QI durch den Körper, beeinträchtigt die Stagnation des Leber-QI die Transport- und Transformationsfunktion des Milz-Pankreas. Je nachdem, ob die Leber vorherrschend in Fülle ist, kommt es zu einem Vorherrschen der Obstipation, umgekehrt besteht eine Schwäche des Milz-Pankreas zu einer größeren Häufigkeit des durchfälligen Stuhls. Dann liegt nach den 8 diagnostischen Leitkriterien überhaupt eine Schwäche-Situation vor, die bedacht werden muß bei der Therapie. Im übrigen beobachten wir bei diesem Disharmoniemuster auch die übrigen Symptome des *stagnierenden Leber-QI,* insbesondere schmerzhafte Auftreibung des Abdomens. Wir sprechen dann von einem irritablen Kolon und verordnen, je nachdem was vorherrscht, entweder Nux vomica D 4, Asa foetida D 3 bei vorherrschender Obstipation oder Colocynthis D 6 bei Durchfall.

ZUNGE: rot an den Rändern oder blaß.

PULS: weich auf der rechten und angespannt auf der linken Seite.

Die *Stagnation des Leber-QI* beeinträchtigt aber nicht nur die Milz, sondern auch den Funktionskreis des Magens, und es kommt zu einer *QI-Schwäche des Magens.* Unter dem Einfluß der Gegenläufigkeit des *stagnierenden Leber-QI* auf den Magen wirken sich dieselben emotionalen Belastungen auf das Magen-QI aus. Hinzu kommt, daß übertriebene geistige Arbeit über eine längere Zeit zu einer *QI-Schwäche des Magens* führt. Dies wiederum wirkt sich in dem kybernetischen Zusammenspiel von Magen – Milz-Pankreas – Leber und Galle, vor allem auf die Milz aus, so daß sich eine *QI-Schwäche des Milz-Pankreas* entwickelt. Für die *QI-Schwäche des Magens* ist die morgendliche Müdigkeit, das Unwohlsein im Oberbauch und Epigastrikum und ein Schwäche-Puls charakteristisch. Da der Funktionskreis des Magens und der Milz verantwortlich sind für die Bereitstellung des nachgeburtlichen QI, leiden alle anderen Organe darunter. Zusammen mit der *QI-Schwäche des Milz-Pankreas* kommt es dann zu Übellaunigkeit, Erbrechen, saurem Aufstoßen, kolikartigen Bauchschmerzen und Völlegefühl. Wenn die Magenstörung im Vordergrund steht kommt es zu Darmgeräuschen, Blähungen, Durchfall, evtl. mit Koliken bei Prävalenz des Milz-Pankreas. Für beide gilt die Abhängigkeit von emotionalen Belastungen, aber auch die Reizbarkeit, der Jähzorn, die Frustrationstendenz!

ZUNGE: Zungenkörper blaß oder normal gefärbt. In chronischen Fällen können die Ränder geschwollen sein, mit transversellen Rissen.

PULS: schwach

Auf die Blasensymptomatik des AMB will ich nicht genauer eingehen. Sie wird im wesentlichen gedeckt vom Disharmoniemuster *feuchte Hitze in der Blase*. Die sehr typischen Krankheitserscheinungen eines akuten grippalen Infektes finden ihre Entsprechung im ersten der 6 Krankheitsstadien des SHANG-HAN-LUN und zwar in der TAE YANG-Fülle.

Aber auf eine wichtige Erscheinung des Nux vomica-Bildes muß ich noch hinweisen: auf die Überarbeitung und ihre Folgen, denn der Nux vomica-Mensch ist ein sogenannter „Workaholic". Das führt nicht nur zu dem Disharmoniemuster *die Leber eindringend in die Milz*, das ich schon beschrieben habe, sondern auch zu einer Schwächung des *Nieren*-YANG und, wenn es sich um geistige Überforderung verbunden mit Streß handelt, zu einer Schwächung des *Nieren*-YIN.
Hinzu kommt noch, daß auch eine Schwäche des Nieren-YIN zu einer *Leber*-YIN-*Schwäche* führen kann. Wenn auch dieses Disharmoniemuster primär nicht gerade typisch ist für das Nux vomica-Bild, so sollte man bei längerem Krankheitsverlauf und dem damit verbundenen Um-

schlag in allgemeine Schwäche immer dieses Disharmoniemuster in Erwägung ziehen. Dann läßt das Gedächtnis und die Konzentration nach, es treten
nächtliche Schweißausbrüche mit gelblichem Schweiß auf,
mit trockenem Mund bei Nacht und
Hitzegefühl,
Kreuzschmerzen,
nächtlichen Pollutionen,
Verstopfung und
spärlichem, dunklem Urin.

ZUNGE: rot, kein Belag, Risse.

PULS: oberflächlich, flach, beschleunigt.

Nach den 8 diagnostischen Leitkriterien handelt es sich dabei natürlich um YIN-Schwäche mit einer durch das relative Überwiegen des YANG entstehenden Schwäche/Hitze. Es darf nur genadelt und nicht gemoxt werden.

Zum AMB von Nux vomica gehört auch, wie bereits beschrieben, eine exzessive Krampfbereitschaft mit all ihren Folgen. Ernsthafte Blutungen, Unterernährung mit einer Kost, in der die Proteine fehlen, wodurch die Milz nicht genug Blut bereitstellen kann, aber auch Nieren-QI-Schwäche, können zu einem *Mangel an Leber-Blut* führen. Die Folge davon sind neben Schwindel
Schlaflosigkeit,
Sehstörungen,
spärliche Menstruation oder Amenorrhoe,
bleiches Aussehen,
Muskelschwäche und
Spasmen,
Krämpfe,
abbrechende Nägel.

ZUNGE: blasser Zungenkörper, besonders an den Seiten, die in extremen Fällen eine orangene Farbe annehmen, trocken.

PULS: rauh oder dünn.

Es ist sicher nicht sehr erfolgversprechend, diese Zustände allein mit Akupunktur zu behandeln, ohne in irgendeiner Form zu substituieren und zwar sowohl die Leber als auch die Nieren. Für den, der die chinesische Pharmakotherapie beherrscht, bietet sich hier eine dankbare Behandlungsmöglichkeit an, auf die ich hier nicht eingehen kann.

Für die Pharmakotherapie verweise ich auf:

M. Porkert: „Klinische Chinesische Pharmakologie"

Wisemann-Ellis-Zmiewski: „Fundamentals of Chinese Medicine."

„Formulas and Strategies". Compiled and translated by *Ben Bensky* and *Randall Barolet.*

8. Therapie

a) Stagnierendes Leber-QI

LE 3	stärkt das LE-QI, reguliert die Zirkulation von QI und Blut. Senkt aufsteigendes YANG.
LE 13	reguliert das LE-QI im MDE, besonders, wenn es die Milz affiziert.
LE 14	reguliert das LE-QI im MDE, besonders, wenn es den Magen affiziert.
GB 34	reguliert das LE-QI und wirkt besonders auf das Hypochondrium.
3E6	reguliert ebenfalls das LE-QI mit besonderer Wirkung auf die beiden Seiten des Körpers.
KS 6	bei Übelkeit. Auch dieser Punkt reguliert das LE-QI, besonders im Hinblick auf das JUE YIN, das von beiden gebildet wird.

Dies sind die Hauptpunkte, die bei der Grundbehandlung der Kopfschmerzen genügen werden. Im wesentlichen kommt eine sedierende Therapie in Frage.

ZUNGE: Der Zungenkörper kann normal sein, aber auch purpurn oder bläulich verfärbt.

PULS: gespannt.

b) Aufsteigendes Leber-Feuer (rein sedierende Behandlung)

LE 2	der Hauptpunkt, um das LE-Feuer zu klären.
LE 3	beruhigt die Leber.
GB 20	klärt ebenfalls die Hitze im Kopf und überwältigt das aufsteigende LE-QI.
TAI YANG (extra Punkt)	klärt das Feuer bei aufsteigendem LE-Feuer und *LE*-YANG und besonders bei temporalem Kopfschmerz.
GB 13	unterdrückt aufsteigendes LE-YANG und beruhigt das Gemüt.
GB 41	zerstreut Fülle-Zustände im Funktionskreis LE und GB. Wirkt auf die Augen zusammen mit
GB 20 und **MA 40**	bei Kopfschmerzen und Schwindel.

c) Die Leber gegenläufig eindringend in das Milz-Pankreas

Methode: *Even*-Methode, um die Leber zu harmonisieren, Tonisierung der Milz.

LE 14	harmonisiert den glatten Fluß des LE-QI.
LE 13	harmonisiert Leber und Milz.
GB 34	fördert den glatten Fluß des LE-QI und beruhigt Leibschmerzen in Verbindung mit **KG 6**.
LE 3	fördert den glatten Fluß des Leber-QI und wirkt auf Leibschmerzen.
KG 6	bewegt das QI im Abdomen (s. o.).
KG 12 und **MA 36**	tonisieren das Milz-Pankreas.
MP 6	tonisiert die Milz, reguliert das LE-QI, harmonisiert das Zusammenspiel von Leber und Milz und lindert Leibschmerzen.

Zur Unterstützung des Dickdarms kommen noch die folgenden Punkte in Frage:

MA 25 Alarmpunkt des Dickdarms, verbessert die Funktion der Eingeweide, reguliert das QI, beseitigt Nahrungsrückstände.

BL 25 Verbindungspunkt (SHU-PU) des Dickdarms, verbessert dessen Funktion. Beseitigt Völlegefühl.

MA 37 Der untere Delta-(HO)-Punkt des Dickdarms. Reguliert die Funktion von Magen und Darm. Zerstreut Nahrungsmittelrückstände.

d) QI-Schwäche des Magens

Methode: Tonisierung des Magen-QI

MA 36 Hauptpunkt, um das MA-QI zu tonisieren (evtl. mox).

KG 12 tonisiert Magen und MI-QI.

BL 21 tonisiert das MA-QI. Der Punkt ist besonders wirksam bei Fällen von extremer Müdigkeit. Moxa können appliziert werden.

KG 6 wirkt allgemein tonisierend auf das QI und kommt bei chronischen Fällen von Magen-QI-Schwäche in Frage, besonders wenn durchfällige Stühle vorliegen.

e) Milz-Pankreas-QI-Schwäche

KG 12 tonisiert das MI-QI.

MA 36 wirkt sowohl tonisierend auf das MI-QI und den Magen.

MP 3 tonisiert als Quell-Punkt das MI-QI.

MP 6 tonisiert das MI-QI.

BL 20 und **BL 21** können das MI-QI tonisieren. Diese Kombination ist besonders wirksam in chronischen Fällen von Milz- und Magenschwäche.

f) Nieren-YIN-Mangel

KG 4	ohne Moxa tonisiert er das NI-YIN (mit Moxa das NI-YANG).
NI 3	Quellpunkt. Stärkt die Nieren.
NI 6	spezifisch zur Tonisierung des NI-QI (speziell wirksam bei Trockenheit des Mundes bei Nacht).
NI 10	spezifisch zur Tonisierung des NI-YIN.
NI 9	stärkt das NI-YIN. Speziell anzuwenden bei Ängstlichkeit und seelischen Spannungen bedingt durch die Nieren.
MP 6	tonisiert die Leber und NI-YIN und besänftigt das Gemüt.
KG 1	tonisiert das NI-YIN und die Essenz und ist angebracht bei chronischem nächtlichem Wasserlassen (in Kombination mit **NI 3** und **HE 7**).

g) Leber-Blut-Mangel

Methode: tonisieren und evtl. moxen.

BL 18	tonisiert das Leber-Blut.
BL 23	tonisiert die Niere und produziert Blut.
BL 17	direkt gemoxt tonisiert das Blut.
LE 8	tonisiert Leber-Blut.
MA 36 und **BL 43** (gemoxt) und **MP 6**	tonisieren das nachgeburtliche QI für Blutbildung.
KG 4	direkt gemoxt tonisiert das Blut.

Für die Blutbildung in Frage kommen noch:

MP 10 **BL 20**	bei Sehstörungen.

GB 37
und **GB 20**

MP 4 oder **MP 6** **KG 3** **BL 18**	bei Störungen der Periode.
GB 34 und **LE 8**	bei Sehnenrigidität.

9. Epikrise

Ohne das gründliche Studium des AMB von Nux vomica und die Erfassung seiner Grundstruktur ist auch die Bezugnahme auf ein entsprechendes Disharmoniemuster nicht möglich. Das war auch der Grund dafür, daß ich diesmal verhältnismäßig ausführlich auf dieses Arzneimittelbild eingegangen bin. Daraus geht hervor, daß Nux vomica eines unserer zuverlässigsten und in der modernen Welt sehr häufig indizierten Mittel ist. Im Hinblick auf seine Beziehung zur TCM konzentrieren sich in Anbetracht der vorherrschenden emotionalen Komponente die Disharmoniemuster auf die Funktionskreise Leber, Magen und Milz-Pankreas, wobei dem *Stagnierenden Leber-QI* in den ersten Stadien der Krankheitsbilder eine Hauptbedeutung zukommt. Im weiteren Verlauf, insbesondere bei heftigeren *Kopfschmerzen und Migräneanfällen*, muß man sowohl das *Aufsteigende Leber-Feuer* als auch die *Disharmoniemuster von Magen und Milz-Pankreas* in Erwägung ziehen, denn es handelt sich ja um einen Kopfschmerz, der in enger Beziehung zu Magen- und Verdauungsstörungen steht. Sie sind auch naturgemäß am wichtigsten bei der Nux vomica-„Gastritis“ und den Ulkus-Leiden. Die häufig mit dem Nux vomica-Bild vergesellschafteten Hämorrhoiden („Staatshämorrhoidarier“) sprechen am besten auf das Disharmoniemuster *Sinkendes Milz-Pankreas-QI* mit den zusätzlichen Punkten **LG 20, KG 6, MA 21** und **LG 1** an. Eine dankbare Möglichkeit, sowohl medikamentös wie mit Akupunktur, bietet sich wie bereits ausgeführt beim „irritablen Kolon“ an.

Phosphor

Toxikologie

Als Homöopathikum verwendet wird der gelbe Phosphor, der zur Stickstoffgruppe des periodischen Systems gehört. Ich gehe hier weder auf die chemischen noch auf die bedeutenden physiologischen Eigenschaften dieses Elementes ein. Auf jeden Fall spielen die Phosphate im Aufbau des lebenden Organismus eine wesentliche Rolle, so daß die Giftigkeit des Phosphors auf Störungen des intrazellulären Oxydationsprozesses beruht.

Man kann akute und chronische Intoxikationen unterscheiden. Die *akute* Phase ist gekennzeichnet durch Übelkeit, schwärzliches, blutiges Erbrechen von knoblauchartigem Geruch, Bauchschmerzen, reichlichen Schweißen. Sie kann nach einer Remissionsphase von 24–48 Stunden übergehen in ein schweres hepatitisches Krankheitsbild mit Ikterus, Leberhypertrophie, Blutungen an Haut- und Schleimhäuten und am Zahnfleisch, Magen- und Darmschleimhaut, aus dem Uterus. Im weiteren Verlauf kommt es zu Vaguslähmung mit entsprechenden Funktionsstörungen.

Die *chronische* Intoxikation geht einher mit gastrointestinalen Störungen, hepatorenalen und nervösen Störungen wie Angst, Unruhe, brennenden Schmerzen, Schädigung der Kapillaren, pneumonischen Herden, Leberzellverfettung, Kiefernekrose – um nur einige Symptome zu nennen. Auf jeden Fall spiegelt das Intoxikationsbild schon einen Teil der typischen Phosphorsymptome im AMB.

1. Typus nach dem AMB

Es gibt ein klar umrissenes Konstitutionsbild: große, aber auch kleine, *zarte* Personen mit heller Hautfarbe, *feinen blonden oder roten Haaren,* von schneller, lebhafter Auffassungsgabe und sensitivem Naturell. Am auffallendsten sind die Augen. „Eingerahmt von wohlgeformten Augenbrauen und langen, *seidigen Augenwimpern,* leuchten sie weich oder mit einem fesselnden Blitzen, das das Gegenüber anzieht.“ (*Coulter,* S. 23)

Diesem Bild der schnell ermüdenden, geistig lebendigen, blauäugigen, *hochgewachsenen, schlanken Menschen* kommt die Bedeutung eines Leitsymptoms zu, ohne eine Conditio sine qua non für die Verordnung von Phosphor sein zu müssen.

Nach *v. Ungern* gibt es auch den weniger bekannten, korpulenten Phosphortyp, der eine gewisse Ähnlichkeit mit dem pletorischen Sulfur-Typ aufweist, meist jedoch eine relativ blasse und durchscheinende Haut hat. Oft geht von ihm eine interessierte, strahlende Liebenswürdigkeit aus, besonders, wenn er agitiert ist, wobei er dann zum Dissimulieren neigt. *Er ist auf Ansprache sehr zugänglich,* der ideenreichen ersten Begeisterung fehlt jedoch oft die Kraft zur Durchführung. Der *altgewordene* Phosphortyp hat oftmals eine Gesichtsfarbe *wie verwitterter Marmor* (*Allen,* Leitsymptome, S. 320).

2. Körperliche Symptome

Phosphor gehört, wie Arsen und Sulfur, zu den Brenner-Mitteln. Dieses Brennen kann bei diesem Menschen überall auftreten: punktförmig entlang der Wirbelsäule, zwischen den Schulterblättern, oder intensive Hitze, die den Rücken aufwärts steigt, Brennen der Handteller, in der Brust, ja praktisch in jedem Organ oder Gewebe des Körpers, besonders bei Erkrankungen des Nerven-Systems. Gerade in bezug auf das Nervensystem gehört es zu den Mitteln mit der stärksten Wirkung auf Gehirn und Rückenmark, in dem es Erweichung und Atrophie erzeugt, mit all ihren Begleitsymptomen, wie z. B. *Schmerzen in den Interkostalräumen und beim Liegen auf der linken Seite,*
Erschöpfung,
zittrige Schwäche und reizbare Schwäche,
Benommenheit,
vollständige Lähmung sowohl bei akuten wie chronischen Leiden.

Ein weiteres wichtiges Merkmal ist die *Blutungsneigung* aus allen Organen bis hin zu Gefäßwandschwäche mit Petechien und hämorrhagischer Diathese.

Auffällig für Phosphor sind die Augensymptome wie Flockensehen, Nebelsehen, Farbsehen dergestalt, daß ein roter und grüner Hof um die Gegenstände erscheint.

Auch Photophobie und Lichtblitze als Folge von
Überarbeitung,
entzündlichen und degenerativen Sehnervenveränderungen,
Retinopathie,
Netzhautablösung werden beschrieben.
Die Augen können eingefallen und von *blauen Ringen* umgeben sein.

Es besteht eine starke Affinität zu den Atmungsorganen von Laryngitis, Krupp bis hin zur Pneumonie, besonders am Anfang der Hepatisation, so daß Phosphor vor Beginn der Antibiotika-Ära in der Hand des Kundigen eine hervorragende Wirkung hatte und m. E. als Begleittherapie auch heute noch hat und andererseits zusammen mit Arsen, Aconitum, Bryonia und Tartarus auch als Alternative in Erwägung gezogen werden kann, wenn eine Unverträglichkeit gegenüber Antibiotika besteht. Selbstverständlich müssen die typischen Modalitäten vorhanden sein: Husten hohl und trocken, Verschlimmerung durch Linksliegen, später wenig Auswurf, der zähschleimig, blutstreifig, rostfarben ist. Der Husten ist (bei Bronchitis), ähnlich wie bei Bryonia und Drosera, sehr schmerzhaft.

Der starke Durst auf kalte Getränke, die oft erbrochen werden, wenn sie im Magen warm geworden sind und das Verlangen nach Eis ist ebenfalls eigentümlich. Typisch ist auch das Salzverlangen und sehr auffallend *ein Hunger, der oft mit Schwächegefühl* einhergeht. Der Durst erklärt sich aus dem Brennen im Magen. Der Patient erwacht auch nachts mit Hunger und kann erst wieder einschlafen, wenn er etwas zu sich genommen hat. Diese Abhängigkeit von der Nahrungsaufnahme erklärt sich wohl mit dem oxygenoiden Charakter des Mittels und seinem Einfluß auf die Oxydationsvorgänge in der Zelle. Gastritis, Duodenitis, Ulcus ventriculi und duodeni, Magenbluten bei Ulkus und Magenkarzinom sind die Krankheitsbilder, die dahinter stehen. Aber auch die Pankreopathie spricht auf intermittierende Dosierung von Phosphor D 30 an, ebenso wie die Leber- und Milzschwellung bei der akuten Leberatrophie und der fettigen Entartung von Leber und Nieren.
Im Zusammenhang damit müssen auch die charakteristischen Stuhlsymptome gesehen werden:
Profuse, wäßrige Hydrantenstühle mit Klumpen und weißem oder blutigem Schleim, Fettstühle, *Gefühl, als stehe der After offen.* Aber es gibt auch eine eigenartige Form der Stuhlverstopfung: Stuhl trocken und zäh wie Hundekot, schmal und lang.

Die *Zunge* wird als trocken, glatt und brennend, weiß oder braun belegt, beschrieben oder mit vortretenden roten Papillen, leicht blutendem Zahnfleisch.

Nach *von Ungern*:

ZUNGE: weiß belegt, mit Stechen an der Spitze. Gelblich belegt, nur in der Mitte belegt, rot und glänzend, glatte, glänzende Schleimhaut, rissig mit aufgerichteten Papillen. Trockenheit, unbeweglich, schwarzer Mittelstrich, aufgesprungen, Schwellung. Schmerzen brennend, nachts, an der Spitze.

(Diese Darstellung spiegelt die verschiedenen Stadien, Krankheitsbilder und Disharmoniemuster des Phosphor-Typs).

Man sollte auch die aufgrund der Nekrose im Vergiftungsbild bestehende Beziehung zum Knochensystem erwähnen: die Druckempfindlichkeit der Dornfortsätze der Rückenwirbel und das Brennen zwischen den Schulterblättern können als Auswirkungen von Osteoporose und Osteomalazie gedeutet werden, wobei für die Behandlung mehr die Kalzium-Salze des Phosphors in Frage kommen (Calcium hypophosphoricum und Calcium phosphoricum). Aber man darf die Möglichkeit, dabei etwas mit Phosphor zu erreichen, nicht überbewerten.

Ganz wichtig erscheint mir auch bei dem sogenannten *Stiller*schen Habitus das Senkungsgefühl, die Ptose und bei Hauterscheinungen das Jucken und die Urtikaria.

Für nervöse Herz- und Kreislaufstörungen mit Ohnmachtsneigung und allgemeiner Frostigkeit ist Phosphor ein vorzügliches Mittel, vor allem bei Herzklopfen schon nach geringster Belastung, Essen und Erregung. Häufig sind die Beschwerden verbunden mit Beklemmung und dem Gefühl einer Last auf der Brust. Linkslage und Witterungswechsel verschlimmern die Symptome. So wirkt Phosphor aber auch bei ähnlicher Symptomatik (Linkslage) auf die Kreislaufschwäche im Stadium der Hepatisation bei Pneumonie. Selbstverständlich ist diese Wirkung am zuverlässigsten bei den entsprechenden Konstitutionstypen, ist aber nicht grundsätzlich daran gebunden, vor allem, wenn es sich um ältere, etwas reduzierte Menschen handelt.

Voisin sieht auch in einer bestimmten Form der kardialen Insuffizienz eine Indikation für Phosphor: „Nach einer vorangegangenen langen Periode des kardialen und zirkulatorischen Erethrismus oder nach wiederholten oder anhaltenden pulmonalen Kongestionen: Neigung zu Herzmuskelschwäche, vor allem des rechten Hypertrophie des Herzens. Venöse Stase, vor allem in der Leber, bei Arbeitsdyspnö und allgemeiner Schwäche."

Phosphor ist ein Schwindelmittel par excellence und nicht nur für den langaufgeschossenen, sanguinischen Phosphortyp, der frostig, erschöpfbar und leicht erregt ist. Man braucht die Verordnung nicht nur vom Konstitutionstyp abhängig zu machen, wenn die Symptomatik zutrifft. Zusammen mit Natrium muriaticum, Nux vomica, Secale, Cocculus und Conium ist Phosphor eines der großen Mittel bei Schwindelzuständen. Es würde zu weit führen, auf die einzelnen Symptome ausführlich einzugehen. Nur soviel sei erwähnt: Der Schwindel ist verbunden mit dem Gefühl des Hinseins, des Herzklopfens und der Leere und bessert sich nach Stuhlgang. Er tritt auf beim Fixieren, beim Abwärtsschauen, beim Liegen, muß sich andererseits hinlegen, ist periodisch.

3. Psychische Symptome

Während im körperlichen Erscheinungsbild der gestörten Harmonie nicht selten das konstitutionelle Element vernachlässigt werden kann, ist das in bezug auf die Störungen des Gemütes und des Geistes nicht möglich, sind doch fast alle nur die Kehrseite der gesunden Reaktionsweise. Die hochrangige Sensibilität dieses feinfühligen, intuitiv begabten Menschen führt aber leicht zur Überempfindlichkeit aller Sinne gegen Gerüche, Geräusche, starkes Licht, Temperatur- oder Luftdruckschwankungen (die sich auf den Kreislauf auswirken). Weil er so nervös und erregbar ist, hat er vor Verschiedenem Angst: vor Dunkelheit (Angst in der Dämmerung), vor Krankheit, vor drohendem Unglück, vor der Zukunft, vor dem Tod (wie Arsen und Calcium carbonicum). Ein Schlüsselsymptom ist die extreme *Angst vor Gewitter* und während des Gewitters.
Einsamkeit steigert bei diesem geselligen und kontaktfähigen Menschen alle diese Ängste, deswegen ist *Besserung durch Gesellschaft* ein Leitsymptom.

Der Enthusiasmus führt aus mangelndem Durchhaltevermögen dazu, daß gute Absichten nur unvollständig realisiert werden und den Eindruck der *Unzuverlässigkeit* hinterlassen.

Die Unfähigkeit des Phosphor-Menschen, die Dinge im richtigen Verhältnis zu sehen, die Maßlosigkeit und allzu lebhafte Phantasie führt einerseits zu Projektionen (Animus-Anima-Beziehung), die der Realität nicht standhalten, andererseits zu übermäßiger Sinnlichkeit, bis hin zur Nymphomanie und Satyriasis. Die unvermeidlichen Enttäuschungen im Liebesleben führen zu reaktiven Depressionen. So kann der Phosphor-Typ unter seiner Neigung zu allzu starken Gefühlen, an einem Mangel an Beherrschtheit, an der Vermischung von Realität und an Unsicherheit über seine eigene Identität leiden.

4. Auslösende Schädigung

Geistige Erschöpfung und Anstrengung,
unregelmäßige Nahrungsaufnahme, Hunger,
starke äußere Eindrücke (Licht, Gerüche, Geräusche),
Wetterfronten (Föhn, Gewitter).
Linkslage,
Dämmerung,
sexuelle Überreizung.

5. Art der Kopfschmerzen

Unabhängig von den typischen Kopfschmerzen besteht das *Gefühl von Schwäche und völliger Leere im Kopf,* Brust, Magen und gesamtem *Abdomen.*
Der Kopfschmerz selbst ist kongestiv mit Blutandrang, der durch kalte Luft und Kaltwaschen besser, durch geistige Beschäftigung schlimmer wird, ebenso durch Hitze, Bewegung und Hinlegen. *Kent* schreibt: „Eintauchen der Hände in warmes Wasser verschlimmert die Kopfschmerzen" (S. 609). Der Kopfschmerz ist häufig begleitet von Hungergefühl. Periodisch auftretender Kopfschmerz (täglich, jeden 2. Tag, jeden 7. Tag), Verschlimmerung durch Lärm und Licht, Schulkopfschmerz.

KONGESTIV, schmerzhafte Stöße im Hirn. < geistige Arbeit.

HUNGER bei Kopfschmerz, Hunger nachts.

Erbrechen, Urina spastica.
1–3 Tage

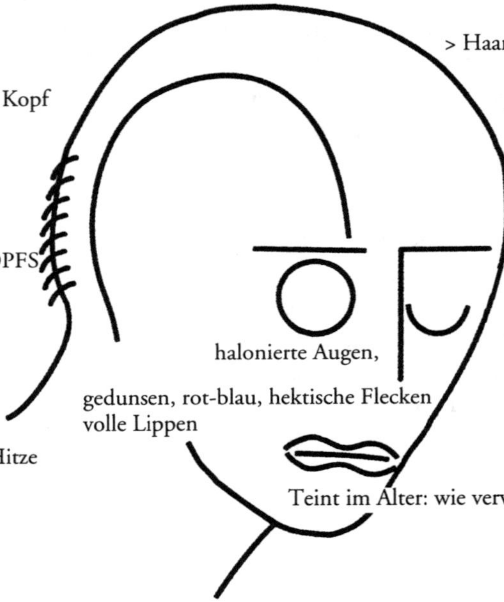

SCHWINDEL, wie betrunken < im Freien, p.c., abends
abends p.c. somnolent, im Bett schläft er nicht ein.
Alopecia areata.
Verlangen: SALZ, EIS, nachts
Milch < warm
DURST kalt, kleine Mengen, *nachts*

6. Homöosiniatrische Punkte

KG 16
ZHONG TING = Mittlere Vorhalle

Lage:
An der Basis des Xiphoids.

Es handelt sich um einen relativ unbedeutenden Punkt, der nicht in allen Lehrbüchern erwähnt wird. Nach *H. Schmidt* kommt er in Frage bei Cardia-Ösophagusspasmen, Beklemmungsgefühl in der Brust, Asthma.

Nach *de La Fuye:*
Trockener Husten mit beachtlicher Beklemmung, Schleim- und Bluthusten.

HE 5
TONG LI = Verbindender Weiler (Verbindungsweg)
LO-PU

Lage:
1 CUN proximal von HE 7 über der Arteria ulnaris.

Dieser Punkt ist einer der wichtigsten zur Tonisierung des *Herz-QI,* er beruhigt das Gemüt. Durch die Verbindung mit dem Dünndarm-Meridian, der seinerseits eine Verbindung zum TAI YANG und damit zum Blasen-Meridian hat, kommt dem Punkt Einfluß auf die Blase und das Wasserlassen zu. Außerdem wirkt er über die Zunge bei Aphasie.

Nach *de La Fuye:*
Tachykardie, Herzklopfen, Schwindel, Kopfschmerz, Augenkongestion, Hypertonie, Darmatonie, besonders im Duodenum. Leeregefühl im Magen und Duodenum.

LE 3
TAICHONG = Große Durchgangsstraße
YU-YUN-PU (Fluß)
Erde

Lage:
1,5 CUN hinter dem Gelenk der Grundphalanx des Halux in einer Vertiefung.

Dies ist ein außerordentlich wichtiger Punkt, vor allem durch seine Bedeutung, das Leber-YANG zu unterdrücken, ebenso bei allen Leberdisharmoniemustern mit Fülle, wie z. B. bei Migräne. Da der Punkt auch inneren Wind vertreibt, löst er Spasmen, Kontraktionen der Muskeln und Krämpfe. So wirkt er auch in Verbindung mit **DI 4** bei Fazialis-Lähmung und Tics. Von diesem Punkt aus kann aber auch der glatte Fluß des QI gefördert und das Gemüt beruhigt werden, besonders nach tiefgehender Frustration und Ärger. Aber er ist ebenso wirksam bei Spannung durch Streß. Diese beruhigende Wirkung kommt am ehesten in der Kombination mit „Vier Toren" zur Geltung: **LE 3** + **DÜ 4** + **LG 24** + **GB 13.**
Sedierend genadelt und anschließend gemoxt, vertreibt der Punkt Kälte aus dem Leber-Meridian und beeinflußt so Schwellung und Orchitis beim Mann oder chronischen Weißfluß bei Frauen.
Wird der Punkt tonisiert, ernährt er das Leber-Blut. Doch seine Hauptbedeutung beruht auf der sedierenden Wirkung (nach *Maciocia*).

Nach *de La Fuye*
hat dieser Punkt nicht diese außerordentliche energetische Bedeutung. Er kommt therapeutisch in Frage bei: breiigem Stuhl, Bluterbrechen, Metrorrhagie, Urinkontinenz durch Sphinkterlähmung, Schwäche und Einschlafen der Glieder, Fieber, Blässe mit Erbrechen, Grauer Star.

DÜ 16
TIANCHUANG = Himmelsfenster

Lage:
Am Rand des M. sternocleidomastoideus beim sitzenden Patienten 3,5 CUN oberhalb des Kehlkopfknorpels.
(Der Punkt findet nicht in allen Lehrbüchern Erwähnung.)

Die „Himmelsfenster"punkte oder „Arterienpunkte" wirken auf das Unvermögen der Energie (des QI), im Körper nach oben zu steigen. Andererseits werden sie als Konzentrationspunkte der Sondermeridiane gedeutet, die die Geistesenergie leiten. Man kann sie betrachten als kortikale Kontrollpunkte der Geistesenergie. Sie können genauso wie die TING-Punkte genadelt werden.
DÜ 16 findet seine Indikation bei völliger Taubheit und Verlust der Sehschärfe.

Nach *de La Fuye*
ist es ein Vereinigungspunkt von **DÜ 16** + **3E16** + **GB 21**, was aber ihren anatomischen Lokalisationen nicht entspricht. Er wirkt nach *de La Fuye* auf überstarke Symptome der oben erwähnten 3 Meridiane (YANG). Der erwähnte Punkt **3E16** ist ebenfalls ein Himmelsfensterpunkt (TIANJING, TIAN = Himmel).

LU 7
LIEQUE = Lücken = unterbrochener (QI)-Fluß
LO-PU
Schlüsselpunkt des JENN-MO (KG)

Lage:
Am Processus styloideus radii 1,5 CUN proximal der Handgelenkfalte.

Ein extrem bedeutender Punkt, vor allem in der Abwehr von äußerer Wind-Kälte oder Wind-Hitze, weil er das Absteigen und Verteilen des Lungen-QI stimuliert und damit das Abwehr-QI, meist in Verbindung mit **DI** 4. So wirkt der Punkt bei beginnenden Erkältungen und Grippe, außerdem bei Schnupfen, Nasenverstopfung, Geschmacksverlust – um nur einige Indikationen zu nennen.

Nach *de La Fuye*
hat dieser Punkt eine breite Therapiepalette: Akute Bronchitis, Husten, Schleim und Speichelfluß,
atonische, dysenterieforme Diarrhoe mit unfreiwilligem Stuhlabgang,
Hämorrhoiden,
Amnesie,
Erbrechen,
Schmerzen im Epigastrium und Abdomen.
Heftiger Kopfschmerz, Zahnschmerz,
brennende Handflächen.
Gefühl des Brennens in der Brust und im Rücken.
Grippe, Sumpffieber. Paralytische Schwäche der Blase.
Erschöpfung nach Koitus.

Diese Indikationsliste übersteigt m. E. die therapeutischen Möglichkeiten, die über diesen Punkt zu erreichen sind. Die Darstellung des Phosphor-Bildes deckt sich nur teilweise mit dem AMB der Materia medica.

NI 3
TAIXI = Mächtiger Wasserlauf
Quell-PU
Holz

Lage:
Auf der Mitte einer Verbindungslinie zwischen Malleolus medialis und Calcaneussehne in einer Vertiefung, wo die Pulsation der Arterie fühlbar ist.

Ein wichtiger und unentbehrlicher Punkt, um den Funktionskreis der Nieren bei irgendeiner Defizienz, sei es der YIN-Niere oder der YANG-Niere zu tonisieren. Als Quell-Punkt hat man von ihm aus Einfluß auf das Original-QI, das von den Nieren gebildet wird, wie alles QI im Körper. So kann man von ihm aus die Essenz, die Knochen und das Mark tonisieren. Da die Essenz den Uterus ernährt, kann man über ihn die Funktion des Uterus regulieren, sei es bei Regelstörungen, Amenorrhö oder starken Blutungen.
Außerdem kann er einwirken auf chronische Rückenschmerzen, da der Funktionskreis Niere den unteren Rückenabschnitt beeinflußt.
Der Punkt wird gern in Verbindung mit **BL 23** gegeben.

Nach *de La Fuye*
werden verschiedene Indikationen aufgezählt, deren Beziehung zum Phosphor-Bild nicht zwingend ist: Kongestive Nephritis, Somnolenz, schlechte Stimmung, Seufzen.
Herzschmerzen, die in den linken Arm strahlen, verbunden mit Angst. Ikterus, Erbrechen, pappiger Mund, Spasmen und Schmerzen im Abdomen. Hustenanfälle, glasiger Schleim, Asthma, Pleurodynie, starke Schweiße, Vaginismus.

3E5
WAIGUAN = Äußeres Paßtor
LO-PU
Schlüssel-PU des YANGOE

Lage:
2 CUN proximal von **3E4** zwischen Speiche und Elle, genau gegenüber von **KS 6.**
Dies ist der wichtigste Punkt, um das Äußere von dem Einfluß der Wind-Hitze zu befreien, hat aber andererseits Einfluß auf alle sechs pathogenen Faktoren wie Wind, Hitze, Kälte, Feuchtigkeit, Trockenheit

und Feuer. Natürlich ist es ein sehr wichtiger Punkt zur Behandlung von schmerzhaften Zuständen im Arm, besonders wenn sie durch „Wind“ hervorgerufen wurden.

Er wirkt auf das Ohr und unterdrückt durch seine Verbindung mit dem Gallenblasenfunktionskreis im SHAOYANG das *aufsteigende Leber-YANG* und hat insofern auch eine Bedeutung für die Behandlung der Migräne mit Schläfenkopfschmerzen.

Nach *de La Fuye*
kommen dem Punkt wieder eine große Anzahl von Indikationen zu, ohne daß ein geistiges Band besteht:
Schmerzhafter Husten. Brennschmerz in der Brust,
Dyspnoe.
Ohrenschmerzen, heftiges Erbrechen, starker Durst.
Gesteigerter sexueller Appetit.
Kleiner und schneller Puls.
Niedriger Blutdruck.
Blutungsneigung.
Oligurie.
Paralytische Schwäche der Blase,
Inkontinenz.
Verschlimmerung durch Witterungswechsel, Feuchtigkeit, Gewitter und kalten Wind.
Frontaler und okzipitaler Kopfschmerz.
Generalisierte Arthralgien.
Heiße und brennende Haut mit starkem Schweißausbruch.
Nachtschweiß.
Augenbrennen, Rötung, Kongestion, Lidödem.
Ohrensausen, Otorrhöe, Taubheit (verschlimmert durch Wetterwechsel, feuchtes Wetter, Gewitter und kalten Wind).

3E10
TIANJING = Brunnen des Himmels
HO-PU (Delta)
Sed. PU
Erde

Lage:
1 CUN hinter und oberhalb des Olekranon in der bei Flexion des Unterarms entstehenden Vertiefung.

Weitet und entspannt die Brust, dirigiert rebellierendes QI abwärts, vertreibt Wind und klärt Hitze.

Wirkt auf Migräne, Schmerzen am äußeren Augenwinkel, Taubheit, Kropf, Schmerzen in Arm und Ellenbogen.
Beruhigt das Gemüt und beeinflußt klärend das Gehirn, besonders bei Hysterie, Depression, Ängstlichkeit und Schläfrigkeit.
Zerstreut verhärtete Schwellungen wie Kropfbildung und Lymphdrüsenschwellung.

Nach *de la Fuye*
ergibt sich ein großer Katalog von Indikationen:
Lungenkongestion, Heiserkeit, Husten,
rostrotes oder purulentes Sputum, Bluthusten.
Ösophagusspasmen,
Heißhunger und starker Durst,
Erbrechen, Übelkeit,
Mandelentzündung,
sexuelle Erregung,
Hypermenorrhoe oder Amenorrhoe mit vikariierenden Blutungen (Nasenbluten, Bluterbrechen),
Taubheit bzw. Schwerhörigkeit in bezug auf die menschliche Stimme, nach Infektionskrankheiten, durch Rheuma und Zahnkaries.
Anhaltendes Ohrensausen mit Schwindel.
Psychische Erregung.
Geistige Verwirrung durch Angst und Sorgen.
Melancholie, Hypochondrie.
Schlaflosigkeit ungeachtet des Wunsches, trotz Frösteln zu schlafen.
Blutungsneigung. Heftiges Herzklopfen.
Kongestiver Kopfschmerz, Muskelschmerz entlang der Wirbelsäule, Kongestion der Augäpfel, verschiedene Ausschläge der Haut mit hämorrhagischer Tendenz.
Sumpffieber mit Gefräßigkeit.

KG 5
SHIMEN = Steinernes Tor
MO-PU des UDE

Lage:
2 CUN unterhalb des Nabels.

Dieser Punkt regt die Zirkulation des Original-QI durch alle Organe und Meridiane an und wirkt so bei geschwächten Personen mit *Nierenschwäche.* Er stimuliert den Drei-Erwärmer in seiner wasserverteilenden Funktion.

Nach *de La Fuye*
Epigastrische, schmerzhafte Bauchauftreibung.
Dyspepsie mit bitterem, saurem oder fötidem Aufstoßen.
Obstipation abwechselnd mit Durchfall.
Hyperazidität. Heißhunger.
Heftige Übelkeit. Hämorrhoiden durch Pfortaderstauung.
Akute brennende Entzündung von Urethra und Vagina. Verfrühte Regel, die sehr stark ist.
Dyspnoe und Asthma, Gefühl eines heißen Gewichtes in den Lungen.
Trockener katarrhalischer Husten.
Fauliger Auswurf.
Sexuelle Erregung. Pollutionen.

Anm.: Der Vollständigkeit halber habe ich die Angaben *de La Fuyes* ungekürzt wiedergegeben, obwohl ich mit Berechtigung zu diesen Indikationsangaben sagen kann, daß sie selten übereinstimmen, zumal sie dem Geist der Akupunktur widersprechen.

7. Vom homöopathischen Symptombild zum Disharmoniemuster

Wenn wir versuchen, das AMB von Phosphor unter Gesichtspunkten der TCM zu subsumieren, so gewinnen angesichts der Vielfalt der Symptome und Störungen drei Phänomene eine hervorragende Bedeutung: Das Symptom des Brennens, die Blutungsneigung und die besondere Affinität zum Nervensystem. Von der Berücksichtigung dieser Symptome hängt die Zuordnung zu den meisten Disharmoniemustern ab. Diese Phänomene haben Vorrang vor dem Konstitutionstyp, der dem *„Feuer-Typ"* der TCM mit seiner besonderen Beziehung zu den Blutgefäßen und dem Blut entspricht. Nach chinesischer Auffassung hat er ein rötliches Gesicht, einen schmalen oder spitz zulaufenden Kopf, lockiges oder schütteres Haar, schmale Hände und schnellen Gang. Der Feuer-Typ ist lebendig, energisch und tendiert dazu, unbekümmert um materielles Wohl zu sein, Schönheit ist ihm wichtiger (entspricht dem leptosomen asthenischen Typ *Kretschmers*). Als Patient begegnet er uns oft als Schwäche-(XU)-Typ.

Das Symptom des *„Brennens"*, wo auch immer, gehört zum pathogenen Faktor „Feuer" und leitet sich durchaus nicht immer von einem äußeren pathogenen Faktor ab, sondern ist, sofern es sich im Körper manifestiert, ein innerer pathogener Faktor, der meistens auf einer relativen oder absoluten YANG-Fülle auf Grund eines YIN-Mangels beruht.

Dabei muß man zwischen *Hitze* und *Feuer* unterscheiden. *Feuer* ist faßbarer, mehr substantiell als *Hitze,* hat die Tendenz, sich zu bewegen und wirkt stärker austrocknend als *Hitze,* die ebenso Schmerzen hervorruft wie auch all die anderen Symptome, die wir im Phosphor-Bild antreffen:
rote Zunge, Durst und beschleunigter Puls, Feuer steigt aufwärts, verursacht Geschwüre, z.B. im Mund, oder schädigt die Blutgefäße und ruft dadurch Blutungen hervor. Feuer beeinträchtigt auch mehr als Hitze den Geist, kann Ängstlichkeit, geistig-seelische Unruhe und Schlaflosigkeit erzeugen. So kann Hitze im Magen zwar Durst bewirken, während blutendes Zahnfleisch, Aphthen und Bluterbrechen mehr durch Feuer erzeugt wird. Der Natur des Feuers entspricht es deshalb, aufwärts zum Kopf zu steigen, Flüssigkeit zu trocknen, Blut und YIN zu verletzen, das QI zu erschöpfen und den Geist zu affizieren.

Wir müssen auch zwischen Hitze aus *YANG-Fülle* und Hitze aus *YIN-Mangel* unterscheiden, und bei dem Phosphor-Typ handelt es sich meist um eine Hitze aus YIN-Mangel. Diese Hitze aus Schwäche bzw. Mangel äußert sich u. a. in Nachmittagsfieber oder Hitzegefühl, trockenem Mund, trockener Kehle, nächtlichem Schweiß, Hitzegefühl in der Brust oder in den Handflächen, trockenem Stuhl, konzentriertem Urin, einem oberflächlichen schwachen und schnellen Puls und einer roten Landkartenzunge, alles Symptome, die wir im Phosphor-Bild antreffen können.

Ein weiteres, allgemeines Moment des Phosphor-Bildes ist seine besondere Affinität zu den *Blutgefäßen* und dem *Blut.* Ich will hier kurz auf die Physiologie des Blutes eingehen: Blut wird nach chinesischer Auffassung im wesentlichen aus Nahrungs-QI durch das Milz-Pankreas produziert, von dort zum Funktionskreis der Lunge und über diesen Weg durch das Lungen-QI zum Herzen geleitet, wo das Nahrungs-QI in

Blut umgewandelt wird. Unterstützt wird dieser Vorgang vom Original-QI und der Nieren-Essenz, die das Knochenmark erzeugt. Also spielt auch die Niere eine entscheidende Rolle bei der Blutbildung. Abgesehen von der Ernährung des Körpers durch das Blut sind vor allem auch die geistigen Funktionen davon abhängig. Bei mangelndem Blutangebot kommt es zu geistig-seelischen Störungen verschiedenster Art, wie Ruhelosigkeit, Ängstlichkeit, Reizbarkeit, Unzufriedenheit und Schlafstörungen.

Zusammenfassend kann man sagen:
Das Herz verwaltet das Blut und die Gefäße, die Lunge sendet QI in die Blutgefäße, um den Blutumlauf zu bewirken, die Nieren unterstützen durch das Original-QI die Umwandlung des Nahrungs-QI im Blut, und die Nieren-Essenz wird ebenso in Blut umgewandelt, das Milz-Pankreas fixiert das Blut in den Gefäßen, und die Leber speichert das Blut.

Eine enge organotrope Beziehung von Phosphor besteht schon allein deshalb zum *ZNS und Gehirn*, weil die Phosphatide ein wichtiger Baustein der Lipoide, des Lecithins und letztlich der Nucleoproteide sind. So ist die Nieren-Essenz die Voraussetzung für die Entstehung des Marks, womit nach chinesischer Sicht ganz allgemein der Mutterboden für Knochen, Knochenmark, Gehirn und Rückenmark gemeint ist. Davon abhängig ist also auch die Gehirnfunktion und die Knochenbildung.

Das für Phosphor so typische Brennen ist ein Teil der Hitzesymptomatik und muß als solche auch therapiert werden.

Vor Entwurf eines Therapieplanes muß aber streng darüber entschieden werden, ob es sich um eine Hitze-Fülle oder eine Hitze-Schwäche (Hitze-Leere) handelt, Schwäche entstanden durch Verlust von YIN oder Säften, wobei endogene Energiedysbalancen, chronische Krankheiten oder auch eine länger dauernde exogene Hitzeerkrankung (die ja gewöhnlich ein Hitze-Fülle-Syndrom erzeugt) vorliegt. Therapeutisch muß dann die Energieschwäche der betroffenen Organe behandelt, vor allem YIN und Säfte gestärkt werden. Zusätzlich werden hitzeableitende Punkte und evtl. Drogen in das Therapieschema mit aufgenommen.

Damit sind zwar allgemeine Richtlinien für eine Therapie des Phosphor-Typs gegeben, aber sie reichen nicht aus für die zahlreichen Facetten dieses AMB. Um ihnen in ihrer Gegensätzlichkeit gerecht zu werden, muß man den Krankheitssymptomen der Augen, der Atmungsorgane, des Magendarmkanals, des Herzens, der Leber, des Schwindels und last but not least des Kopfschmerzes die entsprechenden Disharmoniemuster zuordnen.

Die *Augen* reflektieren den Zustand des Geistes und der Essenz, aber auch den der Leber. Verschwommenes Sehen, „Mouches volantes" und Photophobie sprechen für einen Leber-Blut-Mangel, ebenso wie Retinopathien, die aber vor allem zu einem *aufsteigenden Leber-YANG* gehören, während das Glaukom hingegen für ein *aufsteigendes Leber-Feuer* spricht.

Die für das Phosphor-AMB so typische Erkrankung mit Heiserkeit, Krupp, Bronchitis, Pneumonie im Stadium der Hepatisation, kann durch die exogenen pathogenen Faktoren Wind und Hitze hervorgerufen werden und gehört damit zum Abwehr-QI-Erscheinungsbild der 4-Energieebenen-Theorie: *Eindringen von Wind-Hitze in die Lunge* und im weiteren Verlauf *YIN-Schwäche der Lunge* mit Trockenheit oder etwas klebrigem Sputum, das auch blutig tingiert sein kann, niedrigem Fieber am Nachmittag, Hitzegefühl am Nachmittag oder Abend, hektischer Röte, Nachtschweiß, Hitze der Handflächen, Schlaflosigkeit, trockenem Mund und Kehle, heißerer Stimme, Prickeln in der Kehle.

ZUNGE: rot, landkartenähnlich, hat Risse im Lungenareal und ist trocken.

PULS: oberflächlich und beschleunigt.

Die Therapie der Störungen im Blutgefäßsystem und der Blutbildung erfolgt, je nachdem, wo die Störung dieses kybernetischen Systems liegt, im wesentlichen über den Herzfunktionskreis, also bei einem *Herz-Blut-Mangel* oder einer *Herz-YIN-Schwäche.* Aber auch ein *Leber-Blut-Mangel* kommt therapeutisch in Frage, wenn Mangelernährung und Hämorrhagien eine Rolle spielen. Die Blutungsneigung wird am ehesten beherrscht über eine Behandlung der *QI-Schwäche des Milz-Pankreas mit Schwäche, das Blut zu halten.*

Der Nervenschwäche des Phosphor-Bildes kann ein *Blut-Mangel des Herzens* entsprechen. Darüber entscheidet die Blässe der trockenen Zunge. Ähnlich, vor allem bei gestörtem SHEN, ist auch das

Disharmoniemuster *YIN-Schwäche des Herzens*, wobei hier der Zungen-Körper rot und trocken ist.

Ist ein *Nieren-YIN-Mangel* Ursache eines *aufsteigenden Herz-Feuers*, so finden wir außer Reizbarkeit, Schlaflosigkeit, Hitzewallungen mit heißem Gesicht noch die große Schwäche und schnelle Erschöpfbarkeit und evtl. LWS-Schmerzen, Pollutionen, sexuelle Erregbarkeit bei geringer Sexualkraft. Deutliche Beziehung zum SHEN und vor allem zum Gehirn, seiner Ausbildung und Ernährung hat die Nieren-Essenz, die gleichwohl auch auf Knochenkrankheiten wirkt. Störungen in diesem Bezug muß man über eine *Schwäche der Nieren-Essenz* (JING) angehen.

Ganz wichtig sind
die krankhaften Störungen und Veränderungen im *Magendarmkanal,*
brennendes Gefühl und Schmerz im Epigastrium,
Durst nach kalten Getränken,
konstanter Hunger,
Schwellung und Schmerzen im Zahnfleisch, blutendes Zahnfleisch,
saures Aufstoßen,
Verstopfung,
Übelkeit,
Erbrechen bald nach dem Essen,
Mundgeruch,
rote Zunge mit dickem, gelbem, trockenem Belag – das ist das Symptombild der *Hitze im Magen*, eine Fülle-Symptomatik, Ausdruck innerer Hitze-Fülle, die mit dem Phosphor-Bild übereinstimmt. Kommt dann noch chronische Diarrhö mit körperlicher Schwäche, Prolapsgefühl, Blutungsneigung hinzu, handelt es sich um eine *sinkende MP-QI-Schwäche.* Die zittrige Schwäche bei leerem Magen, die Ausdruck einer *YIN-Schwäche der Niere ist*, kann verbunden sein mit Hitze/Schwäche, wie sie uns im Phosphor-Bild begegnet. Dieser YIN-Schwäche entspricht auch das extreme Salzverlangen des Phosphor-Typs.

Die typischen nervösen Herzstörungen können unter Berücksichtigung des Disharmoniemusters *QI-Schwäche des Herzens* behandelt werden, handelt es sich um mehr, etwa eine Myokarditis mit venöser Stauung, wie *Voisin* angibt, dann müßte man die *YANG-Schwäche des Herzens* mit einer Berücksichtigung des *stagnierenden Leber-Bluts* kombinieren.

Schwindel ist ein Symptom, das in einer Anzahl von Disharmoniemustern vorkommt, im Hinblick auf die überschießenden Hitze-Symptome trotz vorherrschender Schwäche kommt in erster Linie die *Nieren-YIN-Schwäche* in Frage.

Aber auch ein *aufsteigendes Leber-YANG*, das ja häufig auf eine Nieren-YIN-Schwäche und/oder eine Leber-YIN-Schwäche zurückzuführen ist, muß in engste Wahl gezogen werden. Dies gilt natürlich auch für die kongestiven Kopfschmerzen des Phosphor-Patienten. Weniger in Frage kommt das *aufsteigende Leber-Feuer*, weil es ein Fülle-Disharmoniemuster ist. Aber man muß es ggf. in Erwägung ziehen. Dafür eignet sich dann schon eher das *aufsteigende Herz-Feuer*, wenn es durch Nieren-YIN-Schwäche hervorgerufen wurde. Da liegt dann außer der Reizbarkeit, der Schlaflosigkeit, den Hitzewallungen, den Ulzera am Zahnfleisch und der Zunge der Schwerpunkt der Erkrankung auf einer Störung des SHEN.

Auch für Erkrankungen der *Leber, Hepatitis,* akute und chronische Fälle, ist Phosphor ein wichtiges Mittel und kann dabei über das Disharmoniemuster *Mangel von Blut der Leber* behandelt werden. Die entscheidenden Symptome sind:
Schwindel,
Taubheitsgefühl der Glieder,
Schlaflosigkeit,
Nebelsehen,
Mouches volantes,
schwache Regel oder Amenorrhoe,
schmutzig-weißes Aussehen,
bleiche Lippen,
Muskelschwäche,
blasse, brüchige Nägel.

ZUNGE: kann einen blassen Körper, speziell an der Seite, haben, in extremen Fällen kann sie einen orangenen Ton annehmen und ist trocken.

PULS: rauh oder fein.

Die Akupunktur entspricht im einzelnen den vorherrschenden Symptomen dieses Krankheitsbildes.

8. Therapie

a) Hitze-Schwäche

NI 3	Hauptpunkt, um das YIN zu unterstützen.
LE 2, LE 3, MA 44, LU 10, KS 8 und **HE 7, 6**	dienen der Ableitung der Hitze, je nachdem wo sie auftritt.
KG 6, MP 6 und **3E2**	haben einen anfeuchtenden Effekt.

Gerade in einem solchen Fall kann es hilfreich sein, auf die chinesische Pharmakotherapie zurückzugreifen, auf die ich aber hier nicht eingehen kann.

b) Leber-Blut-Mangel

BL 18	tonisiert vor allem das Leber-Blut.
BL 20	tonisiert das MP, das Blut produziert.
BL 17	tonisiert, direkt gemoxt, das Blut.
LE 8	tonisiert das LE-Blut.
MA 36 und **MP 6**	tonisieren das nachgeburtliche QI, um Blut zu produzieren (MA 36 moxen).
KG 4	tonisiert das Blut (moxen).

c) Aufsteigendes Leber-YANG

LE 8	stärkt das LE-YIN.
LE 3	unterdrückt das LE-YANG und den LE-Wind.
GB 43	unterdrückt das LE-YANG. Gegenpunkt des GB-Meridians.
3E5	unterdrückt das LE-YANG und ist besonders angezeigt bei Kopfschmerz entlang des GB-Meridians.

MP 6 und **NI 3**	stärken das YIN ganz allgemein.
GB 20	bändigt den Wind und unterdrückt des LE-YANG.
LE 8, LG 16 und **NI 3**	müssen tonisiert werden.
LE 3, GB 20 und **GB 38**	müssen sediert werden.

d) Aufsteigendes Leber-Feuer

LE 2	der Hauptpunkt, um das LE-Feuer zu klären.
LE 3	beruhigt die Leber.
GB 20	klärt ebenfalls die Hitze im Kopf und überwältigt das aufsteigende LE-QI.
TAI YANG (extra Punkt)	klärt das Feuer bei aufsteigendem LE-Feuer und LE-YANG und besonders bei temporalem Kopfschmerz.
GB 13	unterdrückt aufsteigendes LE-YANG und beruhigt das Gemüt.
GB 41	zerstreut Fülle-Zustände im Funktionskreis LE und GB. Wirkt auf die Augen zusammen mit
GB 20 und **MA 40**	auf Kopfschmerzen und Schwindel.

e) YIN-Schwäche der Lunge

LU 9	tonisiert die Lunge und befeuchtet sie.
KG 17	tonisiert das QI und die Lunge.
BL 43	stärkt das LU-YIN und ist besonders indiziert bei chronischen Fällen (Tbc).
KG 4	tonisiert das NI-YIN und ist besonders wichtig, wenn eine LU-YIN-Schwäche kombiniert mit einer NI-YIN-

Schwäche vorliegt. Ebenso leitet **KG 4** die Hitze/ Schwäche nach unten ab.

NI 6 tonisiert das NI-YIN und wirkt verbessernd auf die Kehle, besonders, wenn dort Trockenheit und trockener Husten vorliegen. Er kann kombiniert werden mit **LU 7**, dem Schlüsselpunkt des KG als außerordentlichem Meridian. Die Kombination dieser Punkte tonisiert LU-QI und LU-YIN, regt die abwärts gerichtete Bewegung des LU-QI an, tonisiert das NI-YIN, ist günstig für die Kehle und verbessert die Kommunikation zwischen Lunge und Niere.

KG 12 tonisiert den Magen und verbessert die Flüssigkeitsversorgung.

LU 10 sedierend gestochen klärt die Hitze/Schwäche der Lunge. Eine Begleittherapie mit pflanzlichen Drogen oder vor allem mit Phosphor D 6 ist notwendig.

f) Herz-Blut-Mangel

H7 tonisiert das HE-Blut und beruhigt das Gemüt.

KS 6 tonisiert das HE-QI und wirkt beruhigend auf das Gemüt.

KG 14 und **KG 15** tonsieren das HE-Blut und beruhigen das Gemüt, besonders bei Sorge.

KG 4, BL 17, BL 20 tonisieren die Blutbildung.

g) QI-Mangel des Milz-Pankreas und Schwäche, das Blut zu halten

BL 20, MP 6, KG 4 und **MA 36** stärken QI und YANG des MP und das QI allgemein. Alle Punkte außer MP 6 können gemoxt werden.

BL 17 stärkt das Blut.

KG 4 bei Blut im Stuhl.

MP 1 und **LE 1**	gemoxt (Fadenmoxen) stoppen akute Blutungen der weiblichen Genitale.

h) YIN-Schwäche des Herzens

HE 7	stärkt das HE-Blut und HE-YIN und beruhigt das Gemüt.
KS 6	beruhigt allgemein das Gemüt.
KG 14 und **KG 15**	wirken ebenfalls beruhigend, besonders **KG 15** ist ein sehr wirksamer Punkt, um den Geist zur Ruhe zu bringen, wenn Ängstlichkeit und geistige Unruhe bestehen.
KG 4	stärkt das YIN und ist ein Gegengewicht gegen die Leere-Hitze.
HE 6	stärkt das HE-YIN und wirkt gegen nächtliche Schweißausbrüche.
MP 6	stärkt das YIN und beruhigt.
NI 7	stärkt die Nieren und wirkt gegen die nächtlichen Schweiße.
BL 62	sedierend genadelt bremst das aufsteigende YANG und wirkt auf die Schlaflosigkeit.

i) Aufsteigendes Herz-Feuer

HE 9 und **HE 8**	dämpfen das HE-Feuer.
HE 7	beruhigt das Gemüt.
KG 15	beruhigt das Gemüt und beeinflußt die Hitze.
MP 6 und **NI 6**	stärken das NI-YIN und kühlen das Feuer.
KS 7	bei Geschwüren im Mund oder auf der Zunge.
GB 20, LE 2 evtl. mit **LG 20**	bei aufsteigendem LE-Feuer.

k) Schwäche der Nieren-Essenz

GB 39	tonisiert das Knochenmark (Meisterpunkt).
LG 20	tonisiert das „Mark", um das Gehirn zu füllen („Mark" korrespondiert nicht mit dem Mark in der westlichen Medizin. Es ist die allgemeine Matrix für Knochen, Knochenmark, Gehirn und Rückenmark).
LG 14	stimuliert ebenfalls das „Mark", damit es das Gehirn erreicht.
BL 15	tonisiert das Herz in seiner Fähigkeit, den Geist (SHEN) zu beherbergen.
BL 11	ernährt die Knochen (Meisterpunkt).
MA 36	Stärkt das QI und somit die erworbene Essenz.
MP 6 und **BL 20**	verbessern die Assimilationskraft des Stoffwechsels.

l) Hitze im Magen

MA 21	klärt die MA-Hitze und begünstigt abwärts gerichtete Bewegung des MA-QI.
KG 13	Unterdrückt das rebellierende MA-QI.
MA 44	kühlt die MA-Hitze und beruhigt das Gemüt.
MP 6	vermehrt die Flüssigkeiten und wirkt beruhigend.
MA 45 **KG 12**	klärt die MA-Hitze ebenso wie
KS 6	unterdrückt das MA-QI und beruhigt das Gemüt.

Alle Punkte müssen sediert werden, bis auf **KG 12** und **13**, die mit der *Even*-Methode genadelt werden müssen.

m) Sinkende Milz-QI-Schwäche

LG 20	hebt, wenn möglich gemoxt, kräftig das QI, besonders bei Analprolaps und Uterusprolaps.

KG 6	tonisiert und läßt das QI aufwärts steigen (mox).
MA 21	tonisiert den Magen und hebt die Magensenkung.
LG 1	wird für Analprolaps benutzt.

n) QI-Mangel des Herzens

HE 5	tonisiert das HE-QI. Er ist in diesem Fall dem HE 7 vorzuziehen, da letzterer das HE-Blut tonisiert und beruhigend auf das Gemüt wirkt.
KS 6	tonisiert ebenfalls das HE-QI und ist besonders wirksam bei Traurigkeit und anderen Umständen dieser Art.
BL 15	ist der Zustimmungspunkt und stärkt das HE-QI. Direkte Moxa für diesen Punkt sind angezeigt.
KG 17	ist der Sammelpunkt für QI und verstärkt dieses besonders im ODE. Er wirkt ebenso auf Traurigkeit, wenn sie die Ursache der Erkrankung ist, weil über ihn sowohl Herz wie Lunge beeinflußt werden.
KG 6	stärkt das QI des ganzen Körpers und ist besonders angezeigt bei chronischen Erkrankungen mit allgemeinem QI-Mangel.

o) Nieren-YIN-Mangel

KG 4	ohne Moxa tonisiert es das NI-YIN (mit Moxa das NI-YANG).
NI 3	Quell-Punkt, stärkt die Nieren.
NI 6	spezifisch zur Tonisierung des NI-QI. (Speziell wirksam bei Trockenheit des Mundes bei Nacht.)
NI 10	spezifisch zur Tonisierung des NI-YIN.
NI 9	stärkt das NI-YIN. Speziell anzuwenden bei Ängstlichkeit und seelischen Spannungen bedingt durch die Nieren.

MP 6 tonisiert die Leber und das NI-YIN und besänftigt das Gemüt.

KG 1 tonisiert das NI-YIN und die Essenz und ist angebracht bei chronischem nächtlichem Wasserlassen (in Kombination mit NI 3 und HE 7).

9. Epikrise

Die sehr ausführliche Darstellung des Phosphor-AMB und seiner Disharmoniemuster entspricht der großen Bedeutung dieses Polychrestes in der Homöopathie und der Vielfalt der Gesundheitsstörungen, die mit Phosphor behandelt werden können. So steht allerdings die Migräne- bzw. die Kopfschmerztherapie bei Phosphor im Gegensatz zu den anderen Krankheiten des Magendarmkanals, von der Gastritis bis zur Duodenitis und Pankreopathie, der Atemwege und des Schwindels nicht im Vordergrund. Wie in zahlreichen anderen Fällen kommt dabei auch hier das Disharmoniemuster „Aufsteigendes Leber-YANG" in Frage. Doch wird man den Kopfschmerz bei Phosphor selten unabhängig von anderen begleitenden Störungen und Disharmonien erleben, kann ihn auch im Gegensatz zu den anderen Krankheitsbildern kaum von der konstitutionellen Komponente, die dann berücksichtigt werden muß, behandeln. Und in vielen Fällen wird man allein mit dieser Droge auch ohne Akupunktur bei Vorliegen des AMB hinkommen, vor allem bei Schulkopfschmerz. Denn bei Jugendlichen und Kindern wird man anfangs auf eine Akupunktur verzichten und sich auf eine Verordnung von Phosphor (oder Calium phosphoricum) beschränken.

Pulsatilla pratensis

Toxikologie

Im Vordergrund der Untersuchungen stehen die Inhaltsstoffe Protoanemon, ein blasenziehendes, anästhesierend und antibiotisch wirkendes Lacton, ein gelbliches, unstabiles Öl, das leicht in Anemonin, einen nicht mehr hautreizenden Stoff, zerfällt. Außerdem enthält die Wurzel Saponine, die Blüte vier, wahrscheinlich komplexe Delphinidin-Glykoside, sogenannte Anthocyane, und der Extrakt des ganzen Krautes noch verschiedene Gerbstoffe, Sterine (Sistrol), Glykoside und anderes. Im ganzen kommt man bisher auf 14 Inhaltsstoffe.
Bei innerlicher Aufnahme von Pflanzenteilen oder von Preßsaft kommt es über die Alteration der Schleimhäute und konsekutiv durch Resorption in den inneren Organen zu schweren Vergiftungserscheinungen, bis hin zum Tod. Die Wirkungen im Arzneiversuch am Gesunden lassen eine Verlangsamung des Blutrückflusses mit Überfüllung der venösen Kapillaren, eine gestörte venöse Zirkulation und eine daraus resultierende Wechselhaftigkeit der Symptome, ungenügenden Sauerstoffaustausch und eine verlangsamte Funktion der Drüsen mit innerer Sekretion erkennen. So setzt *Donner* die Pulsatillawirkung primär in Parallele zur Pathophysiologie oder *Hypophysen*-Unterfunktion (Infantilismus, Dystrophia adiposogenitalis), die sich entscheidend in konstitutioneller Hinsicht auswirkt.

1. Typus nach dem Arzneimittelbild

Es ist nicht unbedenklich, sich auf das übliche Pulsatilla-Bild, das fast klischeehaften Charakter hat, festzulegen, diesen Frauentyp mit „hellen Haaren, blauen Augen und weiblich gerundeten Formen", der weinerlich und trostbedürftig und von langsamem, phlegmatischem Temperament ist.
Andererseits charakterisiert schon der Name „Windblume" (von Anemos = Wind, und pulsare = pulsieren) die für das Mittel typische Wechselhaftigkeit.

Diesen Frauentyp kann man zuweilen noch antreffen, und wenn das der Fall ist, hat man therapeutisch gesehen ein gewonnenes Spiel. Aber

er ist heutzutage seltener geworden (kann auch irre führen), und seine Überbetonung in den Darstellungen grenzt unseren therapeutischen Einsatz zu sehr ein. Wegweisender ist die körperliche Konstitution der durch hypophysären Fettansatz bedingten rundlichen Körperformen. So ist Pulsatilla nicht ausschließlich ein Frauenmittel, und auch brünette, pigmentreiche Frauen, ja sogar Farbige, können erfolgreich mit Pulsatilla behandelt werden. Und sicher hat das endokrine Element in erster Linie eine typenbestimmende Wirkung.
Von großer Bedeutung sind außerdem die Symptome venöser Stauung.

2. Körperliche Symptome

Drei wesentliche Merkmale bestimmen die Krankheitssymptomatik allgemein:

die Störungen der Kreislaufzirkulation, vorwiegend auf dem venösen Schenkel,
das Regelverhalten: zu spät, zu schwach, zu schmerzhaft
und der häufige Wechsel im Symptomspiel, die *Wechselhaftigkeit.*
Daher das Verhalten gegen Temperatureinflüsse:
ständig fröstelnd, kalt und feucht,
dabei aber *Abneigung gegen Wärme und warme Kleidung* und
Besserung durch Bewegung und frische Luft, Ausdruck der venösen Komponente, die sich auswirkt als:
Neigung zu kalten Füßen,
Frostbeulen,
Krampfadern,
Akrozyanose,
Erythrocyanosis crurum puellarum (bes. in der Schwangerschaft).
Die Menses setzt in der Menarche erst spät ein, ist dann
zu spärlich und verzögert!
Es kann Angst vor der Sexualität und bei männlichen Pulsatilla-Typen Angst vor dem weiblichen Geschlecht bestehen.
Ständiger Wechsel der Symptome bei allen Krankheitsäußerungen,
Wechsel von Hautausschlag und Asthma nach dessen Unterdrückung,
schnell wechselnde Schmerzen von einem Körperteil zum anderen, von einem Gelenk zum anderen.

Rheumatismus der Gelenke bei gichtiger, gonorrhoischer und traumatischer Synoviitis. Das Gelenk ist demnach geschwollen, die Schmerzen sind scharfer, stechender Art.
Wichtig ist die Pulsatilla-Affinität zu den Schleimhäuten, ob im Bereich der oberen Luftwege, des Magens, des Darms und der Urogenitalorgane. Auf Einzelheiten will ich hier nicht eingehen, entscheidend ist die Tatsache, daß die Schleimhautsekretionen meist gelbgrün und nicht reizend sind (Auswurf, Schnupfen, Fluor).

ZUNGE: trocken (manchmal wie verbrannt und trotzdem Durstlosigkeit) und belegt mit dickem, weißem Belag.

Die immer wieder beschriebene
Durstlosigkeit bei nahezu allen Beschwerden
muß man cum grano salis sehen:
Es kann durchaus das Verlangen nach kalten Getränken bestehen, die dann in kleinen Schlückchen getrunken werden.

Es sind noch ein paar richtungsweisende Anmerkungen zu machen:
akute Störungen verschlechtern sich durch Kälte,
chronische Störungen durch Wärme.
Die Schmerzen sind nach außen pressend:
Pulsatilla ist indiziert bei laufenden Ohren, aber nicht im akuten, sondern im chronischen Fall.
Es ist ein ausgezeichnetes Mittel bei:
Gerstenkorn, speziell am Oberlid (als Folgemittel und zur Verhütung Staphisagria),
bei Mumps und Masern.
Eine weitere, wichtige Indikation sind die
rheumatischen Erkrankungen (rheumatische Arthritis)
mit Kältebesserung und wanderndem Befall.

3. Psychische Symptome

Die liebenswerten Eigenschaften dieses
schüchternen,
ein wenig ängstlichen,
vorwiegend weiblichen Wesens,
seine Versöhnlichkeit,

seine Anhänglichkeit, die bis zur Abhängigkeit gehen kann,
seine Umgänglichkeit und Geselligkeit,
seine Freundlichkeit und Flexibilität, die sich negativ als Unentschlossenheit auswirkt, aber auch eine Folge der Anpassungsfähigkeit ist,
und vor allem seine Gefühlsbetontheit, die auch der Grund für die Neigung ist, in Weinen auszubrechen und
in Selbstmitleid und Sentimentalität zu schwelgen,
dies alles sind naturgemäß wichtige Kriterien für eine Arzneimittelfindung – aber keine behandlungsbedürftigen Wesensäußerungen. *Meist sind es langsame, phlegmatische Naturen.*

Diese Schilderung der menschlichen Charaktereigenschaften von Pulsatilla haben etwas durchaus Positives, können aber bei Störungen des harmonischen Zusammenspiels der inneren Vorgänge durchaus ins Gegenteil verfallen und behandlungsbedürftig werden.
So können im Zusammenhang mit den Regelstörungen auftreten:

Traurigkeit vor und während der Menses, die sich zu depressiven Verstimmungszuständen ausweiten kann mit *Neigung zu Tränen.*
Pulsatilla kann, wenn es sich nicht gebührend gewürdigt fühlt, eifersüchtig und besitzergreifend, also selbstsüchtig sein, *neigt zu innerlicher Kränkung und stillem Ärgernis.*
So liegt unter der sanften Oberfläche die elastische Widerstandsfähigkeit der Küchenschelle, die sich im Wind hin- und herneigt, aber fest im Boden verwurzelt ist *(Coulter).*
Die Kehrseite dieses sanften Wesens kennzeichnen *Hahnemann, Hering* u. a. mit folgenden Symptomen:
„Mürrisches Wesen, sehr unaufgelegt und ärgerlich, möchte zu niemandem sprechen,
den ganzen Tag ohne Grund schlecht gelaunt und unzufrieden,
äußerst launisch und verdrießlich wegen Kleinigkeiten,
hoffnungslos und melancholisch,
äußerst ärgerlich über alles, auch über sich selbst."

Die Exploration des im allgemeinen recht redseligen Pulsatilla-Typs kann auf Schwierigkeiten stoßen, weil er ständig in seinem Wohlbefinden schwankt und ihren Gesundheitszustand in resigniertem und leidendem Tonfall nur völlig widersprüchlich und ungenau beschreiben kann. Dabei kann man aber auch auf eine hartnäckige Bestimmtheit stoßen, die, wie Dickköpfigkeit, schwer zu bewegen ist.

Auf ein wichtiges, weil solitäres, Geistessymptom muß noch hingewiesen werden:
Die Angst, nach oben zu schauen (wie Argentum nitricum und Phosphor) wo auch immer: auf Berge, hohe Häuser, Wolkenkratzer u. ä.: Ohnmacht, Schwindel oder Angst können die Folge sein.

Wer sich einmal die Abhängigkeit der körperlichen Widerstandskraft von emotionellen Zuständen klargemacht hat, kann an bestimmten Warnsignalen wie Weinen, Klammern, Selbstmitleid u. ä. nicht vorübergehen, ohne den Versuch zu machen, sie zu beeinflussen. Ja, selbst wenn es um viel Weinen und Selbstmitleid geht, sollte Pulsatilla therapeutisch in Betracht gezogen werden, was immer das darunter liegende Konstitutionsmittel des Patienten sein mag. (Einen Teil meiner Darstellung der Gemütssymptome von Pulsatilla verdanke ich der vorzüglichen Darstellung von *Catherine R. Coulter* in „Portraits homöopathischer Arzneimittel".)

4. Auslösende Schädigung

Wärme, Bettwärme, Zimmerwärme,
Menses,
Tiefdruck, Gewitter,
fette Speisen,
abends, nachts.

5. Art der Kopfschmerzen

Kongestiver Kopfschmerz, als ob die Stirn und Schläfe zerspringen wollen (besonders rechts),
schlimmer durch Bücken, (auch am *Hinterkopf*),
abends, durch Essen,
vor, während und nach der Periode und bei ausbleibender Periode.
„Gefühl, als ob der Kopf in einem Schraubstock eingeklemmt wäre" *(Hering)*,
Hitzegefühl im Kopf, schlimmer durch geistige Arbeit.
Hinterkopfschmerz bei jedem Husten. Harn spritzt beim Husten weg.

Kopfschmerzen bei Schulmädchen in der Menarche.
Es gibt auch die periodisch wiederkehrende Migräne mit Erbrechen sauerer Nahrungsreste.
Besser durch *Bewegung im Freien,*
Kaltanwendungen und äußeren Druck,
er verschlechtert sich durch Niederlegen,
abends und nachts und durch Augenbewegung.

KONGESTIV, rechte Schläfe, Klopfen, *Hitze.*
Einseitige Schweiße. Einseitige Hitze (Fuß).

Kopfschmerz bei
spärlicher Regel

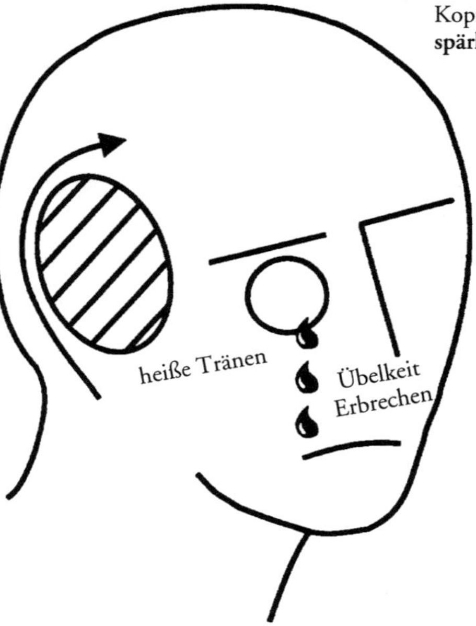

< geistige Arbeit
< Menarche
< unterdrückte Menses
< bei der Regel
< Liegen
< Augenbewegung
< Bücken
< überladener Magen

> frische Luft
> Kälteanwendung
> Druck
> Bewegung

Von Sonnenuntergang bis Sonnenaufgang

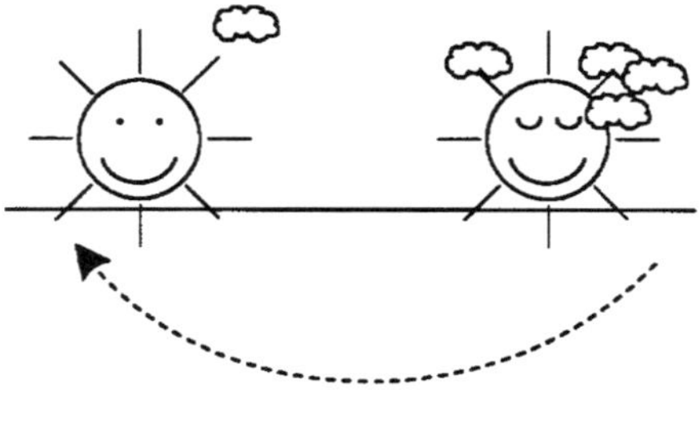

6. Homöosiniatrische Punkte

NI 13 (links, *Weihe*)
QIXUE = FORAMEN DES QI

Lage:
In der Höhe von **KG 5,** 0,5 CUN seitlich der Mittellinie.

Der Punkt hat eine sowohl tonisierende als auch sedierende Funktion. Tonisierend wirkt er besonders auf die Nieren und die Nieren-Essenz, zumal er auf derselben Höhe liegt wie **KG 4** und zudem auf dem CHONG MO, der die Essenz bewegt. Als Teil des CHONG MO beeinflußt er sedierend Füllezustände, die durch Auftreibung des Abdomens gekennzeichnet sind.

Nach *de La Fuye* wirkt er auf Unterleibsschmerzen und auf Schmerzen in der Lumbal- und Sakralregion bei Ziegelmehlsediment im Urin, bei Obstipation und Menstruationsschmerz.

MA 36

ZUSANLI = Drei Meilen am Fuß* *(Maciocia)*
ERDE
HO-PU (DELTA-PU)

Lage:
3 CUN unter MA 35 (Knieauge), 1 CUN lateral des Vorderrands der Tibia.

Er reguliert den Funktionskreis des MP und MA, harmonisiert QI und XUE und ist der Hauptpunkt, um das QI und das Blut zu tonisieren. Insofern hat er eine weitgespannte Wirkungspalette: Magen- und Milz-Pankreas-Schwäche, allgemein roborierender Effekt, Steigerung der Abwehrkraft (Moxe). Er wirkt auf Störungen durch äußere Wind-Kälte, beeinflußt Ödeme, die durch Abwehrschwäche entstanden sind, reguliert den Darm bei Obstipation, wirkt auf Prolapserscheinungen (zusammen mit **LG 20** und **KG 6**) und eliminiert Feuchtigkeit und Kälte bei Sedierung.

* Dritter Weiler am Fuß *(Porkert).*

Nach *de La Fuye* kommt diesem Punkt ein hoher Stellenwert zu, sicher im Einklang mit dem Pulsatilla-Bild. Nervosität, Erregbarkeit, Verschlimmerung durch Wärme, verschiedene Störungen im Magendarmkanal, Atemnot, Husten und Auswurf. Herzschmerzen, Zusammenschnürungsgefühl der Brust, Unterschenkelödeme (diese Herzsymptomatik findet sich allerdings nicht im Pulsatilla-Bild), Anschwellen der Brust, Ohrenerkrankungen. In seinem Aufsatz über die psychischen Punkte (DZA 1957, S. 15) rangiert nach *de La Fuye* der **MA 36** als wichtiger Punkt des Gemüts und zwar bei einem „YIN"-Kranken mit: Erregungszustand, Ängstlichkeit, Reizbarkeit, Melancholie, Unentschlossenheit, arterieller Hypertension, Schwindel, Adnexerkrankungen. Bei einem YANG-Kranken wirkt er bei Magenhypersthenie mit: Nervosität, Aufgeregtheit, Reizbarkeit, Verschlimmerung durch Wärme, bitteren Geschmack im Mund am Morgen, Heißhunger oder Appetitlosigkeit, Aufstoßen, Magenkrämpfen, Bauchkollern. (Pulsatilla D 30).

Diese Darstellung erweckt den Eindruck, als könne man all diese Leiden aus „einem Punkt kurieren". Mag sich doch jeder Gedanken darüber machen, ob er das für möglich hält, ich für meinen Teil halte es nicht für möglich. **MA 36** ist so ein Allerweltspunkt, daß er natürlich auch bei Disharmonie im Sinne des Pulsatilla-AMB in Frage kommt.

7. Vom homöopathischen Symptombild zum Disharmoniemuster

Die TCM kennt keine Hypophyse und ihre Auswirkung auf den Organismus, auf die man Bezug nehmen könnte, worauf ich aber später noch eingehen werde. Aber man unterscheidet entsprechend den 5 Elementen der fünf Wandlungsphasen auch fünf Konstitutionstypen. Von diesen stimmt Pulsatilla am ehesten mit dem „Wasser-Typ" überein:
Rundes Gesicht und rundlicher Körper,
zarte, helle Haut.
Der Typ liebt die Bewegung und hat eine relativ lange Wirbelsäule.
Diese Menschen sind sympathisch,
etwas träge und
nehmen es mit der Wahrheit nicht so genau.
Sie sind gute Unterhändler und loyal gegenüber ihren Arbeitskollegen.
Sie sind aufgeweckt,
sensibel und

zuweilen hellseherisch veranlagt.
Wesentlicher Punkt ist ihr Verdauungssystem.
In sexueller Hinsicht ist dieser Typ zu nachgiebig, was zu Problemen der Nieren-Essenz führen kann.

Jede Typisierung hat ihre Grenzen und beschränkt sich im Einzelfall selten nur auf einen Typ. Im Fall der „Windblume", wie sie die Engländer nennen, hätte ich angesichts der Wechselhaftigkeit der körperlichen und seelischen Reaktionen eher an eine Beziehung zu Holz-Wind-Leber gedacht. Aber das trifft nach der Beschreibung des „Wasser-Typs" gar nicht zu. Eher kommt, in Anbetracht seiner Beziehung zu den Blutgefäßen und dem Blut, der „Feuer-Typ" als Ergänzung zum Mischtyp in Frage.
Bei der Behandlung sollte man aber das konstitutionelle Element erst ans Ende setzen, um das Ergebnis zu stabilisieren, nachdem man das Disharmoniemuster behandelt hat. (Diese Typisierung geht zurück auf das 64. Kapitel der „Geistigen Achse" – „Spiritual Axis" – S. 155 und auf ein Seminar von Dr. *JHF SHEN* 1979 in London. Nach *Maciocia*).

Drei Störfaktoren bestimmen das Arzneimittelbild von Pulsatilla:
Die menstruellen Ausfallserscheinungen, die schon in der Menarche sich auswirken,
die Venosität, die ein Teil der Zirkulationsstörungen ist und zuweilen
der unzulängliche Flüssigkeitshaushalt. Auf die Vorbedingungen dieser Disharmonie muß ich näher eingehen.

Für die Entwicklung einer normalen Menstruation und Schwangerschaft ist der Zustand des Funktionskreises der Niere entscheidend und da vor allem der Nieren-Essenz. Wenn die Nieren-Essenz mangelhaft und schwach ist, sind auch das Konzeptionsgefäß (JENN-MO) und der CHONG-MO energetisch schwach, so daß der Uterus ungenügend mit QI und Blut versorgt wird. Die Folge davon sind unregelmäßiger Menstruationszyklus, Amenorrhö und Unfruchtbarkeit.

Die Qualität der Nieren-Essenz wird sowohl von der vorgeburtlichen wie nachgeburtlichen Essenz bestimmt. Sie ist entscheidend für die Konstitution, wird gespeichert in der Niere und zirkuliert in den acht außerordentlichen Meridianen und ist maßgeblich für das Wachstum, die Fortpflanzung, die Entwicklung, die sexuelle Reifung, die Aufnahmefähigkeit und die Schwangerschaft. Angesichts der Tatsache, daß die

Essenz sich im wesentlichen von den Eltern herleitet, liegt in der Schwäche der Nieren-Essenz eine erbliche Komponente vor, die wir in westlicher Sicht der doch offensichtlich angeborenen und nicht erworbenen Unterfunktion der Hypophyse zuschreiben, die aber hier aus der Sicht der TCM mit der Nieren-Essenz integriert wird.

Doch ganz so einfach und monokausal läßt sich die Funktion des Uterus und des menstruellen Zyklus nicht erklären; es greifen noch andere Faktoren ineinander. So ist die Beziehung zwischen Uterus allgemein und dem Leber-Blut außerordentlich wichtig und spiegelt sich in einer Reihe pathologischer Vorgänge. Menstruelle Unregelmäßigkeiten sind abhängig von einer Dysfunktion der Leber: *Leber-QI-Stagnation* bedingt Unregelmäßigkeiten des menstruellen Zyklus; *Leber-Blut-Mangel* ist die Ursache für eine spärliche Blutung oder einen Ausfall der Blutungen. Auch kann die Hypomenorrhoe, wie sie so typisch für Pulsatilla ist, bedingt sein durch eine Verlangsamung der venösen Zirkulation, auf die ich jetzt zu sprechen komme.

Grundsätzlich ist es so, daß das QI, nachdem die notwendige Menge durch das Lungen-QI in die Blutgefäße gelangt ist, das Blut bewegt. Besteht QI-Mangel oder QI-Stagnation, kann das Blut nicht bewegt werden und stagniert. Doch kann auch jede Beeinträchtigung der Leberfunktion die QI- und Blutzirkulation beeinflussen und so zu stagnierendem QI oder Blut führen.

Das QI hat aber auch die Aufgabe, das Blut in den Gefäßen zu halten. Diese Funktion kommt vorrangig dem *Milz-QI* zu. Das *sinkende-Milz-Pankreas-QI* ist kennzeichnend für die Behinderung, das Milz-QI zu heben. Darin liegt nicht nur die Ursache für Prolapserscheinungen, Urininkontinenz, Hämorrhagien und Hämorrhoiden, sondern auch für Varikosis. Zudem spricht die Unregelmäßigkeit der Regelblutung sowohl für *Milz-Pankreas*-Schwäche als auch für *stagnierendes Leber-QI.*

Eine wichtige Rolle spielt im Zusammenhang mit der Menstruation die Blutbewegung des CHONG-MO, der das vorgeburtliche und das nachgeburtliche QI verbindet, ebenso wie das *Konzeptionsgefäß* in seiner Eigenschaft als außerordentlicher Meridian (JENN-MO), der den Uterus und das Blut bei der Frau reguliert. Beide regulieren die Menstruation. Dysfunktionen dieser beiden Meridiane führen zu unregelmäßiger Menses, schmerzhafter Ausdehnung der Brust und Knoten in der Brust.

Nach chinesisch-japanischer Typenlehre, wie sie uns *H. Schmidt* in seiner „Konstitutionellen Akupunktur" vermittelt, liegt dem „Typus Leber" eine allgemeine Venosität zugrunde. Eine genauere Differenzierung erfährt die Venosität dann bei *Schmidt* durch die OKETSU-Konstitution, auf die ich im einzelnen hier nicht eingehen will (S. 250, 253). OKETSU heißt wörtlich „unreines Blut" und bezeichnet lokale Blutstagnation als Folge angeborener Bindegewebsschwäche, Ovarialinsuffizienz, plötzlichen Aussetzens der Regelblutung, chronischer innerer Erkrankungen. Für das Pulsatilla-AMB trifft am ehesten das zu, was *Schmidt* als *Leere-OKETSU* bezeichnet:
tiefer und schwacher Puls,
allgemeines Schwächegefühl,
blasse Gesichtsfarbe,
große Kälteempfindlichkeit,
Regelblutung unregelmäßig, ausbleibend, aber auch zu stark und schmerzhaft,
Ausfluß.
Rasche Erschöpfbarkeit,
kalte Extremitäten,
bläuliche Hautfarbe,
Schmerzen in der Kreuz- und Gesäßgegend,
ziehende Schmerzen in den Extremitäten,
Neigung zu Darmspasmen und Blähungen.

Es dürfte einige Schwierigkeiten bereiten, für die windartige Wechselhaftigkeit und Launenhaftigkeit, die belastenden depressiven Stimmungszustände und die labile Emotionalität ein Disharmoniemuster zu finden. Am ehesten kommt m. E. eine *Herz-YIN-Schwäche* in Frage, die nicht selten mit einem *Herz-Blut-Mangel* verbunden ist.

Für das Gelenkrheuma des Pulsatilla-Typs mit seinen charakteristischen Symptomen des Ortswechsels, der Verschlimmerung durch Ruhe, Wärme,
dem Schwere- und Vollheitsgefühl,
mit der Besserung durch Bewegung,
kommen zumindest zwei Disharmoniemuster in Frage:
Wind blockiert die Leitbahnen
mit empfindlichen, schmerzenden Gelenken,
wandernden Schmerzen,

Frösteln, manchmal auch Fieber, und
Feuchtigkeit blockiert die Leitbahnen
mit Empfindlichkeit und Schweregefühl in den Gelenken, Unbehagen,
örtlich fixierten Schmerzen,
tauben Gliedmaßen,
Verschlimmerung durch feuchtes Wetter.
Welches Disharmoniemuster vorherrscht, muß aufgrund der Puls- und Zungendiagnose entschieden werden. Im ersten Fall ist der *Puls* oberflächlich und die *Zunge* weiß belegt, im zweiten Fall ist der *Puls* schlüpfrig und die *Zunge* hat einen fetten, weißen Belag. Aber es gibt auch das Muster *Wind-Feuchtigkeit,* das in den Gelenken schmerzhafte Gelenkveränderungen hervorruft, die dem Pulsatilla-Charakter entsprechen. Diese Formen sind immer zurückzuführen auf eine Obstruktion in der Zirkulation von QI und Blut durch Eindringen von Wind, Kälte und Feuchtigkeit in die Meridiane und Kollateralen, verursacht durch eine Abwehrschwäche. Bei der chronischen Form dieser Rheumaform, der rheumatoiden Arthritis, kommt es nach längerer Akkumulation von Feuchtigkeit in den Gelenken zu Ansammlung von nicht-substantiellem Schleim, Folge einer herabgesetzten Transformationskraft des Funktionskreises Milz-Pankreas, aber auch von Niere und Lunge. In erster Linie wird man hier an das Disharmoniemuster *QI-Mangel und Stagnation von Feuchtigkeit* im *Milz-Pankreas* denken.

Aus der großen Anzahl der Krankheiten, die in den Wirkungsbereich von Pulsatilla fallen, möchte ich folgende herausgreifen: die Gallenblasenentzündung und Leberstörungen.

Es gibt zwei Disharmoniemuster, die sich in vielen Punkten ähneln und in Erwägung gezogen werden müssen: *Feuchte Hitze in Leber und Gallenblase,* der eine Defizienz des Milz-Pankreas-QI zugrunde liegt, die häufig hervorgerufen wird durch *Stagnation des Leber-QI* und Gegenläufigkeit bzw. Hemmung des Milz-Pankreas. Die Unterscheidung zwischen der *feuchten Hitze in Leber und Gallenblase* und *Milz-Pankreas-QI-Mangel* ist insofern schwierig, als sich beide Muster in der Symptomatik gleichen: Hypochondrischer Schmerz mit Ausdehnungsgefühl im Abdomen, Übelkeit, Erbrechen, Gelbsucht, spärlicher Urin, Fieber und Bittergeschmack. Die *Pulse* sind in beiden Fällen schlüpfrig und gespannt, die *Zunge* weist einen haftenden gelben Belag auf. Es gibt ein paar kleine Unterschiede: Die *feuchte Hitze in Leber und Gallenblase* leidet unter Appetitlosigkeit, Ausfluß und Jucken der Vulva, eventuell schmerzhafter Anschwellung des Skrotums.

Die Zunge hat hier einen roten Körper, während bei der *feuchten Hitze in der Gallenblase* der *Zungenbelag* entweder einseitig oder beidseitig an den Rändern zu finden ist, Durst besteht ohne das Bedürfnis zu trinken, und gelber statt dunkler Urin festgestellt wird, ebenso wie die Unfähigkeit, fette Speisen zu essen. Bei so geringen Unterschieden muß man sich danach richten, ob mehr oder weniger „Feuchtigkeit" besteht und ob Durchfälle auf einen deutlichen *QI-Mangel der Milz* hinweisen. Dementsprechend wird man die Therapie (s. u.) modifizieren.

Der Kopfschmerz kann durchaus mit diesen Disharmoniemustern zusammenhängen, zumal das Gefühl „als ob der Kopf in einen Schraubstock eingeklemmt wäre" *(Hering)* durchaus mit dem „Hutdruck-artigen" Gefühl des Gallenblasen-Kopfschmerzes übereinstimmen kann, wenn man die Auswirkungen des gestörten Gallenblasenfunktionskreises auf den Gallenblasenmeridian in Erwägung zieht.

Andererseits spricht natürlich der sogenannte „kongestive" Kopfschmerz und seine Abhängigkeit vom Funktionskreis der Leber für das Disharmoniemuster *aufsteigendes Leber-YANG.*

Bekannt ist ja die besondere Bedeutung des Funktionskreises der Leber für den Uterus. Das wirkt sich so aus, daß infolge des *gestauten Leber-QI,* wozu es in Anbetracht der außerordentlichen Emotionalität im Pulsatilla-Bild leicht kommen kann, die Periode unregelmäßig wird mit prämenstrueller Spannung und Reizbarkeit. Die *Stagnation des Leber-Blutes* ist aber verantwortlich für Unregelmäßigkeiten in der Periode und für unterbrochenen Fluß, am Tag stärker als in der Nacht.

An erster Stelle der Behandlung sollte die Beeinflussung der *Nieren-Essenz* stehen, auf die ich anfangs ausführlich eingegangen bin. In diesen Zusammenhang gehört auch die Berücksichtigung der Dysfunktion des CHONG-MO und des JENN MO *(Konzeptionsgefäß).*

Dem Problem der Venosität wird man am ehesten durch die Berücksichtigung des Disharmoniemusters *sinkendes Milz-Pankreas-QI* gerecht, das eine Abwandlung des *mangelnden Milz-Pankreas-QI* überhaupt ist. Einen ähnlichen Effekt erzielt man, wenn man statt dessen das

OKETSU behandelt, allerdings unter Berücksichtigung der Gegebenheiten, die unterschiedlich sein können.

Für die Behandlung rheumatischer Erscheinungen bei Pulsatilla kommt in erster Linie eine Behandlung der *Wind-Feuchtigkeit* in Frage und bei der mehr chronischen Form das Disharmoniemuster *QI-Leere und Stagnation von Feuchtigkeit im MP.*

8. Therapie

a) Stagnierendes Leber-Blut

GB 34 reguliert das LE-QI als Voraussetzung für eine Förderung der Blutbewegung.

LE 3 wirkt auf LE-QI und Blut regulierend.

BL 18 tonisiert die Leber und reguliert das LE-Blut.

BL 17 ist ein Sammelpunkt für das Blut und kann besonders in Verbindung mit **BL 18** die Stagnation des Blutes beeinflussen, allerdings nur mit Nadeln.

MP 10 reguliert das Blut.

KG 6 reguliert das QI und damit die Blutbewegung im Abdomen.

b) Die Behandlung der Nieren-Jing-Insuffizienz

NI 3
(mox) tonisiert das NI-YIN und die Essenz (JING).
(Dies ist ein Punkt, der in fast allen Disharmoniemustern der Niere zur Anwendung kommt.)

NI 6
(mox) tonisiert ebenfalls das NI-YIN.

KG 4
(mox) tonisiert das JING.

BL 23
(mox) tonisiert die Nieren.

LG 4	tonisiert den YANG-Aspekt des JING der Essenz. Dieser Punkt, der den Namen MING-MEN (Tor des Lebens) hat, wird nur angewandt bei Nieren-Essenz-Defizienz auf dem Hintergrund eines YANG-Defizits.
GB 39	tonisiert das Knochenmark (Meisterpunkt).
LG 20	tonisiert das „Mark“, um das Gehirn zu füllen. („Mark“ korrespondiert nicht mit dem Mark in der westlichen Medizin. Es ist die allgemeine Matrix für Knochen, Knochenmark, Gehirn und Rückenmark.)
LG 14	stimuliert ebenfalls das „Mark“, damit es das Gehirn erreicht.
BL 15	tonisiert das Herz in seiner Fähigkeit, den Geist (SHEN) zu beherbergen.
BL 11	ernährt die Knochen (Meisterpunkt).
MA 36	stärkt das QI und somit die erworbene Essenz.
MP 6 und **BL 20**	verbessern die Assimilationskraft des Stoffwechsels.

c) Stagnation von QI und Blut im JENN-MO (KG) und CHONG-MO

MP 4	Schlüsselpunkt des CHONG-MO.
LU 7	Schlüsselpunkt des JENN-MO.
MP 15	kräftigt die Milz, reguliert QI.
KG 6	tonisiert das Original-QI.
KG 4	reguliert den Uterus, tonisiert die Nieren.
MA 20	harmonisiert den CHONG-MO.

d) Sinkendes Milz-Pankreas-QI (QI-Mangel des Milz-Pankreas)

KG 12	tonisiert das MP-QI.
MA 36	stärkt das MP-QI.

MP 3	Quellpunkt, tonisiert MP.
MP 6	tonisiert das MP.
LG 20	hebt das QI, besonders bei Uterus-Prolaps. Moxas.
KG 6	hebt und stärkt das QI. Wird bei allen Prolapsfällen gebraucht.
MA 21	stärkt das QI des Magens, wirksam besonders bei Magen-Senkung.
KG 1	bei Darmvorfall. Alle Punkte müssen tonisiert werden und können gemoxt werden.
BL 20 und **BL 21**	tonisieren das MP-QI und wirken ebenso bei QI-Mangel des Magens.

e) OKETSU (Leere) nach Schmidt (S. 250, 253)

Tonisierung von:

LE 3, 8
NI 6, 7
KS 3, 5
MA 28
BL 23.

Fast unerläßlich ist die gleichzeitige Behandlung mit einer geeigneten Kampo-Tee-Mischung.

f) Windfeuchtigkeit

Lokale Therapiepunkte:

GB 20,
GB 34,
LG 20, 16
GB 31
evtl. **3E5 und DÜ 3.**

LE 3 und **LG 20**	bei innerem Wind.

MP 9 bei Feuchtigkeit, wirken transformierend.
und
KG 9

MA 40 bei Schleim. Es dürfen nur Nadeln verwendet werden.

Bei QI-*Leere und Stagnation von Feuchtigkeit im* MP zusätzlich:

BL 20 Alle diese Punkte tonisieren das QI und YANG von
KG 12 MP und MA und bewegen das QI.
MA 36
MP 6

Zusammen mit

LU 7, DI 4
und **LE 3**
wirkt diese Behandlung auf den dumpfen Kopfschmerz besonders an der Stirn. Aber auch die Behandlung nach dem Disharmoniemuster *aufsteigendes Leber-YANG* kommt in Frage.

9. Epikrise

Abgesehen von den bereits ausführlich behandelten Krankheitsbildern fallen noch eine ganze Anzahl anderer Erkrankungen und Störungen in den Wirkungsbereich dieses großen Polychrestes.
Die Stimmungsschwankungen, reaktiv-depressiven, ängstlichen Zustände *(Herz-YIN-Mangel),* der eigenartige Schwindel *(Nieren-YIN-Schwäche),* Frösteln *(Leber-Blut-Mangel),* die Gastritis *(Kälte im Magen* u. a.), ebenso die Diarrhö *(QI-Mangel des MP),* Bronchitis *(Schleim und Feuchtigkeit in der LU),* die Inkontinenz- und Harnsymptome *(Mangel des Nieren-QI* oder *YANG und QI-Mangel des sinkenden MP)* und das beginnende und ausgebildete Gerstenkorn (für die Nachbehandlung und zur Verhütung empfiehlt sich *Staphisagria*).
Nun ist man leicht geneigt, Pulsatilla nur anzuwenden, wenn der Kranke mit dem so einprägsamen Konstitutionsbild übereinstimmt.
Dem ist nicht so. Wie auch *Mezger* bestätigt, brauchen die psychischen Symptome des Pulsatilla-AMB bei akuten Erkrankungen wie Grippe, Venenentzündung, Scharlach, Masern, Gastritis u. a. nicht vorhanden

zu sein. Es genügt in vielen Fällen, wenn die Venosität, das Frösteln, der Drang nach Bewegung und das Verlangen nach frischer Luft wie die Abneigung gegen Wärme und der milchschleimige Charakter der Schleimhautabsonderungen ggf. vorhanden sind. Das gilt auch für den akuten rheumatischen Schub, für den Pulsatilla ein ausgezeichnetes Mittel sein kann. Sehr zuverlässig wirksam ist das Mittel bei akutem Schnupfen, wenn er im Freien besser ist, die Nase bald verstopft, bald frei ist (besonders nachts) und häufig verbunden ist mit Geruchsverlust.

In all diesen Fällen ergibt sich aus der Kombination mit Akupunktur eine wesentliche Bereicherung der Therapie. Wenn man aber auf das Vollbild von Pulsatilla als Simillimum trifft, vor allem, wenn es darum geht, die Gemütssymptome zu behandeln und zu beeinflussen, sollte man vorerst auf eine dementsprechende Akupunktur verzichten und die Wirkung einer Hochpotenz abwarten. Sollten dabei Komplikationen und Verschlimmerungen auftreten, stört das Eingreifen mit Akupunktur den therapeutischen Langzeiteffekt von Pulsatilla nicht.

Sepia

Toxikologie

Der angewandte Stoff ist der getrocknete Inhalt des Tintenbeutels des Tintenfisches. Der schwarzbraune Farbstoff gehört zu den Melaninen. Pharmakologisch und toxikologisch ist über Sepia nichts bekannt. Die Arzneimittelprüfung am Gesunden spiegelt recht genau die Symptome des AMB:

Nervöser, zirkulatorischer Erethrismus mit ängstlicher Überempfindlichkeit, Reizbarkeit und Launenhaftigkeit, mit Hitzewallungen und Schweißen, gefolgt von allgemeiner Schwäche und Abgeschlagenheit *(Voisin).*

1. Typus nach dem AMB

Meist *schlanke, brünette Frauen,*
dem weiblichen Typ näher stehend als dem männlichen, deren Haltung die *Erschlaffung* und *Anspannung* erkennen läßt.
Die *Mädchen* sind leptosom, von asthenischem Habitus, mager, eckig, ungraziös, ungeschickt – Intersex-Typ –.
Die Menarche tritt verspätet auf.
Die *älteren Frauen* haben oft ein *gedunsenes Aussehen,* schlaffe Haut, hypotone Muskulatur und vor allem die *Ptose der Bauchorgane.*
Völlegefühl,
Hyperpigmentierung.

2. Körperliche Symptome

Sepia ist ein Mittel von unschätzbarem Wert, dessen erschöpfende Darstellung in diesem Rahmen nicht möglich ist und umfassenderen Lehrbüchern vorbehalten bleiben muß *(Kent, Farrington, Coulter).* Ich beschränke mich auf Leitsymptome und auf die in diesem Zusammenhang wichtig erscheinenden Symptome.
Zirkulatorischer Erethrismus und vasomotorische Störungen oder

venöse Stauungen (Pfortaderstauung) sind häufig. Es besteht nicht selten eine *Leberschwäche mit portaler Kongestion.* Magen- und Darmerschlaffung mit Ptose wurden schon erwähnt.
Die utero-ovarielle Kongestion mit unregelmäßigen oder *schwachen Regelblutungen* und ebenfalls die Neigung zum Deszensus des Uterus sind typisch. Außer der *linksseitigen Neuralgie* am Kopf und der *Migräne, Obstipation,* chronische Prostatitis, klimakterische Beschwerden, chronischer Gelenk- und Muskelrheumatismus, Ischias, Kniearthrose, Dermatosen und Flechten, starker Haarausfall. Bei chronischen Sinusitiden mit dicken gelben oder grünen Krusten, Geruchsverlust oder chronischer Absonderung dicken, gelben Eiters sollte man nicht nur an Kalium bichromicum, sondern auch an Sepia denken. Auffallend ist der *gelbe Sattel über der Nase und über dem oberen Teil der Wangen.* Diese Pigmentverschiebungen könnten nach *Leeser* (Lehrb. d. Homöopathie, spez. Teil: Arzneimittellehre. C. Tierstoffe) „der *neurohormonalen Kontrolle* unterliegen und zwar innerhalb des Funktionskreises, der durch das Gegen- und Zusammenspiel von Nebennierenrinden-, Geschlechts-, und Hypophysen-Hormonen reguliert wird." „Es gibt aber auch leichte Grade der Nebenniereninsuffizienz, den sogenannten Addisonismus, wie Hyperpigmentierung, Hypotonie, Adynamie, Herabsetzung des Blutumlaufes und der Körpertemperatur, seelische Depression, mangelhaftes Konzentrationsvermögen und Abneigung gegen gewohnte Betätigung. Alle diese Symptome finden sich gleichsam in Miniatur im Arzneimittelbild von Sepia wieder. Vielleicht vermag Sepia in das Zusammenspiel dieses hormonalen Teilsystems, das wiederum mit Kontrollzentren im Zwischenhirn und der Hirnrinde in Wechselbeziehung steht, einzugreifen." Wer dächte hier nicht an das Chloasma der Schwangeren und an Sepia, das hierfür als Therapie auch in Frage kommt. In diesem Gesamtbild kommen alle Symptome, die im Alter und besonders bei Frauen kumulieren, zu Worte. Aber man sollte in allen Lebensaltern an Sepia denken, auch wenn dieses ausgeprägte Bild sich noch nicht ausgebildet hat. Darauf macht besonders *von Ungern* aufmerksam. Oft liegt schon eine Ablehnung des Kindes durch die Mutter vor, die Entbindung kann schwierig gewesen sein (Schnittentbindung), die Plazenta wollte sich nicht lösen. Im Säuglingsalter ist zuweilen Kunstmilchernährung notwendig wegen Windeldermatitis, Grundvoraussetzung für spätere Allergien (Ekzeme, Milchschorf, Neurodermitits). Oft wirkt sich eine berufliche oder partnerschaftliche

Überbelastung der Mutter ungünstig aus, oder das Sepiakind kommt mit dem Geschwisterneid-Problem nicht zurecht. Um die pubertäre Phase zeigen sich Heuschnupfen und Migräne.
Möglicherweise handelt es sich um eine Protestemigration nach innen. Was sich im Erwachsenenalter für Symptome zeigen, wurde bereits geschildert.

Eine sehr wichtige Modalität sollte noch erwähnt werden: Der Sepia-Patient ist sehr wetterfühlig, vor allem verträgt er keine schwülfeuchte Luft, Sturm und Nebel machen ihm zu schaffen; er hat aber keine Angst vor Gewitter.

Grundsätzlich kann man nach *Kent* feststellen: Wenn folgende Symptome vorliegen, das Senkungsgefühl und die psychischen Symptome, das nagende Hungergefühl (er meint wohl das Gefühl der Ödigkeit), die Verstopfung, dann handelt es sich um Sepia und nur um Sepia (*Kent,* S. 702).

3. Psychische Symptome

Wegweisend sind die
seelischen Depressionen, die verbunden sind mit *Indifferenz,* Selbstvernachlässigung und mangelhaftem Konzentrationsvermögen.
Hinzu kommt häufig Gleichgültigkeit gegen Geschäft und die engste Familie, *aber auch reizbare Deprimiertheit.* (Die dunkle Wolke, die Sepia einhüllt.)
Es besteht *Abneigung gegen geistige Arbeit,* z. T. aus nervöser Erschöpfung oder oppositionelles, protestierendes, andererseits aber auch resignatives Verhalten.
Die Patientinnen, und es handelt sich meistens um Frauen, haben eine Abneigung gegen *ein am Hals geschlossenes Hemd oder eine enge Bluse* (wie Lachesis), aber weniger gegen Kleiderdruck am Abdomen.
Sie haben Angst allein im Dunkeln, vor Einbrechern und Krankheiten.
„Niemand widerspricht so gern und verträgt so wenig Widerspruch wie Sepia-Patienten", sagt *von Ungern,* „denn niemand ist so viel drangsaliert und kritisiert worden."
Bei Konsultationen ist ihre Traurigkeit oft mit *viel Weinen* verbunden. Aber sie gibt eine Besserung des Befindens nicht zu. Sie *klammert* einer-

seits und wendet sich andererseits vom jeweiligen Partner ab. Denken an die Beschwerden verschlimmert, Ablenkung bessert.
Es kann zuweilen schwierig sein, Sepia gegen Pulsatilla abzugrenzen. Aber im Temperament ist Pulsatilla weinerlich, mild oder empfindlich, launisch, unglücklich; Sepia hingegen ist weinerlich, niedergedrückt, aber leicht erregt und gereizt oder gleichgültig. Auch Natrium muriaticum ist komplementär zu Sepia.

4. Auslösende Schädigung

Wechseljahre,
kalte Luft, kalte Füße (häufige Sinusitiden),
ovarielle Insuffizienz, Geburten,
Streß, Überforderungen.
Lebenslange Frustration.
Schwül-feuchtes Klima,
Sturm, Nebel und Gewitter.

5. Art der Kopfschmerzen

Berstend und stechend, im Bereich der Augenhöhlen und über den Augen auch klopfend und nach hinten ziehend, vorwiegend linksseitig. Dabei kann Schwindel bestehen und Blutwallungen zum Kopf, mit Hitze, berstend im Hinterkopf, mit Übelkeit und Erbrechen. Zuweilen sind die Kopfschmerzen auch halbseitig, mit stechendem Charakter, ziehend vom linken Auge zum Hinterkopf. Der Kopfschmerz wird schlimmer *morgens,* vor Gewitter, durch *Lärm, Licht* und *geistige Arbeit* und Ruhepausen. Er bessert sich durch heiße Umschläge, Ruhe, Druck und Essen, aber auch durch kräftige Bewegung in frischer Luft durch die Verbesserung des venösen Rückflusses. Diese Modalität trifft aber nur mit Einschränkungen zu *(Farrington).* Bei plötzlicher Gesichtsverdunklung kommen mit Sepia auch Cyclamen und Pulsatilla in Betracht. Erstere bei profusen und dunklen Menses, Pulsatilla bei verzögertem, spärlichem und dunklem Fluß.

Gleichgültig gegen Pflichten und Angehörige. ÜBERLASTET.
Leicht beleidigt. <WIDERSPRUCH, widerspricht gern.
Ungern allein, trotzdem <Gesellschaft
Haarausfall, früh grau.

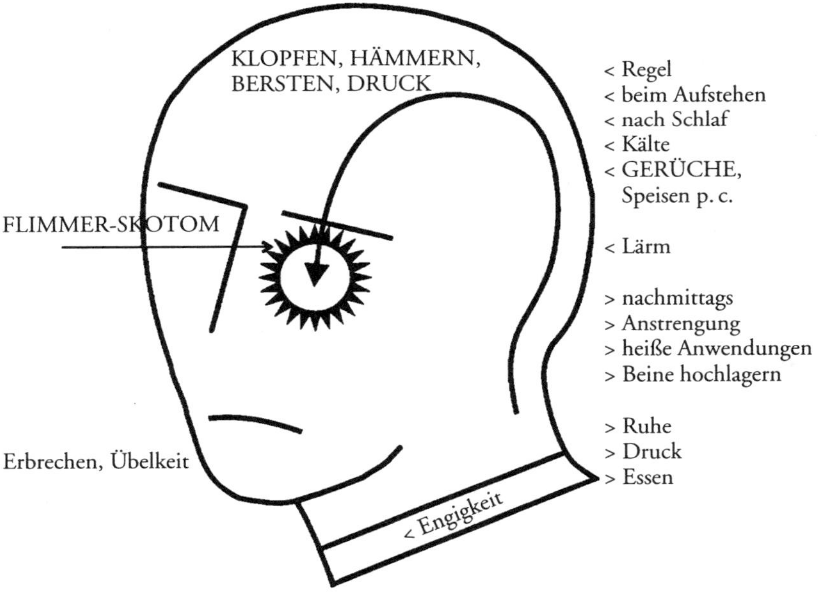

Heißer Kopf - kalte Füße!
Übel morgens, vor dem Essen < Gerüche, Anblick von Speisen
ÖDIGKEIT, Essen > nicht.
Verlangen: SAURES, ESSIG, Pickles.
Aversion: < Milch, Fleisch, KOHL, Zwiebeln, Tabak.
Rezidivierende Anginen. Harnwegsinfekte. Prolaps.
Wichtiges Syndrom: Hungergefühl, Verstopfung, Senkungsgefühl, psychische Symptome.

6. Homöosiniatrische Punkte

MA 25 (li)
TIAN SHU = Angel des Himmels
Alarm-PU

Lage:
Auf der genauen Höhe des Nabels, 2 CUN lateral von diesem.

Alarmpunkt des Dickdarms, wirkt regulierend und harmonisierend, reguliert das QI, löst Blockaden. Ein häufig gebrauchter Punkt u. a. sowohl bei Fülle-Mustern des Magens und bei Brennen im Epigastrium, Verstopfung, faulig stinkendem Stuhl und gelb belegter Zunge. Spezialpunkt für chronische Diarrhö, mit **KG 6, MA 37.** Wirksam auch bei seelischer Erregung, Ängstlichkeit, Sorge, Manie.

Nach *de La Fuye:*
brennende Schmerzen im Magen, Leere-Gefühl im Magen, Erbrechen nach den Essen.

NI 7 = Zurückfließender Strom
FU LIU
KING-PU
Großer Fluß
TONIS-PU

Lage:
In einer Vertiefung am Vordergrund der Achillessehne, 2 CUN senkrecht oberhalb von NI 3.

Tonisiert den Funktionskreis der Niere, besonders der YANG-Niere. Wichtig zur Beseitigung von Feuchtigkeit im UDE und Ödemen in den Beinen. Er kann entweder in Verbindung mit **HE 6** tonisiert Schweißausbrüche stoppen oder in Verbindung mit **DI 4** sediert bei Wind-Kälte-Erkrankungen Schwitzen auslösen. Kommt noch in Frage bei Furchtsamkeit, Schreckhaftigkeit, Tachykardie, Schwindel.

Nach *de La Fuye:*
Niereninsuffizienz, Entscheidungsschwäche, Unzufriedenheit, Hypotonie, eiskalte Füße, Kältegefühl in den Knochen, Darmgeräusche, Obstipation durch Darmatonie. Hämorrhoiden, Lumbosakrale Schmerzen.

MP 4 (li)
GONG SUN = Kopf des os metatarsalis der Großzehe
LO-Punkt
Podophyll. (re)

Lage:
Das Tal in einer Vertiefung vor dem Kopf des OS metatarsalis.

Eröffnungspunkt des CHONG-MO. Spezialpunkt zur Behandlung von Magenerkrankung und Roemheld. Tonisiert MP und MA. Zerstreut Fülle im Epigastrium und beeinflußt Schmerzen im Epigastrium und Abdomen.
Erzeugt in Verbindung mit **KS 6** Harmonie zwischen YANG und YIN. Reguliert die Menstruation. Dysmenorrhoe. Rektumprolaps, Herzschmerzen, Senkungsgefühl.

Nach *de La Fuye:* Abdominal-Tympanie, Darmschmerzen, Diarrhoe und Rektumprolaps. Inappetenz, lebhafter Durst, Luftschlucken, Magenschmerzen. Spasmen im kleinen Becken mit Senkungsgefühl. Dieser Punkt regt zum Beischlaf an und erleichtert die Geburt.

7. Vom homöopathischen Symptombild zum Disharmoniemuster

Man muß immer die auffallendsten Symptome zum Ausgangspunkt differential-therapeutischer Erwägungen hinsichtlich des in Frage kommenden Disharmoniemusters machen. Beim Sepia-Bild steht im *Vordergrund die emotionale Problematik.* So ist die depressive Verstimmung und Depression mit ihren bereits geschilderten Symptomen Folge des *stagnierenden Leber-QI,* entstanden durch Frustration, unterdrücktem Ärger oder Groll über eine lange Zeit. Denn das Herz, das im wesentlichen für das SHEN und die Vitalität verantwortlich ist, leidet unter der Störung des glatten Flusses der Emotionen und behindert so das Leber-QI. Dieses bei weitem häufigste Disharmoniemuster (das ja schon mehrfach geschildert wurde) führt in körperlicher Hinsicht zu einem Auftreibungsgefühl im Oberbauch und Beklemmung in der Brust, Seufzen und Schluckauf. Auch auf den Funktionskreis des Magens hat es Auswirkungen, indem es das *Magen-QI* durch Gegenläufigkeit und Behinderung der descendierenden Tendenz des QI so stört, daß es zu

Übelkeit, Erbrechen, epigastrischen Schmerzen, Appetitlosigkeit und Aufstoßen kommt. Andererseits kann das permanente Hungergefühl mit dem Gefühl ohnmachtsartiger Schwäche und Ödigkeit auf *Schleimfeuer des Magens* hindeuten. Dies kann das Gemüt affizieren und Schlaflosigkeit oder ernstere Symptome im Sinn eines manisch-depressiven Zustandes hervorrufen. Zu beachten ist dabei die

ZUNGE: rot, dicker, gelber, haftender Belag und ein breiter Riß in der Mittellinie, der nicht die Spitze erreicht.

Darmgeräusche sind Folge der *Stagnation von Leber-QI* in den Eingeweiden durch Störung ihrer Transportfunktion. Diarrhö ist die Folge einer Behinderung der Transportfunktion und der transformatorischen Kraft des Funktionskreises der Milz. Da sich diese Disharmoniemuster von Leber, Magen und Milz überlappen, ist es oft schwierig zu erkennen, wo die Störung anfängt und endet. Alle diese Symptome finden sich jedenfalls im Sepia-Bild. Im seelischen Bereich äußert sich stagnierendes *Leber-QI* als *Depression* mit einer Fluktuation zwischen körperlichen und seelischen Symptomen.

Auch die *Obstipation* kann auf das stagnierende *Leber-QI* und Hitze in den Eingeweiden zurückgeführt werden. Andererseits kann auch ein *allgemeiner QI-Mangel* oder *QI-Mangel des Milz-Pankreas* zu einem *QI-Mangel im Dickdarm* und dadurch zu einer *atonischen* Obstipation führen. Der QI-Mangel entspricht nach den 8 diagnostischen Regeln einer „Leere"-Symptomatik mit Überwiegen des YIN im Inneren. Kommen noch Kälte-Symptome hinzu, liegt ein ausgesprochener YANG-Mangel vor.

Der *QI-Mangel des Milz-Pankreas,* zuweilen mit verstärkter Symptomatik durch einen YANG-Mangel, ist kennzeichnend für die Ptose als „sinkendes QI": Uterus- und Mastdarmprolaps, Hämorrhoiden, vermehrter Harndrang.

ZUNGE: blaß

PULS: leer oder weich

Dazu führen emotionale Traumata, unzweckmäßige Lebensweise über längere Zeit, zuviel grübelndes Denken oder übermäßige geistige Arbeit und Schwäche und chronische Störungen. Diese Schwäche und Lethargie, die gastrointestinalen Beschwerden, das leichte Frieren, die kalten

Extremitäten, chronisch dauernder Durchfall, Leere nach Senkungsgefühl im Unterbauch und Magen, Enteroptose, Prolaps von Rektum und Uterus, Urin- oder Stuhlinkontinenz sind typisch für das Sepia-Bild.

Der kongestive Kopfschmerz ist bezeichnend für ein *aufsteigendes Leber-YANG* – wie es schon öfter beschrieben wurde, dem oft ein *Leber-YIN-Mangel und/oder ein Nieren-YIN-Mangel* zugrunde liegt. Das *Wasser ist defizient und unfähig, das Holz zu ernähren und zu „überschwemmen"*. Es wird zu trocken *und verursacht aufsteigendes Leber-YANG.* Die Symptomatik entspricht im weitesten Umfang auch den für Sepia typischen *klimakterischen Beschwerden,* meist in Verbindung mit einem Nieren-YIN–Mangel, der ebenfalls den für Sepia typischen klimakterischen Beschwerden entspricht.

Wer aber dächte, in Anbetracht der unter den körperlichen Symptomen geschilderten „Pigmentverschiebungen" und der gesamten Symptomatik des Addisonismus, nicht an einen YANG-Mangel der Niere? Fast alle Symptome des Sepia-Bildes stimmen damit überein bis auf die Ödeme. Es wäre also durchaus sinnvoll, die Therapie des Disharmoniemusters *Nieren-YANG-Mangel* mit einzubeziehen.

8. Therapie

a) Sinkendes Milz-Pankreas-QI (QI-Mangel des Milz-Pankreas)

KG 12 tonisiert das MP-QI.

MA 36 stärkt das MP-QI.

MP 3 Quellpunkt. Tonisiert MP.

MP 6 tonisiert das MP.

LG 20 hebt das QI, besonders bei Uterus-Prolaps. Moxas.

KG 6 hebt und stärkt das QI. Wird bei allen Prolapsfällen gebraucht.

MA 21 stärkt das QI des Magens, wirksam besonders bei Magen-Senkung.

KG 1	bei Darmvorfall. Alle Punkte müssen tonisiert und können gemoxt werden.
BL 20 und **BL 21**	tonisieren das MP-QI und wirken ebenso bei QI-Mangel des Magens.

b) Stagnierendes Leber-QI

GB 34	reguliert das LE-QI und hat besonderen Einfluß auf die Region des Hypochondrium.
LE 3	reguliert das LE-QI.
LE 13	reguliert das LE-QI im MDE, besonders, wenn es den Magen behindert.
3E6	reguliert das LE-QI und das besonders an den Körperseiten. Bei Depression, die auf stagnierendes LE-QI zurückgeführt werden kann, ist dieser Punkt besonders wirksam in Verbindung mit **LG 20.**
KS 6	reguliert das LE-QI besonders dann, wenn emotionale Belastungen zur Stauung geführt haben.

c) QI-Mangel des Dickdarms

MA 25 und **BL 25**	stärken QI und Funktion des Dickdarms. Beide müssen elektrisch stimuliert werden.
MA 36 (moxen) **KG 6** (moxen)	bei allgemeinem QI-Mangel.

b) Aufsteigendes Leber-YANG

LE 8	stärkt das LE-YIN.
LE 3	unterdrückt das LE-YANG und den LE-Wind.
GB 43	unterdrückt das LE-YANG. Gegenpunkt des GB-Meridians.

3E5	unterdrückt das LE-YANG und ist besonders angezeigt bei Kopfschmerz entlang des GB-Meridians.
MP 6 und **NI 3**	stärken das YIN ganz allgemein.
GB 20	bändigt den Wind und unterdrückt das LE-YANG.
LE 8, LG 16 und **NI 3**	müssen tonisiert werden.
LE 3, GB 20	müssen sediert werden.

Bei Augensymptomen:

GB 38	bändigt das LE-YANG und wirkt besonders bei chronischer und hartnäckiger Migräne.
GB 37	klärt die Sicht, evtl. mit
BL 2, GB 1, TAI YANG	

Außerdem müssen natürlich die entsprechenden Meridianpunkte und Loci dolenti aufgesucht werden. Sedierend auf der kranken Seite, bei ganz akuten Zuständen auch nach der *Even*-Methode auf der Gegenseite.

e) Nieren-YIN-Mangel

KG 4	ohne Moxa tonisiert es das NI-YIN (mit Moxa das NI-YANG).
NI 3	Quellpunkt. Stärkt die Nieren.
NI 6	spezifisch zur Tonisierung des NI-QI. (Speziell wirksam bei Trockenheit des Mundes bei Nacht.)
NI 10	spezifisch zur Tonisierung des NI-YIN.

NI 9	stärkt das NI-YIN. Speziell anzuwenden bei Ängstlichkeit und seelischen Spannungen.
MP 6	tonisiert die Leber und das NI-YIN und besänftigt das Gemüt.
KG 1	tonisiert das NI-YIN und die Essenz und ist angebracht bei chronischem nächtlichen Wasserlassen (in Kombination mit **NI 3** und **HE** 7).

f) Nieren-YANG Mangel

BL 23 (moxa)	tonisiert das NI-YANG.
LG 4 (moxa)	stärkt das „Tor des Lebens".
KG 4 (moxa)	tonisiert das NI-YANG und das Original-QI (Essenz).
NI 3	tonisiert die Nieren.
BL 52	tonisiert das NI-YANG und stärkt die Willenskraft.
JING-GONG	(am Rücken, 0,5 cm lateral vom **BL 52**) tonisiert das NI-YANG und die Essenz.

g) Schleim-Hitze im Magen

MA 21	beruhigt die Magenhitze und fördert das Absteigen des MA-QI.
KG 13	unterdrückt das zu heftige MA-QI.
MA 44	beruhigt die MA-Hitze.
MA 45	wirkt ebenfalls auf die Hitze und besänftigt das Gemüt.
MP 6	verstärkt den Flüssigkeitsfluß und beruhigt ebenfalls.
KG 12	beeinflußt ebenfalls die Hitze.

KS 6 unterdrückt das aufsteigende MA-QI und besänftigt das Gemüt.

MA 40 löst den Schleim und klärt die MA-Hitze.

Außer **KG 12** und **13** und **MA 40** werden alle diese Punkte sediert, während die drei Punkte nach der *Even*-Methode behandelt werden.

9. Epikrise

Sepia ist ein Mittel, das häufig für die Behandlung von Migräne und Kopfschmerzen in Frage kommt, besonders bei Frauen. Wir werden dieses Mittel immer herausfinden, wenn wir, besonders bei klimakterischen Frauen, daran denken und uns die ganz typischen Symptome und Modalitäten vergegenwärtigen: reizbar, egozentrisch, Stimmungswechsel bis zur Mutlosigkeit mit viel Weinen, Indifferenz mit Gleichgültigkeit gegenüber der sonst geliebten Familie infolge geistiger Ermüdung und Ermüdbarkeit, starkes Senkungsgefühl im Unterleib, Pigmentation der Haut, venöse Stauungen. Pulsierender, berstender, migräneartiger Kopfschmerz, besonders in der Stirn, beim Erwachen bis zum Frühstück, vor und während der Menses, schlimmer durch Lärm. Besser bei Bewegung, im Freien, durch Essen. Häufig handelt es sich um eine Pfortaderkongestion bei Leber-Insuffizienz.

Die homöosiniatrischen Punkte sind alle passend, können gut mit eingesetzt werden, vor allem **MA 25**.
Die angeführten Therapievorschläge gehen weit über die Behandlung der Migräne hinaus und müssen je nach vorliegender Störung ausgewählt werden. Am wichtigsten ist das *sinkende QI* und die *Stagnation des Leber-QI* bei der Intervallbehandlung.

Für die Behandlung der Migräne kommen in erster Linie das *aufsteigende Leber-YANG* und das *stagnierende Leber-QI* in Frage.

Bei klimakterischen Beschwerden muß man natürlich außer dem aufsteigenden Leber-YANG noch die Nieren-YIN-Schwäche berücksichtigen, aber auch in Anbetracht vorangegangener Metrorrhagien an einen *Blut-Mangel des Herzens* denken.

Sanguinaria canadensis

Toxikologie

Es existieren keine wesentlichen toxikologischen Versuche. Verwendet wird die aus dem Wurzelstock mit anhängenden Wurzeln gewonnene Tinktur. Die Samen von Sanguinaria sind etwas toxisch. Nach *Farrington* finden wir „bei starker Narkose durch Sanguinaria Mattigkeit und Topor, erweiterte Pupillen und Sehstörungen und unregelmäßigen Puls" (S. 259). Das Mittel hat als eine der drei gebräuchlichen Papaverazeen Ähnlichkeit mit Opium und Chelidonium. Kennzeichnend beim Arzneiversuch am Gesunden mit der Tinktur ist die kongestive Erregbarkeit des Gefäßsystems, das Brennen befallener Schleimhäute, wo auch immer, erhöhte Erregbarkeit von Vagus und Sympathikus und Kongestion der Leber und des Gehirns mit migräneartigen Kopfschmerzen.

1. Typus nach dem AMB

Es gibt keinen sogenannten Sanguinaria-Typ. Das Mittel charakterisiert sich durch seine deutliche Symptomatik.

2. Körperliche Symptomatik

Im Vordergrund steht die vasomotorische sympathikotonische Erregung und zwar als aktive Blutüberfüllung, primär im Kopfbereich, dann aber auch der Beckenorgane.
Chronopathologisch ist Sanguinaria ein *Mittel des Klimakteriums* und da vor allem der *klimakterischen Migräne* von zervikozephaler Form, die mit Hypermenorrhö verbunden ist.
Sie geht mit kongestiven Manifestationen am Kreislauf im Sinn einer essentiellen Hypertonie einher (*Unger,* AHZ 61, S. 716).
Es gibt im übrigen drei wichtige und erprobte Indikationen für Sanguinaria:

Der sehr typische *Migränekopfschmerz* (s. u.), katarrhalische Erkrankungen der Luftwege *mit brennenden Schmerzen in den befallenen Teilen*

(Tracheitis, Keuchhusten, Heuschnupfen, Bronchitis, Pneumonie und Phthisis und eine
rechtsseitige Periarthritis humeroscapularis.
Hinzu kommt gegebenenfalls eine Gastritis mit *Brennen und Hitzegefühl im Magen.*

Dabei ist die

ZUNGE: gelblich belegt, wird aber auch als rot und brennend beschrieben, was dem gesamten Symptombild von Sanguinaria mehr entspricht.

Ein führendes Symptom ist das
glühend heiße Gesicht, rot wie eine Pfingstrose,
aber auch eine *umschriebene Röte der Wangen.*

Es besteht Ähnlichkeit mit Belladonna, wobei Belladonna die akute, Sanguinaria die chronische Schwester ist und vorzugsweise bei Bronchitis, Pneumonie, Husten und Phthisis auftritt.

3. Psychische Symptome

Angst ist fast immer mit den Sanguinaria-Symptomen verbunden, hinzu kommt
Reizbarkeit des Temperaments, die den Kranken gereizt, eigensinnig, erregt oder mürrisch macht.
Es besteht auch Verwirrung von Gedanken, Betäubung des Gehirns.

Aber die psychischen Faktoren spielen bei diesem Mittel keine wahlanzeigende Rolle, sondern eher die Abhängigkeit von der klimakterischen oder pseudoklimakterischen Situation, die gekennzeichnet ist durch eine sekundäre Ovarialinsuffizienz, die über das Zwischenhirn in Folge neurohormonaler Überbeanspruchung und seelischer Erschöpfung zur Tonussteigerung des adrenergischen Systems führt. (*Unger,* AHZ 61, S. 716).

4. Auslösende Schädigung

Klimakterium,
Überarbeitung,

Menstruation,
Leberkongestion,
Gerüche, Geräusche,
Licht,
Erkältung.

5. Art der Kopfschmerzen

Anfallartige Durchblutungsstörungen der Gehirngefäße mit spastischer Hemikranie, Zwangspolyurie und symptomatischer Hypertonie. Die Migräne kann periodisch (oft alle 7 Tage) auftreten, ist verbunden mit zervikaler Osteochondrose und Abhängigkeit vom vegetativen Geflecht des Zervikalganglions der Arteria vertebralis. Darum *beginnt der Kopfschmerz am Hinterkopf* und zieht, begleitet von Erbrechen, nach oben und vorn und setzt sich über dem rechten Auge, selten auch über dem linken und der Schläfe, fest. Dabei entsteht das Gefühl, als ob das Auge rausgedrückt würde, verbunden mit Schwindelerscheinung. *Der Schmerz beginnt morgens, steigt und fällt mit dem Sonnenstand* (wie bei Spigelia), verschlimmert sich durch
Licht,
Geräusch und Lärm (Belladonna),
Gerüche und wird besser durch Erbrechen,
Aufstoßen,
Abgang von Blähungen und durch Schlaf.

KLOPFEN, BLUTANDRANG – – – –> Übelkeit, Ohnmacht.
PERIODISCH – 7 Tage.
Nackenschmerz < rechts. Tags und < nachts.
TORTICOLLIS < Umdrehen im Bett – – – –> Deltoides < Armheben.

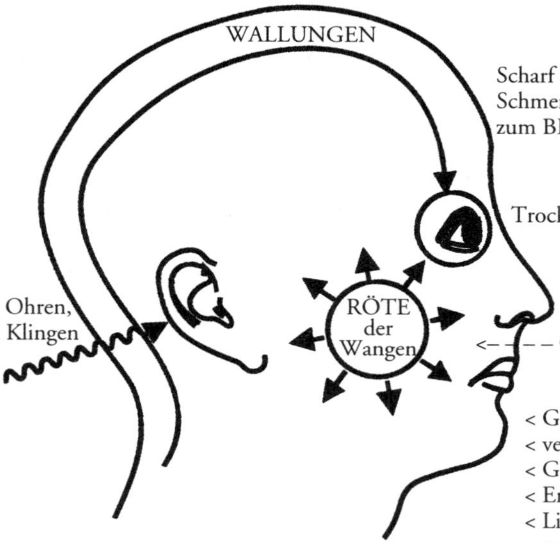

LEERE UND SCHWÄCHE IM MAGEN
Verlangen: scharf gewürzt
Aversion: Butter

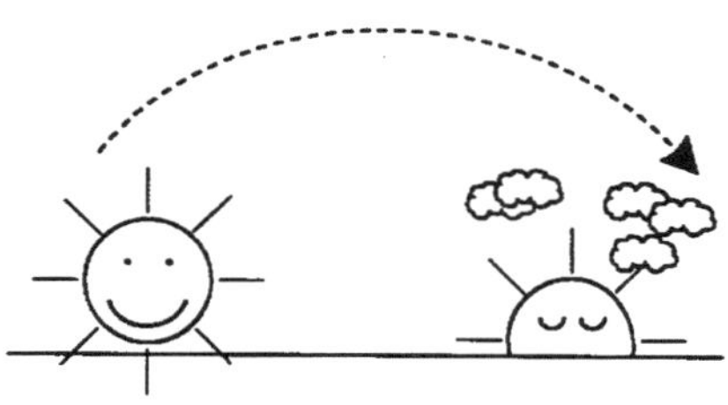

Kommt und geht mit der Sonne.

6. Homöosiniatrische Punkte

LU 9
TAI YUAN = Großer Abgrund
YU-YUN PU (Fluß-PU)
Erde
Tonis. PU.

Lage:
Auf der vorderen Seite des Handgelenks, in der Beugefalte über der Arteria radialis.

Von diesem Punkt aus kann man das Lungen-QI und Lungen-YIN tonisieren. Er wirkt daher lösend auf Schleim, der die Lunge verstopft. Er tonisiert außerdem das Sammel-QI in der Brust und kann eingesetzt werden bei Patienten, die an kalten Händen leiden und eine schwache Stimme haben, Zeichen für eine Defizienz des Sammel-QI. Dabei empfiehlt sich die Kombination mit **KG 17**.

LU 9 kann außerdem alle Blutgefäße beeinflussen, wie bei kalten Händen und Füßen, bei Frostbeulen und Varikosis. Da man von dort aus das Lungen-QI tonisieren und die Zirkulation von Herz-QI und Blut stimulieren kann, tonisiert man auf diese Weise indirekt Symptome wie Atemnot bei Anstrengung, Teilnahmslosigkeit und Herzklopfen. Es ist üblich, **LU 9** mit **LU** 7 zu kombinieren.

Nach *H. Schmidt* gehört er zu den 13 „Teufelspunkten" mit dem Namen „Teufels Herz" und ist angezeigt bei aufgeregtem Sprechen, Schlaflosigkeit infolge nervöser Übererregung, heißem Kopf, geröteten Augen, heißen Handtellern. Er muß dann sedierend behandelt werden.

Nach *de La Fuye:*
bei hochakuter, sehr heftiger Lungenkongestion. Diese Lungenkongestion entspricht dem akuten Stadium einer (vorwiegend rechtsseitigen) Pneumonie, doch wird die Darstellung *de La Fuyes* eigenartigerweise damit der allgemeinen Bedeutung dieses Punktes im Sinne von Sanguinaria nicht gerecht. Denn dieser Punkt eliminiert nicht nur Lungen- und Leber-Hitze, sondern er harmonisiert als Meisterpunkt des Gefäßsystems auch gestörte Blutverteilung, vor allem im arteriellen Schenkel. Man sollte ihn deshalb bei der Behandlung von typischen Störungen immer ins Behandlungskonzept mit aufnehmen.

Da der Funktionskreis der Lunge Einfluß auf die Rhythmik der Körperfunktionen hat, kann man über den **LU 9** Befindensstörungen nach einer Zeitverschiebung durch einen Flug beeinflussen.

7. Vom homöopathischen Symptombild zum Disharmoniemuster

Das Arzneimittelbild wird beherrscht von Hitzesymptomen:
Kongestion des Kopfes mit Hitzegefühl, Hitzewallungen der Wechseljahre,
Brennen der Schleimhäute und Wundheitsgefühl,
Brennen im Magen mit Hitzegefühl,
Handflächen und Fußsohlen brennend heiß,
Röte des Gesichts.

Es besteht ein gewisser, jedoch gravierender Unterschied zwischen Hitze und Feuer. Feuer ist zwar grundsätzlich ein Hitze-Pathogen. Der Unterschied besteht aber darin, daß *Feuer* aufwärts steigt. Seiner Natur entspricht es, zum Kopf aufzusteigen, Flüssigkeit auszutrocknen, Blut und YIN zu schädigen, QI zu unterdrücken und das Gemüt (Geist, SHEN) zu affizieren, während Hitze Schmerzen verursacht und ebenso andere Hitzesymptome wie rote Zunge, Durst und beschleunigten Puls.

Dies alles begegnet uns im Sanguinaria-Bild als endogenes Pathogen. So wie Hitze kann auch Feuer als exogenes Pathogen aufteten. Das kann einmal im Sanguinaria-Bild bei Grippe, Bronchitis und Pneumonie eine ursächliche Rolle spielen und ein Fülle-Bild entstehen lassen. Aber endogenes Feuer, ebenso wie Hitze, wird hervorgerufen durch Balance-Störung von YIN und YANG und führt entweder zu Fülle- oder Mangel-Disharmoniemustern.

Es gibt auch verschiedene innere Voraussetzungen für das Entstehen von Hitze- und Feuer-Muster. Im Falle klimakterischer Störungen ist es meist eine *Nieren-YIN-Defizienz,* wobei gleichzeitig die Nieren-Essenz, die ja ein Teil des Nieren-YIN ist, geschwächt ist. Dies führt häufig auch zu einem *YIN-Mangel der Leber,* der nicht selten vergesellschaftet ist mit einem *Leber-Blut-Mangel.* Diese Disharmoniemuster, *Leber-YIN-Mangel, Leber-Blut-Mangel, aufsteigendes Leber-Feuer* und *aufsteigendes Leber-YANG* sind verwandt und kommen meist kombiniert vor, wobei

bei demselben Patienten mal das eine Bild mehr im Vordergrund steht, mal das andere. Die Unterschiede sind gradueller Art, und in Frage kommen bei Kopfschmerzen und Migräne entsprechend dem AMB von Sanguinaria beide.

Vergegenwärtigen wir uns eine Patientin mit Kopfschmerz im Bereich des rechten Auges und einem seitlichen Schmerz entlang des Gallenmeridians (nach *Maciocia*, S. 209):

Sie leidet unter Schlafstörungen, Ängstlichkeit, Herzklopfen und geistiger Unruhe. Der Kopfschmerz ist sehr heftig und von klopfendem Charakter. Die Periode kommt unregelmäßig, mal zu früh, mal zu spät, ist stark und das Blut dunkel mit Blutklumpen. Sie leidet zudem an prämenstrueller Irritabilität. Der *Puls* ist gespannt und fein, die *Zunge* tiefrot mit roten Punkten an den Seiten und der Spitze, die Spitze ist röter und geschwollen, und auf der Zunge ist ein dicker gelber Belag.

Die Symptomatik ist ziemlich schwierig zu deuten: Es handelt sich um eine *Fülle-Hitze*. In diesem Fall handelt es sich um *Leber-Feuer*, das den Kopfschmerz verursacht. Dafür sprechen die Pulsqualität und der Zungenbefund. Aber ein Leberfeuer über längere Zeit kann leicht übergehen auf den Funktionskreis des Herzens und *aufsteigendes Herz-Feuer* verursachen.

Das war auch der Grund für die Ängstlichkeit, die Schlaflosigkeit, das Herzklopfen, die Besorgtheit, die psychische Unruhe und die rote und geschwollene Zungenspitze mit roten Stippen. Außerdem bestand eine *Stagnation von Leber-Blut* in Anbetracht der prämenstruellen Reizbarkeit und der Unregelmäßigkeit der menstruellen Blutung mit dunkelklumpigem Blut.

Diese Darstellung eines Migränebildes (von *Maciocia*) entspricht dem Vollbild eines ausgeprägten Sanguinaria-Falles. Aber nicht immer sind alle diese Disharmoniemuster daran beteiligt. Es kann sich auch entweder um ein *aufsteigendes Leber-YANG* oder ein *aufsteigendes Leber-Feuer* handeln. Den Unterschied zwischen *aufsteigendem Leber-Feuer* und *aufsteigendem Leber-YANG* habe ich im Zusammenhang mit dem Lachesis-Bild dargestellt.

Wie aus dem AMB von Sanguinaria hervorgeht, spielt das Klimakterium für die Migräneentstehung eine entscheidende Rolle. Dabei sind es in diesem Fall weniger Symptome wie Schwindel, Ohrensausen und Gedächtnisstörungen, sondern der Verlust von Flüssigkeit und konsekutiver Trockenheit, Durst und Verstopfung. So kommt es zu einer Hitze durch YIN-Mangel und heißen Handflächen, Nachtschweiß, roter Zunge und schnellem Puls. Man muß also, quasi als Behandlung der Wurzel, dieses Disharmoniemuster *Nieren-YIN-Mangel* in das Behandlungskonzept aufnehmen.

Die Erkrankung der oberen Luftwege, sei es in Gestalt eines Stirnhöhlenkatarrhs, eines Kehlkopfkatarrhs oder einer Grippebronchitis ist gekennzeichnet durch trockenes brennendes Gefühl in Rachen und Kehlkopf, Wundheitsgefühl und Brennen, als ob die Schleimhaut abgezogen würde, trockenen, harten „Schafshusten" mit schwer löslichem Auswurf und evtl. stechenden Schmerzen auf der Brust. Es kommt zu brennender Röte der Wangen und dem Gefühl brennender Hitze in den Handflächen und auf den Fußsohlen.

In erster Linie entspricht dieses Symptombild dem von *Wind und Hitze in der Lunge* und als solches dem *Abwehr-QI-Erscheinungsbild* der 4-Energieebenen-Theorie. Wie bereits ewähnt, geht diese Theorie vom Eindringen eines *Hitze*-Pathogens in den Organismus aus und ergänzt die 6-Schichten-Theorie des SHANG-HAN-LUN, die vom Eindringen eines exogenen Kälte-Pathogens ausgeht. Diese Ebene des Abwehr-QI-Erscheinungsbildes entspricht der TAI YANG-Erkrankung und greift mit den pathogenen Faktoren Wind und Hitze die Lunge an. Die Symptome sind Fieber, Windabneigung, Frösteln, Husten, brennende Halsschmerzen, trockener Mund, kein oder geringer Schweiß. Es handelt sich um ein Hitze-Fülle-Bild des Äußeren, wie es uns bei Grippe, Pharyngitis, Tonsillitis und eitriger Bronchitis begegnet. Daraus kann sich eine Pneumonie entwickeln, auf deren Erscheinungsbild ich in diesem Zusammenhang nicht eingehen will. Denn es wird sich selten eine Gelegenheit ergeben, daß in einem solchen Erkrankungsfall Akupunktur zur Anwendung kommt. In der Hand des Erfahrenen kann unter bestimmten Umständen (Ablehnung schulmedizinischer Methoden, Überempfindlichkeit gegen Antibiotika) eine homöopathische Therapie oder, was anstelle der Akupunktur sowieso besser ist, eine Behandlung mit Phytotherapie im Sinn der TCM erfolgen.

Bei Chronischwerden des Geschehens, wie es bei restriktiven Lungenerkrankungen (Lungenemphysemen), Lungen-TBC, chronischer Pharyngitis vorliegt, kommt das Disharmoniemuster *YIN-Mangel der Lunge* in Frage. Auch hier, wo es sich bereits um eine Disharmonie im Funktionskreis handelt, spielen Hitze und Trockenheit eine pathogene Rolle. Wir haben dann die typischen YIN-Schwächezeichen vor uns: Unruhe, Schwäche, Wärmeunverträglichkeit, Nachtschweiße, heiße Handflächen und Fußsohlen, evtl. Nachmittagsfieber. Organbezogene Symptome sind schwache, heisere Stimme, trockener Rachen, schwacher, trockener Husten mit wenig Auswurf, evtl. blutig tingiertes Sputum.

ZUNGE: rot, trocken, wenig oder gar kein Belag.

PULS: dünn, schnell und schwach.

Dieses Disharmoniemuster kann sich aus einem Trockenheitszustand entwickeln, der sowohl äußeren wie inneren Ursprungs ist. Daher weicht die Behandlung nur in wenigen Punkten von der des Musters *Trockenheit der Lunge* ab und kommt ggf. als therapeutische Möglichkeit in Frage. Diese Trockenheit kann ihren Ursprung in einer *Magen-YIN-Defizienz* haben, die ihrerseits bedingt ist durch unregelmäßige und falsche Lebensweise, Besorgnis während des Essens und hastiges Essen und gehetztes Leben.

Für die dritte Hauptindikation von Sanguinaria, die Periarthritis humeroscapularis (PHS), gibt es in der akuten und subaktuten Form kein Disharmoniemuster. Bei dieser sogenannten Bi-Krankheit liegt ein Befall der am Schultergelenk beteiligten Meridiane vor, eine Blockierung des QI-Flusses, der zu Schmerzen und Verspannungen führt. Aus schulmedizinisch-rheumatologischer Sicht gibt es verschiedene Formen der Periarthritis: Supraspinatus-Syndrom, Infraspinatus-Syndrom, Bizepssehnen-Syndrom, Bursitis calcarea, Apophysenstörung (Proc. coracoideus). Diese kann man differentialdiagnostisch unter verschiedenen Gesichtspunkten einordnen, als Periarthritis humeroscapularis, Zervikobrachial-Syndrom, kostoklavikuläres Syndrom, Tumoren des Schultergürtels. Therapeutisch hilft uns das nicht viel weiter, vor allem nicht im akuten Anfall. Wichtiger ist es, sich die verschiedenen Schmerztypen und Bewegungseinschränkungen zu vergegenwärtigen (Anterior-Typ, Posterior-Typ, Superior-Typ, Posterior-Anterior-Typ), wie sie differentialdiagnostisch und differentialtherapeutisch sehr gut und symptomatisch von *König/Wancura* dargestellt worden sind (Bd. 1, Praxis und Theorie der neuen chinesischen Akupunktur). Eine ausgezeichnete und sehr praxisnahe Behandlungsmethode liefert auch *Heribert Schmidt* (Konstitutionelle Akupunktur, S. 177). Die Zuordnung zu den einzelnen Meridianen, die im Schulterbereich liegen, stößt zuweilen auf gewisse Schwierigkeiten, weil es sich häufig zuerst um einen Befall der tendino-muskulären Meridiane handelt, in die die pathogene Energie, meist handelt es sich um Kälte und Zugluft, evtl. im Zusammenhang mit Überanstrengung, eingedrungen ist und zwar in dem GB-, 3E-, DÜ- oder LU-Meridian.

Bei geschwächten Personen, bei denen vor allem die Abwehrkraft extrem geschwächt ist, mit wechselweise Hitze und Kältegefühl (YIN-Mangel-Hitze oder YANG-Mangel-Kälte) muß man noch das Vorliegen eines SHAO-YIN (kleines YIN) der 6-Schichten-Theorie in Erwägung ziehen. Dieses Muster ist verbunden mit Schwellung, Schmerz und Druckschmerz in den Arm- und Beingelenken im Sinn einer Arthritis.

Hierbei handelt es sich um chronische Verläufe, wobei man aus therapeutischen Gründen zwischen einer Kälte- und Hitzeform unterscheiden muß. In solchen Fällen wird man allerdings mit der beschränkten Bandbreite von Sanguinaria kaum etwas erreichen.

Aus der Sicht der TCM handelt es sich entweder um ein sogenanntes *schmerzhaftes B* mit Besserung durch Wärme und Verschlimmerung durch Kälte oder um ein *fixiertes B,* das u. a. stark abhängig ist von Wetterfronten. In Anbetracht der Behandlung mit Wärme, Moxen oder Nadeln muß man sich (anhand der Zungendiagnostik) klar darüber sein, welches Pathogen bestimmend ist: Wind, Kälte, Feuchtigkeit oder auch Hitze.

8. Therapie

a) Nieren-YIN-Mangel
Leber-YIN-Mangel

NI 3 zur Stärkung der Niere.

NI 6 tonisiert die Niere (s. o.).

LE 8 tonisiert LE-Blut und LE-YIN.

KG 4 stärkt NI-YIN und Nieren-Essenz.

BL 23 und **BL 20**	tonisieren das Blut.
BL 17 und **BL 18**	tonisieren das Leber-Blut (**BL 17** kann moxiert werden).
BL 10	bei okzipitalem Kopfschmerz.
LG 20	bei Scheitelkopfschmerz.
TAI YANG	und Loci dolenti auf dem GB-Meridian bei Schläfenkopfschmerz.

b) Aufsteigendes Leber-Feuer

LE 2	der Hauptpunkt, um das Leber-Feuer zu klären.
LE 3	beruhigt die Leber.
GB 20	klärt ebenfalls die Hitze im Kopf und überwältigt das aufsteigende LE-QI.
TAI YANG (extra Punkt)	klärt das Feuer bei aufsteigendem Leber-Feuer und LE-YANG und besonders bei temporalem Kopfschmerz.
GB 13	unterdrückt aufsteigendes LE-YANG und beruhigt das Gemüt.
GB 41	zerstreut Fülle-Zustände im Funktionskreis, LE und GB. Wirkt auf die Augen zusammen mit
GB 20 und **MA 40**	auf Kopfschmerzen und Schwindel.

c) Aufsteigendes Herz-Feuer

Überwiegend ein Fülle-Syndrom

HE 9	bluten lassen, evtl. auch **HE 8.**
HE 7	wirkt beruhigend auf das SHEN.

MP 6 und **NI 3** **(od. NI** 7)	stärken das YIN.
KS 7	bei Zungenbrennen, Mandel-Ulzera.
GB 20, **LE 2** und **LU 20**	bei gleichzeitig aufsteigendem Leber-Feuer.

d) Stagnierendes Leber-Blut

Vorwiegend sedierende Behandlung

GB 34	reguliert das LE-QI, das man regulieren muß, bevor man das Blut mobilisiert.
LE 3	wirkt auf LE-Blut und LE-QI.
BL 18	reguliert LE-Blut.
BL 17	Sammel- und Meisterpunkt des Blutes (nicht moxen in diesem Fall!).
MP 10	reguliert das Blut (XUE HAI = Meer des Blutes).
KG 6	tonisiert die Niere (speziell QI und YANG) und vermehrt das QI (QI HAI = Meer des QI) und bewegt das Blut im Abdomen.

e) Wind und Hitze in der Lunge

Das Behandlungsprinzip besteht darin, das Äußere zu befreien, vor allem durch Förderung der Schweißbildung, die Hitze zu eliminieren und die absteigende und die zerstreuende Funktion der Lunge zu stimulieren.

DI 4 und **DI 11**	befreien das Äußere von pathogenen Faktoren, eliminieren vor allem Hitze.
LU 11	wirkt besonders auf entzündete Kehle und geschwollene Tonsillen, evtl. bluten lassen.

LG 14	befreit von Hitze (bluten lassen).
BL 12, **LG 16,** **GB 20**	vertreiben äußeren Wind.
NI 7	unterstützt die Schweißsekretion.

f) Ebene des Abwehr-QI-Erscheinungsbildes

DI 4	entfernt pathogene Noxen.
KS 6, **KG 12** und **MP 9**	verteilen Feuchtigkeit.
DÜ 3	schützt das Äußere und vertreibt Hitze.

g) YIN-Mangel der Lunge

LU 9	reguliert und tonisiert als Quellpunkt die Lunge (YIN und QI).
KG 17	verstärkt vor allem das QI, aber auch das LU-YIN.
BL 43	reguliert die Lunge, speziell das QI, tonisiert QI und Blut überhaupt, besonders in chronischen Fällen, die bei konventioneller Therapie nicht reagieren.
KG 4	als Tonisierungspunkt für das NI-YIN wichtig, besonders, wenn der NI-YIN-Mangel mit einem LU-YIN-Mangel verbunden ist. Außerdem zieht **KG 4** die Hitze nach unten.
BL 13 und **LG 12**	tonisieren das LU-QI und -YIN.
NI 6	tonisiert das NI-YIN und wirkt lindernd auf trockene Kehle und Husten. Er kann kombiniert werden mit dem Schlüsselpunkt **LU** 7, um den außerordentlichen Meridian des JENN-MO zu öffnen. Diese beiden Punkte tonisieren LU-QI und LU-YIN, verbessern die

	absteigende Funktion der Lungen, tonisieren das NI-YIN, indem sie die Kommunikation zwischen Lunge und Niere verbessern.
KG 12	tonisiert den Magen und verbessert so den Flüssigkeitshaushalt.
LU 10	reduziert die Mangel-Hitze der Lunge.

Bei *Trockenheit der Lunge* kommen unter ähnlichen Gesichtspunkten etwas weniger, aber dieselben Punkte in Frage:

LU 9
NI 6
KG 4
MP 6
KG 12.

h) SHAO YIN – Kleines YIN

Die Hauptpunkte in Anbetracht der Gelenkbeschwerden sind in diesem Fall

LG 4 (mox)
NI 3 (mox)
MA 36 (mox)
KG 8 (mox)
KG 6 mox).

Man kann die Behandlung noch komplettieren durch:

NI 10
HE 7
MP 9
LE 3
und **BL 23.**

Alle Punkte müssen tonisiert werden, wenn es sich um eine Kälteerkrankung handelt.

Die Therapie der *Periarthritis humeroscapularis* will ich nicht weiter ausführen, sie würde den Rahmen dieser Abhandlung sprengen. Nur soviel sei gesagt: Als erste Maßnahme bei einer akuten Schultersteife empfiehlt sich die kontralaterale Nadelung und Stimulation von **MA 38**, der 8 CUN unterhalb von **MA 34** liegt. Dies ist ein Fernpunkt des YANG-MING, zu dem ja DI und MA gehören. Das erklärt sich damit, daß in den meisten Fällen das Gebiet des Dickdarm-Meridians bei Schultersteife befallen ist. *König/Wancura* geben **MA 36** als Fernpunkt an, was wahrscheinlich zu demselben Erfolg führen kann. Doch in der Literatur hat bei dieser Indikation **MA 38** den Vorrang. Während der Manipulation kann man dann auf die homolaterale Seite übergehen und bei unzulänglichem Erfolg noch die Punkte

DI 15,
3E14,
DÜ 9 und **10**, evtl. auch
DI 4 und **11**

hinzugeben. Beim Versagen dieser Methode nach 2–3 Versuchen muß man anfangen, genau zu differenzieren und dementsprechend behandeln (siehe *König/Wancura* oder *Schmidt*).

9. Epikrise

Sanguinaria kann ohne Zweifel bei entsprechender unverwechselbarer Symptomatik ein Hauptmittel bei Migräne sein. Ohne Einschränkung jedoch gilt dieses nicht. So meint *Kent*, daß „periodische Kopfschmerzen, die durch Sanguinaria behoben wurden, bald wiederkehren und durch etwas Schlimmeres ersetzt werden, falls zur Ergänzung kein tiefer wirkendes Antipsorikum gegeben wurde, denn Sanguinaria wirkt nicht tief genug" (S. 682).

So käme z. B. Phospor in Frage. Aber *Hahnemann* warnte vor dem Gebrauch von Phosphor in Fällen mangelnder Lebenskraft. Dann ist Sanguinaria zwar ein oberflächlich wirkendes Mittel, aber deswegen gerade ein ausgezeichnetes Palliativum.

Vielleicht bin ich auch zuwenig auf die Beziehung von Sanguinaria zur Leberkongestion und Störung der Gallensekretion eingegangen. Dies muß nicht vorliegen, aber die fast ausschließliche Rechtsseitigkeit des Mittels und der rechtsseitige Schulterschmerz sprechen sehr dafür. Darum stellt die Akupunktur bei der Behandlung von Migräne und Schultersteife eine so vorzügliche Ergänzung und Vervollständigung dar.

Silicea

Toxikologie

Es handelt sich bei Silicea um Acidum Silicum, die Kieselsäure oder Kieselerde, ein weißes, sehr leichtes, lockeres, in Wasser schwer lösliches Pulver, das aus fein gepulvertem Bergkristall gewonnen und hergestellt wird. Es spielt pathologisch-toxikologisch, abgesehen von der Silikose, bezüglich der peroralen Aufnahme keine sonderliche Rolle. Aber man sollte sich einmal vergegenwärtigen, daß Quarz und Kohlenstoff für die organische sowie für die anorganische Welt der Grundstein sind und daß es kein Mineral gibt, das sich in so vielen Gestalten findet wie Quarz (die meisten Halbedelsteine, Glas, Porzellan, Zement, Ton).

Aber es gibt auch kein Bindegewebe ohne Kieselsäure (H_2SiO_3). Es entspricht darin der Bedeutung von Eisen für die Blutkörperchen, von Phosphor für die Nerven und von Kalk für die Knochen. So kommt ihr wohl auch eine Bedeutung für das retikuloendotheliale System (RES) als einem Teil des Bindegewebes und auf die Stützfunktion desselben zu.

Bei Arzneimittelversuchen am Gesunden stehen Störungen der Assimilation im Vordergrund. Außerdem aber, und wohl im Zusammenhang damit, auch Störungen des Stoffwechsels der Chloride, des Wassers und der alkalischen Mineralsalze mit Abmagerung, körperlicher und geistiger Schwäche, Nervosität und Überempfindlichkeit, Demineralisation, Vergrößerung und Induration der Lymphdrüsen und chronischen Eiterungen an allen Organen, Schleimhäuten oder sonstigen Geweben *(Voisin)*.

1. Typus nach dem Arzneimittelbild

Man kann das Silicea-Bild weniger, als es gewöhnlich geschieht, auf einen bestimmten Körperbautyp festlegen als auf die Störungen, die am ausgeprägtesten – allerdings beim Kleinkind und Jugendlichen – die Entwicklung bestimmen. Am besten wird der Silicea-Typ von *Mezger* („Gesichtete homöopathische Arzneimittellehre“) geschildert, und ich erlaube mir, diese einerseits nüchterne, andererseits facettenreiche Darstellung im Wortlaut wiederzugeben:

„Dabei läßt sich sagen, daß der Silicea-Typ *nicht* ... eine bestimmte Wuchsform ausprägt, sondern sowohl pyknisch als asthenisch sein kann. Kennzeichnend sind in ausgebildeten Fällen die besonders große Erkältlichkeit, die Neigung zu Eiterungen, z. B. Furunkeln und Mandelabszessen, die chronischen und rückfälligen Schleimhautkatarrhe mit übelriechendem, selbst eitrigem Charakter, und die indolenten Drüsenschwellungen. Das Kind *kann* einen mageren, selbst marantischen Eindruck mit schwachen Gliedern und einem dicken Bauch infolge des Gasbauches und der Mesenterialdrüsenschwellung machen. Bei Erwachsenen treten dieselben Zeichen in ähnlicher Form auf. *Es ist sowohl die Assimilation als auch die Dissimilation gestört*" (S. 1280/81, die Hervorhebungen sind hinzugefügt).

2. Körperliche Symptome

Die körperliche Symptomatik wird beherrscht von chronischen Eiterungen und Entzündungen, die indolent und torpide sind, ob es sich um Schleimhäute, fibröse Knötchen, harte, geschwollene Lymphdrüsen, Knochen, die leicht kariös werden handelt oder um die Haut, die spröde ist mit Neigung zu Fisteln oder zu Rissen an den Fingerspitzen. *Coulter* erwähnt die einzigartige Fähigkeit des Mittels, das Austreiben von Dornen, Nesseln, Glassplittern oder Spänen aus der Haut, von Fischgräten aus dem Rachen, von Knochensplittern und anderen Fremdkörpern zu fördern. (Auf Einzelheiten soll hier nicht eingegangen werden.)

Mit *Hepar sulfuris* hat das Mittel die Fähigkeit, Eiterbeutel ausheilen zu lassen,
das Reifen und Aufbrechen von Abszessen zu beschleunigen und
hartnäckig bestehende Hautkrankheiten (nässende Ekzeme), Keloide und schmerzhafte Hühneraugen zu heilen.

Der Hauptunterschied zwischen Hepar sulfuris und Silicea ist sicher, daß sich die drüsigen Eiterungen von Hepar plötzlicher und schneller entwickeln und die Absonderungen von Hepar sulfuris dick und cremig sind, während die von Silicea wäßrig und blutig sind.

Außerdem besteht
Demineralisation allgemein oder lokal, verbunden mit einer gewissen

allgemeinen Schwäche, Frostigkeit und Magerkeit bzw. schlechtem Ernährungszustand.
Dies sind die Auswirkungen der gestörten Assimilation und Dissimilation, denenzufolge es zu einem Mangel an Vitalität und Tonus kommt.
Beim Säugling wirkt sich die Assimilationsstörung auf den Kalk-Anbau im Knochen aus,
daher auch *die großen Köpfe,*
offenen Fontanellen und Nähte,
der greisenhafte Gesichtsausdruck und
der aufgetriebene Bauch.

Es gibt eine ganze Anzahl Symptome der Verdauungsorgane, besonders auffallend dabei
das Gefühl des Haares auf der Zunge,
die Obstipation stets vor und während der Regel,
und die Untätigkeit bzw. muskuläre *Schwäche des Rektums, so daß der Stuhl nur unter großer Anstrengung abgesetzt werden kann und teilweise wieder zurückgleitet.*
Ein relativ wenig beachtetes Symptom sind die eingezogenen Brustwarzen (Sarsaparilla 3-wertig und Silicea 2-wertig).
Ebenso interessant ist, daß bei Silicea die Haut an den Fingerspitzen hauchdünn abblättert. Silicea kommt, wie Thuja, Hepar sulfur, Mercurius und Variolin, auch für die Folgen von Pockenimpfungen in Frage.
Die sauren und *übelriechenden* Nachtschweiße,
die Tatsache, daß der Fußschweiß die Zehen wund macht,
die große Frostigkeit und
ein tagelang anhaltendes Frieren sind Kardinalsymptome, die zur Mittelwahl führen können.

Da ich keinen Anspruch auf Vollständigkeit der Darstellung erhebe, kann dies nur eine Auswahl markanter und, wie ich meine, interessanter Symptome aus der reichen Vielfalt im Silicea-Bild sein.

3. Psychische Symptome

Das psychische Verhalten spiegelt die aus der neurasthenischen Insuffizienz resultierende Schwäche und Erschöpfbarkeit wider. *Vithoulkas* bezeichnet die Schlüsselidee des Silicea-Patienten als Nachgiebigkeit, die sich auch in Zaghaftigkeit und Schüchternheit äußert.

Man kann es auch negativ als Mangel an Standhaftigkeit und vor allen Dingen als Mangel an Selbstvertrauen kennzeichnen.
Daraus resultiert ein charakteristischer Wesenszug: Furcht vor Mißerfolg. Die Furcht geht, wie bei Lycopodium, einher mit dem paradoxen Symptom, daß der Silicea-Mensch, wenn er vor eine ungewöhnliche Aufgabe gestellt wird, von der er befürchtet, ihre Bewältigung werde mißraten, sie dann trotzdem gut durchführt. Allerdings neigt Silicea zu Reizbarkeit und nervöser Erschöpfung, einer Art Hirnmüdigkeit bei geistigen Berufen, die längere Zeit anhalten kann. So sind Silicea-Patienten müde. Ihnen fehlt Energie, besonders für geistige Arbeit. Erschwertes Denken ist die Folge. Silicea-Patienten können *sehr empfindlich und weinerlich sein.* Sie neigen zu übertriebenen Gewissensskrupeln, können schreckhaft und überempfindlich gegen Geräusche sein. Im Zuge einer Überkompensation des *mangelnden Selbstvertrauens* kommt es dann dazu, daß sie *keinen Widerspruch vertragen* können. So ist das Silicea-Kind z. B. normalerweise gehorsam und wohlerzogen, leistet aber ggf. eine Weile geduldig Widerstand oder versucht beharrlich, etwas durchzusetzen. Gelingt das auf die Weise nicht, fängt es an, darauf zu bestehen und beginnt, zornig und ärgerlich zu reagieren. So wird das Silicea-Kind als eigensinnig, widerwärtig und unwillig beschrieben. Diese Kinder sind aber eher fein, mißmutig und scheu. Die Stimmung wird abweisend, so daß sie für Zuspruch nicht zugänglich sind, ebenso wie Natrium muriaticum.

Diese Darstellung wäre unvollständig, wenn wir uns nur mit der einen Seite des Wesens von Silicea begnügen würden.
Wir begegnen in diesem AMB einer etwas verwirrenden Bipolarität, die einerseits darauf zurückzuführen ist, daß die festigende Wirkung der Kieselsäure mangelt, andererseits aber auch ihr verfestigender Charakter überwiegt. So begegnet uns auf der einen Seite Schwäche, Verwirrung, Furcht und Nachgiebigkeit, mangelnde Ausdauer und schnelle Ermüdbarkeit, auf der anderen Seite aber auch Hartnäckigkeit und Beharrlichkeit bis zur Unbiegsamkeit und Unbeugsamkeit, die in Sturheit und fixe Ideen *(Clark)* ausarten kann.

„Die mangelnde Flexibilität dieses Typs spiegelt sich außerdem in seinen Schwierigkeiten wider, sich Veränderungen anzupassen. Da er lange Zeit braucht, um sich in einer gegebenen Situation sicher zu fühlen, widersteht er jeder Neuerung." (*Coulter,* S. 91)

„Die Hartnäckigkeit, Beharrlichkeit und Verläßlichkeit von Silicea äußerst sich oft in seiner Gewissenhaftigkeit, die sich schon in jungen Jahren zeigt.“ (*Coulter*, S. 101)

So kann der zurückhaltende und leicht einzuschüchternde Silicea-Mensch mit seiner Furcht vor spitzen Gegenständen und dem mangelnden Selbstvertrauen und der Angst vor dem Versagen hinsichtlich einer gewissen inneren Stärke und Beständigkeit falsch eingeschätzt werden, wenn man diese Polarität nicht beachtet.

4. Auslösende Schädigung

Kälte, Winter,
unterdrückte Absonderungen (Schweiß),
nachts,
Neumond, Vollmond,
Wetterwechsel.
Körperliche und vor allem geistige Anstrengung.

5. Art der Kopfschmerzen

Ganz typisch und übereinstimmend wird ein Kopfschmerz beschrieben, der beidseitig oder einseitig *vom Nacken und Hinterhaupt nach vorne ziehend und sich über dem Auge festsetzend* ist.
Besserung durch warm Einhüllen und Wärme überhaupt und vermehrten Abgang eines hellen Harns.

Manchmal hindert der Kopfschmerz am Schlafen. Er kann jeden Tag auftreten *(Clark)* oder auch einmal in der Woche wie bei Gelsemium, Sanguinaria, Lycopodium und Sulfur *(Kent)*. Der Kopfschmerz kann zersprengenden Charakter annehmen,
kann recht oft einseitig auftreten, wie aus den Augen herausschießend in die Gesichtsknochen und die Zähne.
Er kann auch klopfend sein, mit Blutkongestion im Kopf.
Besonders heftig in der Stirn und auf dem Scheitel, mit Frostschauern *(Clark)*.

Er wird verschlimmert durch kalte Luft, durch Lärm und besonders durch geistige Anstrengung, wobei natürlich die physische und vor allem psychische Schwäche mit Mangel an Selbstvertrauen bis zur Entmutigung in Betracht gezogen werden muß.

SCHLAFF, ENERGIELOS; Furcht, es nicht zu schaffen; **schafft es aber!**
GEISTESARBEITER, Schüler, Studenten, Vortragende: peinlich in Kleinigkeiten; verheddern sich; unfähig, die Gedanken zusammenzuhalten.

Anwälte: „... seit jenem Prozeß ...!"

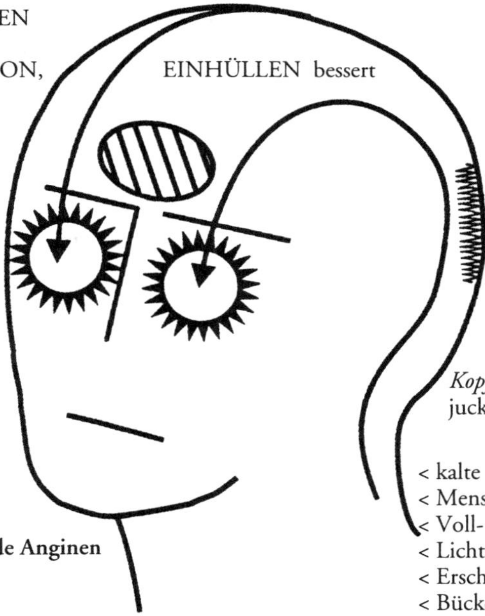

KOPFSCHMERZ BEI LEEREM MAGEN
Anfallsweise, schneidend bei jedem Schritt
SCHWINDEL beim Blick nach oben.
Wenig Appetit wechselt mit großem Appetit.
Verlangen: MILCH – – – –> Durchfälle. EIS, FLEISCH < kalt).
DURST > Kaltes. < Warme Speisen
Kalte Hände - kalte Füße, übelriechende Fußschweiße, wundmachend.

6. Homöosiniatrische Punkte

KG 9 (Weihe)
SHUI FEN = Geteiltes Wasser

Lage:
1 CUN oberhalb des Nabels.

Dem Namen entsprechend kommt dem Punkt die Fähigkeit zu, die Wasserausscheidung zu regulieren, einschließlich der Fähigkeit des Dünndarmes, das Reine vom Unreinen zu trennen. Daraus ergibt sich die Fähigkeit, MP, MA und DÜ zu regulieren, Kälte zu erwärmen (Mox) und Feuchtigkeit zu vertreiben.

Indikationen:
Nephritis, Aszites, Ödeme, Appetitmangel, Darmgeräusche, periumbilikale Schmerzen, Schwellungszustände, Durchfall, Harnretention, Dysurie, Lumbalschmerz.

Nach *de La Fuye:*
chronische Eiterung und verschiedene Magenbeschwerden und periumbilikale Schmerzen.

Die Wirkung des Punktes auf den Wasserhaushalt und die Kälte ist entscheidend und sollte in Verbindung mit **MP 9** gemoxt werden. Ob diese Wirkung allerdings dem Wesen des Silicea-Bildes entspricht, muß bezweifelt werden.

MP 5
SHANG QIU = Metallhügel
Metall-PU
KING-PU (Fluß-PU)
SED. PU

Er kräftigt und reguliert das MP, ebenso Magen und MDE und transformiert Feuchtigkeit.

Lage:
In einer Vertiefung distal und unterhalb des medialen Knöchels auf der Hälfte zwischen der Tuberositas des Osnaviculare und der Spitze des medialen Knöchels.

Indikationen:
Mattigkeit, exzessiver Appetit, mangelnde Verdauung, abdominale Auftreibung, Magenschmerz, Flatulenz, Diarrhoe und Verstopfung.

Lokale Wirkung bei Schmerz:
Steifigkeit und Schwellungszustände von Knöchel, Fuß und Knie, venöser Symptomenkomplex.

Nach *de La Fuye* wirkt der Punkt auf
Hypertrophie und Kongestion der Milz, Milz-Pankreas-Erkrankung mit Abdominaltympanie, Gemüt, Verdauungssystem, Bauchauftreibung, Darmgeräusche, Verstopfung, Knochengeschwüre, Konvulsionen der Kinder, Knochenschmerzen.

3E3
ZHONG ZHU = Mittlere Insel
Holz
YU-PU (Fluß-PU)
TO-PU

Lage:
Auf dem Handrücken zwischen 4. und 5. Metacarpalknochen in einer Vertiefung nahe dem Metacarpophalangeal-Gelenk.

Er klärt Hitze, vertreibt Wind und Wind-Hitze und feuchtet Trockenheit an. Daher folgende

Indikationen:
Malaria, Fieber mit Schweiß, Schwindel, Kopfschmerz, Interkostalneuralgie und Schulterschmerz.

Außerdem beeinflußt er die Sinnesorgane, eine trockene Kehle und die Ohren. Daraus ergeben sich als Indikationen u. a.: Verschiedene Augenstörungen wie Trübsehen, Konjunktivitis, Pterygium, Taubheit, Tinnitus, Otitis media, zugefallene Ohren, verstopfte Nase, Pharyngitis.

Indirekt reguliert er auch *gestautes Leber-QI* und hat dadurch einen psychologischen Effekt auf die Depression, die damit verbunden ist.
In Verbindung mit **LG 20** ist er extrem wirksam zur Stimmungsaufhellung bei deprimierten Personen *(Maciocia)*.

Nach *de La Fuye* wirkt der Punkt auf den
Respirationstrakt, das Verdauungssystem, das Urogenitalsystem, auf

Frostgefühl, auf Gemütsdepression und Traurigkeit, auf kongestive Kopfschmerzen und Schwindel, Brachialneuralgie der Glieder, Taubheit, Ohrensausen, Otalgie.

GB 37
GUANG MING = Helles Licht
LO-PU (Verbindungspunkt)

Lage:
5 CUN über die Spitze des lateralen Malleolus an der Vorderseite der Fibula.

Der Name weist schon auf die vorteilhafte Wirkung hin, die dieser Punkt auf die Sehkraft und die Trübungen (Grauer Star, Mouches volantes) des Auges hat, denn er zieht das Leber-Feuer, das für Augenprobleme oft verantwortlich ist, nach unten. Der **GB 38** als Sedierungs-Punkt verstärkt diese Wirkung besonders bei Kopfschmerz.

Mit **GB 37** reguliert man die Leber (speziell YIN) und Blut und die Gallenblase (speziell QI), vertreibt Wind, klärt Wind und transformiert Feuchtigkeit. Daraus ergeben sich Indikationen wie:
Manie, Fieber und Frost ohne Schweiß, Migräne, Gesichtsödem, Knieschmerz, Atrophiesyndrom im Unterschenkel, Schmerzen und Spasmen der unteren Extremität.

Nach *de La Fuye* wirkt der Punkt auf
chronische Krankheiten, TBC, *Pott*sche Krankheit, Paresen, Zähneknirschen, Knochenschmerzen (Fuß, Tibia, Peronaeus)

KG 6
QI HAI = Meer des QI

Lage:
1,5 CUN unter dem Nabel auf der vorderen Mittellinie.

Schon der Name kennzeichnet seine Bedeutung für die Aktivierung des QI und des YANG. Er wird daher direkt gemoxt und bei äußerster physischer und geistiger Erschöpfung angewendet.
So tonisiert er den Funktionskreis der Nieren, das Original- und Nieren-YANG. Von ihm aus reguliert man das QI bei Schmerzen im Unterleib und zerstreut stagnierendes QI. Dabei empfiehlt sich die Kombination mit **GB 34**. So wirkt er durch seine Mobilisation von Original-

QI und Nieren-YANG auf Störungen wie Frost, weichen Stuhl, profusen, blassen Harn, körperliche Schwäche, Verlust von Willenskraft und das Gefühl, daß „alles zuviel" ist. Er reguliert aber auch den Wasserhaushalt und somit auch die Auflösung von Flüssigkeit im UDE bei Harnwegsbeschwerden, Vaginalausfluß, weichem Stuhl und Schleim.
Seine Wirkung beruht darauf, daß er das zusammengebrochene YANG oder YIN und den MDE hebt und wärmend auf das YANG und bei Kälte wirkt.
Daraus ergeben sich eine Unzahl von Indikationen, die im einzelnen nachgelesen werden müssen und von denen ich nur einige hervorheben möchte:
chronische Diarrhoe,
Menopausensyndrom,
Neurasthenie,
Regelstörungen.
Alle Formen von Prolaps.
Bei epigastrischen Schmerzen durch Magen-QI-Mangel,
Impotenz,
Steinen im oberen Harnwegsystem.

Es erscheint sinnvoll, die unterschiedliche Bedeutung von **KG 4** und **KG 6** gegenüberzustellen:

KG 4	ernährt Blut und YIN
KG 6	tonisiert QI und Blut
KG 4	hat einen Effekt auf die Bewegung des QI
KG 6	bewegt QI und beseitigt Stagnation
KG 4	wirkt auf den Uterus
KG 6	wirkt auf die Eingeweide
KG 4	tonisiert die Nieren
KG 6	tonisiert das MP

(nach *Maciocia*)

Nach *de La Fuye* werden 8 Systeme aufgezählt, auf die man von diesem Punkt aus im Sinne des Silicea-AMB wirken kann. In etwa decken sich die Indikationen mit den oben genannten, ohne daß der Zusammenhang mit dem QI erkannt wird. Abgesehen von der theoretischen Wirkung auf das Verdauungssystem (Obstipation, Diarrhoe, Bauchauftreibung), auf das Urogenitalsystem, die Psyche (Erregbarkeit, Mutlosigkeit), auf die Modalitäten und das Skelett (Verzögerung des Fontanellenschlusses), ist bei dieser Aufzählung hervorzuheben:

Allgemeinzustand mit großer Schwäche mit Erschöpfung,
fortschreitende Abmagerung,
Folge von schwächenden Krankheiten,
ernsten oder altem Energieverlust in allen Organen.
Bis zu einem gewissen Grad ist die homöosiniatrische Beziehung von Silicea und **KG 6** deckungsgleich.

7. Vom homöopathischen Symptombild zum Disharmoniemuster

Ich gehe davon aus, daß es bei allen Krankheiten, insbesondere bei chronischen Erkrankungen, am wichtigsten ist, die „Wurzel" (BEN), wie sie sich aus den Krankheitsmanifestationen (BIAO) ergibt, zu behandeln, und zwar entweder gleichzeitig oder gar zuerst, es sei denn, daß ganz akute Zustände wie heftige Schmerzen, Blutungen, Schock usw. zuerst ein direktes Eingreifen erfordern. Diese Feststellung basiert auf meiner Erfahrung. Die Disharmoniemuster entsprechen in den meisten Fällen der „Wurzel" des Übels, während die Manifestationen die „Zweige" sind.

Will man dem Vollbild des Silicea-Bildes gerecht werden, wird man die Entscheidung, welches Disharmoniemuster zugrunde liegt, in erster Linie von drei Faktoren abhängig machen: *Der gestörten Assimilation und Dissimilation und ihren Folgen für die Entwicklung, also dem gestörten Katabolismus, der Frostigkeit und Empfindlichkeit gegen Kältepathogene und der meist vorhandenen Neurasthenie.*

Daraus ergibt sich in vielen Fällen (nicht allen) die beschriebene Konstitution, die besonders deutlich sowohl im Kindesalter als auch in Anbetracht der typischen psychischen Faktoren in Erscheinung tritt. Aber es gibt auch Manifestationen, die diese konstitutionellen Komponenten nur ansatzweise aufweisen als eine Art „forme fruste". Entscheidend für die Ausbildung einer Konstitution ist nicht nur der erblich angelegte Faktor, sondern auch die Gesundheit der Eltern zur Zeit der Konzeption und selbstverständlich die Gesundheit der Mutter während der Gravidität. So wird der Mensch schon als Fötus festgelegt auf eine bestimmte Konstitution, die nur in geringem Umfang durch Vermehrung des QI geändert werden kann. Es sind keine exogenen, pathogenen Faktoren, die zur Neurasthenie führen.

Wir müssen uns immer vor Augen halten, daß der Katabolismus eine aktive Leistung und mithin als eine YANG-Wirkung, und das heißt vom QI abhängig, betrachtet werden muß, die sich im wesentlichen in den Werkstattorganen abspielt, im Gegensatz zu der Speicherfunktion der YIN-Funktionskreise. Eine Ausnahme bildet in diesem Zusammenhang der Milz-Pankreas-Funktionskreis vor allem durch seine transformatorische Leistung.

Das kennzeichnet auch die besondere Abhängigkeit der MP-Funktion vom Nieren-YANG, dessen Schwäche zu einem YANG-Mangel des MP führt. Global gesehen handelt es sich beim Silicea-Patienten um einen QI-Mangel, der in diesem Fall verursacht wurde von einem Mangel an Original-QI. Dieser Mangel besteht mehr oder weniger von Anfang an. Er hängt ab von der vorgeburtlichen Essenz, die beim Silicea-Patienten unzulänglich ist. Diese Essenz wird nicht fortlaufend durch das nachgeburtliche QI ergänzt, was abhängig ist von der Funktion des „Lebenstores" (MING-MEN), von der Transportfunktion des 3-Erwärmers, durch den es dann seinerseits im ganzen Körper und auch in den Meridianen zirkuliert, um an den Quellpunkten aufzutauchen und einer Behandlung zugänglich zu sein. Andererseits, und das ist ein Circulus vitiosus, führt der QI-Mangel zur Abwehrschwäche und dadurch zu langdauernden Krankheiten, schwachem Allgemeinzustand, Mangelernährung und schneller Erschöpfbarkeit, Folgen, die ihrerseits, wie z. B. auch das Alter, Ursache eines QI-Mangels sein können und sind.

QI-Mangel ist unweigerlich charakterisiert durch allgemeine körperliche und nervöse Schwäche (Neurasthenie), wobei dabei Gefäße und Eingeweide in verschiedenster Weise affiziert werden. Müdigkeit und Schwäche, dazu ein schwacher, feiner und weicher *Puls*, sind die *Hauptsymptome.* Andere Zeichen können eine schwache Stimme, Kurzatmigkeit und Spontanschweiße sein, Symptome, denen wir z. T. beim Silicea-Bild begegnen. Eine wichtige Rolle spielt dabei in bezug auf das Silicea-Bild die QI-Schwäche im MDE, denn der Funktionskreis des Milz-Pankreas und des Magens gewinnen, transformieren und verteilen das Nahrungs-QI im Organismus. Die beim Silicea-Bild beschriebene schlechte Knochenbildung (verspäteter Fontanellenschluß) ist andererseits zurückzuführen auf eine schwache Nieren-Essenz. Das alles greift ineinander und muß im Zusammenhang konditional gesehen werden.

Ein weiteres, sehr charakteristisches Symptom des Silicea-Patienten ist seine Frostigkeit und Empfindlichkeit gegen Kälte bei kaltem Wind. Das ist eine Folge der Nieren-YANG-Schwäche. Das „Lebenstor" (MING-MEN) ist nicht in der Lage, den Organismus zu erwärmen. Diese Nieren-YANG-Schwäche entspricht dem, was man in der westlichen Medizin als allgemeine und sexuelle Neurasthenie bezeichnet.

Das Nieren-YANG mangelt der Ernährung von Blut und Milz-Pankreas, was einen Versorgungsmangel der Muskeln zur Folge hat. Daher die Mattigkeit und eine blasse Zunge. Auf psychologischem Gebiet wirkt sich das in Form von Apathie, Willensschwäche und Widerwillen dagegen etwas zu unternehmen, aus.
Andererseits führt sie zu einer MP-YANG-Schwäche, denn, wie bereits beschrieben, der Mangel von Nieren-YANG führt zu einem Mangel des MP-YANG. Der Funktionskreis des Milz-Pankreas ist aber ein wesentlicher Faktor der Assimilation und der Ursprung von QI und Blut für das sogenannte *nachgeburtliche QI.* Daraus folgt Müdigkeit, Appetitmangel, Tinnitus, Schwindel, Lumbalschmerz. Der häufig mangelhafte Ernährungszustand des Silicea-Menschen ist auch sowohl Folge des QI-Mangels wie Ursache vieler chronischer Krankheiten. Auch die Empfindlichkeit gegen jede geistige Überbeanspruchung, typisch für Silicea, hängt mit der Schwächung des Original-QI zusammen. Müdigkeit, Mattigkeit des Geistes und Schwäche sind typische Symptome des QI-Mangels im allgemeinen und des Milz-Pankreas im besonderen.

Bei der Obstipation bzw. bei der Unfähigkeit, den Stuhl abzusetzen, kommen m. E. zwei Faktoren zusammen. Einmal liegt eine YANG-Schwäche vor, die die Bewegung und Transformation der Ingesta nicht in Gang kommen läßt, was der atonischen Obstipation, also dem QI-Mangel des Dickdarmes entspricht, andererseits wirkt sich der QI-Mangel des MP ähnlich wie bei sinkendem QI des MP wie eine Enteroptose, besonders im Bereich des Rektums, aus. Der Kopfschmerz, der so ein ungewöhnliches Verlangen nach Wärme und warm Einhüllen hat, der sehr leicht durch Kälte und kalten Wind hervorgerufen werden kann und vom Hinterkopf und Nacken seinen Ausgang nimmt, kann nicht allein auf ein exogenes Pathogen zurückgeführt werden. Dieser Kopfschmerz ist typisch für eine Nieren-Schwäche, die sich natürlich auch am Blasenmeridian manifestiert und im wesentlichen mit der Schwäche der YANG-Niere, aber auch der YIN-Niere, zusammenhängt. Diese Disharmoniemuster bestimmen auch das therapeutische Konzept.

Es wird nicht immer – und vor allem am Anfang einer Behandlung – genügen, nur die zugrunde liegende Störung bei Kopfschmerzen zu behandeln, man wird auch die Manifestationen, die Symptome, berücksichtigen müssen.

Nicht immer ist dafür das Disharmoniemuster des aufsteigenden Leber-YANG geeignet. Diese Therapie der Manifestationen gehört in das Muster der Meridiantherapie, wie sie z. B. von *Perschke* („Akupunktur bei Kopfschmerzen in der Praxis", Akupunktur Theorie und Praxis, 4/89, 1/90, 2/90 und 4/90) sehr differenziert beschrieben wird.

8. Therapie

Anm.: Die Bedeutung der *Nieren-Essenz* ist bekannt. Sie leitet sich ab von zwei Faktoren: der vorgeburtlichen Essenz, die die Quantität und Qualität festlegt und nur unter Schwierigkeiten zu ergänzen ist und der nachgeburtlichen Essenz, die von Magen und Milz-Pankreas als QI produziert wird. Die Konstitution eines Menschen beruht auf den *drei Kostbarkeiten:* ESSENZ, SHEN und QI. Die Essenz aber ist die Grundlage für die anderen beiden und ist ebenfalls maßgebend für die Widerstandskraft des Körpers. Das Zusammenspiel von QI und Essenz bestimmt den Zustand des SHEN, seine Vigilanz.
Die vorgeburtliche Essenz kann dadurch positiv beeinflußt werden, daß man sich in den Aktivitäten des Lebens um ein Gleichgewicht bemüht zwischen Arbeit und Ruhe, im Sexualleben und den Ernährungsgewohnheiten. Auch Atemübungen, TAI QI QUAN und QIGONG, üben einen bewahrenden Einfluß aus.

a) Nieren-Essenz-Mangel

Hauptsymptome: bei Kindern schlechte Knochenbildung, bei Erwachsenen schwache Knie, Haarausfall, schwache sexuelle Aktivität, Gedächtnisschwäche, vorzeitiges Altern und Lumbalschmerz.

NI 3	tonisiert das NI-YIN, das Original QI, Blut und Essenz.
NI 6	mobilisiert die Energiereserve über den QI HAI (**KG 6**).
KG 4	tonisiert die Essenz, ist das Tor zum Original-QI.
LG 4	stärkt den YANG-Effekt der Essenz besonders bei NI-YANG-Mangel, hebt die Vitalität.
GB 39	Meisterpunkt des Knochenmarks.
LG 20	verbessert die Vitalität des Gehirns.
LG 14	regt das Mark an, das Gehirn zu erreichen.
BL 15	reguliert und tonisiert das Herz und stimuliert dadurch das Gehirn und beruhigt das Gemüt.
BL 11	stärkt die Knochen und deren Ernährung.

Alle Punkte müssen tonisiert und ggf. moxiert werden.

b) QI-Mangel

MP 6	reguliert, stärkt und tonsiert MP (QI und YANG).
MA 36	reguliert, stärkt und tonisiert MP (speziell QI und YANG).
DI 4	tonisiert das QI, stärkt die Abwehr zusammen mit **MA 36**.
KG 4	einer der mächtigsten Punkte, um das QI und Blut zu stärken.
BL 20	reguliert, stärkt und tonisiert das MP und damit das QI und das YANG.
KG 7 **KG 6** **KG 5** **KG 4** **LG 4**	genadelt und mit Moxa behandelt stärken und tonisieren das Original-QI.

c) Nieren-YANG-Schwäche

BL 23	wirkt auf das NI-YANG tonisierend.
LG 4	aktiviert das „Lebenstor" (MING MEN) und wirkt damit auf die Vitalität. Muß gemoxt werden.
NI 3	tonisiert die Nieren.
BL 52	wirkt ähnlich wie **BL 23** und stärkt die Willenskraft.
KG 4	moxiert tonisiert er das NI-YANG und das Original-QI.
JINGGONG	(Palast der Essenz) auf dem Rücken 0,5 CUN lateral von **BL 52**). Tonisiert die Nieren-Essenz und das NI-YANG.

d) QI-Mangel des Milz-Pankreas

KG 12	reguliert, stärkt und tonisiert das MP-QI und YANG.
M 36	wirkt sowohl auf das MP-QI als auch auf das YANG tonisierend und reguliert den Magen.
MP 3	Quellpunkte des MP und ein Hauptpunkt, um das MP zu tonisieren. Er stimuliert vor allem die geistigen Fähigkeiten, die mit der Funktion des MP verbunden sind.
MP 6	reguliert und tonisiert das MP-QI und YANG, reguliert den Magen, also den MDE und UDE.
BL 20 und **BL 21**	beide wirken tonisierend auf MP und MA.

Im Falle einer *MP-YANG-Schwäche* kommen dieselben Punkte wie bei d) in Frage, zusätzlich aber vor allem bei Vorliegen von Feuchtigkeit im Gewebe:

MP 9	beseitigt Feuchtigkeit im UDE.
KG 9 **MA 28** **BL 22**	sind Punkte, die das MP zur Transformation und zum Transport der Feuchtigkeit im Wasserhaushalt und zur Beseitigung von Ödemen anregen.

Auch bei dem Disharmoniemuster *sinkendes MP-QI* kommen dieselben Punkte in Frage wie bei *QI-Mangel* des MP, zusätzlich:

LG 20	muß moxiert werden, wenn er anhebend auf das QI wirken soll. Er ist speziell nützlich für Uterusprolaps.
KG 6	stärkt den Magen und beeinflußt Magensenkung.
LG 1	reguliert die Eingeweide, klärt die Hitze, kühlt Hitze im Blut, tonisiert den Anus.

Für die Behandlung der *atonischen Obstipation* kommen zusätzlich in Frage:

MA 25 und **BL 25**, **MA 37** und **MA 36**	die das QI und die Funktion des DI stärken, außerdem empfiehlt sich Moxierung von
MA 36 und **KG 6**	

sowie elektrische Stimulation von

MA 25 und
BL 25 zusammen.

Als Anmerkung möchte ich noch etwas über die Behandlung der Furunkulose sagen, die ja im wesentlichen Folge einer geschwächten Abwehr ist, aber auch auf eine *Stagnation von QI und Blut* zurückgeführt wird, was ungefähr der von *H. Schmidt* vertretenen Auffassung entspricht, daß die Furunkulose in das *OKETSU-Bild* gehört.

Den Angaben der *Essentials of Chinese Acupuncture* folgend, besteht die Behandlung in der Berücksichtigung folgender Punkte:

LG 10	ein Hauptpunkt für die Behandlung der Furunkulose.
LG 12	der auf das QI aller Meridiane regulierend wirkt.
KS 4	speziell wirksam bei der Behandlung akuter Krankheiten.
DI 4	vertreibt exogene pathogene Faktoren.
BL 40	klärt Hitze und Toxine im Blut.

Heribert Schmidt empfiehlt noch:

DI 10
und **DI 11**

sowie als Spezialpunkt für Furunkulose

DÜ 6
und **BL 12** (mox. vor allem zur Prophylaxe)

Man sollte bei einer chronisch rezidivierenden Form weniger moxen, sondern Nadeln setzen und

BL 63
und **DI 6** sedieren.

9. Epikrise

Silicea hat seine größte Bedeutung in der Kinderheilkunde, vor allem bei verzögerter Entwicklung und der sogenannten Skrophulose. Es muß aufgrund seiner Symptomatik von Calcium carbonicum abgegrenzt werden, so wie ich das Silicea-Kind als kümmerlich und mager mit etwas tympanistisch aufgetriebenem Bauch und greisenhaftem Gesichtsausdruck geschildert habe. Diese konstitutionelle Entwicklung, beruhend auf dem gestörten Katabolismus, ist heutzutage in unseren Breiten relativ selten anzutreffen.
Aber man wird auch dann, wenn dieses Bild nicht so ausgeprägt ist, schon bei rezidivierender Katarrhneigung und Tonsillarabszeß, chronischen Eiterungen des Mittelohrs, daran denken und es in erster Linie als Therapeutikum erwägen. Im Erwachsenenalter kommt Silicea bei Fistel-Eiterungen, Haut-Eiterungen, Furunkulose, Diarrhoe oder der typischen Obstipation und stinkenden Schweißfüßen in Frage, nahezu im Sinn einer organotropen Wirkung unter der Voraussetzung, daß nicht ein anderes Konstitutionsmittel prävaliert. (Ich denke da u. a. an Hepar sulfuris, Sulfur, Pyrogenium, Calcium carbonicum.) Wichtig für die Arzneimittelfindung und zur Abgrenzung gegen andere Mittel sind dabei die geschilderten Leitsymptome.

Der im AMB von Silicea dargestellte Kopfschmerz und die Migräne sind dagegen relativ leicht von den Vergleichsmitteln Menyanthes, Paris quadrifolia und Strontium carbonicum zu unterscheiden. Bei Menyanthes ist der Schmerz viel kongestiver und wird vielmehr durch Druck als durch Wärme gebessert. Der Kopfschmerz von Paris quadrifolia hat mehr spinalen Ursprung, ist verbunden mit Blutandrang zum Kopf mit Druckgefühl und Schwere. Er steigt auch vom Nacken auf, allerdings mit dem Gefühl, als wäre der Kopf übermäßig groß. Der Strontium carbonicum-Kopfschmerz hat die größte Ähnlichkeit mit Silicea. Hier müssen wir aufgrund der Nebenerscheinungen die Entscheidung treffen. Er ist meist eine Begleiterscheinung der Zerebralsklerose. Das sind Feinheiten, bei denen uns eine gründliche Repertorisation und die Erfassung des Disharmoniemusters weiterhilft.

Gegen die Berücksichtigung der von *Weihe* und *de La Fuye* ermittelten Punkte ist natürlich nichts einzuwenden, wobei die meisten Punkte, besonders **3E3** und **KG 6**, einen Einfluß auf den im Silicea-Bild gestörten Stoffwechsel haben, aber, allein angewendet, kaum in die Tiefe der gestörten Harmonie reichen.

Spigelia anthelmia

Toxikologie

Es handelt sich um eine in Westindien, Mexiko und dem nördlichen Amerika vorkommende Pflanze, die zeitweise als Wurmmittel benutzt wurde. Systematische toxikologische Prüfungen liegen nicht vor, obwohl sie sehr giftig ist. In größeren Dosen eingenommen bewirkt sie Atemnot, Krämpfe, Durchfall und später Lähmungen und Exitus. Im Arzneimittelversuch am Gesunden kommt es zu kardialem Erethrismus, Neuralgien, Schmerzen in den Muskeln und Gelenken und vor allem zur Erregung des sympathischen Nervensystems und nervöser Übererregbarkeit.

1. Typus nach dem AMB

Es gibt keinen Arzneimitteltyp, evtl. herrscht eine gewisse Asthenie, ein gesteigerter Sympathikotonus und Neuropathie vor.

2. Körperliche Symptome

Das AMB wird beherrscht von seiner Affinität zum Herzen und den Kopfschmerzsymptomen, während man das immer wieder erwähnte Wurm-Symptom vernachlässigen kann. Die Herzstörungen äußern sich in ungestümer Herztätigkeit mit Herzschmerzen (ausgeprägter als bei Cactus und Digitalis). Das Herzklopfen ist *heftig, sichtbar* und *hörbar.* Der Patient kann nur auf der rechten Seite liegen (Phosphor und Natrium muriaticum) oder mit dem Kopf sehr hoch. Die Beschwerden werden *schlimmer durch Bewegung und Erschütterung.* Die Schmerzen strahlen aus in den linken Arm. Wir erleben dieses Symptombild nicht nur bei nervösen Herzbeschwerden, sondern auch bei akuter Endokarditis, Myokarditis und natürlich bei Angina pectoris (Neuralgien s. u.).

3. Psychische Symptome

Man kann den Patienten als furchtsam, ängstlich und als ahnungsvoll bezeichnen, als ob ihm etwas zustoßen würde, was sich m. E. als Folge der sicherlich beängstigenden Herzsensationen erklärt. Ein auffallendes Symptom ist die Furcht vor spitzen Gegenständen (Silicea).

4. Auslösende Schädigung

Sturm,
Wetterwechsel,
kalte Luft,
Bewegung,
Erschütterung,
Geräusch.

5. Art der Kopfschmerzen

Die Frage, ob es sich bei den Kopfschmerzen um Migräne oder um Neuralgien handelt, ist an sich nur von akademischem Interesse. Auf jeden Fall hat der Schmerzcharakter mit der idiopathischen Migräne die Halbseitigkeit, und zwar vorwiegend links, gemeinsam. Die Schmerzen können sich im Bereich des Trigeminus, den Augen, den Zähnen und am Hinterkopf lokalisieren.

Der Schmerz steigt und fällt mit dem Sonnenstand.
Er beginnt häufig an der Schädelbasis, erstreckt sich über den Kopf und setzt sich im Auge,
in der Augenhöhle und
in der Schläfe der linken Seite fest.
Der Schmerz in den Augäpfeln ist unerträglich, so daß der Patient die Augen nicht seitlich bewegen kann und sich mit dem ganzen Körper umdrehen muß.
Es treten Symptome auf wie
„als ob das Gehirn sich im Kopf gelockert hat“ oder
„als ob der Kopf platzen wollte“,
„als wären die Augen zu groß für die Orbita“.

Besonders bemerkenswert und außerordentlich schmerzhaft ist ein periodischer Gesichtsschmerz, linksseitig im Auge, Orbita, Backenknochen und Zähnen oder ein Schmerz über dem (meist linken) Auge mit

Nasen- und Tränenfluß, Kollaps, kaltem Schweiß und blutunterlaufenen Augen.
Dieser anfallsweise auftretende Schmerz, der intermittierend begleitet werden kann von verschiedenen Organsymptomen des Herzens, der Blase und des Magens, entspricht der sogenannten Erythroprosopalgie oder dem Horton-Syndrom.

LINKS. ASTHENIE. Besorgt, Gedächtnis schlecht.
Aufgeregt. Abneigung gegen Arbeit. Furcht vor spitzen Gegenständen.
PAROXYSMALE TACHYKARDIE, Herzklopfen, PRÄKORDIALSCHMERZ,
Sichtbarer Herzspitzenstoß – – – –> Arm und Hals.

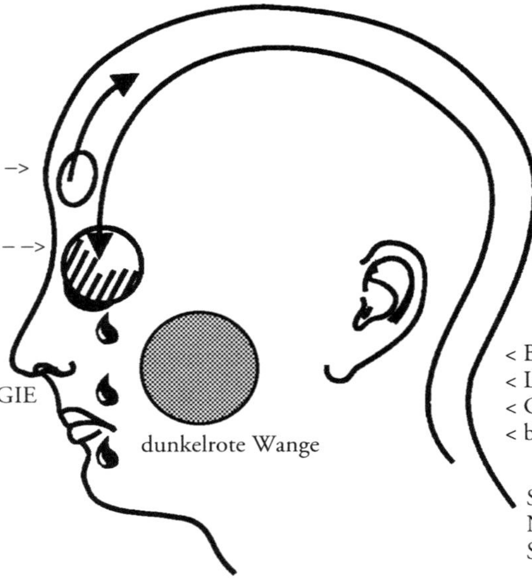

ERSCHÖPFUNG, Kalter Schweiß, Erbrechen.
Neuralgien – wie mit glühenden Nadeln.
Helmenthiasis.
Heißhunger. Aversion Kaffee, Verlangen nach Alkohol, übel nach dem Frühstück.

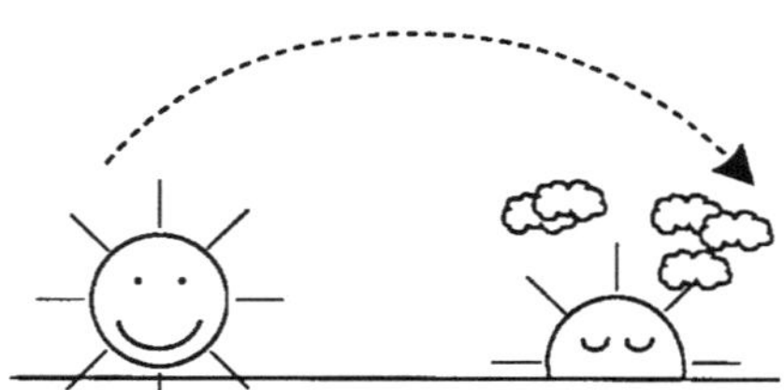

Kommt und geht mit der Sonne.

6. Homöosiniatrische Punkte

Isolierter **Weihe-Punkt** links

Lage:
Am unteren Sternocostalwinkel zwischen Schwertfortsatz und Rippenknorpel links.

Nach *de La Fuye:*
Kopfschmerz ausgehend vom Hinterkopf, ausstrahlend zur Stirn, wo er sich über einem Auge festsetzt, vor allem dem linken (rechts: Sanguinaria, beide Augen: Silicea).
Er beginnt beim Aufstehen und endet bei Sonnenuntergang. Heftige Schmerzen in den Augäpfeln, kann die Augen nicht drehen, muß den ganzen Körper drehen. Trigeminus-Neuralgie. Reißende Schmerzen der linken Brustwarze, ausstrahlend zum Schulterblatt und dem linken Arm, verschlimmert während der Inspiration oder bei Tiefatmen.

HE 7
SHENMEN = Tor des Geistes
(nach *Porkert/Hempen* DUICHONG = Breite Straße zur Heiterkeit)
YU-YUNN Punkt
(Quell-Punkt)
Erde
Sedierungs-Punkt

Lage:
ganz außen an der ulnaren Seite der Handgelenksfalte.

Extrem wichtiger Punkt auf dem Herz-Meridian und nach *Maciocia* einer der wichtigsten Punkte des Körpers. Er beruhigt vor allem das Gemüt, so daß er bei vielen Herzstörungen Anwendung findet, vor allem bei Herzblut-Mangel und Ängstlichkeit, Schlaflosigkeit, schwachem Gedächtnis, Herzklopfen und Beunruhigung in streßvollen Situationen. Er kommt in Mangelzuständen in Frage (im Gegensatz zu **KS 7**) und wirkt am zuverlässigsten bei Männern (**KS 7** bei Frauen). Er ist einer der besten Punkte, um die Gedächtnisleistung zu verbessern.

Nach *de La Fuye:*
Bei Tachykardie und Arrhythmie, heftigem, nervösem Herzklopfen, Hypertonie (besonders des diastolischen Wertes), Herzhypertrophie.

Erregbarkeit, Unruhe, Zukunftsangst, unbeherrschtes Stöhnen und Weinen, Geistesstörungen.
Verlangen nach Wärme. Besserung durch Wärme.
Geschwollene Mandeln und Geschwüre. Metritis, Lymphadenitis der Unterkieferwinkel.
Verstopfte Nase, Nasenbluten, Polyuria und Inkontinenz.

KS 7
DALING = Großer Grabhügel
YU-YUNN-PU
Erde

Lage:
in der Mitte der Handgelenksfalte.

Er kühlt als Sedierungs-Punkt den Funktionskreis und beruhigt das Gemüt, leitet Hitze ab, nimmt den Druck von der Brust.

(Kranker mit Hypertonie, Erregung mit Angst, erregte Herztätigkeit mit Herzschmerzen, stürmisches Herzklopfen, Zusammenschnüren des Herzens mit Angst vor Herzenge, Hypertension, senkt vor allem den systolischen Blutdruck.)

Nach *de La Fuye:*
Konstriktion am Herzen mit Arrhythmie.
Schmerzhafte Regel.
Übertreibung der Kreislauf-Syptome von Spigelia.

7. Vom homöopathischen Symptombild zum Disharmoniemuster

Für zwei Krankheitsbilder, die im Spigelia-Bild beherrschend sind, müssen Disharmoniemuster gefunden werden. Für die Kopfschmerz-Symptomatik kommen die Disharmoniemuster der Leber in Frage, und zwar das *aufsteigende Leber-Feuer* in erster Linie und dann das *aufsteigende Leber-YANG.* Einschränkend allerdings muß gesagt werden, daß für die neuralgieformen Schmerzen eine ganz andere Vorgehensweise angewandt werden muß (s. u.).

Für die Behandlung der Herzstörungen erwägen wir stufenweise, d. h. je nach vorherrschender Symptomatik, mehrere Disharmoniemuster des

Herzens. Stehen mehr herzneurotische Symptome wie Herzklopfen, Arrhythmie (bzw. Extrasystolie) eventuell mit Kurzatmigkeit, Schwindelerscheinungen, Schweißausbrüchen im Vordergrund, verbunden oft mit Erschöpfbarkeit und passageren, zuweilen stechenden Herzschmerzen, dann kommt in erster Linie das Disharmoniemuster *QI-Mangel des Herzens* in Frage.

Dieselben Symptome treten auch bei dem *YANG-Mangel des Herzens* auf, der ohne einen QI-Mangel nicht vorkommt. Dann ist das Wärmedefizit größer (Frieren, kalte Hände, blasses Gesicht), es bestehen Oppressionsgefühl in der Brust als Zeichen einer kältebedingten Blut- und QI-Stagnation und natürlich Herzschmerzen und Herzklopfen. Dahinter verbirgt sich meist ein *Nieren-YANG-Mangel*, den man dann mit berücksichtigen muß. Aus der Sicht der westlichen Medizin besteht in solchen Fällen eine Herzinsuffizienz oder eine koronare Herzerkrankung. Es versteht sich von selbst, daß wir in einem solchen Fall nicht auf eine westliche Diagnose und Therapie verzichten, ganz sicher aber subjektive Symptome und den Verlauf durch eine begleitende Spigelia- und Akupunkturtherapie erleichtern können.

In beiden Fällen spielen emotionale Faktoren eine entscheidende Rolle, abgesehen von der Möglichkeit, daß, wie bei dem YANG-Mangel des Herzens, auch eine chronische Defizienz der YANG-Niere dahinter stehen kann. Angaben über den Einsatz von Spigelia bei den klinischen Indikationen Myokarditis, Endokarditis *(Mezger, Voisin)* sind m. E. sehr zurückhaltend zu beurteilen, da man in solchen Fällen, wenigstens initial, nicht um eine stationäre Behandlung herumkommt. Doch fallen auch diese Indikationen in den Wirkungsbereich vor allem des YANG-Mangels des Herzens und der Niere.

Der Migräne des Spigelia-Bildes wird man am ehesten mit dem Disharmoniemuster *aufsteigendes Leber-Feuer* gerecht. Der Kopfschmerz, meist temporal mit Schwindel, rotem Gesicht und Augen, Durst, Bittergeschmack, Schlafstörung und Obstipation, ist sehr intensiv, von klopfendem Charakter und zieht bis in die Augen. Ätiologisch sind emotionale Faktoren (Ärger, Frustration, Groll) verantwortlich, aber auch diätetische Faktoren wie der übermäßige Konsum von Alkohol, gebratener Nahrung und Fleisch. Auch unterdrückte feuchte Hitze im Inneren kann diesen Zustand hervorrufen.

Selbstverständlich muß man bei der Migräne auch je nach Symptomatik das *aufsteigende Leber-YANG* in Erwägung ziehen. Doch gibt es sehr heftige Kopfschmerzanfälle, die sehr schwer von Neuralgien (Horton-Syndrom) zu trennen sind und Windcharakter haben: *Leber-Wind* entsteht durch ein extremes YIN-YANG oder *QI-Blut*-Ungleichgewicht. Aufsteigende Überaktivität von Leber-YANG, aufsteigendes Leber-Feuer und Insuffizienzen von Leber-YIN und/oder -Blut erregen alle in extremen Fällen Leber-Wind. Die typischen Symptome sind Schwindel, heftige Kopfschmerzen (Neuralgien), Gefühl eines eisernen Bandes um den Kopf, Nackensteifigkeit, Kribbeln und Taubheit in den Gliedern, Zucken in den Sehnen und im Fleisch. Diese Symptome sind natürlich nicht alle obligatorisch. Aber in schweren Fällen kann es zu Gespanntheit im Gesicht und an den Augenmuskeln, Zittern von Lippen und Fingern, erschwertem Sprechen und unsicherer Gangart kommen. Das sind, wenn alle Symptome zutreffen, solche von Meningitis und Enzephalitis, aber bei weniger komplexer Symptomatik die Symptome der Spigelia-Neuralgien. Dieser Erscheinung kann man sehr häufig nicht durch die Behandlung des Disharmoniemusters *Leber-Wind* gerecht werden, sondern muß sich einer anderen, mehr energetisch-meridianbezogenen Methode bedienen.

Im allgemeinen wird dem Spigelia-Kopfschmerz neuralgischer Charakter zugesprochen. Treten diese Kopfschmerzen intermittierend mit Organsymptomen auf wie Blasensymptomen, Gallenschmerzen, pektanginösen Erscheinungen und z. B. herzneurotischen Beschwerden, dann muß man an eine energetische Dysbalance in den entsprechenden sogenannten *Sonder-Meridianen* denken. Daraus ergibt sich ein therapeutisches Konzept, auf das ich hier eingehen möchte (Migräne accompagnée).

Die Sondermeridiane verstärken den Kreislauf im inneren Organismus und können wesentlich nur über die TING- und sogenannten *Vereinigungspunkte* beeinflußt werden. Indikationen sind, wie oben schon angedeutet, Krankheiten mit regellos intermittierender Schmerzsymptomatik im Bereich des Kopfes, begleitet von Organsymptomen und psychosomatischen Störungen. In Anbetracht dessen, daß dieses Thema nur in wenigen Lehrbüchern abgehandelt wird und ich annehmen kann, daß es nur den wenigsten bekannt ist, will ich etwas genauer, wenn auch nicht ganz erschöpfend, darauf eingehen.

Je ein YIN- und ein YANG-Sondermeridian eines gekoppelten Hauptmeridian-Paares vereinigen sich im Bereich der Gelenkbeugen in ihrem unteren Vereinigungspunkt und ziehen paarweise kranialwärts, durchziehen die periphere Zone der inneren Organe und Hohlorgane, berühren ausnahmslos das Herz und treten im Bereich des Halses wieder an die Oberfläche, wo sie in ihren oberen „Vereinigungspunkten" im Bereich des Halses bzw. des Kopfes enden. Diese Punkte entsprechen z. T. den sogenannten „Himmelsfensterpunkten". Wichtig ist nun folgendes: In den oberen Vereinigungspunkten ergießen sich die YIN-Sondermeridiane zunächst in die YANG-Sondermeridiane und mit diesen in die YANG-Hauptmeridiane, die so die nährende Energie (YING oder YONG-QI) zum Kopf transportieren. Außerdem transportieren sie WEI-QI und die Geistesenergien (SHEN-QI) des Herzens, des Meisters der Gefühle, zum Gehirn.

Die spezifischen Krankheitsursachen können äußeren Ursprungs sein (pathogene bioklimatische Einflüsse) oder innere schädigende Einflüsse. Im ersteren Fall kommt es zu YANG-Fülle-Symptomen im Kopfbereich, im zweiten Fall kommt es über eine Blockade in demjenigen Organ, dem die verursachende Emotion entspricht und zusätzlich, durch eine Blockade im Bereich des Herzens, zu Mangel-Symptomen in den abhängigen Sinnesorganen und in dem von ihm versorgten Gebiet im Bereich des Kopfes. Daraus resultiert das entsprechende therapeutische Konzept.

Bei Erkrankungen durch äußere Ursachen:

1. TING-Punkt des betroffenen Meridians – *kontralateral.*
2. TING-Punkt des gekoppelten Meridians – *kontralateral.*
3. YU-Punkt des betroffenen Meridians – *homolateral.*
4. YU-Punkt des gekoppelten Meridians – *homolateral.*
5. Lokale Schmerzpunkte.

Bei Erkrankungen durch innere Ursachen:

1. TSRI-Punkt des Herzens (HE 6)
2. TSRI-Punkt des der Emotion entsprechenden Hauptmeridians.
3. MA 36
4. Tonisierungs-Punkt des betroffenen Hauptmeridians.
5. Ausgangspunkt des betroffenen Sondermeridians, evtl. auf der Gegenseite.
6. Tonisierungs-Punkt des mit dem betroffenen Meridian gekoppelten Hauptmeridians.

7. Ausgangspunkt des mit dem betroffenen Sondermeridian gekoppelten Sondermeridians.
8. Oberer Vereinigungspunkt des betroffenen Sondermeridians.

Zur speziellen Symptomatik der Sondermeridiane überhaupt kann ich in diesem Rahmen keine Ausführungen machen. (Siehe *Nguyen van Nghi*, „Pathogenose und Pathologie der Energetik in der chinesischen Medizin". Bd. II, S. 195 ff.)

Die Berücksichtigung der Sondermeridiane wird erheblich kompliziert, wenn man sie als Realität in unserem Sinne von Struktur auffassen will, anstatt sich ihren Modellcharakter für bestimmte Indikationen und Ausgangssituationen zu vergegenwärtigen. Es geht hier um rein funktionale Zusammenhänge, erklärt die Bedeutung und die Auswirkungen, d. h. die integrierende Bedeutung mancher Punkte, die wir uns sonst nicht erklären können. Voraussetzung ist natürlich auch, daß man die Indikationsmöglichkeiten kennt.

Zusammengefaßt handelt es sich um eine subtile Harmonisierung der Organfunktionen und des vegetativen Gleichgewichtes, und zwar über die Behandlung der Gegenseite an den TING-Punkten der jeweiligen Meridiane. Das Vorgehen danach setzt ein besonderes Studium voraus. (Siehe z. B. *van Nghi*, „Pathogenese und Pathologie der Energetik in der chinesischen Medizin". Bd. I (1989) S. 146 ff., Bd. II (1975), S. 195 ff.)

Wie schon erwähnt: Zur Anwendung kommen die Sondermeridiane bei Schmerzen von intermittierendem Charakter, obligatorisch begleitet von Symptomen eines Organs oder Hohlorgans. Zugrunde liegt die Vorstellung, daß die aus den Organen stammenden Informationen durch den entsprechenden Sondermeridian, und zwar durch den gekoppelten YANG-Hauptmeridian, in den Gehirnbereich übertragen werden, denn von den YIN-Hauptmeridianen, die im Thorax zusammenlaufen, geht keiner zum Kopf. So übermittelt der Sondermeridian mit Hilfe der geistigen Energie die Information in den Gehirnbereich und wird damit insbesondere als Fahrweg der Geistesenergie angesehen.

Man muß sich dem Verständnis dieser Vorstellungen durchaus aus der Sicht westlicher pathophysiologischer Vorstellungen nähern: Zwischen kortikalem Zentrum und hypothalamischem Zentrum besteht ein in beide Richtungen verlaufendes Verbindungssystem im Sinn von Transport der Geistesenergie. Insofern erfüllt der Sondermeridian hier seine Aufgabe als Informationsvermittler. Er wird in Tätigkeit gesetzt, wenn aggressive Informationen einen bestimmten Schwellenwert übersteigen. Dann finden wir einen exzessiven Spannungszustand des Sondermeridians. Diese Fülle verursacht eine Entladung an WEI-QI im Sinn Hypothalamus-Cortex und bewirkt das Bewußtwerden eines anormalen Zustandes des organoviszeralen Komplexes, der sich seinerseits im Zustand einer energetischen Überladung befindet.

Es handelt sich also um einen pathologischen Feedback-Mechanismus, der durch Behandlung der Gegenseite korrigiert wird.

8. Therapie

a) Aufsteigendes Leber-Feuer

LE 2	der Hauptpunkt, um das Leber-Feuer zu klären.
LE 3	beruhigt die Leber.
GB 20	klärt ebenfalls die Hitze im Kopf und überwältigt das aufsteigende LE-QI.
TAI YANG (extra Punkt)	klärt das Feuer bei aufsteigendem LE-Feuer und LE-YANG und besonders bei temporalem Kopfschmerz.
GB 13	unterdrückt aufsteigendes LE-YANG und beruhigt das Gemüt.
GB 41	zerstreut Fülle-Zustände im Funktionskreis LE und GB. Wirkt auf die Augen zusammen mit
GB 20 und **MA 40**	auf Kopfschmerzen und Schwindel.

b) Aufsteigendes Leber-YANG

LE 8	stärkt das LE-YIN.
LE 3	unterdrückt das LE-YANG und den LE-Wind.

GB 43	unterdrückt das LE-YANG. Gegenpunkt des GB-Meridians.
3E5	unterdrückt das LE-YANG und ist besonders angezeigt bei Kopfschmerz entlang des GB-Meridians.
MP 6 und **NI 3**	stärken das YIN ganz allgemein.
GB 20	bändigt den Wind und unterdrückt das LE-YANG.
LE 8, **LG 16** und **NI 3**	müssen tonisiert werden.
LE 3, **GB 20**	müssen sediert werden.

c) Leber-Wind

BL 18, **LE 2** und **GB 20**	sedierend mit starker Stimulation, um den Wind zu vertreiben und Leber und GB abzuleiten.
NI 3 und **BL 23**	tonisieren, um Wasser anzureichern und die Leber zu befeuchten.
NI 1	wärmen (indirekt), um YANG herunterzuziehen.
TAI YANG und **LG 20**	wirken auf Schwindel und Kopfschmerz (sedieren).
DÜ 3 und **GB 39**	haben eine Spezialwirkung auf die Nackenregion und müssen sediert werden.

Lokale Punkte von besonderer Bedeutung sind

GB 20, **3E 10** **LG 14** und **BL 10**	je nachdem, welche Gegend am Kopf betroffen ist. Hinzu kommen noch die Loci dolenti.

Nach den Prinzipien der Behandlung über die *Sondermeridiane* und bei äußeren Ursachen ergeben sich folgende Richtlinien:

Trigeminusneuralgie im Bereich des I. Astes

a) des GB-Meridians und/oder

b) des 3E-Meridians im CHAO-YANG-Gebiet

ad a)	**GB 44**	kontralateral
	LE 1	kontralateral
	GB 41	homolateral
	LE 3	homolateral
ad b)	**3E 1**	kontralateral
	KS 9	kontralateral
	3E 3	homolateral
	KS 7	homolateral

Lokale Punkte sind
zu a:
GB 1, 14, 15

zu b:
3E21, 23 im akuten Stadium kontralateral, im abklingenden Schmerzstadium homolateral.

Im Bereich des II. Astes:

a) des MA oder/und

b) des DÜ im YANG-MING-Gebiet

ad a)	**MA 45**	kontralateral
	MP 1	kontralateral
	MA 43	homolateral
	MP 3	homolateral

ad b)	**DI 1**	kontralateral
	LU 11	kontralateral
	DI 3	homolateral
	LU 9	homolateral
ad) c)	**DÜ 1**	kontralateral
	HE 9	kontralateral
	DÜ 3	homolateral
	HE 7	homolateral

Im Bereich des III. Astes:

a) MA

und eventuell

b) DI

und eventuell

c) DÜ im TAI YANG und YANG-MING-Gebiet

Fernpunkt siehe unter II. Ast, lokale Punkte:

ad a) **MA 4, 5, 6**

LG 26,

KG 24.

ad b) **DI 19, 20**

LG 26

ad c) **DI 17**, eventuell auch **16,**

BL 17.

Bei Behandlung von *Krankheiten durch innere Ursachen* geht man nach dem bereits angegebenen Schema (S. 453) vor. Die Auswahl der Sondermeridiane und TING-Punkte der Gegenseite richtet sich nach den intermittierenden Beschwerden, sei es an der Blase (BL eventuell mit NI), an der Galle (GB/LE), in der Herzgegend (HE/DÜ) oder sei es im Bereich des Magen-Darmkanals (MA/MP oder DI/LU 9). Auch können begleitende oder verursachende Gemütsstörungen entsprechend ihrem Funktionskreis berücksichtigt werden, wie z. B. bei Wut, Ärger, Zorn, Frustration der Leberfunktionskreis, bei Aufregung und Streß der des Herzens. Am häufigsten allerdings werden wir uns in die Lage versetzt sehen, den Sondermeridian Leber-Gallenblase einzusetzen.

Im übrigen kann man, um ganz sicher die energetische Ausgangslage zwischen rechts und links bei einseitigen Schmerzen beurteilen zu können, den AKABANE-Test zu Rate ziehen und dementsprechend vorgehen.

In dem von der Schweizerischen Gesellschaft für Akupunktur herausgegebenen Heft Nr. 1 gibt Dr. *Nguyen van Nghi* in dem Aufsatz „Die Energie des Menschen" ein anschauliches praktisches klinisches Beispiel für eine Gesichtsneuralgie wegen Störung des dritten Paares der Sondermeridiane (MA/MP). Dieses Paar vereinigt sich im MA 30, zieht aufwärts bis in den Magen und verzweigt sich dann in das Milz-Pankreas, zieht von dort zum Herzen, steigt entlang des Halses nach oben und erscheint am Mund, zieht um die Nase herum zur Stirn, steigt wieder herunter zu den Augen und mündet am inneren Augenwinkel im **BL 1** wieder in den Meridian des Magens ein. Diese durch den Sondermeridian ausgelöste Neuralgie nimmt aber nicht die ganze YANG-MING-Zone des Gesichts ein, sondern beschränkt sich nur auf die innere Peripherie dieser Zone mit Ausstrahlung gegen den **BL 1** und gegen die Stirn, bisweilen bis zum **BL 5**, der während der Krise außerordentlich druckempfindlich ist. Als Begleiterscheinungen treten immer Zahnschmerzen und Kältegefühl an den Lippen und an den Zähnen auf, Sehstörungen und manchmal sogar Lumbalgien (MP).

Hier wird also die Technik des Stiches auf der Gegenseite verwendet:
MA 45 der gesunden Seite, eventuell auch **MP 1**, die YU-Punkte der beiden Meridiane **MA 43** und **MP 3**, der Reunionspunkt **BL 1**
und die schmerzhaften Punkte wie **BL 2** und **5** und **DI 20**.
Bei innerem Ursprung verstärkt man nach dem bereits angegebenen Schema (S. 453).

Damit sind allerdings nicht alle Möglichkeiten einer Behandlung der Trigeminus-Neuralgie erschöpft. Doch würde es den Rahmen dieser Arbeit sprengen, auf alle einzugehen. Einen Teil davon habe ich bereits abgehandelt.

9. Epikrise

Das Symptombild der Spigelia-Kopfschmerzen hat „Wind"-Charakter, der allerdings weniger durch exogene pathogene Faktoren bestimmt ist, wie etwa durch den Restzustand einer Sinusitis, sondern auch durch endogene Disharmonien, zu denen auch eine Herzneurose gehören kann. Dieser innere Wind hat Beziehung zu Leber und Gallenblase und entspricht dem neuralgischen Charakter der Schmerzen, die periodisch auftreten, die einschießend und ausgesprochen stechend sind.

Außerdem sind sie meist halbseitig mit besonderer Bevorzugung der linken Seite. Auch weist die häufige Beteiligung des Auges mit Schmerzen, Rötung und Tränenfluß darauf hin, daß eine engere Beziehung zum Funktionskreis der Leber besteht.

Diese Tatsache bestimmt natürlich die Therapie vorwiegend mit sogenannten „Windpunkten", lokalen Punkten und einem Fernpunkt, wie etwa den **LE 2** oder **3**. Die indizierten Punkte sind in diesem Fall **GB 20, GB 34, LG 20** und **16**.

Sollte die Neuralgie allerdings so heftig sein wie bei einem *Bing-Horton*-Syndrom und dann noch abwechselnd in Verbindung stehen mit inneren Beschwerden wie denen einer Herzneurose und womöglich noch vikariierend auftreten, dann muß man nach sorgfältiger Prüfung der Lateralität die Gegenseite im Sinn der Therapie der „Sondermeridiane" stechen. Die Behandlung nach dem Disharmoniemuster „Leber-Wind", die man in Erwägung ziehen kann, bietet dagegen keine Vorteile.

Bei dem sogenannten *Bing-Horton*-Syndrom sollte man unter allen Umständen auf die Ernährungsgewohnheiten und die Darmfunktion im Sinne der Eubiose bzw. Dysbiose achten und Reizmittel wie Alkohol, viel Gebratenes und Fleisch ausschalten, zugunsten einer lakto-vegetabilen Kost, evtl. unter Einsatz einer Symbioselenkung.

Außerdem ist aber Spigelia ein vorzügliches Mittel für die Herzneurose bis zu entzündlichen Prozessen am Peri- und Endokard, wenn die Beschwerden stechend sind und in den linken Arm ausstrahlen. Dann kommt je nach Schwere des Zustandsbildes entweder das Disharmoniemuster *QI-Schwäche des Herzens* oder *YANG-Schwäche des Herzens* als Basistherapie in Frage. Auf die dabei unerläßlichen Vorsichtskautelen wies ich schon hin.

Anhang

Kopfschmerz-Modalitäten

nach *von Ungern-Sternberg*

> KÄLTE

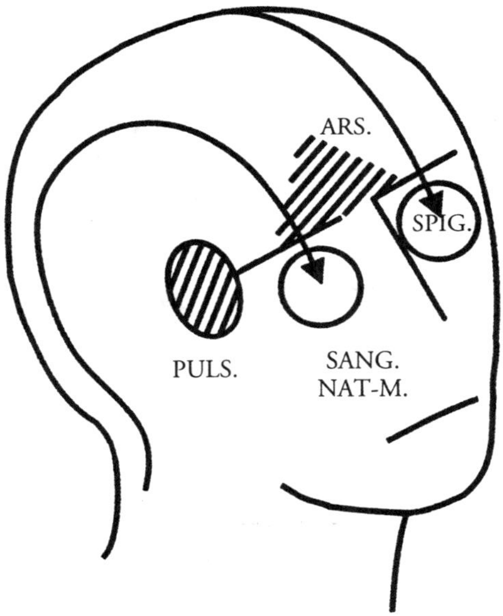

PULS

NAT-M., SANG. SPIG.

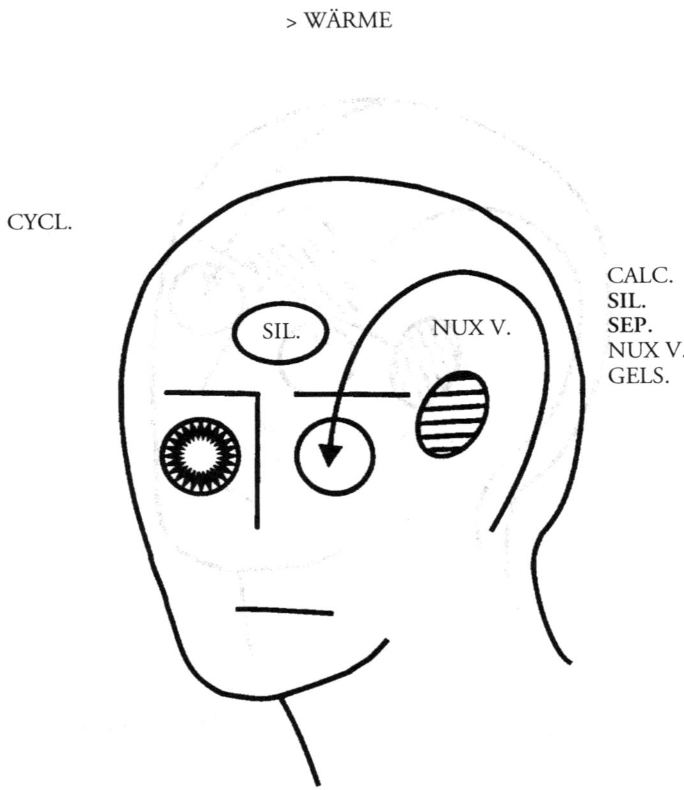
> WÄRME
CYCL.
SIL.
NUX V.
CALC.
SIL.
SEP.
NUX V.
GELS.

Flimmerskotom

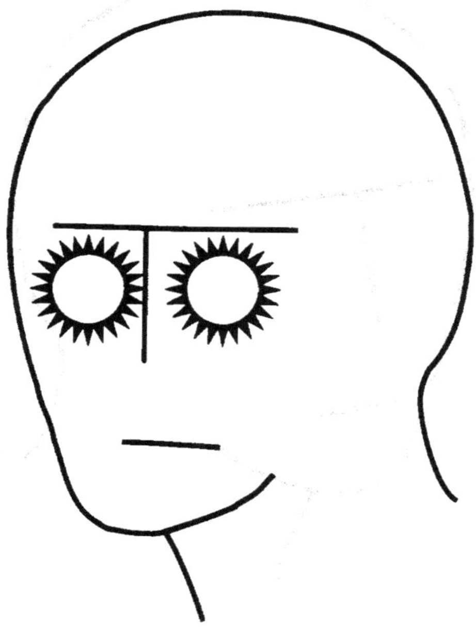

VOR DER MIGRÄNE: Cycl., Gels., Iris, **NAT-M.**, SEP.
Kali-bi., Poda., *Psor.*
WÄHREND: Ars., Bell., *Caust.*, CYCL., Gels., IRIS, Lil-t., **NAT-M.**,
Petr., PHOS., SIL., SULF.

Urina spastica

WÄHREND KOPFSCHMERZEN:
Acon., **Bell.**, Bov., **Canth.**, **Chin-s.**, **Cinnb.**, Coloc., Cupr., Eug., Ferr-p., **Gels.**, **Glon.**, **Ign.**, Kalm., La-c., LAC-D., **Lil-t.**, **Mosch.**, Ol-an., Sang., **Sel.**, Sep., Sil., Uran., **Verat.** Vib., Vip.
NACH KOPFSCHMERZEN: Asc.c., **Iris.**
Kopfschmerz gefolgt von reichlichem hellen Urin und Erbrechen: **Iris.**

Wir sollten nichts als Macht des Seins anerkennen,
was nicht auch Macht unseres Seins, was
nicht im Hier und Jetzt unser Schicksal
ist. Und das bedeutet erstens: Wir können
die Tiefe der Wirklichkeit nur in dem Maße
erfassen, als wir in die Tiefe unseres
eigenen seelischen Seins dringen.
Paul Tillich

Philosophischer Epilog

Die Chinesische Medizin im Spannungsfeld der europäischen Metaphysiktradition

Der Begriff der *Komplementarität* spielt in diesem Buch eine maßgebliche Rolle. Um einer gängigen Begriffsverwirrung zwischen „komplementär" und „alternativ" vorzubeugen, werde ich den Unterschied, der zwischen beiden Begriffen besteht, definieren: Komplementäre Zustände ergänzen sich, gehören, so verschieden sie auch sein mögen, zusammen wie zwei Seiten einer Münze oder wie YANG und YIN im chinesischen Denken.

Die Komplementarität von Chinesischer Medizin und Homöopathie beruht auf einer methodologischen Ergänzung, denn beide Systeme, um die Wirklichkeit zu erfassen, basieren auf verwandten theoretischen Voraussetzungen – sie gehen ganzheitlich und phänomenologisch vor.

Alternativ hingegen ist das Verhältnis der Schulmedizin im streng wissenschaftlichen Sinn und Homöopathie nach fundamentalistischen Grundsätzen im *Hahnemann*schen Sinn. Hier gibt es nur ein Entweder-Oder. Die Chinesische Medizin macht darin, wie ich später noch ausführen werde, eine Ausnahme, denn sie kann komplementär zur schulmedizinischen Behandlung unter Einhaltung bestimmter Kautelen und mit den genau eingehaltenen Behandlungsprinzipien der TCM eingesetzt werden.

Es darf aber nicht übersehen werden, daß der Begriff *Komplementarität* über diesen methodologischen Gesichtspunkt hinaus kategoriale Bedeutung gewonnen hat. So schreibt der Physiker *Max Born* über diesen Begriff, den *Niels Bohr* geprägt hat: „Eine wirkliche Bereicherung unseres Denkens aber ist die Idee der *Komplementarität.* Die Tatsache, daß es in einer exakten Wissenschaft wie der Physik Fälle gibt, die einander ausschließen und ergänzen und nicht durch die gleichen Begriffe beschrieben werden können (entsprechend dem „Unschärfeprinzip", siehe Begriffserklärungen), sondern zweierlei Ausdrucksweisen erfordern, muß einen Einfluß – und ich denke, einen willkommenen Einfluß – auf andere Gebiete des menschlichen Handelns und Denkens haben ...". In der Biologie führt der Begriff des Lebens schon selbst zu einer komplementären Alternative: die physikalisch-chemische Analyse eines Organismus ist unverträglich mit seinem freien Funktionieren und führt im Extremfalle der Anwendung zum Tode. So ist es, wie der Physiker *W. Pauli* formulierte, „der freien Wahl des Experimentators respektive Beobachters überlassen, welche Kenntnisse er gewinnen und welche er einbüßen will."

Dieses Komplementaritätsverhältnis gilt nicht nur in der Physik, sondern auch in der Psychologie hinsichtlich der Inhalte des Unbewußten und des Bewußten und kann ebenso auf die Heilkunde angewandt werden, indem ich entscheide, ob ich streng kausalanalytisch, d. h. im Sinn der westlichen Medizin „wissenschaftlich", oder ob ich induktiv-synthetisch, wie *Porkert* es formuliert hat, d. h. mehr phänomenologisch vorgehe. Im Bewußtsein dieser Möglichkeiten hat *Porkert* den von *C. G. Jung* eingeführten Begriff der „Synchronizität" erkenntnistheoretisch weitergeführt. *C. G. Jung* geht seinerseits auf *Leibniz* zurück, dem nach seinen Worten „letzten mittelalterlichen Denker, der noch ein ganzheitliches Urteil besaß". Er erklärte das Phänomen durch vier Prinzipien: Raum, Zeit, Kausalität und Korrespondenz („Harmonia praestabilita"). Die erkenntnistheoretische Reduktion der Synchronizität auf den Begriff des Induktivsynthetischen durch *Porkert* enthebt uns der Schwierigkeit, in unserem Denken unsere Axiome Zeit, Raum und Kausalität in Frage stellen zu müssen. Er macht im Gegenteil unser Bewußtsein frei für das primäre Anliegen des chinesischen (und östlichen) Denkens, nämlich nicht nach der Erfassung der Einzelheit um ihrer selbst willen, sondern nach einer Anschauung, welche das Einzelne als Teil eines Ganzen sieht, zu streben. Das bedeutet, bezogen auf die chinesische

Medizintheorie, eine Situation ganzheitlich zu erfassen und damit das Einzelproblem in den Rahmen der Polarität von YANG und YIN zu stellen und aufgrund dieser Kriterien die Balancestörung als Disharmonie zu begreifen. Im übrigen darf nicht übersehen werden, daß die Forschungsergebnisse in der modernen Physik, speziell der Quanten- und Elementarteilchenphysik, in der die klassischen Vorstellungen von Raum und Zeit nicht mehr ausschließlich haltbar sind, uns vor die Aufgabe stellen umzudenken. Das zeichnet sich im Welle-Teilchen-Dualismus, der im Phänomen des Lichtes erfaßt wurde, und in der Tatsache ab, daß Masse eine Erscheinungsform der Energie und Energie eine der Masse ist. Daraus resultiert eine Revision unserer Erkenntnisse und ihrer Reichweite (z. B. Mathematik, Wahrscheinlichkeitsrechnung, Komplementarität und Unschärferelation). Unter solchen Umständen ist auch die Subjekt-Objekt-Relation in ihrer alles begreifenden Ausschließlichkeit nicht mehr haltbar. So hat vor allem die Existentialphilosophie *Heideggers* geklärt, daß „Erkennen ein im In-der-Welt-Sein fundierter Modus des Daseins ist", aus dem sich dann auch neue kategoriale Strukturen, auf die ich hier nicht eingehen kann, ergeben.

Es war die radikale Revolution der Weltansicht seit dem Mittelalter, die sich zuerst in der Philosophie der Neuzeit und letztlich in der Technik vollzogen hat, mit der Folge, daß das zunehmend wurzellos gewordene Subjekt nach dem Gesetz der Polarität eine extreme Objektivierung erzeugt hat, durch den die Welt zum Gegenstand wurde, der dem rechnenden Denken und Begreifen ausgesetzt war und ist. Welche Folgen das auf das Dasein gehabt hat und hat, erleben wir täglich darin, daß wir immer enger von Kräften der technischen Welt umstellt sind und bestimmt werden, denn sie sind längst über den Willen und die Entscheidungsfähigkeit des Menschen hinausgewachsen und haben sich verselbständigt. Dem können wir nur durch einen Akt der Besinnung Herr werden. Dazu gehört auch, daß wir die Botschaft der modernen Naturwissenschaft, die die ausschließliche Geltung der Subjekt-Objekt-Relation ad absurdum führt, hören und uns auf die „Einheit der Natur" besinnen.

So wichtig es in diesem Zusammenhang auch wäre, die Bedeutung, Auswirkung und Tragweite des chinesischen Zeitbewußtseins in diesem Kontext zu berücksichtigen, kann ich dies nur unvollkommen beurteilen. *Needham* jedenfalls teilt mit: „Für die alten Chinesen war die Zeit nicht eine rein abstrakte Quantität, sondern war in verschiedene Jahreszeiten eingeteilt, von denen jede ihre eigenen Unterteilungen besaß." Diese Vorstellung kann in keiner Weise verglichen werden mit der gerichteten linearen Zeitvorstellung, die im Denken des christlichen Abendlandes unter dem Einfluß eines eschatologischen Zeitverständnisses vorherrschte. Selbst wenn wir uns frei machen wollten von christlichen Denkvoraussetzungen, dürfte das sehr schwer, ja fast unmöglich für uns sein, denn die linear gerichtete Zeitvorstellung ist kategoriale Voraussetzung für kausales Denken, während im vorzugsweise räumlichen Denken, wie im indohellenischen Raum (und vielleicht auch bei den Chinesen?), Gleichzeitigkeit herrscht. Auf jeden Fall haben wir viel gewonnen, wenn wir den komplementären Charakter dieser Grundkonstanten in Rechnung setzen und dafür bietet das induktiv-synthetische Denkmuster *Porkerts* eine Hilfe. Er definiert den kategorialen Unterschied folgendermaßen: „Die Induktivität entspricht einer logischen Verbindung zwischen zwei *gleichzeitig an verschiedenen Raumorten* gegebenen Wirkpositionen, wie umgekehrt Kausalität einer logischen Verbindung zwischen zwei *am gleichen Raumort zu verschiedenen Zeiten* gegebenen Wirkpositionen entspricht." (T. Gr. S. 1).

Diese abstrakte Definition gewinnt an Anschaulichkeit, wenn man sich klar macht, daß die Genauigkeit der kausalen Aussagen abhängig ist von der Homogenität des zu untersuchenden Substrats. Darauf beruht ja die Forderung *Galileis*: alles was meßbar ist, zu messen und alles, was nicht meßbar ist, möglichst meßbar (und das heißt „homogener") zu machen. Das Ergebnis ist dann, da es sich um in Vergangenheit zurückgesunkene Wirkung handelt, Substrat, Materie. Die Genauigkeit und Relevanz dieser Aussage nimmt mit schwindender Homogenität, wie sie bei Lebensvorgängen vorliegt, ab. Die induktive Synthese hat hingegen ihre Grenze hinsichtlich ihrer Signifikanz an der „Stabilität der Funktion, d. h. durch die relative Dauer, während der eine bestimmte Funktion in gleicher Qualität beobachtet werden kann." Dann ist sie bezogen auf die Gegenwart und gibt uns Auskunft über Bewegung, Funktion und gegenwärtige Lebens- und Krankheitsvorgänge.

Voraussetzung für die Beurteilung sind allgemeine Normkonventionen wie das cgs-System für die kausale Analyse, die auf diese Weise nur quantitative Aussagen zuläßt, und die qualitativen Normkonventionen wie YIN, YANG und die Fünf Wandlungsphasen, also aktuelle Funktionen, die eine qualitative Aussage ermöglichen. Was das für den Entwurf einer Therapie bedeutet, müßte jeder praktisch tätige Arzt ermessen können. Denn im gleichen Maß, in dem die Signifikanz diagnostischer Möglichkeiten und folglich auch einer entsprechenden (schulmedizinischen) Therapie abnimmt (und wie oft stehen wir vor dieser Schwierigkeit), in dem Maße nimmt die Signifikanz einer mit Hilfe der chinesischen Normkonventionen ermöglichten und induktiv-synthetisch ermittelten Diagnose und Therapie zu. Diese Tatsache begründet die *Komplementarität* von kausal-analytischen und induktiv-synthetischen Methoden. (Wer sich genauer orientieren will, den verweise ich auf die „Einführung" im „Lehrbuch der chinesischen Diagnostik" von *Porkert.*)

So gesehen erscheint eine Relativierung der Chinesischen Medizin unter kulturhistorischen Gesichtspunkten für den, der sie mit gutem Erfolg ausübt, von rein akademischem Interesse. Ob nun das heilkundliche Denken der Chinesischen Medizin auf einer Vielfalt von Vorstellungen beruhte und beruht, sei es „Orakelmedizin, eine Dämonenmedizin, eine religiöse Medizin, eine Arznei-Drogen-Medizin, eine buddhistische Medizin, eine entsprechungs-systematische Medizin und schließlich der modernen westlichen Medizin" (*Unschuld,* „Medizin in China", S. 12), das ist meines Erachtens irrelevant für die Ausübung der TCM, wie sie jetzt vorliegt.

So ändert die „synchrone Vielfalt der Vorstellungen" und Deutungsversuche nichts an den Phänomenen, die seit ca. 2000 Jahren mit nur kleinen Unterbrechungen ihre Wirksamkeit erwiesen haben. Das gilt ganz sicher für die Akupunktur, wie weit für die Drogen-Medizin, kann ich nicht beurteilen.

Selbstverständlich ist es verdienstvoll und interessant, einmal den gelungenen Versuch gemacht zu haben, „der Frage nachzugehen, welche Faktoren für die Ausgestaltung und Umformung dieses Grundwissens zu den genannten heilkundlichen Ideensystemen Chinas verantwortlich waren" (*Unschuld,* S. 13). Auch die heutige Rezeption der Chinesischen Medizin in der Weise, wie *Porkert* sie erkenntnistheoretisch fundiert und als wissenschaftlich gleichwertig dargestellt hat, könnte aus kulturhistorischer Sicht auch als eine Interpretation aus unserer Zeitsituation heraus aufgefaßt und vielleicht in späterer Zeit durch eine andere Deutung abgelöst werden. Das gilt in noch viel stärkerem Maße für den bisher mißglückten Versuch der Verwissenschaftlichung. Das ändert aber nichts an den Grundlagen, Phänomenen und der Wirksamkeit der Nadeltherapie, wie sie erstmalig in der *HAN-Zeit* im HUANG-TI-NEI-CHING (200 v. Chr. bis 9 n. Chr.) von taoistischen Ärzten zusammengetragen und schriftlich fixiert wurde.

Die Komplementarität, die sich so aus der Gleichwertigkeit der aus verschiedenen Denkvoraussetzungen entstandenen Medizin-Systeme ergibt, wird vielleicht manchen westlich geschulten Arzt ermutigen, sich den Möglichkeiten einer ganzheitsorientierten Methode, wie es die Akupunktur ist, zuzuwenden, ohne daß er TAOIST werden muß, und das heißt, ohne seinen kulturellen Bedingungen untreu zu werden. Denn „östliche Philosophie" (und Medizin, Anm. des Verfassers) „füllt bei uns eine seelische Lücke aus, ohne allerdings das vom Christentum gestellte Problem zu beantworten. Da ich weder ein Inder noch ein Chinese bin, so muß ich wohl mit meinen europäischen Voraussetzungen vorlieb nehmen, sonst stehe ich in Gefahr, noch ein zweites Mal meine Wurzeln zu verlieren. Etwas Derartiges riskiere ich lieber nicht, denn ich weiß, was es kostet, eine verlorene Kontinuität wieder herzustellen. Kultur aber ist Kontinuität." (*C. G. Jung*, in einem Brief vom 2. 9. 53)

Und an anderer Stelle schreibt *C. G. Jung* („Das Geheimnis der goldenen Blüte"): „Man bedenke, was es heißt, wenn der praktische Arzt, der ganz unmittelbar mit dem leidenden und darum empfänglichen Menschen zu tun hat, Fühlung mit östlichen Heilsystemen nimmt! So dringt der Geist des Ostens durch alle Poren ein und erreicht die wundesten Stellen Europas. Es könnte eine gefährliche Infektion sein, vielleicht ist es aber auch ein Heilmittel."

Es war der Sinn dieser Standortbestimmung, diesen Gefahren durch den Nachweis der Komplementarität zu begegnen, zum Wohl unserer Patienten. Wo aber sind die wundesten Stellen Europas, in die „durch alle Poren der Geist des Ostens dringt", und wie stellt sich uns das durch das Christentum aufgeworfene Problem dar, das östliche Philosophie nicht lösen kann? Diese Frage läßt sich nur durch eine Besinnung auf die Philosophie-Tradition des Abendlandes lösen. Auch auf die Gefahr hin, nicht allen Ansprüchen und Erfordernissen dieser Problematik zu genügen, will ich den Versuch wagen.
Als Ergebnis der jahrhundertelangen Auseinandersetzung zwischen philosophischer Erkenntnis und christlichen Glaubensprämissen kam es

seit der Renaissance in zunehmendem Maße zu einer Emanzipation des philosophischen Denkens und der Wissenschaften. Das im Mittelalter noch tragende synthetisch-antithetische Verhältnis von Antike und Christentum als Grundlage des Prinzips der abendländischen Geschichte *(Augustinus, Thomas von Aquin)*, die Einheit von SCHÖPFERGOTT und menschlichem Dasein, kulminierend im Begriff SEELE und WELT als natürlicher Kosmos, bricht zunehmend auseinander. Der Mensch der Neuzeit ist nun auf sich selbst gestellt und behauptet in seinem Autonomiebewußtsein, daß „Gott tot ist" und die Natur beherrscht wird dank des wissenschaftlichen Fortschritts und der Technik. Immer mehr muß er auf eine Gesamtdeutung der Welt, die diese als eine in sich gültige Ordnung erfaßt, verzichten und löst sich damit aus allen metaphysischen Bindungen. Die zunehmend sich wandelnde Art der Weltauslegung resultiert aus dem ungelösten Spannungsverhältnis, wie es sich aus den zwei Urverhaltensweisen, der der Philosophie und der des christlichen Glaubens, ergeben hat. Das abendländische Denken und Forschen, das wir Metaphysik nennen (s. Begriffserklärung) und aus dem die Wissenschaft, wie wir sie heute vorfinden, hervorging, wird entscheidend bestimmt von einer auf der christlichen Religion und abendländischen Philosophie-Tradition beruhenden Vorstellung von einem Schöpfergott und von einer Offenbarung, in der die Frage, was das Seiende sei, endgültig beantwortet wird, und das heißt von der daraus absolut als verbindlich gelehrten und verkündeten Wahrheit, daß das Sein des Seienden in seinem Geschaffen-sein durch Gott besteht: omne ens est ens creatum.

Durch die relativierende Infragestellung in der Aufklärung geht die Geborgenheit in dieser Weltauslegung zunehmend verloren. Geblieben ist der moderne Subjektivismus, und damit, unter dem Gesichtspunkt der Kausalität, in durchaus säkularisierter Form die endlose und unbeantwortbare Frage der letzten Ursache. Gott wird zwar virtuell vorausgesetzt, aber in Wahrheit ist an seine Stelle der Mensch getreten, ausgehend von der cartesianischen Trennung von Ich und Welt, von Geist und Materie, res cogitans und res externa.

Vielen von uns ist inzwischen klar geworden, daß eine rationalistische Auffassung der Welt nur den einen Aspekt erreicht, bei weitem aber nicht alle Möglichkeiten des Erlebens und Verstehens umfaßt. Es bewahrheitet sich wieder einmal die Gesetzmäßigkeit der Polarität von

YANG und YIN. Auf das YANG-hafte übersteigerte Streben nach Macht, Autonomie, Verwissenschaftlichung folgt nun die Antwort des YIN-haften mit seiner Gegenregulation, in dem das YIN mit dem Verlust der Harmonie im Menschen, in der Natur und in der Welt seine Antwort gibt. So schreibt der Arzt und Dichter *Bodo Schütt* in einem Gedicht:

„In der Tage stürzender Verwandlung,
wächst der Götter Zeit,
und wir selber sind der großen Handlung
Blut und Ewigkeit."

Es ist evident – und *C. G. Jung* hat es ausgesprochen –, daß auch die Medizin von diesem Schicksal betroffen ist, ja, daß sich diese Situation gerade in ihr spiegelt, weil der Mensch als Kranker im Mittelpunkt steht und der Arzt als Mensch ihm entgegentreten sollte. Der eine ist durch Disharmonie in seinem Dasein gestört, der andere kann häufig in seiner durch den dogmatischen Schleier der schulmedizinischen Wissenschaft begrenzten Sicht, andere Möglichkeiten zu behandeln und zu heilen, nicht zulassen.

Gäbe es einen Weg aus diesem Dilemma, so wäre es die Psychoanalyse und die analytische Psychologie, die Homöopathie und die Chinesische Medizin, vor allem in Gestalt der Akupunktur, um nur einige zu nennen. (Ich verweise auf die neu herausgekommenen Bände „Dokumentation der besonderen Therapierichtungen und natürlichen Heilweisen in Europa" des VGM-Verlags.) Ich kann in diesem Zusammenhang nur für die Chinesische Medizin sprechen.

Das bedeutet keineswegs, daß wir uns östlichem Denken völlig verschreiben müssen, aber wir müssen versuchen, ihre Wissenschaft aus ihrer Weltauslegung heraus zu verstehen und dürfen sie nicht dem Urteil der auf „Wissenschaftlichkeit" reduzierten Denkweise unterwerfen. Für mich jedenfalls war es ein überraschendes und entscheidendes Erlebnis, durch die Begegnung mit der Chinesischen Medizin festzustellen, daß sie als Methode aus Erkenntnissen resultiert, die aufgrund eines völlig anderen Weltbildes gewonnen werden konnte, eines Weltbildes, das vielleicht aus unserer Sicht Grenzen und Mängel aufweist, das aber innerhalb dieser Grenzen ein therapeutisches Konzept ermöglicht, mit dem man in der Lage ist, erfolgreich und in bestimmten Fällen besser zu behandeln und zu heilen, als es mit der abendländischen Medizin möglich ist.

Machen wir uns einmal klar, was es bedeutet, daß in China das kosmische Geschehen allgemein und das des menschlichen Mikro-Kosmos im besonderen ohne Bezugnahme auf eine erste Ursache, auf einen Schöpfergott bzw. Gott-Vater und unter rein ursächlichen Zusammenhängen betrachtet wird. *Needham* schreibt in „Wissenschaft und Zivilisation in China" (S. 218): „Das Universum ist ein riesiger Organismus, in dem bald die eine, bald die andere Komponente die Führung übernimmt, wobei alle Teile einander gegenseitig dienen und zugleich ihre vollkommene Freiheit behalten. In einem solchen System stellt sich die Kausalität nicht als Kette von Ereignissen dar, sondern entspricht eher dem, was die modernen Biologen als das endokrine Orchester der Säugetiere bezeichnen, ... deutlich ist jedenfalls, daß im chinesischen Denken eine Vorstellung von Kausalität vorherrschte, in der die Idee einer Abfolge dem Gedanken einer gegenseitigen Abhängigkeit untergeordnet war."

Ich brauche nicht zu betonen, daß diese Darstellung die beste Interpretation dessen ist, was *C. G. Jung* mit Synchronizität und insbesondere *Porkert* mit induktiv-synthetischem Denken erreichen will.

Bestätigung findet diese Analyse unserer kulturhistorischen Situation in der Konvergenz von moderner Physik und östlicher Philosophie durch die Revolutionierung unseres Weltbildes. Und nirgendwo mehr als in der Medizin könnten wir diese Einsicht bestätigt finden und in der Anerkenntnis einer neu gewonnenen Einsicht bezeugen und praktizieren. Diese Art von Medizin würde ein neues Paradigma sein, insofern sie in der Verbindung von Akupunktur und Homöopathie sowohl körperliche wie seelische und vielleicht auch geistige Bezüge erfaßt, zumal die Homöopathie über die geistartige Natur des Simillimum die Dynamik der Selbstorganisation anstößt, und weil in der Akupunktur davon ausgegangen werden kann, daß psychische Vorgänge in einer engen energetischen Relation zu der physio-pathologischen Grundlage stehen. Hierauf beruht die Konvergenz von Homöopathie und Akupunktur. Sie könnte für die gesamte Medizin ein Anstoß zum Umdenken sein.

Disharmoniemuster	Entsprechende Arzneimittelbilder
***Herz**-QI-Mangel*	Lilium tigrinum, Phosphor
Herz-Yang-Mangel	Arsen, Cactus
Herz-Blut-Mangel	Argentum nitricum, Phosphor
Herz-Yin-Mangel	Argentum nitricum, Natrium muriaticum, Phosphor
Aufsteigendes Herz-Feuer	Arsen, Natrium muriaticum, Sanguinaria, Phosphor, Glonoin
Stagnierendes Herz-Blut	Arsen, Cactus, Glonoin
Stagnierendes ***Leber****-QI*	Ignatia, Kalium bichronicum, Lachesis, Sepia, Lycopodium, Nux vomica, Lilium tigrinum
Stagnation von Leber-Blut	Pulsatilla
Aufsteigendes Leber-Feuer	Belladonna, Chelidonium, Glonoin, Lilium tigrinum, Lachesis, Nux vomica, Phosphor, Sanguinaria, Spigelia, Melilotus
Innerer Leber-Wind	Causticum
Aufsteigendes Leber-Yang, Wind erzeugend	Gelsemium, Lac caninum, Menyanthes, Spigelia
Feuchte Hitze in Leber und Gallenblase	Chelidonium, Lycopodium, Natrium sulfuricum
Leber-Blut-Mangel	Cimicifuga, Cyclamen, Cocculus, Lac deflorata
Leber behindert das Milz-Pankreas	Nux vomica
Aufsteigendes Leber-Yang	Argentum nitricum, Belladonna, Calcium carbonicum,

	Chelidonium, Gelsemium, Ignatia, Lachesis, Sepia, Lac caninum, Arsen, Cactus, Spigelia, Cyclamen, Natrium sulfuricum
Lungen-*QI-Mangel*	Calcium carbonicum
Lungen-Yin-Mangel	Causticum, Phosphor, Sanguinaria
Lungen-Trockenheit	Causticum
Kalter Wind eindringend in die Lunge	Kalium bichronicum
Feuchter Schleim verlegt die Lunge	Kalium bichronicum
Milz-Pankreas-*QI-Mangel*	Argentum nitricum, Nux vomica, Lilium tigrinum, Natrium sulfuricum, Gelsemium, Silicea
Sinkendes Milz-Pankreas-QI	Sepia, Pulsatilla, Phosphor
QI-Mangel des Milz-Pankreas und Schwäche, das Blut zu halten	Cocculus, Phosphor, Sanguinaria
Kalter Schleim dringt in das Milz-Pankreas	Chelidonium, Graphites
Heißer Schleim dringt in das Milz-Pankreas	Kalium bichronicum
Obstruktion des Milz-Pankreas durch Feuchtigkeit mit Stagnation des Leber-QI	Chelidonium, Lycopodium, Arsen
Nieren-*Yin-Mangel*	Natrium muriaticum, Ignatia, Nux vomica, Phosphor, Sepia, Cocculus, Sanguinaria
Nieren-Yang-Mangel	Arsen, Calcium carbonicum, Causticum, Cocculus, Cyclamen, Gelsemium, Lac deflorata, Sepia, Silicea
Die Niere kann das QI nicht aufnehmen	Arsen

Nieren-Essenz-Mangel	Cyclamen, Cocculus, Calcium carbonicum, Lycopodium, Pulsatilla, Lilium tigrinum, Phosphor, Silicea.
Nieren- und Leber-Mangel	Cimicifuga, Natrium muriaticum, Ignatia, Sanguinaria
***Magen**-QI-Mangel*	Nux vomica
Aufsteigendes Magen-QI	Lycopodium, Iris versicolor, Nux vomica, Lac deflorata, Kalium bichronicum
***Dickdarm**-Trockenheit*	Lac deflorata
Dickdarm-QI-Leere	Sepia
*Feuchte Hitze in der **Gallenblase***	Lycopodium
Ming-Men	Calcium carbonicum
Gegenläufigkeit des Leber-QI in den Magen und Milz-Pankreas	Iris versicolor, Nux vomica
Wind-Kälte	Cimicifuga
Blut-Hitze	Arsen, Melilotus

Begriffserklärungen

A

Abkürzungen
Sie wurden selten verwendet, lassen sich aber nicht ganz vermeiden und sind in den meisten Fällen aus dem Zusammenhang zu erklären. Die Abkürzungen der Funktionskreise lauten folgendermaßen:

1.	LUNGENMERIDIAN	LU
2.	DICKDARMMERIDIAN	DI
3.	MAGENMERIDIAN	MA
4.	MILZ-PANKREASMERIDIAN	MP
5.	HERZMERIDIAN	HE
6.	DÜNNDARMMERIDIAN	DÜ
7.	BLASENMERIDIAN	BL
8.	NIERENMERIDIAN	NI
9.	KREISLAUFMERIDIAN	KS
10.	DREIFACHERWÄRMER-MERIDIAN	3 E
11.	GALLENBLASENMERIDIAN	GB
12.	LEBERMERIDIAN	LE

Außerdem die beiden außerordentlichen Gefäße: siehe unter „Y“

AMB
Arzneimittelbild

Antike Punkte
WUSHUXUE
Punkte zwischen Hand und Ellenbogen, Fuß und Kniegelenk, deren Bezeichnung und Wertigkeit sich aus dem 5-Wandlungsphasen-Entsprechungssystem erklären. Ich führe sie hier mit ihrer deutschen und englischen Standardnomenklatur auf:

1. TING-PU = Ursprung = Well-Point
2. JONG-PU = Bach = Spring-Point
3. SHU-PU = Fluß = Source-Point
4. KING-PU = Großer Fluß = River-Point
5. MO-PU = Delta = Sea-Point

Die übrigen Punktbezeichnungen entnehmen Sie bitte der Arbeit: „Deutsche Standard-Akupunkturnomenklatur" (Akupunktur, Theorie und Praxis, Heft 4/90. S. 327)

Außerordentliche Meridiane
siehe unter „Y"

B

BI-Syndrom
Unter BI-Syndrom versteht man die Obstruktion von QI und Blut durch Eindringen verschiedener pathogener Faktoren (Wind, Kälte, Feuchtigkeit) in die Meridiane und ihre Kollaterale. Im wesentlichen unterscheidet man für die Differenzial-Therapie zwischen wanderndem BI-schmerzhaftem und BI-fixiertem BI.

Borborygma
Darmgeräusche, Blähungen

C

CHONG-MO,
CHONG-MAI:
Eines der außerordentlichen Gefäße (QIJING BAMAI), die auch zeitweise „Wundermeridiane" genannt wurden.
CHONG-MAI = Gefäß der breiten Bahn.

CUN
Wenn der Mittelfinger gekrümmt wird, entspricht die Distanz zwischen den beiden Falten der Interphalangalgelenke einem CUN. Für das Auffinden des Punktes auf der Körperoberfläche empfehle ich die Abmessung dieser Distanz mit einem etwas schwergehenden Stechzirkel, um ihn dann vorsichtig auf der Körperoberfläche abzurollen. Es ist das individuelle Maß – PZ (Proportionalzoll) bei *Porkert/Hempen.*

D

Disharmoniemuster
(Kaptchuk) = Symptom-pattern (engl.) Syndrom. BIANCHENG (chin.)

Die genaue Übersetzung des englischen Terminus „Symptom-pattern“ würde im Deutschen „Symptom-Muster“ lauten. Aber es kann kein Zweifel darüber bestehen, daß diese Art der wörtlichen Übersetzung nach unserem Sprachgefühl nicht dem Sinn des chinesischen Wortes BIAN CHENG entspricht. Es wurde daher der Versuch gemacht, dafür den Ausdruck „Syndrom“ zu wählen *(Kleber)*. Aber ich muß *Kaptchuk* recht geben, wenn er zu bedenken gibt, daß „Syndrom“ ein rein deskriptiver Begriff ist, der eine willkürliche Gruppierung von Merkmalen bezeichnet, welche ohne einen zugrunde liegenden Zustand bedeutungslos wären. Denn „im Westen ist das Wissen um die Ursache nötig, um ein klinisches Gebilde oder Syndrom in den Rang einer Krankheit zu heben.“ (*Owsei Temk* in „Health and Disease“ in „The Double Face of Janus and other Essays in History of Medicine“). So hat der Begriff „Disharmoniemuster“ ungeachtet seiner etwas umständlichen Länge den Vorteil, auf die Andersartigkeit der Betrachtungsweise und den Unterschied zum Begriff „Syndrom“, das eine kausale Komponente implizieren könnte, immer wieder aufmerksam zu machen. Das Disharmoniemuster steht als Einheit für ein einheitliches Phänomen so wie der Begriff Arzneimittelbild.

Dispulsiv
Sedieren, Reducing

Dysbiose
Disharmonie im Verhältnis Mensch–Mikroflora–Umwelt

Dysbakterie
Abweichung von der Normflora

E

Essenz-JING
Es gibt drei Formen:

1. Vorgeburtliche Essenz (ererbte Energie)
2. Nachgeburtliche Essenz (Nahrungsenergie)
3. Nieren-Essenz. Sie leitet sich sowohl von der vorgeburtlichen Erbenergie als auch von der nachgeburtlichen Nahrungsenergie ab und zirkuliert in den „außerordentlichen Gefäßen“.

Even-Methode
Even-Bewegung = Nadeltechnik zur Behandlung von Krankheiten, die typisch sind für beide Ausgangslagen:
Schwäche (XU) und Fülle (SHI). Die Nadel wird in eine bestimmte Tiefe eingeführt bis eine Sensation (TE QI) gefühlt wird. Dann wird die Nadel gleichmäßig (evenly) und behutsam (gently) rotiert und auf- und abgeführt in gemäßigtem Tempo, um eine milde Reaktion zu erzielen. Diese Methode kommt häufig zur Anwendung.

F

Foraminologie
Lehre von den Akupunkturpunkten

H

HO-Punkt
(siehe „Antike Punkte")

Heteropathie
pathogene Energien, klimatische Exzesse

Himmelsfenster-Punkte
„Arterien-Punkte", auch „Sternbilder-Punkte" genannt: Es sind Konzentrationspunkte für die Sondermeridiane (s. dort), die die Geistesenergie leiten. Sie haben außerdem die Eigenschaft, den Umlauf der Energie (des QI) von oben nach unten und umgekehrt zu erleichtern, wenn es eine Blockierung in dieser Richtung gegeben hat. Es sind die Punkte: BL 10 (TIANZHU) für BL/NI Parasympathikus
3E16 (TIANYOU) für 3E/KS
DI 18 (FUTU) für DI/LU
weitere Himmelspunkte sind: MA 9 (RENYING) und LU 3 (TI-ANFU).

I

ICR
Interkostalraum

J

JENN-MO
Konzeptionsgefäß (KG) wie auch unter dem Namen JENN-MO als „außerordentliches Gefäß" gebräuchlich (Sinarteria respondes RS) nach *Porkert/Hempen.*

JING
Essenz (s. dort)

JU-MO-Methode

Behandlungsmethode, bei der ein „segmentaler Alarmpunkt" (MU-XUE) mit einem „dorsalen Segmentpunkt" (BEISHUXUE) kombiniert gestochen wird.

L

Leere

Der Begriff „Leere", der noch immer im Gegensatz zu „Fülle" gebraucht wird, ist sinnwidrig und muß durch „Schwäche" oder „Mangel " ersetzt werden. Besser wäre es gewesen, man hätte sich statt dessen auf den englischen Begriff „Defizienz" oder das lateinische Wort „inanitas" geeinigt. So heißt es dann statt „Hitze-Leere" völlig mißverständlich Hitze-Schwäche bzw. Hitze-Mangel, was ja gar nicht zutrifft. Es muß Hitze durch YIN-Mangel oder Säftemangel bzw. Schwäche heißen.

M

Metaphysik
Der ununterbrochene Versuch des abendländischen Menschen, die Wahrheit des Seienden als solchem im Ganzen zu erfassen *(Russel).* Doch ist das nicht genug. Ursprünglich ging es den Griechen um das „Sein des Seienden", das dann in der Grundfrage kulminiert: „Warum ist überhaupt Seiendes und nicht vielmehr Nichts?" Wenn auch diese Frage durch die biblische Offenbarung beantwortet schien, blieb dennoch das metaphysische Fragen die innerste Weise, in der sich Philosophie vollzog, ungeachtet dessen, daß dem metaphysischen Gottesbegriff

der christliche Begriff des Schöpfergeistes übergestülpt wurde. Es blieb und es bleibt die Frage nach dem Verhältnis von Transzendenz und Immanenz, nach dem Sein des Seienden, nach dem Sinn von Sein *(Heidegger)*, trotz der Begrenztheit des menschlichen Geistes. Auf diese Fragen gibt es keine endgültige Antwort, sie müssen immer wieder neu beantwortet werden, denn sie brechen stets neu auf, wie es uns mit den neuen Erkenntnissen der modernen Naturwissenschaft in Physik, Psychologie und Biologie geschieht. Wir nennen diese menschliche Urverhaltensweise, in welcher der Mensch das „Gegebene" seines Daseins wie seiner Welt in der Metaphysik überschreitend, den umfassenderen Zusammenhang zu erringen sucht, kraft dessen er das Vereinzelte und Zerstreute bindet und mit Sinn erfüllt, *Transzendenz.* Doch wird Metaphysik niemals allein theoretisch als Forschungsgegenstand ermittelt, sondern sie wird letztlich vollzogen und gelebt. „Das heißt aber, es gibt keine Erfassung des Wesens der Dinge, außer in der Entscheidung, weil das Wesen der Dinge selbst im Schicksal steht." (*Tillich,* Philosophie und Schicksal, S. 67).

Mersus
Einer der normativen Begriffe, mit denen *Porkert* (Lehrbuch der chinesischen Diagnostik) einen sehr tief liegenden, verborgenen Puls bezeichnet.

MO-Punkt
segmentaler Alarmpunkt (MUXUE) = MU-PUNKT

MDE
Mittlerer Drei-Erwärmer

Meisterpunkt
Punkte mit besonders zuverlässiger Wirkung auf bestimmte Bezirke und Gewebe, wo QI und *Essenz* sich treffen. BAHUIXUE, Eight influential points, Foramina conventoria *(Porkert/Hempen)*
(LE 13, KG 12, KG 17, BL 17, GB 34, LU 9, BL 11, GB 39).

O

ODE
Oberer-Drei-Erwärmer

Orbis
Funktionskreis (z. B. Orbis renalis)

P

Punkt-Bezeichnungen

Entnahm ich im wesentlichen mit Übersetzung dem Buch von *Porkert/Hempen* „Systematische Akupunktur".

Pulse

Die Pulsbezeichnungen in deutscher Sprache entnahm ich den Büchern von *Kaptchuk* und *Kleber*, obwohl ich die lateinischen Bezeichnungen, die ich zuweilen zitiere, besser finde.

Q

QI

QI mit Energie zu übersetzen, ist irreführend, da es verschiedene Formen von QI gibt, die doch letztlich alle ein QI sind. Im Grund genommen bezeichnet es „Funktion". QI ist die Grundlage der gesamten Lebensvorgänge und entspricht in gewisser Weise dem *Hahnemann*schen Begriff der „Lebenskraft".

R

Repletus

in Fülle

Renalis

der Nieren (z. B. Orbis renalis)

S

Sammel-QI

Das Milz-Pankreas sendet Nahrungs-QI aufwärts zur Lunge, wo es, kombiniert mit Luft, transformiert wird zu Sammel-QI = gathering-QI (engl.), ZONG-QI.

Sedieren

Dispulsieren, zerstreuen, reduzieren, eliminieren, vertreiben.

SHEN
Konstellierende Kraft *(Porkert)* = Kohäsion der Persönlichkeit, Selbstbehauptungswille, Orientierungsvermögen, Bewußtsein, Geist, mind (engl.), spirit (engl.) (siehe auch Argentum-Bild). SHEN wird im Herzen bewahrt.

Schleim
1. Substantieller Schleim = Auswurf, Zungenbelag.
2. Nicht substantieller Schleim entsteht aus Feuchtigkeit infolge der herabgesetzten Transformationskraft des MP. Er wird zurückgehalten unter der Haut, verlegt die Meridiane, trübt das Herz, sammelt sich in den Gelenken.
TAN (chinesisch), Plegm (englisch), Pituita *(Porkert/Hempen);* siehe auch Natrium sulfuricum-Bild.

Schlüsselpunkte
Regulieren die acht außerordentlichen Gefäße, erhalten die Harmonie und Kommunikation zwischen den außerordentlichen Gefäßen und den zwölf Meridianen aufrecht. Beeinflussen bestimmte Körperregionen, wenn sie allein oder kombiniert eingesetzt werden. Kardinalpunkt, TIAO HUIXUE, Foramen copulo conventarium *(Porkert/Hempen).*

SHANG-HAN-LUN
Die Pathologie der Leitbahnen, bzw. der Meridiane geht auf das SHANG-HANG-LUN, (die Abhandlung über die Kältekrankheiten), des CHANG-CHUNG-CHING im 2. Jahrh. n. Chr. zurück. Es ist vor allem das „Buch von den akuten Fieberkrankheiten" und handelt von den drei YANG- und drei YIN-Krankheiten. Es ist ganz auf Beobachtungsursachen aufgebaut und verwendet nur YIN-YANG, FÜLLE und LEERE als Ordnungsprinzipien.

SHAO YANG
Eine der sechs Krankheitsphasen nach dem SHANG-HAN-LUN.
Nach *Schmidt:* „Kleines YANG" (GB/3E)
Die anderen lauten:
TAI YANG = Großes YANG (BL/DÜ)
YANG MING = Helles YANG (MA/DI)
TAI YIN = Großes YIN (MP/LU)
SHAO YIN = Kleines YIN (NI/HE)
TSUE YIN = Leeres YIN (LE/KS)

Die deutschen Bezeichnungen stammen aus dem Buch von *Heribert Schmidt.*

U

UDE
Unterer Drei-Erwärmer

Unschärfe-Prinzip
(Heisenberg)

Unschärfe-Relation
Born bezieht sich dabei z. B. auf die Tatsache, daß Elektronen je nach experimenteller Anordnung bisweilen als Welle und bisweilen als Partikel, bzw. Teilchen, erscheinen, worauf ja auch das Unschärfe-Prinzip *Heisenbergs* beruht.

Y

YANG KEO = YANG QIAO MAI = Aufsteigendes YANG-Gefäß = YANG-heel-vessel
YINKEO = YING QIAO MAI = Aufsteigendes YIN-Gefäß = YIN-heel-vessel
YANGOE = YIN WEI MAI = Haltegefäß des YANG = YANG-linking-vessel
YIN OE = YIN WEI MAI = Haltegefäß des YIN = YIN-linking-vessel
TAE MO = DAI MAI = Gürtelgefäß = girdle vessel
CHONGMO = CHONGMAI = Gefäß der breiten Bahn = penetrating vessel
TOU-MO = DU MAI = Lenkergefäß = LG = TM = govering vessel
JENN-MO = REN MAI = Konzeptionsgefäß = KG = JM = directing vessel

Da die Nomenklatur dieser Gefäße, die zuerst „Wundermeridiane", später „Außerordentliche Meridiane" genannt wurden, im Laufe der Jahre und in verschiedenen Lehrbüchern etwas durcheinander ging, habe ich diese Gegenüberstellung mit den jetzt z. T. ungültigen Versionen gebracht.

Z

ZHEN-QI
Entsteht aus dem Sammel-QI (siehe dort) unter dem katalytischen Einfluß des Original-QI (Essenz in Form von QI). Es zirkuliert in den Meridianen und ernährt die Organe. Es bildet außerdem das WEI QI, das Abwehr-QI. „TRUE-QI" (engl.)

ZONG-QI
Siehe Sammel-QI

Zustimmungs-Punkt
SHU-Punkt = dorsaler Segmentpunkt = BEISHUEXUE.

Literatur

Texte zur Homöopathie

Allen, H. C.: Leitsymptome. Übersetzt, bearbeitet, mit Nachträgen versehen und ergänzt von Dr. med. *Manfred Freiherr von Ungern-Sternberg* und Dr. rer. nat. *Andreas Grimm.* Ulrich/Burgdorf, Verlag für homöopathische Literatur, 1990.

Beuchelt, H.: Homöopathische Reaktionstypen. Karl F. Haug Verlag, 1960.

Coulter, Catherine R.: Portraits homöopathischer Arzneimittel. Aus dem Amerikanischen übersetzt von *Ulrike Kessler.* Karl F. Haug Verlag, Heidelberg, 1988 (Bd. I), 1991 (Bd. II).

Deichmann, Hilmar: Catena medica. Theorie und Praxis zur biologischen Therapie, Karl F. Haug Verlag, Heidelberg, 1976.

Farrington, E. A.: Klinische Arzneimittellehre. Aus dem Englischen übersetzt von Dr. *Hermann Fischer.* Ulrich Burgdorf, Verlag für homöopathische Literatur, 1985.

Gutman, W.: Grundlagen der Homöopathie und das Wesen der Arznei. Karl F. Haug Verlag, Heidelberg, 1987.

Kent, J. T.: Arzneimittelbilder. Vorlesungen zur homöopathischen Materia medica. Neu übersetzt und herausgegeben von Med. Rat. Dr. *E. Heits,* Karl F. Haug Verlag, Ulm, 1958.

Mezger, Julius: Gesichtete homöopathische Arzeimittellehre. Bd. I u. II, 3. Auflage, Karl F. Haug Verlag, 1964.

Nash, E. B.: Leitsymptome in der homöopathischen Medizin. 2. Auflage, Verlag Dr. Willmar Schwabe, 1935.

Schilsky, B.: Homöopathiefibel. 5. Auflage, Karl F. Haug Verlag, Heidelberg, 1969.

Vithoulkas, G.: Die wissenschaftliche Homöopathie. Theorie und Praxis naturgesetzlichen Heilens. 2. Auflage. Deutsche Bearbeitung Dr. med. *G. Behnisch.* Ulrich Burgdorf, Verlag für homöopathische Literatur, 1987.

Essenzen homöopathischer Arzneimittel. Nach *G. Vithoulkas,* Übersetzung Dr. med. *J. Faust,* Dr. med. *G. Hieronymus, Sylvia Faust,* verlegt und vertrieben von Büchern und Lehrmaterial, Frankfurt/Main, 1980.

Voisin, H.: Materia medica des homöopathischen Praktikers. Übersetzer H. G. Witte. Karl F. Haug Verlag, 1969.

Whitmont, E. C.: Psyche und Substanz. Ulrich Burgdorf Verlag, 1987 u. 1992.

Texte zur chinesischen Medizin

Essentials of Chinese Acupuncture. Foreign languages Press, Peijing First Edition, 1980.

Fuye, de La, R.: Traitée d'acupuncture. L'Acupuncture chinoise sans mystère. Librairie Francois.

Kaptchuk, T. J.: The Web That Has No Weaver. Understandig Chinese Medicine. Copyright 1983 („Das große Buch der Chinesischen Medizin", Barth Verlag, 1988).

Kleber, J. J.: Traditionelle chinesische Medizin. Müller und Steinicke Verlag, München, 1989.

Kluger, E.: Die traditionelle klassische Akupunktur in der täglichen Praxis. Selbstverlag, 3542 Willingen.

König/Wancura: Praxis und Theorie der neuen chinesischen Akupunktur. Bd. I 1979. Verlag Wilhelm Maudrich, Wien, München, Bern, 1979.

Maciocia, G.: The Foundations of Chinese Medicine. A comprehensive Text for Acupuncturists and Herbalists. Verl. Churchile Livingstone. Edinburgh, London, Melbourne and New York, 1989.

Porkert, M.: Die theoretischen Grundlagen der chinesischen Medizin. Franz Steiner Verlag, Wiesbaden, 1973.

Porkert, M.: Lehrbuch der Chinesischen Diagnostik, Verlag für Medizin Dr. Ewald Fischer, Heidelberg.

Porkert/Hempen: Systematische Akupunktur. Urban und Schwarzenberg, München, Wien, Baltimore, 1985.

Fuye, de La/Schmidt, H.: Die moderne Akupunktur. Theorie und Praxis. Hippokrates-Verlag Marquardt und Cie., Stuttgart, 1952.

–: Akupunktur-Therapie nach der chinesischen Typenlehre. Hippokrates-Verlag, 1978.

Schmidt, H.: Konstitutionelle Akupunktur. Die chinesisch-japanische Typenlehre und ihre Anwendung. Hippokrates-Verlag, 1. Aufl. 1978 und 3. Aufl. 1988.

Schoeler: Die Weiheschen Druckpunkte. Ihre Beziehung zur Homöopathie und Akupunktur. 10. erweiterte Auflage. Karl F. Haug Verlag, Heidelberg, 1982.

Van Nghi: Pathogenese und Pathologie der Energetik in der chinesischen Medizin. Behandlung durch Akupunktur und Massage. 1. Aufl. Bd. I und II und Bd. I 1989. Medizinisch literarische Verlagsgesellschaft Uelzen.

Wisemann, Ellis, Zmiewski: Fundamentals of Chinese Medicine. Paradigm Publications, 44 Linden Street, Brookline, Massachusetts 02146 USA.

Zulla, H.: Akupunktur und Homöopathie. Kritische Bemerkungen zur Homöosiniatrie. Ein Weg zur modifizierten Homöosiniatrie. Bd. 19 der Schriftenreihe Erfahrungsheilkunde, Karl F. Haug Verlag, Heidelberg.

Bibliographie zur Philosophie

Born, Max: Physik und Metaphysik in Physik und Transzendenz. Hrsg. von *H. P. Dürr,* Scherz-Verlag 1986.

Granet, Marcel: Das chinesische Denken. Piper-Verlag 1963.

Heidegger, Martin: Der Europäische Nihilismus. Neske-Verlag 1967.

Jung, C. G.: Briefe, Bd. I–III. Walter Verlag 1972.

–: Die Dynamik des Unbewußten. Ges. Werke Bd. VIII. Walter Verlag 1971.

–: Das Geheimnis der goldenen Blüte. Roscher Verlag 1929.

Needham, Joseph: Wissenschaft und Zivilisation in China, Bd. I. Suhrkamp 1978.

–: Wissenschaflicher Universalismus. Suhrkamp TB 1979.

Tillich, Paul: Philosophie und Schicksal. Ev. Verl. Werk Bd. II.

Unschuld, Paul: Medizin in China. Beck Verlag 1980.

v. Weizsäcker, C. F.: Die Einheit der Natur. Hanser Verlag 1971.

Autorenregister

Sachregister

A

B

C

F

I

L

M

N

O

P

Q

R

S

T

V

W

X